DAODAN ZONGTI SHEJI YU SHIYAN SHIXUN JIAOCHENG

导弹总体设计与试验实训教程

龚春林　谷良贤　编著

西北工业大学出版社

西安

【内容简介】 本书从理论和实践相结合的角度出发,详细介绍导弹总体设计与试验技术的基本知识、总体设计方法及性能计算方法。其内容包括导弹总体设计的主要内容和方法,导弹系统的研制过程,导弹战术技术要求,导弹的质量方程和主要参数选择,导弹总体方案选择及构形设计,导弹总体性能设计计算,以及导弹系统试验等。

本书可作为高等院校相关专业"卓越工程师"的教材,也可作为从事导弹型号研制的科研人员、管理人员以及使用部门工程技术人员的参考用书。

图书在版编目(CIP)数据

导弹总体设计与试验实训教程/龚春林,谷良贤
编著. —西安:西北工业大学出版社,2017.11
ISBN 978 - 7 - 5612 - 5502 - 5

Ⅰ.①导… Ⅱ.①龚… ②谷… Ⅲ.①导弹—
总体设计—高等学校—教材 Ⅳ.①TJ760.2

中国版本图书馆 CIP 数据核字(2017)第 193878 号

策划编辑:季 强
责任编辑:李阿盟

出版发行:西北工业大学出版社
通信地址:西安市友谊西路 127 号 邮编:710072
电 话:(029)88493844 88491757
网 址:www.nwpup.com
印 刷 者:兴平市博闻印务有限公司
开 本:787 mm×1 092 mm 1/16
印 张:23.375
字 数:574 千字
版 次:2017 年 11 月第 1 版 2017 年 11 月第 1 次印刷
定 价:56.00 元

前　言

　　"卓越工程师教育培养计划"以"学习专业知识、提高动手能力、增强工程实践能力、提高综合素质、培养创新精神和创新能力"为教学目标,通过工程训练教学,促进理论和实际的结合,并实现由知识向能力的转化,培育学生的创新思维能力。根据这一教学目标,笔者在现有教材建设基础上,针对行业工程实践人才的培养需求,编写这部面向飞行器设计工程的"卓越工程师"使用的导弹总体设计教材。

　　本书在编写内容上注重理论和实践相结合的原则,在着重介绍"卓越工程师"必须掌握的必要知识技能的基础上,增加型号总体性能参数设计计算的工程方法以及为验证设计而必须进行的总体试验设计及实施方法,以便于"卓越工程师"不仅掌握导弹的基本理论和知识,而且对工程方法和型号试验技术及知识等有一个全面、系统的了解和掌握。在编写过程中,力求阐述准确,内容系统、全面,文字简练,深入浅出。

　　本书由龚春林、谷良贤编写。全书共分6章,包含内容如下:

　　(1)导弹总体设计的内容及方法和导弹系统的研制过程(第1章);

　　(2)导弹战术技术指标内容及目标特性,导弹质量分析和总体主要参数选择(第2章);

　　(3)导弹分系统方案选择和分系统设计要求(第3章);

　　(4)导弹外形设计和部位安排(第4章);

　　(5)总体性能参数设计计算,包括飞行性能参数计算,气动特性计算,固体火箭发动机性能计算,弹道设计计算,载荷设计计算,以及杀伤区及攻击区的概念,导弹制导精度计算和分析,杀伤概率计算(第5章);

　　(6)导弹系统试验(第6章)。

　　在本书编写过程中,参考了大量的国内相关设计书籍和兄弟院校的有关教材,在此对原作者深表谢意。

　　限于水平,书中会存在疏漏和不尽完善之处,恳请广大读者和专家批评指正。

编著者

2017 年 6 月

目　　录

第1章 概 论

1.1 导弹总体设计的主要依据及特点

总体一词来源于系统工程学的一个概念,指的是系统作为一个整体的全局。导弹总体设计就是以导弹系统为对象,进行的分析论证、研究设计和技术协调与综合集成工作,是导弹本身各分系统的技术综合。

导弹系统作为一个复杂的高技术工程系统,其作战使用性能不仅与本身各分系统的技术状态有关,也与作战指挥、制导控制、信息传输等整个武器系统性能有关,而且还要受到实际作战条件以及操作使用时人和环境的影响,这些复杂因素在系统设计时都必须加以考虑,这就需要从总体上进行综合研究的工作。导弹总体设计就是在大的武器系统的约束条件下,将导弹的各个分系统视为一个有机结合的整体,使整体性能最优,费用最低,研制周期最短。对每个分系统的技术要求首先从实现整个系统技术协调的观点来考虑。总体设计与各分系统之间的矛盾、分系统与全系统之间的矛盾,都要从总体性能及总体协调两方面的需要来选择解决方案,然后留给分系统研制单位或总体设计部门去实施。总体设计体现的科学方法就是系统工程。

总体设计是一个从已知条件出发创造新产品的过程,是将研制总要求转化为总体方案和各分系统研制要求的设计过程。总体设计在导弹系统所有设计工作中占有极为重要的地位并起决定性作用。高质量的总体设计不但会带来令人满意的导弹作战性能、使用维护性能和经济效益,而且还能在一定程度上降低对分系统的技术要求。反之,即使各系统、各设备、各组件和零部件设计水平很高,低劣的总体设计也会导致导弹作战性能低,或者使用维护性能差,或者成本高昂,甚至导致导弹研制工作的失败。

1.1.1 导弹总体设计的主要依据

导弹总体设计工作的基本依据是使用方提出的战术技术指标要求,该依据随任务来源的不同而异。国家规划中(或下达)的型号,其总体设计的依据是国家批准的导弹武器系统研制总要求和与军方签订的型号研制合同。未列入规划但军方急需的型号,其总体设计的依据则为总体设计部与军方商定的协议文件。对于自筹资金研制的型号,总体设计的依据视型号的情况,可能是研制单位的发展规划、或与用户签订的合同、或自身根据市场需求所提出的战术技术要求。

总体设计主要依据有以下几点:

1)战术技术指标;

2)完成研制的时间节点和定型时间;

3)研制经费额度。

1.1.2 导弹总体设计工作的特点

导弹总体设计工作具有系统工程方法论的研究特点,国内外学者都有精辟的论述,但比较典型的符合导弹研制特点的首推美国学者 A.D 霍尔的见解。

霍尔提出用一种系统工程三维结构图形式,表示系统工程任务多维性的特点(见图1-1)。

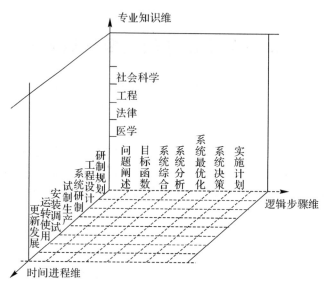

图1-1 系统工程三维结构图

图1-1表示了系统工程任务多维性的特点。从导弹系统的研制过程来看,时间进程维表示导弹型号的研制过程可以分为若干个研制阶段,前一阶段是后一阶段的基础,后一阶段是前一阶段的继续,每一阶段工作的优劣都影响系统资源的投入和系统的使用价值;逻辑步骤维反映导弹研制过程具有严格的逻辑步骤,它把每个阶段按若干个逻辑程序展开;专业知识维反映导弹系统是各种知识或条件的综合运用。

上述三维形式的系统工程实体结构的互连关系,要求综合多方面的专业知识,在工程研制的各个阶段中,进行反复迭代式的系统分解与综合分析,以求得总体性能最佳的决策。通过研究分析与工程实践,导弹总体设计工作具有如下主要特点:

(1)系统的层次结构决定了不同层面总体设计工作的相互关系,导弹武器系统总体工作属于最上层,建立在导弹系统、搜索跟踪制导系统、发射控制系统、指挥控制系统及支援维修系统等各系统总体工作基础上,着重于武器系统全局的研究,不仅要从全武器系统战术技术性能要求出发进行总体设计,还要把全系统的研制过程作为一个整体规划研究,提出最好的实现研制全局目标的措施。导弹系统总体工作建立在导引系统、控制系统、推进系统、引战系统、能源系统等各系统总体工作的基础上,着重于系统间相互耦合作用及协调关系的研究,从谋求整体效能最高为出发点去指导、协调各系统/分系统的总体工作,以求导弹系统总体目标的实现。

(2)多学科、多专业相结合的系统综合研究是导弹系统总体设计的一个显著特点。导弹系统设计涉及气动、弹道、控制、结构、雷达、光电探测、发射控制、计算机、通信系统和系统设计与软件系统等方面的技术,这就需要对可能的各种技术途径、系统布局、设备配置方案等进行多学科综合设计研究,形成导弹系统的总体方案;有关导弹系统的效费比、可靠性、维修性、可用性等作战使用性能的研究设计工作还要涉及现代军事运筹学、系统科学,以至经济管理等方面的专门知识和方法。导弹系统总体设计要求的知识面和多学科综合研究的程度远较一般专业研究为广。

（3）大量的分析综合及反复循环迭代式系统研究设计是总体设计的又一特点。总体设计是一个多次反复迭代、逐渐逼近的过程,在每个研制阶段,都需要依据工作进展情况对系统和分系统之间的参数性能进行综合权衡,通过"掌握信息—明确问题—制订目标—系统综合—系统分析—最佳方案选择—决策并制订行动计划—组织技术协调或者调整工作部署"这样的逻辑步骤,把型号总体工作与各系统的实际研制工作联系起来,推动系统研制工作前进。

（4）导弹总体设计工作具有"软科学"研究工作的特点。不仅是所采用的工作方法,在收集数据、建立数学模型基础上,进行系统综合与分析、仿真计算与试验、方案比较与最优化,特别是其研究成果与工作内容的主要服务对象是在于为领导决策、组织实施提供依据和建议,都很类似通常的软科学研究工作。有关系统试验的设计与组织,对试验结果的分析,并据此检验修正理论研究模型和系统设计,也是导弹总体设计工作非常重要的内容。

（5）导弹系统总体工作本身就是一项系统工程。型号研制工作的实践表明,总体工作不仅是技术上正确决策所需要的,也是型号研制工作有目标的科学化组织管理的基础。按照系统工程方法进行的型号总体工作体现了技术与管理的结合。

1.1.3 导弹总体设计工作的作用

导弹总体设计工作担负着武器系统总体技术方案分析、研究和设计以及对研制工作全局的组织管理进行运筹谋划的任务。在整个型号研制中发挥着 4 个方面的重要作用:

（1）技术工作的"龙头"作用。导弹总体设计工作负责提出总体方案,制订对各系统、分系统的研制技术要求,规定全系统共同遵循的工作规范等,这些工作不仅从技术上统率全局,也影响到研制工作的全局安排,决定整个研制工作的方向和进程,是型号研制工作的龙头。

（2）两总决策的"参谋"作用。导弹总体设计工作从系统整体效能和全局利益出发进行系统综合与分析研究,在多方案的比较和优选研究中提出各种可供选择的建议,成为型号总指挥、总设计师决策不可或缺的技术参谋。

（3）技术协调的"核心"作用。型号研制技术上的综合性和多样性,工作上的矛盾错综复杂,系统与分系统间的状态参数、接口等出现不协调是经常发生的,只有通过总体工作权衡利弊、折中平衡的研究,才能找到最有利于系统全局的解决办法。系统、分系统间的技术协调必须有这样一个核心,才能避免各行其是,以便形成有机的整体。

（4）组织管理的"保障"作用。导弹总体设计工作在系统总体方案研究的基础上,不仅要进行系统综合性能最优化设计,也要从技术性能、质量可靠性、成本经费需求和研制周期各因素相互影响的关系中运筹研制工作全局的组织管理方案。总体工作提出的任务分解和工作流程图将成为计划实施组织管理工作的技术基础与技术保障。

1.2 导弹总体设计的内容和方法

1.2.1 导弹总体设计的主要内容

导弹总体设计的内容很广泛,概括起来有几个方面:选择和确定总体方案及性能参数;对分系统提出设计要求并进行技术协调;开展导弹可靠性、维修性、电磁兼容性和环境适应性等专业工程方面相关的设计工作;制订导弹研制过程各个阶段的总体试验计划和试验大纲,并组织实施相关试验;对导弹系统总体性能及作战效能进行预测评估。

导弹型号研制过程一般分为可行性论证阶段、方案阶段、工程研制阶段和定型阶段四个阶段。工程研制阶段又分为初样阶段和试样阶段两个子阶段,定型阶段又分为设计定型和生产定型两个子阶段。导弹总体设计在几个不同的研制阶段也各有侧重点。导弹总体设计在各个研制阶段的主要内容如下:

1. 可行性论证阶段的主要内容

(1)战术技术指标论证:根据未来作战需求,参考国外发展的同类型导弹的相关技术指标,配合使用方进行导弹运用研究,对导弹的作战性能进行初步分析,就指标的合理性及指标之间匹配性提出分析意见。

(2)技术可行性分析:设想总体方案和可能采取的技术途径并计算总体参数,通过计算分析提出导弹分系统及主要配套产品的初步要求,综合总体论证结果和分系统论证结果,提出可能达到的指标、主要技术途径和支撑性预研课题。此外还要对研制经费进行分析。当论证总体方案时,要充分考虑到预先研究取得的成果及国内具备的技术基础和条件,同时也要考虑研制进度和研制经费等因素,从技术、经济、研制周期,以及必须解决的技术关键和保障条件等方面综合分析论证其实现的可行性。

2. 方案设计阶段的主要内容

在型号研制的方案阶段,主要进行导弹总体方案设计。

(1)方案选择和确定:首先选择和确定导弹气动外形,总体参数,包括导弹的级数、推力参数、速度特性、质量参数等,对导弹总体性能进行初步研究;确定制导体制、引战体制、分离方案、发射方式等,通过计算和分析后提出分系统要求。方案论证和方案设计时,一般应进行多方案比较,对各种可能方案进行技术、费用、进度、风险的综合权衡,最终确定主要方案。

(2)参数计算和指标分配:根据使用方提出的战术技术指标要求初步确定总体方案及总体设计参数,通过设计及分析计算确定和分配分系统初样设计所需的技术参数和技术指标,这些设计分析与计算包括总体主要性能参数设计计算、气动设计与计算、弹道设计与计算、导弹固有特性计算、载荷计算、稳定性分析和计算、制导方案设计和精度指标分配、可靠性预测和指标分配等。

(3)分系统研制要求:提出制导系统、控制系统、推进系统、引战系统、电气系统、遥测系统等分系统的初样设计要求,即研制任务书。通过研制任务书来统一和协调各分系统的初样设计,保证最终达到导弹总体性能指标。

(4)进行局部方案原理性试验。对某些新技术、新材料、新方案等影响全局的关键项目进行原理性试验和半实物仿真试验。

3.初样阶段的主要内容

在型号研制初样阶段,主要基于初样产品试验进行又一轮总体设计,为分系统初样研制提供依据。初样阶段是总体和分系统通过试验改进设计的过程。

(1)初样样机研制:根据研制任务书要求,研制全弹的初样样机,考核各分系统工作协调性、全弹强度刚度、结构尺寸、公差协调性以及工艺协调性。

(2)初样总体试验:主要进行内场相关的总体试验,包括导弹结构静力试验和模态试验、全弹功能振动试验、弹上设备地面联试、导弹综合热试车、火箭橇试验、程控弹发射试验、机载系留试验等,考核总体设计的有效性和技术指标是否达到了设计要求。

(3)提出分系统试样设计要求:根据初样样机总体试验结果,经过协调、分析和计算后提出分系统试样阶段研制任务书。

4.试样阶段的主要内容

试样阶段主要基于试样产品试验进行改进设计,为分系统试样研制提供依据。其主要研制内容包括试验样机研制、试样总体试验、试样对接与协调试验、各种大型地面试验、可靠性鉴定和验收试验、全弹试车、飞行试验等。

(1)试样样机研制:根据研制任务书要求,研制全弹的试样样机,进一步考核各分系统工作协调性、全弹结构尺寸、公差协调性以及工艺协调性。

(2)对接与协调试验:主要包括在总装厂进行的导弹模拟测试以及机械、电气的协调试验;在试车台和靶场对导弹、火控系统、地面设备和试验设备实行按试车和发射要求的操作,目的是检查试验对象的状态、性能、参数和线路是否正确;检验导弹与地面设备、导弹与火控系统以及导弹各分系统之间的协调性。

(3)地面试车:在试车台上进行点火试验,借以考核导弹各分系统在发动机比较真实工作条件下的适应性、协调性和可靠性,并测量振动、冲击等环境参数。

(4)飞行试验:在实际飞行条件下进行各种试验。飞行试验包括研制性飞行试验和鉴定性飞行试验,通过研制性飞行试验验证导弹总体设计方案和各分系统设计方案是否正确,导弹各系统对实际飞行环境是否适应,系统间是否协调。鉴定性飞行试验目的是鉴定导弹的各项技术指标,最后确定导弹定型状态。飞行试验的弹道可以是常规弹道,也可以是按照试验目的和首、末区情况选用特殊形式的弹道。导弹飞行试验以遥测和外测为测量和观察手段,根据发射前的测试数据和飞行中所获取的各种参数评定试验。飞行试验结果分析分为性能评定和故障分析两类。

5.定型阶段的主要任务

在定型阶段总体主要工作包括定型鉴定试验、技术指标评定和编制设计定型文件等。

(1)定型鉴定试验:制订导弹定型鉴定试验计划并进行试验,定型鉴定试验包括性能试验、环境试验、可靠性试验、飞行试验等。

(2)技术指标评定:根据鉴定试验结果对导弹最终达到的战术技术指标进行评估,给出是否设计定型的建议。

(3)设计定型文件:根据国家定型委员会的相关规定和要求,准备导弹设计定型需要的所有技术文件。

综上所述,导弹总体设计就是利用导弹技术知识和系统工程的理论与方法,把各分系统和各组部件严密组织协调起来,使之成为一个有机整体,经过综合协调、折中权衡、反复迭代和试验,最终完成导弹研制的一个创造性过程。在一定程度上讲,导弹总体设计工作是全部设计工作中最重要和具有决定性作用的一环。正是通过总体设计,战术技术要求才能得到细化、分解,与导弹相关技术指标一一对应,最终形成导弹的总体方案并提出各分系统的设计要求。

1.2.2　导弹总体设计的程序

导弹总体设计是将研制总要求转化为总体方案和各分系统研制要求的设计过程,需要多次设计迭代,并需要多专业协同设计。在总体设计过程中,作为输入的研制总要求可以有一次或几次对个别指标的调整。研制总要求是需求牵引和技术推动的结果。

总体设计分为初步设计和方案设计两个阶段。初步设计从分析研制总要求开始,通过系统设计形成总体方案构思,初步设计主要完成导弹气动外形、结构布局和推进系统设计,重点关注导弹作为飞行器的性能。首先提出对气动外形、结构布局的初步要求,接下来进行气动设计,确定导弹的气动外形,给出初步的气动特性。同时进行结构布局设计,给出导弹的质量、质心和各分系统的结构安排。在气动设计和结构布局设计的基础上进行推进系统方案设计,确定动力装置的参数,主要包括推进剂质量、推力曲线,形成总体设计初步方案。然后进行导弹总体性能计算,对导弹的主要性能(如射程、速度、机动能力、飞行时间)进行评估。初步设计的计算工作通过初步设计仿真软件完成。如果导弹主要性能不满足要求,就需要重新确定参数并进行新一轮迭代设计。

初步设计完成后,转入方案设计。在初步设计的基础上,进行导弹导引系统、控制系统、引战系统的方案设计,计算制导精度和杀伤概率,还要完成结构设计和防、隔热设计,进行导弹强度计算、防热特性计算、气弹稳定性分析,进行全弹电气接口设计和专业工程设计。对各分系统的功能进行划分,在方案设计的基础上形成研制任务书作为分系统设计的依据。方案设计也是一个设计迭代过程,对每次设计形成的方案都要对照研制总要求进行全面评估。方案设计大量的计算工作通过详细设计仿真软件完成。

总体设计应是多方案设计,对每个可能的方案进行探索、对比、优化,最终形成一个满足研制总要求的总体方案。总体设计的程序如图1-2所示。

1.2.3　导弹总体设计的方法

导弹总体设计方法的早期发展是和飞机总体设计方法密切相关的。当20世纪40年代开始设计第一代导弹时,飞机总体设计经过摹拟法、统计法已经发展到分析法阶段。当时的惯量计算、气动计算、操纵性和稳定性计算以及飞行性能计算等方法已经相当成熟。早期的导弹设计方法正是以这些方法为基础,逐步形成一套独立的设计理论。因此,导弹总体设计的传统方法属于分析法。在20世纪六七十年代,由于系统工程理论的发展,导弹总体设计方法进入了系统工程法的设计阶段。所谓系统工程法就是用系统工程的理论和方法进行导弹总体设计。

采用系统工程法进行导弹总体设计的内容包括命题、技术预测、建立数学模型、建立优化模型、选择优化方法和进行优化、优化结果分析和决策。

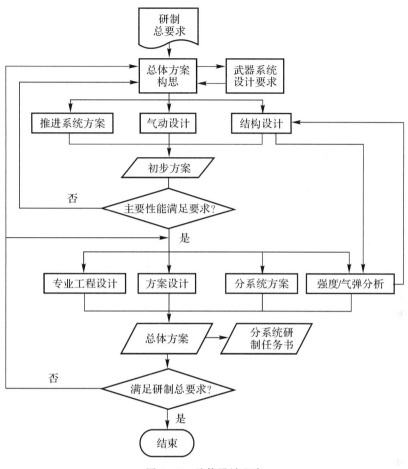

图1-2 总体设计程序

1.命题

命题就是确定导弹总体设计应解决的主要问题,如战斗部威力与制导精度、飞行弹道与制导规律、推进系统及其参数、机动力和控制力产生方案、导弹空气动力外形和几何参数、导弹级数、导弹稳定控制系统、弹上制导控制系统、弹上能源方案、导弹可靠性等。

2.技术预测

新研制的导弹从可行性论证到投入使用往往需要 5～10 年,甚至更长的时间。建立在可行性论证阶段技术水平的导弹方案经过 10 年的研制和生产到投入使用时就可能成为技术相当落后的导弹。为避免这种情况发生,在可行性论证阶段就应考虑采用一定数量的远景技术。在工程研制阶段,对于某些远景技术也可以采取"预埋法"。一旦这些技术成熟,即可应用,提高导弹的性能,又不引起总体方案的大幅度变化,为此必须对技术发展进行科学预测。例如,对推进系统的比冲 I_s、结构材料比强度 σ/ρ、能源的比能量 W/m 和比功率 P/m 等进行预测,预测周期一般为 10 年。

3.建立数学模型

采用模块化思想建立反映导弹性能和各种参数之间关系的数学模型。内容主要如下:

（1）气动模型，反映导弹升阻力、力矩系数等气动性能和导弹几何参数以及导弹运动参数之间的联系；

（2）质量模型，反映导弹质量与导弹几何参数、推进参数、飞行参数以及弹上设备参数等之间的联系；

（3）推进模型，反映推力、总冲、比冲等性能参数和推进系统参数以及飞行参数等之间的联系；

（4）弹道模型，反映弹道性能与导弹气动参数、推进系统参数、导弹几何参数以及质量参数之间的联系；

（5）经济模型，反映导弹经济性能和导弹技术参数之间的联系；对于复杂的导弹武器系统来说，还应当研究全寿命费用，即应追求研制、生产和使用维护的全寿命的最低消耗。

4. 建立优化模型

优化模型包括设计变量、目标函数、约束条件。目标函数用来评价导弹方案的优劣和完善程度，可以用最小起飞质量或最大射程作为导弹总体设计的目标函数，也可以用效费比作为导弹总体设计的目标函数。

目标函数可以选一个，也可以选多个。导弹总体设计实际上是一个多目标问题。系统设计师在保证既定战术技术指标的同时往往希望得到导弹最小起飞质量 m_{0min}、最低成本 C_{min}、满意的速度特性 V 和过载特性 n_y 等。因此导弹总体设计实质上是一个多目标折中优化问题。

5. 选择优化方法

飞行器参数优化方法可分为经典方法和数学规划方法两大类。当目标函数具有明显数学表达式时，可使用微分法、拉格朗日因子法和变分法等经典方法，一般称之为间接法。如果目标函数表达式过于复杂，甚至没有明显的表达式，则用直接法求解，即用数学规划方法求解。

6. 优化结果分析和决策

在优化设计中，首先要对目标函数的多峰性做出判断。如果发现所得的极值为局部最优值，则应继续调优寻找全局最优值。其次要进行参数分析，研究参数的灵敏度，这对研究实际问题很有意义。必须指出：在命题、建模、技术预测和建立目标函数过程中综合了各应用学科的科学规律和设计师系统丰富的实践经验，同时也伴有主观认识因素。因此必须对优化结果进行客观的、全面的和辩证的分析，才能做出正确的决策。

1.3 导弹系统研制过程及技术状态的管理

1.3.1 导弹系统研制过程

导弹系统的研制工作是一项复杂的系统工程，涉及许多技术领域和部门，从设计方案的提出到成批生产和投入使用，要经过一个很长的过程。实现总体设计方案需要进行大量的计算和绘图、许多科学研究和试验工作，涉及多个专业技术领域研制工作的组织协调，必须按照研制程序进行科学的管理，以便使整个武器系统能在规定的研制周期内达到预期的研制目标。实践经验表明，这种涉及多种专业的新技术开发，需要投入大量人力、物力和财力，进行长时间研制而且带有技术风险性的系统工程,没有统筹全局的组织领导和科学的决策管理是很难获得成功的。因此,按照系统工程管理的原则,遵循科学的研制程序,是组织型号研制工作的一项基本要求,也是搞好系统总体设计与试验工作必须遵循的客观规律。

导弹系统研制组织管理包括两个并行的过程,即工程技术过程和对工程技术控制的过程。具体进行组织管理的是型号行政指挥系统和技术指挥系统。导弹系统研制目的是实现使用方提出的战术技术指标要求,为此,研制前就要组织总设计师系统和行政指挥系统,建立责任制,制定研制程序和阶段计划,建立质量可靠性管理系统、标准化管理系统、经济管理系统,各司其职,密切配合,确保研制质量和合理使用研制经费。

为了能清楚地说明导弹系统研制这一复杂的技术过程,可把它分为若干阶段。研制阶段的划分,各国不一,但完成的技术工作内容大体上是一致的。一般来说,导弹系统的研制过程,大致划分为以下几个阶段:可行性论证、方案论证、初样阶段、试样阶段、设计定型、生产定型。另外,在上述研制过程的首尾,还分别有战术技术指标要求的拟定和武器系统试用两个阶段,这两个阶段的工作都是以使用方为主,但研制方都有一些相应的工作,可视为研制过程的前提和继续。

1. 可行性论证阶段

可行性论证是对使用方提出的战术技术要求作综合分析,论证技术上、经济上和研制周期上的可行性。这一阶段的依据是使用方根据未来作战使用需求提出的"型号战术技术要求",它一般包括作战使命、有效射程、导弹质量和轮廓尺寸、飞行速度、作战空域、命中概率(或命中精度)、发射条件等。除此以外,有关制导方式、动力装置类型、战斗部型式和质量、导弹几何尺寸、可靠性指标、使用环境、研制周期和费用等,则应根据前述的技术要求,经论证协商后确定。

可行性论证阶段的主要任务是,根据使用方提出的战术技术要求,充分考虑预先研究成果、国家现有的技术与工业水平、经济条件、资源条件和继承性等因素,逐条分析战术技术要求在技术上、经济上和周期上实现的可能性,提出导弹系统总体方案设想、可供选择的主要技术途径、可能达到的指标及必须进行的支撑性预研工作,研制周期、经费估算的建议。

该阶段结束的主要标志是,完成《导弹系统研制总要求》和《研制任务书》草稿。

2. 方案阶段

方案阶段自批准和下达型号战术技术指标要求开始,是对导弹系统进行方案设计、关键技术攻关、原理性样机研制和试验阶段,是型号研制的决策阶段。

该阶段的主要任务是,根据批准的型号战术技术指标要求,对型号研制做出全面的规划和部署,通过对多种方案和技术途径的论证比较,优选出性能好、使用方便、成本低、研制周期短的总体方案和分系统技术指标,并提出对分系统的初步技术要求;统筹规划大型试验项目及其保障条件,制订飞行试验的批次状态和分系统对接试验的技术状态和要求;制订型号质量与可靠性工作大纲、标准化大纲,及其他技术管理保障措施;确定研制程序和研制周期;概算研制经费。方案阶段有时根据总体方案的要求,需要分系统进行原理性样机设计、试制和试验,以验证方案的可行性。

总体方案阶段结束的标志是涉及总体方案的技术关键基本解决,技术方案得到验证,总体和分系统的主要性能参数已初步选定,保障条件已基本落实,完成并上报《导弹系统研制方案报告》,提出型号初样技术状态。

3.初样阶段

导弹系统总体方案确定之后,各分系统即进入按总体提出的研制任务书开展技术设计、研制初(步)样(机)的阶段。

初样阶段是型号研制的工程实施阶段。该阶段主要任务是,用工程样机(初样)对设计、工艺方案进行实态验证,进一步协调技术参数和安装尺寸,完善设计方案,为飞行试验样机(试样)研制提供较准确的技术依据。在这一阶段,各分系统进行初样设计、单机生产、单机试验和分系统的初样综合试验,以及发动机的全面试车。总体进行初步设计,装出模样弹,进行总体初样试验,包括气动、静力、分离、全弹振动、全弹初样综合匹配试验等。完成总体和分系统的协调,拟定试样技术状态。

初样阶段结束的标志是完成初样实物,确定试样技术状态,总体向分系统提出试样设计任务书,提出飞行试验方案,上报初样研制报告。

4.试样阶段

试样阶段是通过飞行试验检查样机的研制工作,全面检验导弹武器性能的阶段。

该阶段主要任务是,在修改初样设计和生产的基础上研制试样,进行飞行试验,全面鉴定导弹系统的设计和制造工艺。该阶段主要工作是进行总体和分系统试样设计,进行模样弹、自控弹、自导弹等试样试制,完成各种状态试样的地面试验和飞行试验。地面试验一般有系统仿真和模拟试验、弹上系统地面联试、全弹强迫振动试验、火控系统联试和精度试验、武器系统对接试验及全弹环境试验等。

飞行试验包括模样弹、自控弹、自导弹、战斗弹等阶段的飞行试验,各阶段是否截然分开,得根据导弹的继承性和技术上的成熟程度决定。模样弹主要考核导弹的稳定性、弹道特性、射入散布、发动机性能、弹体部分结构及两级间的分离特性等;自控弹主要考核导弹自动驾驶仪的飞行控制特性,通过飞行试验协调技术参数,完善设计方案;自导弹主要考核大回路闭合后的导弹工作性能。

试样阶段结束的标志是完成研制性飞行试验,并达到飞行试验大纲的要求,编写飞行试验结果分析报告,提出型号设计定型技术状态,提出定型申请报告。

5.设计定型阶段

定型阶段是使用方对型号的设计实施鉴定和验收,全面检验武器系统战术技术指标和维护使用性能的阶段。

该阶段的主要任务是,完成型号定型的地面试验和靶场飞行试验,根据飞行试验和各种鉴定性结果,全面检验导弹的性能指标,按照原批准的任务书评定导弹系统的战术技术性能。研制单位的主要工作是参与地面试验和飞行试验、试验结果分析、整理定型设计技术资料,提出型号定型申请报告。

定型阶段完成的标志是,分别按定型试验大纲要求完成飞行试验,提出型号设计定型报告以及型号研制总结报告。

6.生产定型阶段

通过设计定型之后,武器系统即可转入批量生产并装备部队阶段。导弹工程研制阶段主要是解决设计问题,一般其生产工艺和工装还不够完善,因此,生产阶段的初期,应先经过小批量的试生产,完善稳定生产工艺,解决工程研制阶段遗留的技术问题,待产品的生产质量稳定之后,通过生产(工艺)定型,才能转入大批量生产。

该阶段的主要任务是对产品的批量生产条件进行全面考核,以确认其符合批量生产的标准,稳定质量、提高可靠性。

需要提及的是,导弹系统的研制程序并不是一成不变的,视战术技术要求情况,阶段的划分可增可减。设计师系统应仔细研究使用方提出的战术技术要求,在武器系统研制前,应详细制订研制程序,周密制订工作计划,作为总体和分系统设计共同遵循的指南。

1.3.2　研制过程中技术状态的管理

导弹系统研制过程是一个逐步把作战使用要求转化为技术要求的过程,首先是系统要求,其次是分系统要求,然后是、组件要求,最后是元器件、成件、原材料要求。研制过程的管理控制就是围绕这一主线进行的,既要控制技术要求的正确形成,又要控制技术要求的正确变动。其基本思路是,依据时效性、试验、经费和周期的影响从宏观到微观、从粗到细、从松到严,按基线、分阶段逐步控制。

1.3.2.1　各研制阶段基线

所谓技术状态是指在技术文件中规定并且在产品中达到的功能特性及物理特性。所谓基线,即某一阶段形成或确定的技术状态。

1.可行性论证阶段(L)

确认作战使用要求,形成系统要求(功能基线)。

2.方案阶段(F)

确认系统要求,形成分系统要求(分配基线)。

3.初样阶段(C)

确认分系统要求,形成部、组件要求。

4.试样阶段(S)

确认部、组件要求,形成产品基线。

5.设计定型阶段(D)

确认产品基线,形成小批量生产能力。

1.3.2.2　技术状态管理

对技术状态的管理是导弹系统研制过程中的一项重要工作。在导弹系统的研制过程中主要通过下述活动实施对技术状态的管理:

1.技术状态标识

确定研制产品的技术状态基线并对相应的技术文件选择标识符号。

(1)技术状态的确定。

1)型号产品研制阶段的划分,由型号总体提出研制阶段划分意见(研制程序),形成技术报告报型号总设计师批准;

2)按型号配套表,将具有独立功能需要单独进行管理的硬件(含导弹及地面设备)、软件及其集合体作为技术状态项目,并形成文件,报上一级设计师批准确定;

3)对研制阶段的特点,形成各阶段的技术状态文件,武器系统、导弹系统各一份(如总体设计要求、产品批次状态安排等),并报总(副总)设计师批准;

4)分系统技术状态依据研制任务书及其他技术文件确定;

5)质量、标准化等项要求,计划网络图等文件,一并由行政指挥系统批准下达;

6)研制阶段的跨越或合并应由型号总设计师下达书面指令,也可由型号总体室提出,经型号总设计师批准下达书面指令。

(2)技术状态标识。产品的技术状态,按阶段分别用文字描述并标识。对确定的技术状态项目和批准的技术状态文件应按规定的编号与编码方法给出标识符号,如项目名称、代号、阶段标志、文件号、图号、更改单号、产品代码等。

1)对地面设备和弹上产品设计文件应标明阶段:初样(C)、试样(S)、定型(D)。产品应有名称、批次、代号、编号、生产日期等,产品设计文件应有名称、代号等。

2)导弹设计文件应有阶段标志,还应有名称、代号、批次状态号等。导弹应有产品名称、代号、批次状态号、编号、出厂日期等。

2.技术状态控制

对产品或其组成部分技术状态提出的工程变更建议进行系统的评价、协调、审定和实施的过程。

(1)技术状态的变更原则。

1)技术状态变更时,属于上级指令,需以正式签署的文件下达;属于客观原因或遇到不可克服的因素需要变更时,应由原技术文件批准部门,按原签署权限审批、发放,并报总体单位备案。所有技术状态的变化,应进行规范的论证和设计,并形成相应的技术文档;

2)由于技术状态变更带来的影响或不协调,只有在达到完全协调一致时才能批准变更。任务提出单位应以任务书或更改单的形式发往有关单位;

3)关键特性的变更必须通过设计评审;

4)涉及基线文件的更改,需要任务提出方(订货方、顾客或总体设计部门)的批准;

5)对于批准的更改,要得到正确的实施,包括技术状态文件以及产品实物做到文文一致、文实相符。

(2)技术文件的控制。

1)产品的批次状态应由总(副总)设计师下达书面指令,也可由型号总体室提出,经总设计师批准下达书面指令;

2)设计文件的完整性、更改控制按有关的规定执行;

3)可靠性、维修性、标准化等要求变更应由相应的部门下达文件;

4)重大技术状态变更的审定通过设计评审做出结论;

5)关键件(特性)、重要件(特性)的更改,需提高一级审批。

3.技术状态纪实

研制、试验、生产过程中对于技术状态控制所发生的一切资料,均应按要求准确记录,整理归档。使用过程中更改元器件、部件、组(整)件甚至设备等,应在产品证明书(或产品履历书)中记录备查;维修过程进行的更换,也应在产品证明书(或产品履历书)中记录。

总体单位按型号研制阶段或批次对技术状态更改(含偏离、超差)情况进行统计、分析,填写技术状态更改项目统计汇总表;编写技术状态纪实报告,重大更改报型号总师和总指挥,以便及时、准确地掌握技术状态的演变和现状,并及时归档。

技术状态纪实报告要求包括以下内容:

1)按型号总体、分系统或整机设备编制技术状态项目统计表;

2)按项目编制技术状态更改文件清单(汇总表);

3)按型号总体、分系统或整机设备编制技术状态演变汇总表或演变的综合说明。

4.技术状态审核

功能技术状态审核,结合定型前设计评审或型号研制各阶段的设计评审工作进行。通过评审、检查分析有关检验和试验记录来证实产品的功能、性能是否满足规定的要求。

物理技术状态审核,根据产品的技术状态文件检查所制造和试验的产品是否符合技术状态文件要求,以确立技术状态项目的产品基线。审核可与产品首件鉴定、产品质量评审、产品最终检验结合进行;并在产品定型前成套技术资料审查中,结合审查产品、审查产品技术状态更改(含偏离、超差)及处理结果,进行检查,达到文文一致、文实相符。

技术状态审查完成后,建立阶段产品基线。对遗留问题由责任单位负责落实,质量技术处实施跟踪管理。

技术文件、产品经设计评审、产品质量评审通过后,冻结技术状态。

1.4 总体设计输出的主要文件

总体设计在导弹研制的各个阶段输出多种文件,主要包括总体设计文件、工厂生产文件、靶场使用文件和定型文件。

总体设计文件是总体设计、总体与分系统协调的结果,是分系统设计的依据。总体设计文件分为五类:

(1)武器系统性能和状态类,如初始数据(含理论图),飞行时序,产品技术状态表等。

(2)结构协调类,如图号表,弹体结构协调总图,弹体结构设计要求,操纵机构安装要求等。

(3)设计计算类,如气动特性,弹道特性,质量特性,全弹振动特性,载荷与强度安全系数等。

(4)试验规划类,如飞行试验方案,地面大型试验方案,外测大纲,靶场建设要求,环境试验条件(含力学、热学、电磁等),可靠性保证大纲等。

(5)分系统设计依据类,如战斗部设计任务书,弹体结构设计任务书,发动机设计任务书,制导系统设计任务书,姿控系统设计任务书,控制线路综合设计任务书,电气系统设计任务书,地面设备设计任务书,遥测系统设计任务书等。

工厂生产文件是产品在工厂制造、总装、测试和出厂的依据,主要文件有产品配套表、产品(含零、部、组件及总装)图纸及技术条件、工厂测试细则(含控制、遥测、外测安全、动力装置、尾段)等。

靶场使用文件是在靶场进行全弹合练和飞行试验所必需的使用文件,其中包括任务协调、产品交接、转运、装配、测试、加注、瞄准、发射、飞行遥外测及落点勘察等诸过程使用的各类文件资料。完整的全套使用文件名详见《靶场使用文件资料配套表》。

总体定型文件主要包括定型申请报告、导弹定型报告(含战标评定)、导弹质量分析报告和导弹标准化报告。

思 考 题

1.导弹总体设计的主要内容有哪些?

2.试述导弹系统的研制过程及其主要内容。

3.导弹各研制阶段所要达到的技术状态及对技术状态的管理措施是什么?

4.霍尔三维结构的要点是什么?

第2章 导弹战术技术要求及主要参数设计

2.1 概　述

导弹武器的战术技术要求是指为完成既定的作战任务而必须保证满足的各项战术性能、技术性能和使用维护性能等要求的总和。战术技术要求通常由军方或订货方根据国家军事装备发展规划和军事需求提出,或研制部门根据军事需求制订,报军方或订货方批准转由军方下达研制任务书。

战术技术要求是使用方在分析总结了战争态势、军事需求和目标情况,预测了未来战术和技术的发展方向,并考虑了本国的实际国情后,对新研制的型号提出的涉及性能、使用、维护、经济等方面要求的总和。战术技术要求由《研制总要求》规定,是设计制造导弹最基本、最原始的依据,也是导弹系统研制终结时验收考核的依据。因此,研制部门必须十分重视战术技术要求的每一个量化指标。在武器系统研制之前,对战术技术指标进行充分的可行性论证,彻底理解战术技术的每一项指标要求,从技术途径、技术水平、关键技术难度、国家资源、研制周期要求等方面进行综合分析,论证达到战术技术指标的技术现实性、可行性,在支撑性课题及关键技术取得原理性突破的基础上,提出型号方案设想和可供选择的技术途径的建议,并以"战术技术指标可行性论证报告"的形式报军方或订货方审定。

战术技术指标可行性论证是导弹系统研制的重要阶段,既关系到研制工作的成败、研制周期的长短、经费的多少,又在导弹研制市场激烈竞争时期,还关系到能不能争取到研制任务。因此,可行性论证要十分注意其可行性、先进性、经济性和合理性,论证中要求总体方案正确、完整,阐明攻克关键技术的把握性和技术途径。可行性论证阶段的主要工作项目如下:

(1)提出满足型号发展规划和使用部门要求的优化方案和可能采取的技术途径,提出技术关键和应解决的重大技术项目;

(2)达到战术技术指标可行性;

(3)采用的新技术、新材料、新工艺和解决途径;

(4)为完成型号研制任务需要增加的新设备、新设施及提请国家解决的重大问题;

(5)提出经费概算、研制周期和研制程序网络图,选定工程研制前必须突破的支撑性课题及关键性技术研究。

导弹系统战术技术指标具有强烈的时代性,必须适应科学技术的发展和战争态势的变化,否则将被淘汰。因此,战术技术指标可行性论证必须立足先进技术、不失时机。但不可追求过高指标,致使研制周期过长,从而落后于时代。

根据战术技术指标,选择及确定导弹的主要技术方案是总体设计的首要环节,此项工作需要经过多次反复,直到整个研制阶段结束才能最后完成。总体方案初步确定之后,另一项工作就是确定导弹主要总体参数。只有在总体方案及主要总体参数确定之后，导弹的基本特性才能明确，各方面的技术工作才能开展。因此，总体方案及其主要参数确定是至关重要的，也是最基础的工作。如果总体方案及主要参数选择不当，可能给导弹的研制工作带来大的反复，或者给导弹带来难以克服的固有缺陷。与总体方案的选择一样，主要总体参数的选择及确定也是方案设计的首要环节，也需要经过多次反复，直到初样设计结束才能最后完成。

2.2 战术技术要求分析

2.2.1 战术技术要求

战术技术要求是对要研制的新型导弹提出的各项具体要求，全面反映了导弹武器系统的实战使用性能。由于它涉及的面很广，而且各类导弹武器系统的战术技术要求不尽一致，性能也不尽相同，不能一一细述，只能从导弹总体设计的角度，研讨其最基本的问题。对每一类型导弹，其项目可增可减，但主要包括下列几个方面。

2.2.1.1 战术要求

1.目标特征

通常，设计一种导弹要能对付几种目标，战术要求中规定了一种或数种目标类型及典型目标。例如当目标是飞机时，就要说明：①飞机名称、类型；②飞行性能(飞行速度范围、高度范围、机动能力等)；③防护设备、装甲厚度与布置；④外形及其几何尺寸；⑤要害部位(驾驶员、发动机、油箱等)的分布与尺寸；⑥雷达反射特性、红外辐射特性；⑦防御武器及其性能；⑧各种干扰措施等。典型目标用于确定典型弹道、截获概率、杀伤概率的计算。

2.发射条件

发射条件通常包括对导弹发射地点、环境(白昼、黑夜、风速、海拔高度等)、阵地设置与布置、火力密度等方面的要求，以及导弹发射时产生的噪声、光亮、温度、烟尘、压力场、分离物等方面的要求。

对于防空导弹，应说明发射点的环境条件、作战单位发射点的布置、发射点数、发射方式、发射速度等。对于空射导弹，应说明载机的性能、悬挂和发射导弹的方式、瞄准方式和发射条件(方位角、距离等)。对于水上或水下发射的导弹，应说明运载舰艇、潜艇的主要数据、发射方式及环境条件等。

3.导弹性能

导弹的性能主要包括飞行距离、飞行速度、机动能力、制导精度、目标毁伤要求、生存能力、隐身能力、可靠性等。

4.杀伤概率

杀伤概率(毁伤概率)是导弹武器系统最重要的、最能代表性能优劣的主要战术指标，一般规定对典型目标的单发杀伤概率。单发杀伤概率除了取决于制导精度，导弹、目标的遭遇参数，引信和战斗部的配合效率，战斗部的威力大小等因素以外，还与目标要害部位分布情况及目标的易损性有关。

5.制导体制

制导体制包括单一制导模式、复合制导模式、发射后不管模式、被动模式等,不同的制导体制都有具体的技术指标,是确定相应制导系统方案的依据。

6.主要作战能力

主要作战能力包括发射后不管能力,对单个目标、群体目标和编队目标的攻击能力,抗干扰能力,末端博弈能力等。还有作战准备时间,二次发射的可能性等。

2.2.1.2 技术要求

1.尺寸和质量

尺寸和质量主要指最大外廓尺寸,对机载发射导弹和筒装导弹规定弹径、弹长、翼展、舵展等,并给出发射质量限制。

2.对分系统的要求

对分系统的要求包括对导弹各分系统和主要部件的功能、类型、组成、尺寸、质量、特性及一些需要特别强调事宜。如制导控制系统的类型、质量和尺寸;动力装置与推进剂类型、质量与尺寸;战斗部类型与质量、引战配合等。

但是对分系统和部件的要求提得过多过细,会束缚研制单位的创造性和影响新技术的采用。因此,在满足战术、技术要求的前提下,这方面的要求宜尽可能少提,或以建议的方式提出供研制单位参考。

3.环境条件

环境条件包括储存温度、工作温度、储存相对湿度、温度循环、加速度、冲击、振动、淋雨、霉菌、盐雾、砂尘、低温、低气压条件等。

4.可靠性

可靠性包括储存可靠性、挂飞可靠性、自主飞行可靠性。

导弹系统的可靠性除了主要决定于设计之外,还和生产工艺、工程管理等因素有关。在提可靠性要求时,注意不能脱离国家的工业基础和元器件、原材料的实际水平。

5.安全性

安全性指为保证在贮存、运输、检测、使用等正常情况下以及在碰撞、跌落、错误操作、外界干扰等非正常情况下,武器和人员的安全而提出的要求。

安全性要求提出时可分解成火工品的三防要求、引战系统的多重保险要求、安全落高要求等内容。

6.电磁兼容性

电磁兼容性一般根据 GJB151A—1997《军用设备和分系统电磁发射和敏感度要求》和载机或装载对象的电磁环境裁剪制订。

7.根据部队装备情况和生产实际条件提出的要求

(1)对已有型号的继承性要求;

(2)标准化要求;

(3)选用元器件、原材料的限制及要求;

（4）定型后生产规模和生产批量的要求。

2.2.1.3 使用维护要求

1. 维修性

规定导弹系统装备部队后的维修事宜，包括维修级别、预防性维修周期、维修时间等，并对采用的设备、平均修复时间以及设备的开敞性、可达性等内容提出要求。

2. 互换性

互换性包括导弹舱段、组件等的互换性。除了对分系统和主要部件提出互换性要求之外，还可根据需要对故障率高、易损坏的零组件提出易更换和互换性要求。

3. 寿命

寿命包括在库房条件下装箱存放的储存寿命；挂飞、行军或执勤情况下的使用寿命；供电、供气状态下的工作寿命等。

4. 测试性

测试性规定自检覆盖率、检测覆盖率、正检率、误检率等。

5. 喷涂和标志

根据防护、识别、操作等方面的需要，对产品和包装的颜色、图案及标志内容、字体、部位等提出要求。

6. 产品贮运

产品贮运还包括产品配套、包装、运输（含运输方式、里程）、存放（含存放条件、方式）等要求。

7. 训练设备

训练设备包含设备的组成、功能、模拟内容、训练项目、记录数据、评分方式、使用寿命、平均无故障工作时间等内容。

对于以上所述各项，已有许多规范，这些规范都有着通用性、完整性、适应性、相关性和强制性。例如，提出了导弹武器系统的总规范、导弹设计和结构的总规范、导弹武器系统包装规范和通用设计要求、地面和机载导弹发射装置通用规范、空中发射导弹的最低安全要求、军用装备的气候极值、运输和贮存标志等，对于战斗部与保险执行机构、推进系统与导弹发动机、导弹电路、导弹材料、导弹的包装与存放区等各方面都做了明确的规定。

除了前面已经提到的有关战术技术和使用维护方面的要求以外，根据不同武器系统类型还有一些附加要求，诸如型号的研制周期、产品的成本与价格、导弹系统的通用性和扩展性方面的要求等。

这些指标在可行性论证阶段，是可以与军方或采购方商榷的。

2.2.2 目标特性分析

导弹战术技术要求与其所攻击的目标密切相关，故在拟定战术技术要求前，必须对目标的特征作全面深入的调查分析研究。只有掌握了目标的飞行速度、高度范围和机动能力，才能较恰当地确定导弹的飞行性能；了解了目标的外形尺寸、结构特征、部位安排和装甲情况，才能有针对性地确定导引规律的修正方法,选择引信和战斗部参数;分析了目标的红外辐射特性,才能选择红外导引头的工作波段和提出灵敏阈要求;掌握了目标已经采用和可能采用的光电干扰手段,才能研究对策,寻求相应的抗干扰措施。因此,研究目标特性是战术技术可行性论证、武器系统设计和研制的重要前提,也是武器系统验收考核的重要依据之一。

2.2.2.1　目标分类

所谓目标是需要毁伤或夺取的对象,它包括敌人任何直接或间接用于军事行动的部队、军事技术装备和设施、工厂、城市等。从不同观点出发,对目标分类有不同方法。

按目标的军事性质,可分为非军事目标和军事目标,后者又可分为战略目标和战术目标。

按目标所在的位置,可分为空中目标、地(水)面目标和地(水)下目标。

按目标防御能力,可分为硬目标和软目标。

按目标编成,可分为单个目标和集群目标。

按目标的运动情况,可分为运动目标和固定目标。

按目标面积大小,可分为点目标、线目标和面目标(外形尺寸较大,且长宽比较接近——通常不超过 3:1 的目标)。

按目标辐射特性,可分为热辐射目标、光辐射目标与电磁波辐射目标。

2.2.2.2　典型目标特性分析

所谓典型目标,即在同类目标中,根据目标的散射特性、辐射特性、运动特性、几何尺寸、结构强度、动力装置类型、制导系统、抗爆能力、火力配备、生存能力等特性,并考虑到技术发展,综合而成的具有代表性的目标。根据武器的性质,通常只模拟目标的数个主要特性。例如,飞机类典型目标的主要特征有外形尺寸、飞行高度、最大速度、机动能力、要害部位的分布和尺寸、辐射或反射特性、防护设备、干扰与抗干扰能力、火力配备等。摧毁飞机可以击毙飞行员、引燃油箱、破坏翼面和操纵部分等,因此采用"要害面积"的概念,例如,一般飞机的要害面积取其投影面积的 20%～30%,大约有几平方米(具体飞机要害面积的确定,需要对各个方向和结构进行分析计算与实测)。但是,战术导弹的要害面积比飞机小得多,一般战术弹道导弹(TBM)只有 0.4～0.6 m²,空地导弹只有 0.1～0.2 m²,反辐射导弹只有 0.02～0.1 m²。

1. 空中目标

防空导弹所攻击的目标包括各种作战飞机、武装直升机、战术导弹和无人驾驶飞行器等。作战飞机这类目标一般速度较高,可以作超声速飞行,飞得快的机种的最大平飞速度已经超过马赫数 2.5,但由于气动加热、结构强度、动力系统等方面原因,特别是在飞机携带载荷的情况下,实际能飞出的速度远小于最大平飞速度。武装直升机的飞行速度比飞机小得多,飞得最快机种的飞行速度仅约马赫数 0.3。

不同类别、不同型号的飞机,机动能力不一样,同一架飞机由于飞行高度不同,所携带负载等情况不同,机动能力也大有差异。下面给出不同类型的目标在不同情况下最大机动过载的可能变化范围。

装有炸弹、空地导弹等对地兵器的轰炸机(不包括战略重型轰炸机)的最大机动过载为 2～4g。

装有炸弹、空地导弹及副油箱等载荷的战斗机、攻击机及无此类载荷的轰炸机的最大机动过载为 3～6g。

扔掉炸弹、空地导弹等外挂载荷后的战斗机、攻击机的最大机动过载为 $4 \sim 8g$。在短时间内甚至可能达到 $9g$。

现代战斗机、攻击机的机身长度大多数在 $12 \sim 24$ m 范围内。翼展略小于机身长度,在 $10 \sim 20$ m 范围内变化。大部分武装直升机的机身长度在 $12 \sim 20$ m 范围内,旋翼直径与机身长度相仿或略小于机身长度,与战斗机、攻击机的尺寸属同一量级。飞机发动机的尾喷管即红外辐射源位置基本上都在机身后部,而直升机的发动机几乎无例外地在机身中部。上述目标尺寸和红外辐射源位置特点对于制导精度很高的导弹来讲是必须重视的。在选择导引参数和前向偏移修正量时,需要据此确定期望弹着点即散布中心的位置;在计算命中概率时,需要考虑弹着点附近目标外形的具体情况。

现代飞机和武装直升机的结构材料多为铝合金和复合材料。在载荷较大和高温部位,常采用合金钢和钛材料。飞机机身几乎都采用全金属半硬壳式结构,内部安置光学电子设备、操作控制系统、机炮、油箱等设施及驾驶员座舱。机翼的主要承力结构大多数由锻造的梁和整体壁板构成,在载荷较小的前、后缘和副翼、襟翼上,也有采用蜂窝结构形式的。尾翼结构与机翼基本相似。在机翼内部,一般都部分用作整体式油箱。机翼下方可设置挂弹架,携带炸弹、火箭、导弹等武器。直升机的机身亦多采用全金属半硬壳式结构,旋翼桨叶由高强度材料制成的大梁、蜂窝夹芯、蒙皮等部分组成。

大多数以对地攻击为主要任务的攻击机和武装直升机,为了提高低空作战时的生存能力,在驾驶舱和重要部位经常采用局部装甲防护。例如:

攻击机"A-10"在驾驶座舱周围和机身腹部就设有 $30 \sim 50$ mm 厚的铝合金装甲,可以承受 23 mm 炮弹的射击。

武装直升机"AH-64""A-129""米-24"等,在驾驶座舱和重要部位也都有装甲,能经得住枪弹甚至口径更大炮弹的射击。

因此,作战飞机这类目标具有速度高、机动能力强、几何尺寸小和突防能力强等特点;机上装备机炮、导弹、制导炸弹等各种精确制导武器,可实施对多个目标的攻击;内装或外挂各类(包括侦察和干扰在内的)电子战系统,具有较强的无线电和红外干扰能力。武装直升机具有的特点,不需要特殊的机场,可根据任务的需要临时起降,发起突然袭击;具有超低空灵活飞行攻击的能力,不易为敌方探测系统发现;具有在空中悬停的性能,其悬停高度可低至数米,因而可以隐蔽在地物及其雷达回波中,必要时可以跃升发动攻击,对敌方探测设施的暴露时间可缩短到 $10 \sim 20$ s;可以携带机炮、炸弹、导弹等多种攻击武器,并装有机载电子和红外干扰装置。战术导弹和无人驾驶飞行器同飞机类目标相比,其特点是速度较快,体积较小,相应的雷达散射截面及红外辐射强度比轰炸机低 $2 \sim 3$ 个数量级,因而不易为各类探测器发现、截获和跟踪;由于体积小,结构强度比较高,因而不易被击中和摧毁;它的出现往往具有突然性,发射以后留空时间又比较短,同时出现的数量又可能较多,价格又比飞机低得多。这就使它成为防空导弹难以对付的一类目标。

2.水面目标

反舰导弹攻击的目标,海面为各种作战舰艇和运输船只,水下为潜艇。水面舰艇一般可分为快艇、驱逐舰、护卫舰、巡洋舰、航空母舰等。根据作战任务的需要和火力配备的要求,可以用各种舰船组成编队。这种目标的特点如下:

(1)攻击火力集中而强大。舰上分别装备有各种类型的舰载导弹、火炮、鱼雷、作战飞机和电子对抗武器,进行全方位的进攻和自卫。特别是以航母为核心的特混舰队,在短时间内能集中极强的火力摧毁某一方向上的任何坚强的防御,在历史上海上舰队的登陆作战基本都是成功的。

(2)战斗状态持续能力强而且续航能力高。舰艇进入战斗状态后可以持续十天半月甚至更长的时间,舰艇在广阔的海域上机动作战,在海上续航可达数月、几千海里,特别是核动力的舰艇续航能力可达到数年、几万海里。

(3)生存能力强而且防御力量大。在非原子武器攻击的情况下舰船抗攻击能力很强,如果用 0.5 t TNT 当量的战斗部,对于航母需要命中 6～8 发才能击沉,4～6 发才能击毁,3～4 发才能重伤,1～2 发只是轻伤。对于驱逐舰以下的小型舰船,也需要命中 2～3 发才能沉没。而且舰船的防御能力很强,一般舰上不但有防空导弹、防空火炮、舰载飞机等积极防御手段之外,还有电子对抗、隐身措施、舰艇的机动迴避等消极防御手段。对于无对抗条件下单发命中概率为 90% 的空舰导弹,在对抗条件下单发命中概率只能达到 10%～20%,还不考虑空舰导弹武器系统自身的可靠性。

(4)目标无线电波散射及光学辐射特征强。有较强的雷达波散射特征,有强的红外线辐射能,这对于用雷达或红外搜索、捕捉目标是极好的条件。虽然存在海杂波干扰,但像驱逐舰这样的大中型目标,其散射电波和光学辐射能量很强,要害部位尺寸大,目标容易分辨出来,因而可选用雷达、红外、电视导引头等。

以驱逐舰为例,其目标特征如下:

航速:34～35 kn

排水量:2 000～4 000 t

尺寸:长　110～200 m

　　　宽　12～30 m

壳体钢板厚度:10～20 mm

吃水:5.5～8.8 m

结构特征:有厚装甲,有几个船舱漏水而不沉的性能,动力设备、弹药库、燃油等要害舱均布在水线以下。

3.地面目标

弹道导弹和空地导弹攻击的目标是地面各种目标。地面目标的一部分是专为军事对抗而构筑的,例如永备工事、战略指挥部、飞机掩蔽部、野战工事、火炮掩体等,这些目标在设计和修建时就考虑了防爆能力和对抗措施。另一部分是民用建筑和设施,在战时由于所处的地理位置与作用,成为重要的军事目标。例如桥梁、公路、交通枢纽、民用机场、港口等,这些目标在设计和修建时,一般没有考虑防爆能力和对抗措施。这些典型地面固定目标的基本特性:有确定的位置和坐标;一般为集中的地面目标;为军事目的修建的建筑和设施都有较好的防护,大多由钢筋混凝土或钢板制成,并有覆盖层,防爆能力强;对纵深的战略目标都有防空部队和地面部队防护;这些地面目标一般采用消极防护,例如采用隐蔽、伪装等措施。

目标特性分析是确定目标探测、导弹制导、战斗部类型与质量、引信种类及引战配合、毁伤效能等参数的依据。通过对目标特性进行分析,可以制订如下要求:

(1)依据对目标的毁伤要求,确定战斗部的类型、质量、引战配合要求。通过作战效能分析,确定摧毁一个目标所需导弹数量,提出一个战斗火力单元的组成,即武器系统配套要求。

（2）根据目标特性,确定导弹制导体制和攻击目标的方式,确定对目标的命中精度。

（3）依据目标攻防特性,确定导弹的有效射程、载体安全撤离措施,提出导弹突防性能,如导弹飞行速度、飞行高度、隐身特性、机动能力等突防要求,以及抗干扰措施等。

由上述分析可以看出,不同的目标有着不同的特征,根据不同的目标特征,可制订不同的有效攻击和毁伤措施,因此,目标特征是制订导弹战术技术指标的依据之一。需要特别关注和重点研究的目标特性是其飞行性能、雷达散射特性和光学辐射特性。由于导弹武器系统的研制周期较长,所以制订战术技术指标时,必须考虑被攻击目标的发展趋向。

另外,导弹各分系统设计部门都与目标的种类和特性有关,因此都必须对此有所了解和研究。只是各分系统所要研讨的侧重点不一样。对于战斗部系统设计部门,侧重目标的大小、形状、构造形式、要害部位的尺寸和面积,目标的抗毁伤能力等;对于制导系统设计部门,侧重于目标反射电磁波和辐射红外线的能力、目标的电子干扰系统以及目标的速度、机动能力和目标离导弹的距离等;对于弹体设计部门,除了以上各点外,还应注意目标飞行性能、防御能力、导引系统以及发射点离目标的距离等。

2.2.3　弹道分析

弹道是指导弹从发射开始到击中目标为止的运动轨迹。通过弹道分析,可以进一步验证飞行包络、飞行速度、飞行高度、有效射程等是否满足战术技术指标提出的要求。

导弹在飞行过程中要经受各种环境条件,如动力环境、大气环境、大地环境、电磁环境及战场环境等。动力环境指导弹在发射时和飞行中承受的过载、振动、冲击、声振等力学环境。大气环境指大气温度、压力、密度和风速、风向,大气条件与导弹气动外形、发动机性能密切相关。大地环境指地面起伏、遮蔽、高山障碍,是选择导弹飞行高度控制的依据。而电磁环境及战场环境则指背景干扰、电磁干扰及敌方电子对抗和武器对抗条件,这是确定采用什么样的技术能在目标背景中识别目标,保证导弹安全突防和摧毁目标的依据。在详细分析弹道环境的基础上,选择实现典型弹道的技术措施,检查是否满足战术技术指标要求。

选择飞行弹道应考虑解决以下几个方面的关系:

1. 解决好飞行速度、飞行高度、导弹射程和起飞质量的关系

导弹设计中,推进系统（包括推进剂）的质量、体积比较大,它们往往是决定弹体尺寸、质量的重要因素。导弹的需用推力决定了所选用的发动机类型、质量和尺寸,导弹射程决定了所需推进剂消耗量,而推力和推进剂消耗率取决于导弹飞行速度和飞行高度,因此,导弹飞行速度、飞行高度和射程是影响推进系统体积、质量的主要要素。

导弹阻力为

$$X = \frac{1}{2}\rho v^2 C_x S$$

其中,阻力系数 $C_x = C_{x0} + C_{xi}$,是飞行速度的函数。在亚声速飞行时,阻力系数随飞行速度变化不大,而其阻力随速度的二次方成正比;超声速飞行时产生波阻,导弹的阻力系数显著增加。因此,飞行速度增加,阻力增加,所需推力加大,发动机尺寸加大,燃料消耗量增加,而飞行高度又与空气密度 ρ 和 C_x 有关,随着飞行高度增加,空气密度 ρ 减小,阻力下降。

显而易见,高弹道、低飞行速度,发动机所消耗的推进剂量小,而低空超声速飞行时推进剂消耗量显著增加。飞行速度和飞行高度的选择既由战术技术指标决定,又要考虑导弹的体积、质量最小。

2.解决好飞行速度、飞行高度与导弹突防能力的关系

末端拦截武器和火炮系统对导弹有较高的拦截概率,但选择恰当的飞行弹道会降低威胁程度,提高导弹的突防能力。

对地攻击的导弹通常采用高亚声速超低空弹道,利用敌方雷达不易发现的条件攻击目标。但随着下视雷达和快速响应、高自动化末端拦截武器的使用,对高亚声速超低空弹道也构成了威胁。于是,人们又采用超声速超低空飞行弹道,这样,即使下视雷达在末端发现了来袭目标,因为响应时间不够,使敌方来不及实施拦截,但是超低空、超声速飞行会带来一系列技术问题;导弹在末端拦截区实施机动也能提高突防概率,但带来了控制系统设计上的困难;超声速高弹道也是突防的手段之一,射程大时使用效果较好。

3.解决好发射高度、发射速度与导弹飞行速度、飞行高度的关系

地面发射的导弹高空飞行时,虽然高空巡航段消耗的燃料量较少,但导弹爬升到高空弹道需用大推力发动机及消耗的推进剂质量大,不一定能获得最大射程。因此需要进行弹道综合分析,选择好上述几个参数的相互关系,设计出能使导弹质量最轻的弹道。一般陆基发射多采用两级,一级为助推器,它的总冲量很大,主要完成加速爬升任务,二级发动机主要担负高空巡航任务。

4.处理好导弹气动加热和隔热防护问题

在确定导弹弹道参数时,还要注意到发动机的工作范围,以及导弹飞行中的气动加热带来的结构材料和弹上热防护问题。

通过弹道分析,可以进一步验证导弹的飞行速度、飞行高度、制导体制、动力装置性能、推进剂质量、导弹可能的总质量和外形尺寸。

2.2.4　发射条件分析

通过发射条件分析,确定导弹发射技术和火控配置要求。战术导弹发射平台多种多样,既可以从空中(飞机)发射,也可以从水面舰艇、水下潜艇发射。陆上发射条件最为宽松。陆基发射应考虑的是,导弹气动外形和发动机推力是按主巡航段要求设计的,导弹在远离设计点时,气动效果及控制面效率都较低,必须由助推器将导弹加速到一定的飞行速度和高度,然后由主发动机继续加速并保持最大速度的巡航飞行。采用助推器加速时,分离速度应满足足够的气动力及舵面操纵效率的要求。在某种情况下,还可使主发动机继续加速。助推器产生的噪声、振动、浓烟及其他氧化物、高温和气浪对发射场地有严重影响,导弹的瞬时和持续大幅度加速、冲击、振动对弹体结构、弹上设备有损伤作用。

陆基发射方式有倾斜发射和垂直发射两种,应根据飞行弹道特点、主发动机及助推器的类型以及弹体制导系统要求等因素,决定采用的发射方式。

空中发射有严格的约束条件。首先,发射装置和导弹不应大幅度降低飞机的性能、航程和飞行品质,导弹及发射装置、火控系统的质量、体积及在机上的位置有严格限制。其次,飞机与导弹之间的气动干扰影响导弹的离轨姿态,导弹的控制要能适应飞机流场效应的影响。第三,发射导弹时作用在弹上的气动力矩会影响发射初期的飞行轨迹,要使导弹不撞击飞机,所产生

的燃气气流、火焰、噪声、气浪不危及飞机的安全。另外,要考虑飞机发射导弹与发射其他武器的通用性。

舰艇发射方式要考虑舰面尺寸和上层建筑的限制;海水有腐蚀性,发射装置及导弹本身应有抗腐蚀措施;考虑舰艇摇摆簸动对导弹发射影响以及不使导弹火焰损坏舰面设备。

实践证明,敌方往往施放干扰,干扰导弹载体,使其发现不了被攻击的目标或引向假目标。火控系统应采用多种有效的抗干扰措施。

2.3 导弹性能

一种导弹不可能同时兼备各种性能或多种用途,只能在配置成套的导弹体系中,占据一定的地位和作用。导弹的性能包括累积性能和终点性能:累积性能主要指射程、制导精度和遭遇条件等,它与动力系统、制导回路、发射方式、目标和导弹飞行性能等有关;终点性能主要指导弹破坏给定目标的威力特性,它与战斗部、引信和目标易损性等有关。

2.3.1 导弹的飞行性能

飞行性能即导弹质心的运动特性,如主动段飞行时间、速度特性、加速度特性、飞行高度、射程、弹道过载特性等。导弹的飞行性能主要指其射程、速度、高度和过载。

飞行性能数据是评价导弹性能的主要依据之一。

1. 射程

射程是在保证一定命中概率的条件下,导弹发射点至命中点或落点之间的距离。远程导弹以导弹发射点至命中点的地面路程计算。

射程有最大射程和最小射程之分。最大射程取决于导弹的起飞质量、发动机性能、燃料性能、结构特性、气动特性和弹道特性等。最小射程取决于飞行中开始受控时间、初始散布、过载特性和安全性等。有些导弹的最大和最小射程,还取决于探测或制导系统的能力。

地空导弹的射程,取决于自动导引头的限制、制导系统的作用距离及准确度的限制、第二次攻击的可能性以及击毁目标应远离发射阵地、雷达站等限制。

空空导弹的射程,受导引头工作距离的限制、弹上能源工作时间的限制、导引头视角的限制、最大和最小相对接近速度的限制、引信解除保险的限制以及导弹最大法向过载的限制等。

空地导弹的射程,主要受制导系统和载机安全的限制。

对于飞航导弹,由于涡喷、涡扇发动机技术、整体式冲压发动机技术以及卫星定位系统(GPS)在导弹上应用技术的突破,大大增加了飞航导弹的射程。

地地导弹的射程,是发射点到目标点的距离。其他如反坦克导弹,其射程受目标能见度及制导系统的限制。

必须依据作战目的,从系统的观点制订射程要求,选取一个适当的射程范围。各种型号导弹都有自己的射程范围,最终可组成一个导弹系列来完成对给定目标的打击任务。例如,弹道导弹应能攻击射程为几百千米到上万千米的目标,显然,要求用一种型号的导弹完成上述任务是不合理的。因此必须设计出一个导弹系列,该系列应包含若干型号,每种型号分别担负不同射程范围内的任务。例如,弹道导弹射程的分布范围如下:

战术弹道导弹:10～300 km;

战役弹道导弹:300～1 000 km;

战略近程导弹:1 000～2 000 km;

战略中程导弹:2 000～5 000 km;

战略远程导弹:5 000～8 000 km;

战略洲际导弹:大于 8 000 km。

对每一种型号的导弹,都应规定一个最大射程和一个最小射程。对导弹系列来讲,其中两种衔接的导弹型号,要求射程大的一种型号的最小射程不大于射程小的那些型号的最大射程,即要求射程互相衔接。

2.速度

速度特性即导弹的速度随时间变化曲线及速度特征量(最大速度、平均速度、加速度和速度比等)。

速度特性是导弹总体设计依据之一。按导弹类型不同可由战术技术要求规定,也可由射程、目标特性、导引方法、突防能力等确定。确定速度特性后,导弹的飞行速度范围、飞行时间、射程、高度等参数均可确定,由此导出推进剂质量后,就能进行导弹的外形设计、质量估算,确定导弹起飞质量和发动机推力特性等主要设计参数。

确定速度时,应考虑以下方面:

(1)从导弹的突防能力来看,随着导弹速度的增大,敌方反击时间就越少,自己被敌人击中的可能性也就越小,显然导弹速度越大越好。但导弹速度增大是有限制的,随着速度增加,阻力将呈二次方地增加,于是发动机质量和导弹质量均增大。研究表明,对于反舰导弹,若把其飞行速度由 $Ma=0.9$ 提高到 $Ma=2$,敌方抗击的能力将减少一半。飞行速度越高,一方面使得敌方防御反击的困难加大,能提高反舰导弹攻击的成功率;另一方面也使得反舰导弹即使战斗部较小也能达到较理想的穿甲效果。

(2)从制导系统的要求来看,若采用自动导引头,则导弹速度越大,跟踪目标的视角越小,导引头就越易保证跟踪目标。

若采用目视(要 10″～15″)或电视(要 20″)制导系统,则因操纵手要有一定的时间迟缓,故要求导弹速度不能太大。

(3)从减少拦截时间及进行第二次攻击来看,导弹速度大有利。

(4)从机动性来看,导弹的可用过载近似与其飞行速度的二次方成正比。

(5)从导弹接近目标时引信的要求来看,导弹速度应有一定大小。接近目标时导弹与目标的相对速度应大于 200 m/s。

(6)导弹的射程和起飞质量都与飞行速度有关。正确处理飞行速度、导弹射程、起飞质量和导弹外廓尺寸之间的关系,在较小的起飞质量和外廓尺寸条件下获得最大射程,是设计师们所追求的目标。

(7)气动加热对导弹飞行速度提出了限制值,这个限制有时很严格。

气动加热现象的产生是因为飞行器在气流中运动时,紧靠物体表面的气流质点由于摩擦而受到阻滞的结果。在低速时气动加热现象不明显,但超声速时由于气流能量很高,气动加热变得非常严重,而且随着马赫数的增加,气动热流成幂次方地增加。

现代超声速有翼导弹的飞行速度高达 $Ma=4～5$,飞行距离可达数百千米,弹道导弹的再入速度更高。这时,气动加热现象十分严重,必须予以重视。

3.高度

飞行高度是指飞行中的导弹与当地水平面之间的距离。按所取的水平面位置可分为,绝对高度,即以海平面为起点的高度;相对高度,即以某一假定平面为起点的高度;真实高度,即以当地的地平面(与地球表面相对的平面)为起点计算的高度。利用气压原理的高度表可测出绝对高度或相对高度,而采用无线电波反射原理的高度表可测出真实的高度。

导弹的飞行高度随导弹类型而异。近程导弹常以发射点的水平面或过发射点的平面作为起点平面测量飞行高度,远程导弹大多以距当地水平面的高度作为飞行高度(真实高度)。防空导弹的飞行高度,一般是指最大作战高度,即在此高度内导弹具有一定毁伤概率。

根据防空导弹的作战空域分类:现在一般将空域划分为高空、中空、低空和超低空。空域划分标准各国不尽一样。

例如北大西洋公约组织按以下规定划分:150 m 以下为超低空;150~600 m 为低空;600~7 500 m 为中空;7 500~15 000 m 为高空;15 000 m 以上为超高空。

我国防空导弹有效作战高度范围一般划分如下:150 m 以下为超低空;150~3 000 m 为低空;3 000~12 000 m 为中空;12 000 m 以上为高空。

现代战争的特点是全方位、多层次和大纵深的立体战,战场的分布高度从太空、中高空、低空、地面(或海面)直至水下,战争的方式是对抗低空和超低空突防、反辐射导弹、隐身飞机和强电子干扰等。而低空和超低空飞行是现代飞行器实施突防的重要手段。

低空突防是利用地球的曲率和地形造成的遮挡与地对空防空设施的盲区作掩护,利用防空武器所需要的调度时间等有利条件,使低空飞行器快速、隐蔽地深入敌区进行突然袭击。

为了有效地实现低空突防,巡航导弹、空地导弹等通常采用高亚声速超低空弹道,利用敌方雷达不易发现的条件攻击目标。但随着下视雷达技术和响应快速、高自动化的末端拦截武器的使用,对这种突防高度的弹道便构成了威胁,于是人们又采用了超声速超低空弹道。这样,即使下视雷达在末端发现了来袭目标,因为响应时间不够,来不及拦截。当然,超声速高空弹道也是突防的手段之一。

因此确定高度时,应考虑下列因素:

(1)从突防能力来看,导弹飞行高度越低,越不易被敌方雷达发现;

(2)从提高生存能力,不易被敌方击毁考虑,或低空飞行,或在很高的高空飞行;

(3)从射程考虑,飞行高度越高,阻力越小,射程越大;

(4)一般应从整个武器系统的配套分工来确定某型导弹的飞行高度。

4.导弹的机动性

所谓导弹的机动性是指导弹能迅速地改变飞行速度大小和方向的能力。导弹攻击活动目标,特别是空中机动目标时,必须具备良好的机动性能,机动性能是评价导弹飞行性能的重要指标之一。

由"导弹飞行力学"课程可知,导弹的机动性通常用轴向过载和法向过载来评定。显然,轴向过载越大,导弹所能产生的轴向加速度就越大,这表示导弹的速度值改变得越快,它能更快地接近目标;法向过载越大,导弹所能产生的法向加速度就越大,在相同速度下,导弹改变飞行方向的能力就越大,即导弹越能作较弯曲的弹道飞行。因此,导弹的过载越大,机动性能(通常所说的导弹机动性,主要是指法向过载)就越好。例如,现代先进的空空导弹,其法向过载可达到 $40g$ 以上。当然,导弹的过载受到导弹结构、仪器设备等承载能力的限制。

2.3.2 制导精度

制导精度是表征导弹制导系统性能的一个综合指标,反映系统制导导弹到目标周围时脱靶量的大小。由于诸多因素的影响,制导误差在整个作战空域内是一个随机变量。在实际使用过程中,制导精度是指弹着点散布中心对目标瞄准点的偏移程度,其散布度则是指导弹的实际落点相对于散布中心的离散程度,意指弹着点的密集程度。

导弹制导精度的高低可以用单发导弹在无故障飞行条件下命中目标的概率来表示。制导精度的另一种衡量指标是,在一定的射击条件下,导弹的弹着点偏离目标中心的散布状态的统计特征量——概率偏差或圆概率偏差。

概率偏差可分为纵向概率偏差和横向概率偏差,用符号 PE 表示。

圆概率偏差一般用符号 CEP 表示。它是指以落点的散布中心为中心,该圆范围内所包含的弹着点占全部落点的 50%,则该圆的半径就是圆概率偏差。

圆概率偏差约等于概率偏差的 1.75 倍,而概率偏差约为圆概率偏差的 0.57 倍。

关于制导精度的分析在第5章中讨论。

2.3.3 威力

威力是表示导弹对目标破坏、毁伤能力的一个重要指标。导弹的威力表现为导弹命中目标并在战斗部可靠爆炸之后,毁伤目标的程度和概率,或者说导弹在目标区爆炸之后,使目标失去战斗力的程度和概率。对于反坦克及反舰导弹,为了使目标被毁伤并失去战斗力,一般要求导弹的战斗部必须首先穿透目标装甲,才能起到毁伤作用,因此常常用穿甲厚度作为衡量其威力的指标;反飞机导弹主要依靠战斗部爆炸后形成的破片杀伤目标,破片要能杀伤目标,必须具有足够的动能,由于破片飞散过程中有速度损失,显然离爆炸中心的距离愈远,杀伤动能愈小。在战斗部爆炸所形成的破片飞离爆炸中心一定距离后,其动能若小于杀伤飞机所必需的动能(对高速飞机为 $1\,500\sim2\,500$ N·m),破片便不能杀伤目标。通常将破片能杀伤目标的最大作用距离称为有效杀伤半径。显然,战斗部的威力取决于有效杀伤半径,因此反飞机导弹常以战斗部爆炸后,所形成破片的有效杀伤半径作为其威力的重要指标。

常规弹道式导弹战斗部的威力,以其装药的质量表征对目标破坏程度的大小。装药量大则其战斗部威力就大。它对目标的毁伤主要依靠弹头破片、冲击波、侵彻爆破、聚能穿甲及其复合效应。当弹道式导弹采用核战斗部时,其威力取决于核爆炸时所释放出的总能量相当于多少吨 TNT 炸药爆炸时的能量,因此,它是以 TNT 当量(简称当量)作为核战斗部的威力指标的。但是核战斗部的当量,只能反映核战斗部与其相应的普通炸药的总能量相等,而不表示它们的杀伤破坏效应是相等的,因为核战斗部对目标的破坏效应,除了冲击波作用外,还有热辐射、放射性沾染、贯穿辐射、电磁脉冲等。

核战斗部威力的大小主要取决于装药的种类、质量、浓缩度及利用率。此外,威力与导弹的制导精度有关。

2.3.4　突防能力和生存能力

突防能力与生存能力两者紧密相关。不考虑生存能力的突防能力对导弹是毫无意义的；而生存能力又往往体现在突防过程中，只有突防成功之后，才谈得上生存问题。

突防能力是指在突防过程中，导弹在飞越敌方防御设施群体之后仍能保持其初级功能（不坠毁）的能力。突防能力的量度指标是突防概率。

生存能力是指导弹在遭受到敌方火力攻击之后，能保存自己不被摧毁并且仍具有作战效能的能力。生存能力的量度指标是生存概率。

导弹武器系统的突防能力和生存能力与其隐蔽性、机动性、光电对抗能力、火力对抗能力、易损性和多弹头技术等有关。

1. 隐蔽性

隐蔽性即不可探测性，它表示己方的武器装备被他方探测系统发现的难易程度。隐蔽性的量度指标是不可探测概率（即未被发现的概率）。

为了提高武器装备的隐蔽性，目前主要采用隐身技术、高空超声速突防、超低空亚声速突防以及各种伪装措施等。

超声速突防留给敌方的反应时间短，因为反应时间不够，敌方来不及拦截；实施超低空弹道，可有效地利用敌方的雷达盲区，达到突防的目的。

隐身技术是指为了减小飞行器的各种可探测特征而采取的减小飞行器辐射或反射能量的一系列技术措施。因此，隐身技术的目的是将飞行器尽可能地"隐蔽"起来，使对方尽量少获得飞行器运动的有关信息。信息越少，对方也就越难于对飞行器的运动作出精确的判断，也就越有利于飞行器完成预期任务。

隐身技术主要包括以下 4 个方面内容：

（1）改进飞行器的外形设计；

（2）控制飞行器的飞行姿态；

（3）采用吸收无线电波的复合材料和涂料；

（4）从结构、燃料、材料等方面采取措施，降低红外辐射。

美国在 20 世纪 60 年代初期开始应用隐身技术，当时主要用于侦察机上，例如 U - 2，SR - 71。1977 年以后，美国才将此项技术应用于轰炸机、战斗机，后来导弹也逐步采用了此项技术。2000 年，美国的军用飞机（轰炸机、战斗机、侦察机等）和导弹（尤其是巡航导弹）普遍采用隐身技术，各种飞行器的雷达反射截面（RCS）会显著地减小，例如：

超声速战斗机的 RCS 不大于 $0.5\ m^2$；

制空战斗机的 $RCS \approx 1\ m^2$；

轰炸机的 RCS 不大于 $1\ m^2$；

巡航导弹的 $RCS \approx 0.1 \sim 0.5\ m^2$；

战术无人驾驶飞机的 RCS 仅仅相当于一只鸟。

飞行器采用隐身技术之后，在对方同一雷达探测距离上，可以使被发现的概率大大降低；在同一被发现的概率下，可以使对方雷达探测距离大大减小。

2. 机动性

导弹无论按预定规律飞行，还是受到攻击时的规避运动，都要求进行机动飞行（甚至是猛

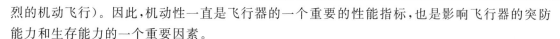

烈的机动飞行)。因此,机动性一直是飞行器的一个重要的性能指标,也是影响飞行器的突防能力和生存能力的一个重要因素。

导弹在进入对方防空体系空域后的规避运动(比如突然改变航迹或弹道、突然加速、蛇形运动等)会增大对方武器的跟踪难度,进而增大了对方武器的制导误差或射击误差。

对弹道导弹来说,增加机动性可以采用末段变轨和全程变轨方式,前者主要是在再入段进行机动变轨,先是导弹沿一般弹道飞行再入,造成假象,然后按程序进行机动改变弹道袭击预定目标。弹道导弹预警系统对洲际导弹能提供 $15\sim30$ min 的预警时间,但由于导弹从机动点飞达目标只有 $20\sim30$ s 时间,致使反导系统对机动变轨的弹头难以实施拦截。据报道,目前导弹的最大机动能力可达到 $556\sim900$ km 的范围。全程变轨方案是弹头与末级分离以后,可以控制它上升到更高的高度上,随后慢降滑翔很长距离,最后向目标俯冲攻击。由于弹头可以降至距地面很近的低空并作超低空飞行,可以避开搜索雷达跟踪,因而可以提高导弹的突防能力和生存能力。

3. 光电对抗能力

光电对抗是指敌对双方为降低、阻碍或破坏对方光电设备的有效性和保护己方光电设备的有效性而采取的一系列措施。

光电对抗通过干扰使对方光电设备丧失有效性。它同火力对抗一样,能够使对方的武器系统丧失完成预期作战任务的能力。因此,光电对抗的这种作用称为软杀伤,而火力对抗的破坏作用称为硬杀伤。

目前使用的干扰技术分为两大类:即无源消极干扰和有源积极干扰。

无源消极干扰是利用人工反射体反射无线电波来产生干扰信号的。反射体有金属箔条、金属角反射体和玻璃纤维。由投放器将这种反射体抛撒在对方雷达搜索的空域,造成强烈的干扰信号,扰乱敌人雷达网,使雷达无法跟踪目标。由于此方法简单易行,各国均广泛采用。试验证明用总量 122 kg 的金属丝,可以造成宽 320 km、长 720 km 的干扰管道区,使雷达工作瘫痪。有源干扰是指用电子干扰装置,主动发动强大的噪声信号去淹没导弹的目标信号。

武器系统的光电对抗能力,直接影响到其突防能力、生存能力和最终杀伤目标的能力。

4. 火力对抗能力

火力对抗是指敌对双方直接用己方火力压制或破坏对方火力。火力对抗是通过双方相互射击而实现的。武器系统的突防能力和生存能力是以火力对抗为前提和背景的。

5. 易损性

易损性是指双方武器被对方火力命中后,武器本身被毁伤的程度,也就是武器本身丧失预期功能的程度。易损性的量度指标是抗毁伤的概率。

武器系统的易损性既依赖于其要害部位的尺寸、位置、结构强度和防护设施强度,也依赖于对方战斗部的威力和引战配合特性的优劣。

减小易损性可采取装甲保护、建立防护工事、设置冗余设备、采用分布式的指挥控制通信系统、发射阵地加固、阵地分散配置和伪装等措施。对弹道导弹来说,加固发射阵地是提高生存能力最直接的有效措施。

6. 多弹头技术

多弹头技术是弹道导弹采用的主要突防手段。采用多弹头技术可以使敌方反导系统能力

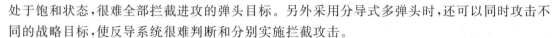

处于饱和状态,很难全部拦截进攻的弹头目标。另外采用分导式多弹头时,还可以同时攻击不同的战略目标,使反导系统很难判断和分别实施拦截攻击。

多弹头可分成两类:即面目标多弹头,其特征是全部子弹头共同攻击一个面目标,这种多弹头无制导,子弹头也无制导,因此也不机动;另一类是多目标多弹头(分导式多弹头),其特征是各个子弹头均有自己的攻击目标。这种多弹头有两类:一类是母弹头有制导,子弹头无制导不机动;另一类是母弹头及子弹头均有制导,也可以机动,这是正在发展的方案。

弹道导弹还可以采用假弹头技术。利用多弹头技术,将携带的多个弹头真假混杂,甚至故意增强假弹头反射回波,利用吸波材料涂层减弱真弹头的反射回波,达到以假乱真,诱导反弹道导弹攻击假目标,达到突防目的。

以上各项突防技术实际都在采用,并且在不断发展完善。海湾战争中美国利用有源干扰技术曾使伊拉克无线通信失效,取得了巨大的效果。

2.3.5　可靠性

可靠性是相对故障而言的,可靠性是指按设计要求正确完成任务的概率。可靠性是衡量导弹系统作战性能的一个综合性指标。它主要取决于导弹系统设计、生产时所采取技术措施的可靠程度及可维修性,同时还取决于操作使用人员在导弹系统的贮存、运输、转载、技术准备、发射准备、发射实施等过程中的检查测试的仔细程度、操作人员的心理素质、技术水平和操作技能的熟练程度等。

导弹是由许多分系统组成的,而各个分系统又由成千上万个零部件组成。因此导弹的可靠性就直接取决于分系统的可靠性,或者说取决于零部件的可靠性。

设导弹有 5 000 个各种各样的电气和机械部分,并由 4 000 个连接件连接起来,故可能产生故障的来源共有 9 000 个,若各个零部件都是以串联方式组成整个导弹系统的,则每一个故障都可能完全使导弹失去作用或不能完成战斗任务。如果每个元件的可靠性为 R,则

$$R_m = R^{9\,000}$$

欲使导弹的可靠性概率为 0.62,即 $R_m = 62\%$,必须使

$$R = 99.994\,7\%$$

欲使 $R_m = 62\%$,而元件数减为 900 个,则

$$R = 99.947\%$$

可想而知,对导弹各零部件可靠性的要求是非常高的。为了保证导弹有很高的可靠性,而又不过多增加对零部件可靠性要求的难度,通常要采用可靠性设计方法来解决。

2.3.6　使用性能

导弹的使用性能是指保证导弹作战使用时操作简便、准备时间短、安全可靠等。其大致内容包括运输维护性能和操作使用性能等。

1.运输维护性能

运输维护性能主要是指导弹系统及零部件应具有优良的运输维护性能。

运输性能与导弹的尺寸、质量、结构强度及导弹元器件对运输振动冲击的敏感性等有直接关系。因此在设计时要充分考虑运输条件对导弹各部分的限制,以保证良好的运输特性得到

满足。自然,导弹使用时也要充分考虑运输环境对导弹的影响。

维护性能是指导弹在贮存期间,为保证处于良好的正常工作状态而必须进行的经常性维护、检查及排除故障缺陷等性能。在设计导弹时,必须充分重视导弹各部分的可维修性和尽可能使维护简单易行,最大限度减少故障可能性,最关键的是具备良好的可达性、互换性,检测迅速简便以及保证维修安全等,以保证导弹良好的操作使用性能。

2. 操作使用性能

对一种导弹要求其操作使用性能好,主要应当使导弹的发射准备时间短。发射准备时间长短主要取决于发动机类型(固体导弹发动机比液体导弹发动机优越);战斗准备时间及系统反应时间;发射方式;对发射气象条件的要求是否简单,即导弹应能在任何气象条件下正常工作等。

2.3.7 经济性能

经济性能关系到导弹本身能否发展和实际应用,因此应讲究经济效益。经济性要求包括生产经济性要求和使用经济性要求。

导弹的生产经济性要求包括设计结构的简单、可靠和工艺性好坏,导弹各部件的标准化程度高低,材料的国产化程度和规格化程度,以及是否符合组合化、系列化要求等。使用经济性要求包括要使成本低、设备简化和人员减少等。

使导弹结构简单可靠、工艺性良好,可以降低导弹生产制造成本,缩短研制周期,促进产品应用转化。使导弹结构标准化,可以减少导弹研制周期,提高零部件工作可靠性和降低生产成本。材料国产化和规格化是战时能够生产且立于不败之地的基本条件之一。

在导弹设计研制中,在保证达到战术技术性能要求前提下,最充分地利用成熟的技术,适当地采用新技术是非常重要的,是保证产品性能的重要措施,避免盲目追求产品性能先进而大量采用尚不成熟的新技术是事情成败的关键。对导弹设计则应更加强调利用已有的技术和产品,最充分地使用组合化、系列化技术是保证设计成功的重要方法。

2.4 导弹主要参数及其预测方法

2.4.1 导弹主要总体参数

导弹总体参数是指与导弹飞行性能关系密切的参数,其中最主要的一般可归纳为导弹的质量 m,发动机推力 P 和导弹的参考面积 S。参考面积一般取弹翼面积或弹身最大横截面积。下面简单分析一下这几个主要参数与导弹飞行性能的关系。导弹的飞行性能主要是指导弹的射程 L,飞行高度 H,飞行速度 v 和导弹的机动性,机动性通常用可用过载表示。导弹总体主要参数与其飞行性能的关系可以通过导弹的纵向运动方程看出。

设 X 为导弹的阻力,θ 为弹道倾角,则导弹纵向运动方程为

$$m \frac{\mathrm{d}v}{\mathrm{d}t} = P\cos \alpha - X - mg \sin \theta$$

通常导弹的攻角不大,$\cos \alpha \approx 1$,上式可简化为

$$\frac{\mathrm{d}v}{\mathrm{d}t} = \frac{P}{m} - \frac{X}{m} - g\sin\theta$$

则

$$v_k = \int_0^{v_k} \mathrm{d}v = \int_0^{t_k} \left(\frac{P}{m} - \frac{\rho v^2 S C_x}{2m} - g\sin\theta \right) \mathrm{d}t$$

式中，v_k，t_k 分别为发动机工作结束时的飞行速度和飞行时间，可以看出，导弹速度的变化在很大程度上取决于导弹推力、阻力与质量之比值。又因为导弹的射程 $L = \int_0^t v\mathrm{d}t$，故上述比值也间接地在很大程度上决定了导弹的射程。

另外，导弹的可用过载是有翼导弹机动性的重要指标，从可用过载表达式

$$n_{ya} = \frac{\frac{1}{2}\rho v^2 C_y S + P\frac{\alpha}{57.3}}{mg}$$

可以看出可用过载与导弹主要参数 m，P，S 之间的关系，当导弹质量 m 和推力 P 不变时，参考面积 S 与可用过载 n_{ya}、导弹飞行高度 H 及飞行速度 v 有关。

综上所述，导弹的质量 m、推力 P 及弹翼面积 S（或弹身最大横截面积）这些参数与导弹的飞行性能关系极为密切，并在很大程度上决定了导弹的飞行性能。因此，在战术技术要求确定之后，总体设计的任务之一就是首先确定上述主要参数。可以看出，总体参数与气动特性参数密切相关，两者之间彼此相互影响，因此，总体参数选择与布局设计是一个反复迭代、逐步接近的过程。

2.4.2　主要参数设计程序

导弹总体参数确定与布局设计是导弹设计过程中首先遇到的问题，它的任务就是根据导弹系统的战术技术指标，合理地确定导弹的主要总体参数，有了估算的总体参数，就可以利用仿真程序验证参数的正确性或进一步调整。

总体主要参数除与战术技术要求有关外，尚与气动参数等有关，同时这些参数彼此之间相互影响，密切相关，因此，导弹总体参数选择与布局设计是一个反复迭代、逐次逼近的过程。特别是对于采用吸气式发动机的新型高速飞行器来说，由于其外形部件及设备安装、各部件的相互位置对导弹气动性能、总体性能和动力性能的影响非常敏感，必须一开始就采用一体化设计的方法进行总体参数的选择和布局设计，一体化设计参数中，包括了各外形部件及弹上设备的主要性能和几何参数。当外形部件或弹上设备位置或几何参数或性能参数变化时，将引起总体参数的一系列变化。显然，导弹总体参数和布局设计的好坏，将直接影响到导弹的稳定性和机动性，也将影响到对目标拦截的制导精度和摧毁概率，因此，导弹总体参数选择与布局设计是非常复杂的，是一个反复迭代和逐步接近的过程，需要综合平衡各方面的要求，来满足战术技术指标的要求。

总体参数确定与布局设计所涉及的内容、程序及相互关系见图 2-1。

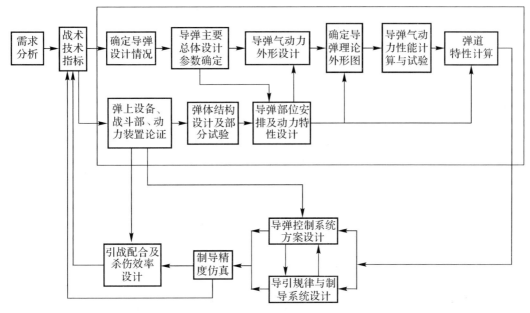

图 2-1 导弹总体参数与布局设计的程序框图

2.4.3 主要参数的预测方法

导弹的主要参数不仅与战术要求有关,而且与气动外形及布局设计密切相关。此外,在预测主要参数的过程中,又需要确定其他一些参数,如最大速度、末速度、发动机工作时间等。这些参数与主要参数之间也彼此相互影响。因此,主要参数的预测需要反复进行,才能获得初步的结果。主要参数的预测方法主要有以下两种。

1.逐次渐近法

在首次预测时可先选定一些参数,然后确定另一些参数。首次预测结束后,对全部参数进行分析,将不合理的参数加以修正后再进行下一轮预测。通过这样一次次的反复进行,逐步完善,最终获得满意的结果。这种方法的优点是在预测过程中,对各参数之间的影响关系能有明确的了解;缺点是计算工作量大。但在计算机飞速发展的当今,对于有经验的设计师,通过人工干预、调整参数,可以较快获得满意的结果。

2.优化设计方法

优化设计方法就是将上述人工逐次预测的方法由计算机来完成的。此时,将需预测的参数作为设计变量,将战术技术指标等作为约束条件,确定目标函数并选择优化方法,根据建立的数学模型进行优化设计。这种方法的优点是寻优及迭代过程由计算机自动完成。但是在优化设计中,需要对优化结果进行判断,如果发现所得的极值为局部最优值,则应继续调优寻找全局最优值。其次要进行参数分析,研究参数的灵敏度,才能做出正确的决策。

2.4.4 设计情况确定

由于防空导弹及空空导弹是在一定的作战空域或攻击区内杀伤目标的,总体参数设计的计算状态可能有若干种,为此,就要根据战术技术指标要求,对导弹作战过程进行全面分析,从中找出最严重的作战条件,选择最困难的"计算"状态,即确定导弹的典型弹道,最后综合出导弹起飞质量、发动机推力和弹翼面积等主要总体参数的设计情况。

1. 导弹起飞质量 m_0 和发动机推力 $P(t)$ 设计情况

当导弹空载质量一定时,m_0 与 $P(t)$ 主要由下述条件确定。

(1) 对全程主动段攻击目标的导弹。

1) 作战距离 R。对主动段攻击目标的导弹来说,作战距离越远,其火箭推进剂消耗量也越多,起飞质量也越大,为此杀伤区最大距离(即杀伤区远界)是 m_0 和 $P(t)$ 的设计情况。

2) 作战高度 H。由于作战高度越低,空气密度越大,导弹所受的空气阻力越大,为达到相同的速度值,所消耗的推进剂自然越多。从这个意义上讲,在相同距离下,最低高度是 m_0 与 $P(t)$ 的设计情况。但实际上,由于受地球曲率和雷达多路径效应的影响,不同高度处的最大斜距不完全相同,特别对中远程防空导弹,中高空作战远界要比低空、超低空远界要大,所以作战高度的影响,要综合作战距离全面考虑。

3) 目标机动过载 n_y。目标机动过载越大,导弹要付出的机动力越大,相应导弹攻角大、空气阻力大,在最大距离处达到要求的速度,其消耗推进剂量也大,故目标最大机动也是 m_0 与 $P(t)$ 的一种设计情况。

(2) 对非全程主动段攻击目标的导弹。目前,为充分利用火箭发动机能量,减轻导弹质量,大部分防空导弹采用非全程主动段攻击目标的设计方案,即在一部分作战空域内(如作战空域中的中近界),采用主动段攻击目标,在大部分作战空域内(中远界),利用导弹飞行动能,被动段攻击目标。

对这类导弹,m_0 与 $P(t)$ 的设计情况,原则上与上述设计条件一致,但在具体的条件上有所差别,如在考虑推进剂质量与发动机工作时间时,既要满足不大于最大轴向过载的要求,又要在杀伤区远界满足飞行时间和导弹最大可用过载的要求。

由上述条件可知,导弹起飞质量和发动机推力的设计情况主要取决于导弹最大作战距离、最大作战距离处的最低作战高度和目标最大机动过载。显然,制导体制与导引方法等也对导弹起飞质量和发动机推力起作用。

2. 弹翼面积设计情况

对于大部分战术导弹,不论是何种控制方案,如正常式控制、鸭式控制、全动翼控制等,导弹所需机动力主要是靠弹翼提供的,为此,确定弹翼面积是设计情况研究工作的一个主要内容。

(1) 最小可用过载设计情况。

1) 对全程主动段攻击目标的中远程防空导弹,通常作战高度越高,空气密度越小;飞行速度越高,升力系数越小,其综合结果往往能提供机动的升力较小。在同样高度下,高近界弹道又较高中界、高远界为弯曲,所需弹道需用过载大,此时质量又大,故高近界是确定弹翼面积的一种设计情况。

2) 对非全程段主动攻击目标的低空近程防空导弹,由于被动段攻击目标时,作战距离增加而速度下降,同样在作战高界,其远界的可用过载要比近界低,尽管高近界弹道需用过载要大些,但综合结果仍可能在高远界是确定弹翼面积的一种设计情况。

(2)最大需用过载设计情况。如下几种情况,可能作为确定弹翼面积的设计情况。

1)同样高度下,作战距离越近,其飞行弹道越弯曲,所需需用过载也就越大。

2)同样作战斜距下,航路捷径越大,其弹道也越弯曲,其需用过载也越大。

3)当目标作最大机动时,飞行弹道也越弯曲,需用过载也越大。

根据上述分析,要分别找出最大需用过载设计情况与最小可用过载设计情况,经综合后找出所需弹翼面积的设计情况。

对大部分战术导弹的气动外形设计,主要机动过载是由弹翼提供的,采用上述设计情况来确定弹翼面积是合适的。但对近代发展起来的大攻角飞行的气动布局,如条状翼布局或无弹翼布局,弹翼提供的机动过载越来越小,甚至发展到零。在此情况下,就要综合考虑弹身与舵面提供的机动过载。

3. 舵面设计情况

通常在线性化设计范畴内,舵面面积确定常和弹翼面积一样,取决于可用过载设计情况。也就是在弹翼面积确定后,根据最大使用攻角和静稳定度来确定舵面面积和舵偏角。

在空气动力特性出现较大非线性的情况下,往往出现确定弹翼面积设计情况与舵面设计情况不一致,需要通过分析计算,找出舵面的设计情况。如对某全程主动段攻击的防空导弹,其纵向力矩系数随攻角出现明显的非线性,而且×字形布局与十字形布局有所不同。图 2-2 给出了此导弹在高远界两种不同配置(×字形与十字形)的力矩系数随攻角的变化曲线。从中看出在较大攻角范围,两者差别尤其明显,×字形布局较十字形出现更大的非线性。由曲线得出在同一攻角下,十字形静稳定度大,说明在同一攻角下,需要舵面付出的控制力矩要大,为此,舵面的设计情况就要选在高远界十字形飞行状态(即斜平面飞行)。如在高远界速度最大,则这种非线性差别将会变得更严重,有时甚至按十字形设计将会比按×字形设计舵面面积要大一倍。

如果控制面采用燃气舵,尽管所提供控制力的形式不一样,但对燃气舵的设计要求与空气舵是一样的。

4. 副翼设计情况

(1)对常规布局的副翼设计情况。通常在导弹气动外形设计时,不单独研究副翼设计情况,而在大攻角使用情况下,非线性空气动力对副翼面积确定起决定作用。根据空气动力理论,在线性空气动力范围内,轴向对称布局的导弹(如×字形配置),在任意滚动角 γ 的情况下,其滚动力矩为零,为此,不需要副翼付出控制力矩来克服空气动力不对称产生的滚动力矩。实际上,空气动力性能不是线性的,特别是随着飞行攻角的增加,导弹头部气流分离形成的旋涡对后部翼面处产生不对称的下洗流,这种不对称洗流产生非线性滚动力矩。图 2-3 给出了 × 字形配置在不同滚动角下的滚动力矩系数,从中看出,在 γ = 22.5° 附近将出现较大的滚动力矩。

在杀伤区高远界,所需攻角大,飞行速度也大,非线性滚动力矩自然大,而此时由于空气密度小,副翼法向力系数小,控制力矩小。为平衡非线性滚动力矩与其他不对称带来的滚动力矩,需要付出很大的控制力矩,这可能成为确定副翼面积(或偏角)的设计情况。

在某中远程防空导弹研制中,由于副翼采用较大的展弦比,在同样的面积下,滚动控制力矩增加了近 40%,解决了高空滚动控制力矩不足的问题。

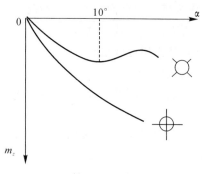

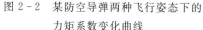

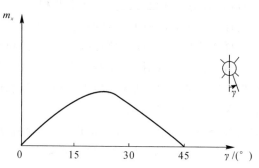

图 2-2 某防空导弹两种飞行姿态下的
力矩系数变化曲线

图 2-3 ×字形配置在不同滚动角下的
滚动力矩系数

(2)非常规布局的副翼设计情况。随着超声速、高超声速飞行器的飞速发展,非常规布局在导弹设计中得到了应用,即倾斜转弯技术(BTT导弹技术)。它的特点就是采用与飞机类似的"一"字形配置翼面,当攻击目标时,控制导弹快速滚转到需用过载方向。这种先进的控制方式与布局将给导弹性能带来明显的好处。对这种BTT布局的导弹,其副翼的功能已不再局限于滚动稳定的需要,而要作为控制手段,快速产生控制力矩来满足滚动角速度的要求。因此,对这类非常规布局的导弹来说,要根据全空域内飞行控制的特点,来寻求确定副翼面积及其偏角的设计情况。

5.铰链力矩设计情况

在控制面设计中,铰链力矩设计也是一个重要问题,它不但直接影响舵机功率大小,如果设计不当,在飞行过程中控制面将会出现较大的反操纵。而反操纵对某些以气压舵机组成的舵系统将是灾难性的,有时甚至会引起系统发散,造成导弹空中解体的严重事故。因此在控制面设计时,要考虑到控制面弦向压心中心变化尽可能小。

对各种战术导弹来说,铰链力矩的设计情况是不完全一致的,通过对全空域飞行控制弹道的分析,综合出铰链力矩最大设计点作为设计情况,再加上控制系统对舵面偏转速率要求,来确定舵机功率。

2.5 导弹质量方程式的建立

质量方程是表征导弹发射质量、有效载荷、结构特性、主要设计参数和燃料相对质量因数之间关系的数学表达式。

在设计之初,估算导弹的质量比较困难,在没有原型弹做参考的情况下,要确定各种设备及结构质量困难就更大。因此,就需要找出一种妥善的方法,利用已有的经验来解决这个问题。

导弹总质量是由其各部分质量组成的。每一部分质量都与导弹的战术技术性能及其某些主要参数有密切的联系。为此,将各部分质量用导弹性能参数和主要参数来表示,并且将各部分质量综合在一起,组成导弹的质量方程,以求得它们与导弹总质量的关系。

导弹上所采用的发动机有液体火箭发动机、固体火箭发动机和空气喷气发动机等,而动力装置的类型决定了其结构质量和燃料的质量,下面以两级有翼导弹为例建立其质量方程。

2.5.1　固体火箭发动机导弹质量方程

通常,二级有翼导弹由助推器和第二级(主级)组成,因此,其发射质量 m_0 可表示为下列形式:

$$m_0 = m_1 + m_2 \tag{2-1}$$

式中　m_1—— 导弹助推器质量;

　　　m_2—— 导弹第二级的质量。

助推器质量 m_1 由助推器燃料质量 m_{F1} 和结构质量 m_{en1} 组成,表示为

$$m_1 = m_{F1} + m_{en1} \tag{2-2}$$

助推器结构质量一般为助推器质量的 $20\% \sim 30\%$,那么选取 25%,则把助推器质量表示为燃料质量关系

$$m_1 = \frac{m_{F1}}{1 - 0.25} = 1.33 m_{F1} \tag{2-3}$$

2.5.2　导弹各部分相对质量因数

导弹第二级的质量 m_2 通常是由导弹的有效载荷 m_P(包括战斗部的质量 m_A 和制导系统的质量 m_{cs})、弹体结构质量 m_S 和动力装置质量 m_g 及燃料质量 m_F 等部分组成的,故可用下式表示:

$$m_2 = m_P + m_S + m_g + m_F$$

式中,弹体结构质量 m_S 是由弹身质量 m_B、弹翼质量 m_W、舵面质量 m_R 和操纵机构的质量 m_{cs1} 等组成的,可用下式表示:

$$m_S = m_B + m_W + m_R + m_{cs1}$$

动力装置质量 m_g 是由推力室质量 m_{es} 和燃料输送系统质量 m_{ts} 等组成的,可用下式表示:

$$m_g = m_{es} + m_{ts}$$

则

$$m_2 = m_P + m_B + m_W + m_R + m_{cs1} + m_{es} + m_{ts} + m_F \tag{2-4}$$

将式(2-4)的左、右两边各除以 m_2,则得相对质量的表达式

$$1 = \frac{m_P}{m_2} + \overline{m}_B + \overline{m}_W + \overline{m}_R + \overline{m}_{cs1} + \overline{m}_{es} + \overline{m}_{ts} + \overline{m}_F = \frac{m_P}{m_2} + \sum_i \overline{m}_i \tag{2-5}$$

式中,$\overline{m}_i$ 表示相应导弹各部分质量与第二级总质量 m_2 的比值,i 分别代表 B,W,…,es,…。

上述各项相对质量与导弹战术飞行性能、所采用的各部分设备的类型和特性以及某些主要参数有关。定义如下:

(1)
$$\overline{m}_F = \frac{m_F}{m_2} = k_F \mu_k$$

式中　μ_k—— 由导弹战术飞行性能决定的燃料相对质量因数。它是一个很重要的参数,后面专门讨论。

　　　k_F—— 由于在计算燃料相对质量因数 μ_k 的过程中进行了一些假设,考虑到这些假设及计算误差等因素后所必需的燃料贮备因数,一般由经验决定。

(2)
$$\overline{m}_{es} = \frac{m_{es}}{m_2} = \frac{m_{es}}{P} \frac{Pg}{m_2 g} = r_{es}\overline{P}g = K_{es}$$

式中　K_{es}——推力室的相对质量因数;

　　r_{es}——产生单位推力所需推力室的质量,它与发动机的类型、性能、材料及工作条件等有关。在一定条件下,该值较稳定;

$\overline{P} = \dfrac{P}{m_2 g}$——推重比,它与导弹战术飞行性能有关。它是一个主要参数。此参数反映导弹加速度的大小,后面将讨论如何确定。

(3)
$$\overline{m}_{ts} = \frac{m_{ts}}{m_2} = \frac{m_{ts}}{P} \frac{Pg}{m_2 g} = r_{ts}\overline{P}g = K_{ts}$$

式中　K_{ts}——燃料输送系统的相对质量因数;

　　r_{ts}——产生单位推力所需的燃料输送系统质量,它与输送系统类型、流量和燃料比冲等有关。

(4)
$$\overline{m}_B = \frac{m_B}{m_2} = K_B$$

式中,K_B 为弹身的相对质量因数,与导弹的过载、弹身结构形式等有关。

(5)
$$\overline{m}_w = \frac{m_w}{m_2} = \frac{m_w g}{S} \frac{S}{m_2 g} = \frac{q_w}{p_0} = K_w$$

式中　K_w——弹翼的相对质量因数;

　　q_w——单位翼面面积上的结构自重。它与弹翼的结构形式、材料及要求承受的最大载荷有关;

$p_0 = \dfrac{m_2 g}{S}$——单位翼面面积上的载荷,一般称为翼载(或翼负荷)。它反映了导弹的机动性和一定程度的气动性能。它也是后面将专门讨论的一个主要参数。

(6)
$$\overline{m}_R = \frac{m_R}{m_2} = \frac{m_R g}{S_R} \frac{S}{m_2 g} \frac{S_R}{S} = \frac{q_R}{p_0}\overline{S}_R = K_R$$

式中　K_R——舵面的相对质量因数;

　　q_R——单位舵面面积上的结构自重;

　　$\overline{S}_R$——舵面的相对面积。它与导弹外形及操纵性和稳定性有关。

(7)
$$\overline{m}_{csl} = \frac{m_{csl}}{m_2} = K_{csl}$$

式中,K_{csl} 为操纵系统的相对质量因数。

将以上各项代入式(2-5),整理即得

$$m_2 = \frac{m_P}{1-(k_F\mu_k + K_{es} + K_{ts} + K_B + K_w + K_R + K_{csl})} \tag{2-6}$$

或

$$m_2 = \frac{m_P}{1-(k_F\mu_k + K_g + K_S)} = \frac{m_P}{1-K_2} \tag{2-7}$$

式中　$K_g = K_{es} + K_{ts}$;

　　$K_S = K_B + K_w + K_R + K_{csl}$;

　　$K_2 = k_F\mu_k + K_g + K_S$。

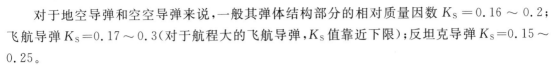

对于地空导弹和空空导弹来说,一般其弹体结构部分的相对质量因数 $K_S = 0.16 \sim 0.2$; 飞航导弹 $K_S = 0.17 \sim 0.3$(对于航程大的飞航导弹, K_S 值靠近下限);反坦克导弹 $K_S = 0.15 \sim 0.25$。

式(2-6)为导弹第二级的质量方程式。可以看出,导弹第二级总质量取决于燃料相对质量因数 μ_k、有效载荷 m_P 以及导弹其他设备统计质量特性。

由上述建立质量方程的过程可以看出,采用相对质量因数 $K_i = m_i/m_0$ 为解决问题带来很多方便。相对质量因数不仅反映某些部件的性能,而且在一定技术条件下 K_i 值比较稳定,且有规律,便于统计经验数据,容易找到 K_i 与主要参数之间的关系。由此可知,设计过程中积累和收集统计数据是十分重要的。

2.5.3　液体火箭发动机导弹质量方程

2.5.3.1　液体发动机壳体的相对质量因数

液体火箭发动机壳体由头部、喷管及筒壳三部分组成,而这三部分的质量均与燃料秒流量 $\dot{m}_F$ 成正比,即

$$m_{es} = A\dot{m}_F$$

式中,系数 A 取决于材料、工艺、强度和设计水平等方面因素。可由统计数据给出,通常取为 $A = 2\,s$ 左右。将上式变成相对量形式,有

$$K_{es} = A\frac{\dot{m}_F}{m_2}$$

又因为

$$\dot{m}_F = P/I_s$$

所以

$$K_{es} = A\frac{\overline{P}g}{I_s}$$

或

$$K_{es} = A\frac{\mu_k}{t_{k2}}$$

式中, t_{k2} 为发动机工作时间。

2.5.3.2　燃料输送系统的相对质量因数

液体燃料发动机的输送系统,通常可分为两类,即挤压式和泵压式。下面分别予以讨论。

1. 泵压式

泵压式一般包括燃料贮箱、涡轮泵、增压贮箱用的气瓶、辅助燃料、导管及附件等部分。这些部分的质量可以按下述经验统计公式确定。

燃料贮箱 $\qquad K_{Ta} = 0.072\mu_k + 0.6\sqrt{\dfrac{\mu_k}{m_2}}$

涡轮泵 $\qquad K_{TP} = 1.3\left(\dfrac{\overline{P}g}{I_s}\right) + 5.5\sqrt{\dfrac{\overline{P}g}{I_s m_2}}$

气瓶(包括冷气) $\qquad K_{Tb} = 0.062\mu_k$

管道及附件 $\qquad K_{oT} = 0.6\sqrt{\dfrac{\mu_k}{m_2}}$

辅助燃料 $\qquad K_{SP} = 0.035\mu_k$

综合上述,即得燃料输送系统的相对质量因数为

$$K_{ts} = 0.169\mu_k + 1.3\left(\frac{\overline{P}g}{I_s}\right) + 5.5\sqrt{\frac{\overline{P}g}{I_s m_2}} + 1.2\sqrt{\frac{\mu_k}{m_2}}$$

2. 挤压式

它一般包括燃料贮箱、空气蓄压器(气瓶)、管路及附件和压缩冷气等部分。如果采用固体燃料作为蓄压器,则不含气瓶和冷气,代之以火药及火药贮箱。

对带有空气蓄压器的挤压式输送系统,其相对质量因数可按下面统计公式确定。

燃料贮箱 $$K_{Ta} = 0.144\mu_k + 1.2\sqrt{\frac{\mu_k}{m_2}}$$

冷气 $$K_{gs} = 0.042\mu_k$$

气瓶 $$K_{Tb} = 0.124\mu_k + 1.2\sqrt{\frac{\mu_k}{m_2}}$$

导管及附件 $$K_{oT} = 0.8\sqrt{\frac{\mu_k}{m_2}} - 0.1\frac{\overline{P}g}{I_s}$$

将上述各部分相加,则得挤压式输送系统的相对质量因数

$$K_{ts} = 0.31\mu_k + 3.2\sqrt{\frac{\mu_k}{m_2}} - 0.1\left(\frac{\overline{P}g}{I_s}\right)$$

由上述内容看出,在挤压式燃料输送系统中,气瓶和燃料贮箱的质量比泵压式系统的质量大得多。这是因为采用了高压贮箱(通常压力大于 30×10^5 Pa)所造成的。

2.5.3.3 弹翼和舵面的相对质量因数

$$K_W = \frac{q_w}{p_0}; \quad K_R = \frac{q_R}{p_0}\overline{S}_R$$

式中 q_w—— 单位弹翼面积的结构自重;

q_R—— 单位舵面面积的结构自重;

$\overline{S}_R$—— 舵面的相对面积(与参考面积之比)。

据统计,弹翼和舵面的单位面积结构自重分别如下:

地空和空空导弹:

$$q_w = \frac{m_w g}{S} = 90 \sim 150 \text{ N/m}^2$$

$$q_R = \frac{m_R g}{S_R} = 100 \sim 130 \text{ N/m}^2$$

飞航导弹:

单块式弹翼 $\qquad q_w = 90 \sim 100 \text{ N/m}^2$

单梁式弹翼 $\qquad q_w = 150 \sim 180 \text{ N/m}^2$

反坦克导弹:

弧形翼 $\qquad q_w = 100 \sim 140 \text{ N/m}^2$

平板翼 $\qquad q_w = 80 \sim 130 \text{ N/m}^2$

以上数据是对地空或空空导弹一对弹翼的统计结果,反坦克导弹是指四片翼的统计值。这里的翼面积是指包括弹身那一部分在内的弹翼面积。在一般情况下,舵面相对弹翼的面积

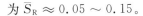

为 $\bar{S}_R \approx 0.05 \sim 0.15$。

计算舵面相对质量因数时,由于该部分所占比例很小,可在下列范围内选取:

$$K_R = 0.004 \sim 0.04$$

2.5.3.4 助推器上安定面的相对质量因数

当导弹采用串联式助推器时,其助推器上安定面的相对质量因数,可用下列经验数据近似计算

$$K_{W1} = \frac{m_{W1}}{m'_1} \approx 0.08$$

式中 m_{W1} —— 安定面的质量;

m'_1 —— 不包括安定面的助推器总质量。

2.5.3.5 弹身的相对质量因数

采用液体火箭发动机的导弹,一般采用受力式贮箱,此时燃料贮箱为弹身一部分。因此,弹身的结构质量由两部分组成

$$K_B = K'_B + K_{Ta}$$

式中 $K'_B = \dfrac{m'_B}{m_2}$ —— 除去燃料贮箱以外的弹身的相对质量因数;

$K_{Ta} = \dfrac{m_{Ta}}{m_2}$ —— 燃料贮箱的相对质量因数,其值可根据不同燃料输送系统的类型决定。

K'_B 可依下式估算:

$$K'_B = K_{Bg}(0.18 + 5 \times 10^{-5} n_B \lambda_B^{5/3})$$

式中 λ_B —— 弹身的长细比(不含油箱);

n_B —— 弹身的最大使用过载。

$$K_{Bg} = \frac{m_{Bg}}{m_2}$$

m_{Bg} 为弹身内部载荷的质量,它包括战斗部、弹上制导装置和动力装置(不计燃料和燃料箱的质量)等。

在第一次近似估算弹身的相对质量因数 K'_B 时,可参考下列统计数据:

地空导弹 $\qquad\qquad K'_B = 0.1 \sim 0.12$

空空导弹 $\qquad\qquad K'_B = 0.05 \sim 0.1$

飞航导弹 $\qquad\qquad K'_B = 0.09 \sim 0.15$

反坦克导弹 $\qquad\qquad K'_B = 0.12 \sim 0.16$

2.5.3.6 操纵机构的相对质量因数

操纵机构的质量在弹体结构质量中所占的比例很小,可用下列统计数据进行粗略估算:

地空导弹 $\qquad\qquad K_{cs1} = 0.02 \sim 0.03$

空空导弹 $\qquad\qquad K_{cs1} = 0.005 \sim 0.02$

飞航导弹 $\qquad\qquad K_{cs1} = 0.01 + 0.7 \times 10^{-4} t$

式中,t 为操纵机构的工作时间(s)。

以上统计得到了导弹主级各部分的相对质量因数,在确定了有效载荷质量并计算得到燃

料相对质量因数之后,将这些相对质量因数代入质量方程式(2-6)、式(2-7)中,便可求出导弹主级的质量 m_2。

由式(2-1)可知

$$m_0 = m_1 + m_2$$

将上式两边均除以发射质量 m_0,可得

$$1 = \frac{m_1}{m_0} + \frac{m_2}{m_0} \qquad (2-8)$$

令

$$K_1 = \frac{m_1}{m_0} = 1.33 \frac{m_{F1}}{m_0}$$

式中,K_1 为助推器推进剂的相对质量因数。

将 K_1 代入式(2-8),则有

$$1 = K_1 + \frac{m_2}{m_0}$$

所以

$$m_0 = \frac{m_2}{1 - K_1} \qquad (2-9)$$

将第二级质量方程式(2-7)代入,得

$$m_0 = \frac{m_P}{(1 - K_1)(1 - K_2)} \qquad (2-10)$$

式(2-10)为全弹发射质量方程。从发射质量表达式可以看出导弹各组成部分设计质量与发射质量的重要关系。

由质量方程式(2-3)、式(2-6)和式(2-10)可以看出,在确定了各项相对质量因数之后,即可求出导弹第二级质量 m_2、助推器质量 m_1 和导弹的发射质量 m_0。

实践表明,在导弹的各项相对质量因数中,燃料相对质量因数所占比例最大,而且它与很多参数及导弹的飞行性能有密切关系,因此,下面讨论它的计算方法。

2.6 导弹燃料质量的一般表达式

导弹携带的大量燃料燃烧后产生推力,从而使导弹按预定的规律运动,满足规定的战术技术要求。因此,当计算燃料质量时,可以从研究导弹的运动开始。为便于分析问题起见,首先假设导弹作变质量的质点运动,并研究其在纵向平面内的运动。

导弹沿飞行方向的纵向运动(见图2-4)方程式为

$$m \frac{dv}{dt} = P\cos\alpha - X - mg\sin\theta \qquad (2-11)$$

一般导弹在飞行中,攻角较小,故可近似地认为 $\cos\alpha \approx 1$,式(2-11)可写成

$$P = m \frac{dv}{dt} + X + mg\sin\theta$$

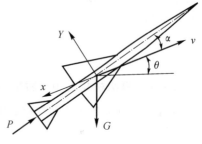

图 2-4 导弹在铅垂面的运动

积分求解上述微分方程式可得

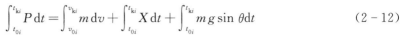

$$\int_{t_{0i}}^{t_{ki}} P\,\mathrm{d}t = \int_{v_{0i}}^{v_{ki}} m\,\mathrm{d}v + \int_{t_{0i}}^{t_{ki}} X\,\mathrm{d}t + \int_{t_{0i}}^{t_{ki}} mg\sin\theta\,\mathrm{d}t \qquad (2-12)$$

式中　t_{0i},v_{0i}——分别为第 i 子级发动机工作开始时所对应的时间和速度；

　　　t_{ki},v_{ki}——分别为第 i 子级发动机工作结束时所对应的时间和速度。

对于火箭发动机,其推力可用下式表示：

$$P = \dot{m}_F I_s$$

式中　I_s——发动机的比冲；

　　　$\dot{m}_F$——发动机的燃料秒流量(或燃料秒消耗量)。

对火箭发动机来说,如在全弹道上比冲取其平均值,即 I_s = 常数,则

$$\int_{t_{0i}}^{t_{ki}} P\,\mathrm{d}t = \int_{t_{0i}}^{t_{ki}} \dot{m}_F I_s\,\mathrm{d}t = m_F I_s$$

于是,式(2-12)可以改写为

$$m_F = \frac{1}{I_s}\left(\int_{v_{0i}}^{v_{ki}} m\,\mathrm{d}v + \int_{t_{0i}}^{t_{ki}} X\,\mathrm{d}t + \int_{t_{0i}}^{t_{ki}} mg\sin\theta\,\mathrm{d}t\right) \qquad (2-13)$$

下面分析式(2-13)中各项的物理意义。

式中,第一项表示用于增加导弹速度所消耗的燃料量；第二项表示导弹在飞行过程中克服阻力所消耗的燃料量；第三项表示导弹用于克服重力在速度方向的分量所消耗的燃料量。由此可见,由于导弹在飞行过程中有空气阻力和重力的作用,因而用来产生推力所消耗的燃料质量 m_F,分别消耗于增加导弹的有效动量,克服所受空气阻力的冲量和克服重力分量的冲量等三部分。所以,为了求得导弹在飞行过程中消耗的全部燃料质量,就必须求解上述三部分,它们可以由导弹的运动微分方程式求解获得。由此求出的燃料质量 m_F 未包括非工作储量(起飞前消耗量和工作完剩余量),计算总质量时必须把这部分储备量加上去。

在工程上通常采用数值积分法和解析法来求解燃料相对质量因数 μ_k。利用数值积分法求解导弹运动微分方程,可以得到足够精确的结果,同时便于利用最优化方法选择主要参数。

2.7　导弹相对量运动微分方程式

在"导弹飞行力学"中介绍了导弹运动微分方程及其求解方法,但在未完成导弹设计之前是难以确切地知道各项技术参数的,因此用上述微分方程进行导弹总体设计仍有困难。这就要寻求一些能表征导弹运动特征的相对参量来取代方程中的绝对参量,将只适合于特定导弹运动的微分方程转化为一系列相对参量表示的运动微分方程,从而结合具体需要找出符合特殊设计要求的参数。

2.7.1　导弹相对量运动微分方程式的建立

导弹在攻击目标的过程中,是在空间按一定的导引规律作曲线运动的,然而,在导弹初步设计阶段并无必要做这样复杂的考虑,通常只研究导弹在垂直平面(或水平面)内的质心运动。由导弹飞行动力学可知,导弹在垂直平面内的运动方程如下：

$$m \frac{\mathrm{d}v}{\mathrm{d}t} = P\cos\alpha - \frac{1}{2}\rho v^2 C_x S - mg\sin\theta$$

$$mv \frac{\mathrm{d}\theta}{\mathrm{d}t} = P\sin\alpha + \frac{1}{2}\rho v^2 C_y S - mg\cos\theta$$

$$\frac{\mathrm{d}x}{\mathrm{d}t} = v\cos\theta$$

$$\frac{\mathrm{d}y}{\mathrm{d}t} = v\sin\theta \qquad\qquad (2-14)$$

$$D_r = \sqrt{x^2 + y^2}$$

$$\theta = \theta(t)$$

$$m = m_2 - \int_{t_0}^{t} \dot{m}_F \mathrm{d}t = m_2 - m'_F$$

式中　　　C_x, C_y—— 分别为导弹的空气阻力系数,升力系数;

　　　　　S—— 这里指导弹的弹翼面积;

　　　　　D_r—— 导弹的斜射程;

　　　　　ρ—— 空气密度;

$m'_F = \int_{t_0}^{t} \dot{m}_F \mathrm{d}t$—— 至某一瞬时 t,导弹所消耗的燃料质量。

　　显然,如果导弹第二级质量 m_2、发动机推力 P 及弹翼面积 S 和空气动力系数皆已知,方程式(2-14)可用积分的办法解出导弹某一时刻的燃料质量 m'_F。但是,在导弹设计之初,这是难以实现的。为此,既要积分上式,又要不涉及上述某些未知参数,这就需要引进一些相对量参数。令

$$\mu = \frac{\int_{t_0}^{t} \dot{m}_F \mathrm{d}t}{m_2} \qquad\qquad (2-15)$$

　　由式(2-15)可以看出,参数 μ 表示导弹在某一瞬时 t 所消耗的燃料相对质量因数。

　　根据比冲 I_s 定义:

$$I_s = \frac{P}{\dot{m}_F}$$

　　由式(2-15)可得

$$\mathrm{d}\mu = \frac{\dot{m}_F \mathrm{d}t}{m_2} = \frac{P}{I_s m_2}\mathrm{d}t = \frac{\bar{P}g}{I_s}\mathrm{d}t$$

所以

$$\mathrm{d}t = \frac{I_s}{\bar{P}g}\mathrm{d}\mu$$

　　又因为

$$m = m_2 - \int_{t_0}^{t} \dot{m}_F \mathrm{d}t$$

所以

$$m = m_2 - m_2\mu = m_2(1-\mu)$$

式中　$\bar{P} = \dfrac{P}{m_2 g}$—— 推重比,它与导弹战术飞行性能有关。

又设　$p_0 = \dfrac{m_2 g}{S}$—— 翼载,表示单位翼面面积上的载荷(又称翼载荷),它与导弹的机动性密切相关。

考虑到导弹一般在弹道主动段上的攻角较小,因此,近似取 $\cos\alpha\approx1,\sin\alpha\approx\alpha$。

将以上各相对参数 $\overline{P},p_0,\mu$ 等代入式(2-14)中,于是可得到如下相对量运动微分方程组。

$$
\left.
\begin{aligned}
\frac{\mathrm{d}v}{\mathrm{d}\mu} &= \frac{I_s}{1-\mu} - \frac{\rho v^2 C_x I_s}{2\overline{P}p_0(1-\mu)} - \frac{I_s}{\overline{P}}\sin\theta \\[2mm]
v\frac{\mathrm{d}\theta}{\mathrm{d}\mu} &= \frac{I_s}{1-\mu}\alpha + \frac{\rho v^2 C_y I_s}{2\overline{P}p_0(1-\mu)} - \frac{I_s}{\overline{P}}\cos\theta \\[2mm]
\frac{\mathrm{d}y}{\mathrm{d}\mu} &= \frac{I_s}{\overline{P}g}v\sin\theta \\[2mm]
\frac{\mathrm{d}x}{\mathrm{d}\mu} &= \frac{I_s}{\overline{P}g}v\cos\theta \\[2mm]
D_r &= \sqrt{x^2+y^2} \\[2mm]
Ma &= \frac{v}{c} \\[2mm]
\theta &= \theta(\mu)
\end{aligned}
\right\}
\tag{2-16}
$$

式(2-16)中,推重比 $\overline{P}$、翼载 p_0 等相对参数是可以通过分析的方法选定的,空气动力系数在导弹设计之初,在导弹外形未确定之前,通常是采用类似导弹的数据,然后再加以修正。

式(2-16)中,弹道倾角 $\theta=\theta(\mu)$ 对于不同的导引规律,有不同的关系式,下面将介绍几种常用导引方法的 $\theta(\mu)$ 表达式。

2.7.2 直线飞行时,相对量运动微分方程的表达式

当导弹在垂直平面内作直线飞行时,其弹道倾角 θ 为,$\theta=\theta(\mu)=$ 常数,即

$$
\frac{\mathrm{d}\theta}{\mathrm{d}\mu}=0
$$

于是,相对量运动微分方程式(2-16)可以简化为如下形式:

$$
\left.
\begin{aligned}
\frac{\mathrm{d}v}{\mathrm{d}\mu} &= \frac{I_s}{1-\mu} - \frac{\rho v^2 C_x I_s}{2\overline{P}p_0(1-\mu)} - \frac{I_s}{\overline{P}}\sin\theta \\[2mm]
\alpha + \frac{\rho v^2 C_y}{2\overline{P}p_0} &= \frac{(1-\mu)}{\overline{P}}\cos\theta \\[2mm]
\frac{\mathrm{d}y}{\mathrm{d}\mu} &= \frac{I_s}{\overline{P}g}v\sin\theta \\[2mm]
\frac{\mathrm{d}x}{\mathrm{d}\mu} &= \frac{I_s}{\overline{P}g}v\cos\theta \\[2mm]
\theta &= \theta_0 = \mathrm{const} \\[2mm]
D_r &= \sqrt{x^2+y^2} \\[2mm]
Ma &= \frac{v}{c}
\end{aligned}
\right\}
\tag{2-17}
$$

实际上,对于按一定导引规律飞行的导弹,由于种种原因,它不可能是直线弹道。但是,在导弹的初步设计阶段,导弹的实际弹道与直线弹道差别较小时,可以给定相当于直线飞行的某个平均弹道倾角 $\theta_{av}=$ 常数,利用式(2-17)近似计算。这里值得指出的是,该平均弹道倾角 θ_{av}

只适用于近似地确定重力分量 $mg\sin\theta \approx mg\sin\theta_{av}$ 和速度分量 $\dfrac{dy}{dt} \approx v\sin\theta_{av}$ 及 $\dfrac{dx}{dt} \approx v\cos\theta_{av}$，不能由式（2-17）的第二个方程和关系式 $C_{yTR} = C_{yTR}^{\alpha} \cdot \alpha$ 求出的攻角表达式

$$\alpha = (1-\mu)\cos\theta_{av} \Big/ \left(\bar{P} + \frac{\varrho v^2 C_{yTR}^{\alpha}}{2p_0} \right) \qquad (2-18)$$

来确定攻角 α 值。式中，C_{yTR}，C_{yTR}^{α} 分别为导弹平衡状态下的升力系数及其导数。

这是因为用式（2-18）求出的攻角值要比 θ 值为变数时，由式（2-16）导出的 $\alpha = f\left(v\dfrac{d\theta}{d\mu}\right)$ 值要小得多，这样便给计算带来较大误差。为此，对于攻角 α 的选取原则是，在积累计算经验的基础上，考虑到攻角 α 随高度的增加而增加，以及由于随机干扰作用所引起的攻角振荡等因素，近似地给出某个攻角值或是攻角随时间的变化规律 $\alpha = \alpha(t)$。

2.7.3 三点法导引时，相对量运动微分方程的表达式

三点法导引时，应满足导弹在整个飞行过程中，目标、导弹和制导站三点在一条直线上。

设在 t 瞬间，目标在 T 点，它以速度 v_T 飞行，飞行高度为 y_T，目标对制导站 O 的航向角为 q，目标至制导站的距离为 D_T。此时，导弹位于 M 点，以速度 v 在垂直平面内运动，导弹与目标之间的距离为 D_{MT}，目标对导弹的航向角为 q_M，如图 2-5 所示。则有如下关系式：

$$\frac{dq}{dt} = \frac{v_T\sin q}{D_T}$$

$$\frac{dq_M}{dt} = \frac{v_T\sin q_M - v\sin\eta_M}{D_{MT}}$$

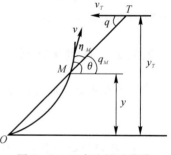

式中，η_M 为导弹的前置角。

对三点法导引，目标、导弹和制导站应在一条直线上，故应满足下述关系：

$$q = q_M$$

$$\frac{dq}{dt} = \frac{dq_M}{dt}$$

图 2-5 三点法导引弹道

所以有

$$\sin\eta_M = \left(1 - \frac{D_{MT}}{D_T}\right)\frac{v_T}{v}\sin q \qquad (2-19)$$

又因为

$$y_T = D_T\sin q$$

$$y_T - y = D_{MT}\sin q$$

$$\theta - q = \eta_M$$

于是式（2-19）可改写为

$$\sin(\theta - q) = \frac{yv_T}{y_T v}\sin q \qquad (2-20)$$

下面进一步找出三点法导引时，时间 t 和航向角 q 的关系：

因为

$$\frac{dq}{dt} = \frac{v_T\sin q}{D_T}$$

$$y_T = D_T\sin q$$

所以

$$\frac{\mathrm{d}q}{\mathrm{d}t}=\frac{v_T\sin^2 q}{y_T} \tag{2-21}$$

对式(2-21)进行积分,可得

$$t=\frac{y_T}{v_T}(\cot q_0-\cot q) \tag{2-22}$$

式(2-20)和式(2-22)即为三点法导引时 $\theta(t)$ 应满足的关系式。

于是,采用三点法导引时,相对量运动微分方程式可表示如下:

$$\left.\begin{aligned}
&\frac{\mathrm{d}v}{\mathrm{d}\mu}=\frac{I_s}{1-\mu}-\frac{\rho v^2 C_x I_s}{2\overline{P}p_0(1-\mu)}-\frac{I_s}{\overline{P}}\sin\theta\\
&v\frac{\mathrm{d}\theta}{\mathrm{d}\mu}=\frac{I_s}{1-\mu}\alpha+\frac{\rho v^2 C_y I_s}{2\overline{P}p_0(1-\mu)}-\frac{I_s}{\overline{P}}\cos\theta\\
&\frac{\mathrm{d}y}{\mathrm{d}\mu}=\frac{I_s}{\overline{P}g}v\sin\theta\\
&\frac{\mathrm{d}x}{\mathrm{d}\mu}=\frac{I_s}{\overline{P}g}v\cos\theta\\
&\sin(\theta-q)=\frac{v_T y}{y_T v}\sin q\\
&\mu=\frac{\overline{P}gy_T}{I_s v_T}(\cot q_0-\cot q)\\
&D_r=\sqrt{x^2+y^2}\\
&Ma=\frac{v}{c}
\end{aligned}\right\} \tag{2-23}$$

显然,通过式(2-23)的第二个方程及关系式

$$C_{yTR}=C_{yTR}^{\alpha}\cdot\alpha$$

可得

$$\alpha=\frac{\left(v\dfrac{\mathrm{d}\theta}{\mathrm{d}\mu}+\dfrac{I_s\cos\theta}{\overline{P}}\right)}{\dfrac{\rho v^2 C_{yTR}^{\alpha}I_s}{2\overline{P}p_0(1-\mu)}+\dfrac{I_s}{1-\mu}} \tag{2-24}$$

由式(2-24)可以看出,在弹道倾角 θ 的变化率 $\dfrac{\mathrm{d}\theta}{\mathrm{d}\mu}$ 知道后,则可计算在弹道上任意点的攻角 α 值,因此,需要进一步建立满足三点法导引 $\dfrac{\mathrm{d}\theta}{\mathrm{d}\mu}$ 的表达式。

把式(2-23)中第五个方程展开,同时和第六个方程进行综合整理可得

$$\cos\theta-\left(\cot q_0-\frac{\mu I_s v_T}{\overline{P}gy_T}\right)\sin\theta+\frac{v_T y}{vy_T}=0 \tag{2-25}$$

式中,θ,v,y 均为可微的隐函数,因此,对式(2-25)进行微分,则有

$$\frac{v_T I_s}{\overline{P}gy_T}\sin\theta-\left[\sin\theta+\left(\cot q_0-\frac{\mu I_s v_T}{\overline{P}gy_T}\right)\cos\theta\right]\frac{\mathrm{d}\theta}{\mathrm{d}\mu}+\frac{v_T}{vy_T}\frac{\mathrm{d}y}{\mathrm{d}\mu}-\frac{v_T y}{v^2 y_T}\frac{\mathrm{d}v}{\mathrm{d}\mu}=0$$

对上式进行整理后可得

$$\frac{\mathrm{d}\theta}{\mathrm{d}\mu} = \frac{\dfrac{v_T}{y_T}\left[\dfrac{I_s}{\bar{P}g} + \dfrac{1}{v^2\sin\theta}\left(v\dfrac{\mathrm{d}y}{\mathrm{d}\mu} - y\dfrac{\mathrm{d}v}{\mathrm{d}\mu}\right)\right]}{1 + \left(\cot q_0 - \dfrac{\mu I_s v_T}{\bar{P}g y_T}\right)\cot\theta} \tag{2-26}$$

于是,当攻角 $\alpha \neq \text{const}$ 时,三点法导引的相对量运动微分方程组为

$$\left.\begin{aligned}
\frac{\mathrm{d}v}{\mathrm{d}\mu} &= \frac{I_s}{1-\mu} - \frac{\rho v^2 C_x I_s}{2\bar{P}p_0(1-\mu)} - \frac{I_s}{\bar{P}}\sin\theta \\[2mm]
\frac{\mathrm{d}\theta}{\mathrm{d}\mu} &= \frac{\dfrac{v_T}{y_T}\left[\dfrac{I_s}{\bar{P}g} + \dfrac{1}{v^2\sin\theta}\left(v\dfrac{\mathrm{d}y}{\mathrm{d}\mu} - y\dfrac{\mathrm{d}v}{\mathrm{d}\mu}\right)\right]}{1 + \left(\cot q_0 - \dfrac{\mu I_s v_T}{\bar{P}g y_T}\right)\cot\theta} \\[2mm]
\frac{\mathrm{d}y}{\mathrm{d}\mu} &= \frac{I_s}{\bar{P}g}v\sin\theta \\[2mm]
\frac{\mathrm{d}x}{\mathrm{d}\mu} &= \frac{I_s}{\bar{P}g}v\cos\theta \\[2mm]
\alpha &= \frac{\left(v\dfrac{\mathrm{d}\theta}{\mathrm{d}\mu} + \dfrac{I_s\cos\theta}{\bar{P}}\right)}{\dfrac{\rho v^2 C_{yTR}^\alpha I_s}{2\bar{P}p_0(1-\mu)} + \dfrac{I_s}{1-\mu}} \\[2mm]
\mu &= \frac{\bar{P}g y_T}{I_s v_T}(\cot q_0 - \cot q) \\[2mm]
D_r &= \sqrt{x^2 + y^2} \\[2mm]
Ma &= \frac{v}{c}
\end{aligned}\right\} \tag{2-27}$$

2.7.4 求解相对量运动微分方程的步骤

根据数值积分的一般方法(通常利用龙格-库塔法),可以解上述的各微分方程组,其一般步骤归纳如下:

1. 按下述办法选择下列参数

(1) 空气动力系数 (C_y^α, C_x) 可按原准弹做参考进行初步计算,待得到导弹的外形参数并进行气动计算后,再进行校核计算。

(2) 大气参数(大气密度 ρ、温度 T、声速 c 等),可根据标准大气表输入或以函数形式表示 $(\rho = f(H), T = f(H))$

(3) 按后面讲的方法选定导弹的主要参数:推重比 $\bar{P}$,翼载 p_0,选择确定发动机比冲 I_s,助推级脱落时的速度 v_{k1} 和时间 t_{k1} 等。

2. 计算确定助推器分离点的坐标参数及弹道参数

对于弹道导弹,通过弹道分析,由导弹最大射程要求反过来确定导弹主动飞行段终点参数 v_k, θ_k, x_k, y_k。

对于采用助推器的有翼导弹来说,助推器脱落时的速度 v_{k1}、时间 t_{k1} 和弹道参数,可以按 2.8.3 节中讲述的助推器主要参数的选择方法确定。

3. 根据导弹相对量运动微分方程求解参数 μ_k 值

求得导弹燃料相对质量因数后,根据质量方程即可求得导弹的总质量,从而再根据 μ_k 值的定义可直接确定导弹燃料的质量 m_F。

2.8　导弹的主要设计参数

2.8.1　导弹速度方案和推重比的选择与确定

选择导弹推重比 $\overline{P}$ 的重要条件之一是保证实现预先要求的速度随时间变化规律 $v(t)$。而导弹的速度变化规律 $v(t)$,严格地说,应由推力规律 $P(t)$ 来确定。因此,$v(t)$ 图与 $P(t)$ 图二者是相互制约、相互联系的。

1. 导弹典型的速度变化规律

为了保证导弹的战术技术要求,导弹必须满足飞行高度 y、斜射程 D_r 和平均速度 v_{av} 的要求。在此基础上又可求出导弹的最大飞行时间 t_{max},即

$$t_{max} \approx \frac{D_r}{v_{av}}$$

为此,就应当确定满足要求的速度随时间的变化规律 $v(t)$ 图,即

$$\int_0^t v(t)\,\mathrm{d}t = v_{av}t_{max} = D_r$$

亦即要求 $v(t)$ 图所包含的面积与导弹的斜射程相等。

显然,符合上述条件的 $v(t)$ 规律是很多的,每一条 $v(t)$ 曲线都对应一定的推力 $P(t)$ 变化规律。然而,由于实际上发动机系统无法保证此条件,故 $v(t)$ 规律是不能任意选择的。

对于不同用途的导弹,通常具有以下形式的 $v(t)$ 规律,如图 2-6 所示。

图 2-6(a) 和图 2-6(b) 主要用于地空导弹,其中图 2-6(a) 为用于主级发动机全程工作的地空导弹;图 2-6(b) 主要用于双推力发动机工作,可采用被动段攻击目标的地空导弹。

图 2-6 中:

t_{k1} ——第一级发动机工作时间;

$t_{k1} \sim t_{k2}$ ——第二级发动机工作时间;

v_{k1} ——第一级发动机工作结束时导弹的飞行速度;

v_{k2} ——第二级发动机工作结束时导弹的飞行速度。

图 2-6(c) 和图 2-6(d) 主要用于低空飞行的飞航导弹,其中图 2-6(c) 为采用一级推力续航发动机的 $v(t)$ 图,其符号同上。图 2-6(d) 为采用双推力续航发动机的 $v(t)$ 图,在图中,$t_{k1} \sim t_2$ 和 $t_2 \sim t_{k2}$ 分别为双推力续航发动机的第一级和第二级的工作时间;v_2 和 v_{k2} 分别为 t_2 和 t_{k2} 相对应的导弹速度。

图 2-6(e),图 2-6(f) 主要用于空空导弹;图 2-6(e) 为采用一级推力发动机的 $v(t)$ 图;图 2-6(f) 为采用双推力发动机的 $v(t)$ 图。通常,空空导弹采用被动段攻击目标,图中,v_L 为导弹发射时的瞬时速度,即发射导弹时载机的速度;v_k 为导弹被动段的飞行末速,其他符号同上。

2.地空导弹推重比的确定

为了讨论问题简便,只讨论当 $v(t)$ 按线性规律变化时,求满足速度变化规律的推力变化规律 $P(t)$,至于 $v(t)$ 规律不呈线性变化时,均可按分段方法,在简化成线性变化的条件下予以解决。

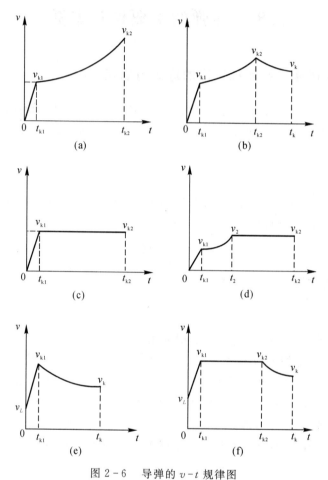

图 2-6 导弹的 v-t 规律图

在此,以导弹第二级为例,研究 $v(t)$ 变化规律及其所对应的推力变化规律。设已给出的 $v(t)$ 规律按线性变化,求推重比 $\bar{P}$ 的变化规律。

研究推力变化规律的问题,仍是研究导弹的运动学问题。把导弹视为一个变质量的质点,其纵向运动的微分方程为

$$m\frac{\mathrm{d}v}{\mathrm{d}t} = P - X - mg\sin\theta$$

即

$$\frac{1}{g}\frac{\mathrm{d}v}{\mathrm{d}t} = \frac{P}{m_2 g(1-\mu)} - \frac{\rho v^2 C_x S}{2m_2 g(1-\mu)} - \sin\theta$$

引入以下关系式:

$$\mu = \frac{\int_0^t \dot{m}_F \mathrm{d}t}{m_2} = \frac{\dot{m}_F t}{m_2} = \frac{Ptg}{I_s m_2 g} = \frac{\bar{P}tg}{I_s}$$

则

$$\frac{1}{g}\frac{\mathrm{d}v}{\mathrm{d}t} = \frac{\overline{P}}{1 - \dfrac{\overline{P}tg}{I_s}} - \frac{\rho v^2 C_x}{2p_0\left(1 - \dfrac{\overline{P}tg}{I_s}\right)} - \sin\theta$$

化简整理可得

$$\overline{P} = \frac{\dfrac{1}{g}\dfrac{\mathrm{d}v}{\mathrm{d}t} + \dfrac{\rho v^2 C_x}{2p_0} + \sin\theta}{\dfrac{t}{I_s}\dfrac{\mathrm{d}v}{\mathrm{d}t} + 1 + \dfrac{tg}{I_s}\sin\theta} \qquad (2-28)$$

由式(2-28)可以看出:

(1) 因 $v(t)$ 规律是线性的,所以

$$\frac{\mathrm{d}v}{\mathrm{d}t} = \frac{v_{k2} - v_{02}}{t_{k2} - t_{02}} = \mathrm{const}$$

式中　t_{02}，t_{k2}——分别为第二级发动机工作开始和工作结束时对应的时间;

　　　　v_{02}，v_{k2}——分别为第二级发动机工作开始和工作结束时对应的速度。

假设弹道为直线弹道,则 $\sin\theta = \mathrm{const}$;阻力系数 C_x 仍然根据相似导弹或统计数据给出;空气密度可以查标准大气表或以函数形式表示。

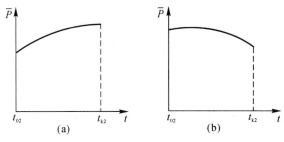

图 2-7　$\overline{P}$ 随时间变化规律

(2) 由于阻力系数和速压是时间 t 的函数,因此,与线性 $v(t)$ 规律相应的推重比 $\overline{P}(t)$ 也是随时间 t 变化的。根据式(2-28)求得的 $\overline{P}(t)$ 规律如图 2-7 所示。

图 2-7(a)表示当导弹的平均弹道倾角很小(低弹道)时的推力规律 $\overline{P}(t)$。由于当 θ_{av} 值很小时,导弹在飞行过程中,高度的变化不大,即空气密度变化不大,而导弹的速度是增加的,因此,所要求的推重比随时间的增加而增大。

图 2-7(b)表示当平均弹道倾角 θ_{av} 较大(高弹道)时的 $\overline{P}(t)$ 规律。此时,随着导弹速度的增加,飞行高度变化较大,空气密度急剧下降,导致阻力项 $\dfrac{1}{2}\rho v^2 C_x S$ 降低,因此,所要求的推重比 $\overline{P}(t)$ 随时间的增加而减小。

(3) 在导弹飞行过程中,若发动机能够任意调节,则可选取上述的 $\overline{P}(t)$ 变化规律,但是,这种规律会给发动机设计带来很大的困难。对于战术导弹,通常使推力保持一常值,即将 $\overline{P}(t)$ 规律在 $t_{02} \sim t_{k2}$ 范围内取平均值 $\overline{P}_{av}$,其方法如下:

令

$$\overline{P}_{av} = \frac{\displaystyle\int_{t_{02}}^{t_{k2}} \overline{P}\,\mathrm{d}t}{t_{k2} - t_{02}} \qquad (2-29)$$

式中，$\int_{t_{02}}^{t_{k2}} \overline{P} dt$ 为根据式（2-28）求出的 $\overline{P}(t)$ 图的面积，符合上述条件，就可保证发动机提供相等的总冲量值。

（4）根据式（2-28）和式（2-29）确定平均推重比 $\overline{P}_{av}$，利用数值积分法由导弹运动微分方程可以求出相应的速度变化规律 $v(t)$ 图。显然，此时的 $v(t)$ 图不再是线性的了，如图2-8所示。图中曲线 ① 为等推力情况，曲线 ② 为变推力情况。

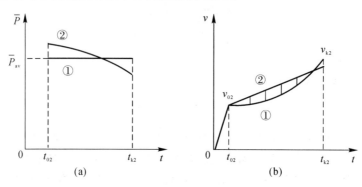

图2-8　$\overline{P}(t)$ 规律和相应的 $v(t)$ 规律

值得注意的是，在高弹道情况下求出的 $v(t)$ 图，与按线性变化的 $v(t)$ 图相比，出现了前者的航程比后者要小的现象，如图2-8(b)所示，即不能满足导弹射程的要求。之所以会出现上述现象，可作如下解释。

由于导弹的燃料主要用来增加导弹的速度、克服导弹在飞行过程中的阻力和重力分量，因此，在导弹飞行高度和弹道倾角相同的情况下，可以认为空气密度及重力损失是相同的，所不同的主要是推力在各瞬间都具有不同的数值，从而在各点加速度及速度值不同。在图2-8(a)中看出，当采用等推力时，前半段的平均推力 $\overline{P}_{av} < \overline{P}$，所以其对应的加速度和速度值均比用变推力时的小。此时，阻力消耗的燃料少些，但损失了一部分射程（见图2-8(b)中凹的阴影部分），在后半段，由于 $\overline{P}_{av} > \overline{P}$，因此，其对应的速度比变推力时的大，而阻力与速度二次方成正比，所以，此时克服阻力多消耗的燃料要比前半段克服阻力消耗的那一部分燃料要大得多。这样，就使得在图2-8(b)上凹的阴影大于凸的阴影面积，因而，导致在采用常值推力后不能满足射程和平均速度的要求。在一般情况下，通常根据经验数据将求得的平均推重比 $\overline{P}_{av}$ 适当地增大一些，例如：当 $H \geqslant 20$ km 时，$\overline{P} \approx 1.05\overline{P}_{av}$。

3. 导弹作等速平飞时的推重比的确定

此时，

因为 $$v = \text{const}$$

所以 $$\frac{dv}{dt} = 0$$

因为 $$\theta = 0°$$

所以 $$\sin \theta = 0$$

因为 $$\rho = \rho_H = \text{const}$$

所以 $$q = \frac{1}{2}\rho v^2 = \text{const}$$

将以上条件代入式(2-28),可得

$$\bar{P} = \frac{C_x \rho v^2}{2p_0} \qquad (2-30)$$

式中　$C_x = C_{x0} + C_{xi}$;

　　　C_{x0}——导弹的零升阻力系数;

　　　C_{xi}——导弹的诱导阻力系数,在一般情况下,$C_{xi} = AC_y^2$。

另外,当导弹作等速平飞时,有以下关系:

$$C_y = \frac{y}{\frac{1}{2}\rho v^2 S} \approx \frac{G}{\frac{1}{2}\rho v^2 S}$$

将以上关系代入式(2-30),则得

$$\bar{P} = \frac{\left[C_{x0} + \frac{AG^2}{\left(\frac{1}{2}\rho v^2 S\right)^2}\right]\rho v^2}{2p_0} \qquad (2-31)$$

由式(2-31)可以看出,由于导弹在飞行过程中,燃料不断地消耗,故导弹质量 m 是一变量,因此,严格地讲,推重比 $\bar{P}$ 也是时间的函数。但因导弹是处于平飞状态下,导弹的阻力主要取决于零升阻力,当质量变化不大时,可以选取推重比 $\bar{P}$ 为常值,近似地保证导弹等速平飞条件。

以上讨论了推力变化规律确定的方法,它基本满足了导弹飞行特性的要求,但计算方法是近似的。同时,从中可以看出,确定 $\bar{P}(t)$ 与选择 $v(t)$ 规律是紧密联系的,二者要相互反复进行修正,最后才能得到适当的结果。

2.8.2　导弹翼载的确定

由前可知,导弹的翼载 $p_0 = \frac{m_2 g}{S}$,增大 p_0,意味着其他条件不变时,可使弹翼面积减小,则导弹飞行中的阻力亦减小,即达到同样战术飞行性能所需的 μ_k 值愈小。因此,当选择 p_0 值时,在满足其他条件下,应尽可能取得大些。但是,p_0 值常受到以下条件限制。

1.导弹机动性的限制

导弹的机动性通常由导弹可以提供的法向过载来表示,由可用过载定义:

$$n_{ya} = \frac{Y + P\sin \alpha}{mg}$$

因为 $m = m_2(1-\mu)$;同时,令 $\sin \alpha \approx \alpha$,则

$$n_{ya} = \frac{C_{yTR}^{\alpha}\alpha_{\max}\rho v^2 S}{2m_2(1-\mu)g} + \frac{P\alpha_{\max}}{57.3m_2(1-\mu)g}$$

所以

$$n_{ya} = \frac{C_{yTR}^{\alpha}\alpha_{\max}\rho v^2}{2p_0(1-\mu)} + \frac{\bar{P}\alpha_{\max}}{57.3(1-\mu)}$$

为使导弹在攻击目标的过程中正常飞行,必须保证导弹的可用过载大于需用过载,即导弹必须满足下述条件:

$$n_{ya} = \frac{C_{yTR}^{\alpha} \alpha_{\max} \rho v^2}{2 p_0 (1-\mu)} + \frac{\overline{P} \alpha_{\max}}{57.3(1-\mu)} \geqslant n_{yn}$$

所以

$$p_0 \leqslant \frac{57.3 C_{yTR}^{\alpha} \alpha_{\max} \rho v^2}{2[57.3(1-\mu)n_{yn} - \overline{P}\alpha_{\max}]} \qquad (2-32)$$

式中,导弹最大攻角受导弹外形的空气动力特性限制,当缺乏数据时,可取 $\alpha_{\max} = 12° \sim 15°$。若设计中要求 $\alpha_{\max}$ 大于 $15°$,为减小计算误差,则不能再令 $\sin\alpha \approx \alpha$,而直接用 $\sin\alpha$ 代入上述关系得出翼载的关系式即可。对于式(2-32)中的导弹在某一瞬时 t 所消耗的燃料相对质量 μ 值,应按不同类型导弹的主要设计情况的典型弹道确定。至于参数 $\rho, v, C_{yTR}^{\alpha}$ 等亦是如此。

2.弹翼结构承载特性和工艺水平的限制

由翼载定义可知:

$$p_0 = \frac{m_2 g}{S}$$

p_0 值表示单位面积弹翼上负担的导弹重力。p_0 值愈大,在一定弹翼面积下,导弹重力愈大,因此,导弹在作机动飞行的过程中,弹翼承受的载荷就愈大,这就要求导弹有足够的结构强度和刚度。而高速导弹一般要求采用气动性能好的薄翼,这样,就给提高结构强度、刚度以及在工艺上造成较大的困难。因此,实际上在目前技术条件下,对允许使用的翼载值有所限制。据统计资料表明:

地空导弹:$p_0 \leqslant 5\ 000 \sim 6\ 000\ \text{N/m}^2$

空空导弹:$p_0 \leqslant 2\ 500 \sim 6\ 500\ \text{N/m}^2$

反坦克导弹:$p_0 \leqslant 2\ 500 \sim 3\ 000\ \text{N/m}^2$

2.8.3 助推器主要参数的选择

大部分导弹采用大推力的助推器,主要是为了使导弹获得一定的初速 v_{k1}(助推级末速);以提高导弹的平均速度;缩短攻击目标的时间;同时,在导弹达到初速 v_{k1} 时,抛掉助推器以减轻导弹的质量。另外利用助推器可以保证导弹在发射离轨时,获得所需的速度及推力,使导弹不致坠落。

对于助推器,它的主要参数是助推级末速 v_{k1}、工作时间 t_{k1} 和燃料相对质量因数 μ_{k1}(或 $\overline{P}_{01}$)。实际上,在 v_{k1}, t_{k1} 确定之后,μ_{k1} 值也就相应确定了,因此,主要独立设计变量为 v_{k1} 和 t_{k1}。

2.8.3.1 助推级末速 v_{k1} 的选择与确定

1. v_{k1} 对导弹发射质量的影响

前文已指出,导弹的发射质量 m_0 一般由助推级和主级两部分质量组成。即

$$m_0 = m_1 + m_2$$

当导弹其他战术载荷等已确定时,m_2 主要取决于 μ_{k2} 值,而 μ_{k2} 值又与 v_{k1} 有关。同理,助推级质量亦是如此。即

$$m_1 = f(v_{k1} \cdots)$$
$$m_2 = f(v_{k1} \cdots)$$
$$m_0 = f(v_{k1} \cdots)$$

当 v_{k1} 值增大时，μ_{k2} 值下降，则 m_2 值减小；而 μ_{k1} 值增加，则 m_1 增加；给出不同的 v_{k1} 值，可求出对应的 m_1，m_2，m_0 曲线，如图 2-9 所示。

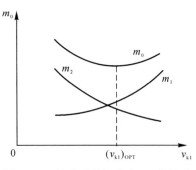

图 2-9　导弹质量与速度 v_{k1} 的关系

因此，从理论上来讲，当 v_{k1} 值改变时，m_1 和 m_2 的变化趋势正好相反，故导弹的发射质量 m_0 会因 v_{k1} 的不同而发生变化。这中间有一个极值 m_{0min}，其对应的最优值为 $(v_{k1})_{OPT}$。

计算表明：$(v_{k1})_{OPT} \approx (0.7 \sim 0.8)v_{av}$

$(v_{k1})_{OPT}$ 的大小，主要取决于第一级与第二级的比冲 I_s 的大小，若 $I_{s1} < I_{s2}$，则 $(v_{k1})_{OPT}$ 值偏小些；若 $I_{s1} > I_{s2}$，则 $(v_{k1})_{OPT}$ 偏大些。具体大小应通过计算确定。

2. 对助推级最小末速 $(v_{k1})_{min}$ 的限制

（1）保证导弹启控时，舵面正常工作。气动面控制的导弹最终是依靠舵面偏转来完成操纵飞行的。为了保证导弹在攻击目标的过程中舵面正常工作，总是希望舵面的空气动力特性变化平缓。因此，导弹应尽可能避开气动特性不稳定的跨声速段操纵飞行，或是以亚声速飞行，或是以超声速飞行。

对于防空导弹，通常是以超声速开始操纵的。由空气动力学可知，当导弹飞行马赫数 $Ma \geqslant 1.4$ 时，才能满足上述要求，即在此情况下，必须保证 $(v_{k1})_{min}$ 为

$$(v_{k1})_{min} \geqslant Ma \cdot c = 1.4c \qquad (2-33)$$

因为低空时声速 $c \approx 340$ m/s，所以 $(v_{k1})_{min} \geqslant 476$ m/s。

（2）当 $Ma < 1$ 时，飞航导弹的要求。对于飞行马赫数 $Ma < 1$ 的飞航导弹，在助推器脱落后，为了使导弹正常地沿弹道飞行，不致坠落，必须保证导弹的推力分量与升力之和大于重力分量，即

$$P\sin\alpha + Y \geqslant G\cos\theta$$

通常，攻角 α 较小，所以令 $P\sin\alpha = 0$（这对求 v_{k1} 值来讲是偏于安全的），故

$$\frac{C_y\rho v^2 S}{2} \geqslant G\cos\theta$$

所以

$$v \geqslant \sqrt{\frac{2G\cos\theta}{C_y S}}$$

通常，飞航导弹助推器的重力 $G_1 \ll G_2$，所以可近似认为 $G \approx G_2$，故

$$\frac{G}{S} \approx \frac{G_2}{S} = p_0$$

所以

$$(v_{k1})_{min} \geqslant \sqrt{\frac{2p_0\cos\theta}{C_y\rho}} \qquad (2-34)$$

2.8.3.2　助推器燃料相对质量因数 μ_{k1} 计算

由式（2-13）知

$$m_{F1} = \frac{1}{I_s}\left(\int_0^{v_{k1}} m\,\mathrm{d}v + \int_0^{t_{k1}} X\,\mathrm{d}t + \int_0^{t_{k1}} mg\sin\theta\,\mathrm{d}t\right) \qquad (2-35)$$

令
$$m_{Fv1} = \frac{1}{I_s} \int_0^{v_{k1}} m \mathrm{d}v$$

$$m_{FX1} = \frac{1}{I_s} \int_0^{t_{k1}} X \mathrm{d}t$$

$$m_{Fg1} = \frac{1}{I_s} \int_0^{t_{k1}} mg \sin\theta \mathrm{d}t$$

式中 m_{Fv1}，m_{FX1}，m_{Fg1} 分别为增加导弹的速度、克服阻力和平衡重力切向分量的燃料消耗量。因此，有

$$m_{F1} = m_{Fv1} + m_{FX1} + m_{Fg1}$$

同样，上式两边均除以导弹的发射质量 m_0，则可变成相对质量因数的形式：

$$\mu_{k1} = \mu_{kv1} + \mu_{kX1} + \mu_{kg1}$$

为了求得燃料相对质量因数 μ_{k1}，则必须分别求解上述各部分的积分之值。

为积分式（2-35）作如下假设：

（1）当秒流量不变时，认为推力值基本不变。

（2）导弹在助推段作等加速直线运动，其速度规律 $v(t)$ 曲线接近于直线，即有

$$v = \left(\frac{v_{k1}}{t_{k1}}\right)t, \quad v_{av} = \frac{v_{k1}}{2}$$

（3）因为助推段速度变化很大（地空导弹尤其如此），阻力系数变化很复杂。同时，助推段的阻力远远小于推力，故允许用经验数据粗略估算阻力系数 C_x 值。可取 C_x 为此阶段的平均值 C_{xav}，或取

$$\sigma_1 = \frac{C_{xav} S}{G_0}$$

式中，σ_1 为折算阻力系数，可由统计经验数据得到。

（4）由于助推段导弹的飞行高度变化不大，因此，空气密度可取该段的平均值，一般取发射点高度的空气密度。

根据上述假设条件，计算各分量。

1. 用于增加导弹速度的燃料量

由
$$m_{Fv1} = \frac{1}{I_s} \int_0^{v_{k1}} m \mathrm{d}v$$

当燃料秒消耗量 $\dot{m}_F = \mathrm{const}$ 时，有

$$m = m_0\left(1 - \frac{\dot{m}_{F1} t}{m_0}\right)$$

所以

$$m_{Fv1} = \frac{1}{I_s}\int_0^{v_{k1}} m_0\left(1 - \frac{\dot{m}_{F1} t}{m_0}\right)\mathrm{d}v = \frac{1}{I_s}\left[m_0 v_{k1} - \dot{m}_{F1}\int_0^{v_{k1}} t\mathrm{d}v\right] \tag{2-36}$$

利用分部积分法

$$\int_0^{v_{k1}} t\mathrm{d}v = v_{k1} t_{k1} - D_{r1} = t_{k1}(v_{k1} - v_{av}) \tag{2-37}$$

式中，D_{r1} 为助推段的斜射程。

由假设条件知

$$v_{av} = \frac{v_{k1}}{2} \tag{2-38}$$

将式(2-37)和式(2-38)代入式(2-36)得

$$m_{Fv1} = \frac{1}{I_s}\left(m_0 v_{k1} - \dot{m}_{F1} t_{k1}\frac{1}{2}v_{k1}\right) = \frac{1}{I_s}\left(m_0 - \frac{m_{F1}}{2}\right)v_{k1}$$

上式两边均除以导弹总质量 m_0,化成相对量的形式为

$$\mu_{kv1} = \frac{1}{I_s}\left(1 - \frac{1}{2}\mu_{k1}\right)v_{k1} \qquad (2-39)$$

2. 用于平衡导弹质量切向分量的燃料量

$$m_{Fg1} = \frac{1}{I_s}\int_0^{t_{k1}} mg\sin\theta \mathrm{d}t = \frac{1}{I_s}\int_0^{t_{k1}} m_0\left(1-\frac{\dot{m}_{F1}t}{m_0}\right)g\sin\theta_{av}\mathrm{d}t = \frac{m_0 g\sin\theta_{av}t_{k1}}{I_s}\left(1-\frac{\dot{m}_{F1}t_{k1}}{2m_0}\right)$$

化为相对量的形式得

$$\mu_{kg1} = \frac{\sin\theta_{av}g t_{k1}}{I_s}\left(1-\frac{\mu_{k1}}{2}\right) \qquad (2-40)$$

3. 用于克服阻力的燃料量

$$m_{FX1} = \frac{1}{I_s}\int_0^{t_{k1}} X\mathrm{d}t = \frac{1}{I_s}\int_0^{t_{k1}}\frac{\rho v^2 C_x S}{2}\mathrm{d}t = \frac{1}{I_s}\int_0^{t_{k1}}\frac{\rho_0 C_x S}{2G_0}G_0\left(\frac{v_{k1}}{t_{k1}}t\right)^2\mathrm{d}t = \frac{1}{2I_s}\rho_0\sigma_1 G_0\left(\frac{v_{k1}}{t_{k1}}\right)^2\frac{t_{k1}^3}{3}$$

所以

$$\mu_{kX1} = \frac{1}{6I_s}\sigma_1\rho_0 g v_{k1}^2 t_{k1} \qquad (2-41)$$

将式(2-39)～式(2-41)三式相加并整理,则得助推级燃料相对质量因数 μ_{k1} 的表达式:

$$\mu_{k1} = \frac{v_{k1} + \frac{1}{6}\sigma_1\rho_0 g v_{k1}^2 t_{k1} + g t_{k1}\sin\theta_{av}}{I_s + \frac{v_{k1}}{2} + \frac{g t_{k1}}{2}\sin\theta_{av}} \qquad (2-42)$$

在求得了助推器燃料相对质量因数 μ_{k1} 和导弹的起飞质量 m_0 之后,就可得出助推器的推力 P_1:

$$P_1 = \frac{I_s\mu_{k1}m_0}{t_{k1}} \quad \text{或} \quad \overline{P}_1 = \frac{P_1}{m_0 g} = \frac{I_s\mu_{k1}}{t_{k1}g}$$

2.8.3.3　助推器工作时间 t_{k1} 的选择与确定

导弹在助推段飞行过程中,由于气动力特性变化大、速度小、舵面效率低等原因,一般导弹在助推段不进行控制。另外,考虑到固体助推器燃烧室受热等因素,因此,希望尽量缩短这段过程,使助推器工作时间 t_{k1} 尽量小些。但这主要受到导弹设备最大允许过载的限制。

以下讨论在给定助推段末速 v_{k1} 和最大轴向过载 $n_{x\max}$ 条件下,确定助推器最小工作时间 $(t_{k1})_{\min}$。

根据导弹纵向运动方程

$$\frac{G}{g}\frac{\mathrm{d}v}{\mathrm{d}t} = P_1 - X - G\sin\theta$$

$$\int_0^{v_{k1}}\mathrm{d}v = \int_0^{t_{k1}} g\left[\frac{P_1-X}{G}-\sin\theta\right]\mathrm{d}t$$

$$v_{k1} = g\int_0^{t_{k1}} n_x \mathrm{d}t - g t_{k1}\sin\theta$$

令

$$\int_0^{t_{k1}} n_x \mathrm{d}t = t_{k1}n_{xav}$$

式中,n_{xav} 为平均轴向过载。

所以

$$v_{k1} = g t_{k1} (n_{xav} - \sin \theta)$$

故

$$t_{k1} \geqslant \frac{v_{k1}}{g(n_{xav} - \sin \theta)} \qquad (2-43)$$

下面讨论平均轴向过载与最大轴向过载 $n_{x\max}$ 之间的关系。

考虑到当过载偏大时,t_{k1} 值偏于安全,因此忽略阻力项,则轴向过载近似为

$$n_x \approx \frac{P_1}{G}$$

这样,

$$n_{xav} = \frac{P_1}{G_{av}} = \frac{P_1}{G_0 - 0.5G_{F1}} = \frac{P_1}{G_0(1 - 0.5\mu_{k1})}$$

所以

$$n_{xav} = \frac{\overline{P}_1}{1 - 0.5\mu_{k1}} \qquad (2-44)$$

同理

$$n_{x\max} = \frac{\overline{P}_1}{1 - \mu_{k1}} \qquad (2-45)$$

故

$$\frac{n_{xav}}{n_{x\max}} = \frac{1 - \mu_{k1}}{1 - 0.5\mu_{k1}} \qquad (2-46)$$

又因为燃料相对质量因数 μ_{k1} 为

$$\mu_{k1} = \frac{\overline{P}_1 t_{k1} g}{I_s}$$

将式(2-44)代入上式得

$$\mu_{k1} = \frac{n_{xav}(1 - 0.5\mu_{k1})t_{k1}g}{I_s}$$

经整理,则有

$$\mu_{k1} = \frac{\dfrac{n_{xav}t_{k1}g}{I_s}}{1 + 0.5\dfrac{n_{xav}t_{k1}g}{I_s}}$$

令

$$K_1 = \frac{n_{xav}t_{k1}g}{I_s}$$

则

$$\mu_{k1} = \frac{K_1}{1 + 0.5K_1} \qquad (2-47)$$

式(2-47)建立了 μ_{k1} 与 n_{xav} 的关系。将式(2-47)代入式(2-46),经整理后得

$$\frac{n_{xav}}{n_{x\max}} = 1 - 0.5K_1$$

则

$$n_{xav} = n_{x\max}\left[1 - \frac{n_{xav}t_{k1}g}{2I_s}\right]$$

将 t_{k1} 的表达式(2-43)代入上式,同时,考虑到 $n_{xav} \gg \sin \theta$,因此,近似认为$(n_{xav} - \sin \theta)$ $\approx n_{xav}$,则得

$$n_{xav} = n_{x\max}\left[1 - \frac{v_{k1}}{2I_s}\right] \qquad (2-48)$$

式(2-48)即为平均轴向过载与最大轴向过载之间的关系。

将式(2-48)代入式(2-43),得

$$t_{k1} \geqslant \cfrac{v_{k1}}{g\left[n_{x\max}\left(1-\cfrac{v_{k1}}{2I_s}\right)-\sin\theta\right]} \qquad (2-49)$$

应用式(2-49)进行计算,尚需考虑固体火箭发动机在点火的短时间内,会产生压力急升现象,如图2-10所示。此时,推力比预定的最大推力要大些。为此,允许的最大轴向过载应适当地小些,以避免短时间内出现超负荷。通常取

$$n'_{x\max} = 0.9n_{x\max}$$

故

$$t_{k1} \geqslant \cfrac{v_{k1}}{g\left[0.9n_{x\max}\left(1-\cfrac{v_{k1}}{2I_s}\right)-\sin\theta\right]} \qquad (2-50)$$

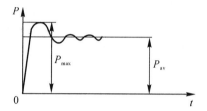

图2-10　发动机点火时的压力急升现象

思考题与习题

1.试述战术技术要求的定义及其主要内容。

2.研制任何一种武器系统,为什么应首先从研究、分析目标特性开始?为设计空空、地空导弹,应着重了解空中目标哪些主要特征?

3.在选择确定导弹的飞行弹道时需要考虑哪些因素?

4.有翼导弹的主要设计参数是哪些参数?为什么?

5.试建立两级有翼导弹第一级、第二级和全弹的质量方程。什么是有翼导弹的有效载荷?将弹上制导设备的质量视为有效载荷的理由是什么?

6.用数值积分法求解推进剂质量 m_F 或相对质量因数 μ_k 时,其实质是求解什么?运动方程组为什么要化成相对量的形式?求解时,需要作何假设?如果设导弹在铅垂面内作直线飞行,但导弹的实际弹道不是直线,而是曲线,按直线弹道求解攻角等,这些处理合理吗?你认为应如何处理或修正?

7.试述翼载 p_0、推重力比 $\overline{P}$ 和推进剂的相对消耗量 μ 的定义。其中哪些是无量纲量?哪些是有量纲量?其单位是什么?它们主要影响哪些参数?

8.确定导弹的速度变化规律 $v(t)$ 时,需考虑哪些因素?

9.导弹的推力变化规律 $P(t)$ 与速度变化规律 $v(t)$ 之间有何种关系?为什么 $H \geqslant 20\ \text{km}$ 时,$\overline{P} \approx 1.05\overline{P}_{av}$?

10.试述选择翼载 p_0 时需考虑的主要因素。翼载与过载之间有何关系?对巡航导弹,确定其翼载时有何特殊考虑?早期的空空、地空导弹,翼载 $p_0 \approx 3\ 000 \sim 5\ 000\ \text{N/m}^2$,其相应的可用过载约为10,而现代空空、地空导弹的可用过载可达 $35 \sim 50$,甚至70,但翼载并未相应降

低,反而增大了,这是为什么? 其设计情况是哪些特征点? 为什么?

11. 在确定助推器的末速 v_{k1} 和工作时间 t_{k1} 时,有哪些考虑? 若将两级地空导弹的助推段视为等加速运动,允许的最大纵向过载 n_{xmax} 为 25,助推段结束时导弹的速度 v_{k1} 为 500 m/s,弹道倾角 $\theta = 40°$,试问助推器的工作时间应不小于多少?

12. 试求两级地空导弹助推器推进剂的相对质量因数 μ_{k1}。计算条件:发射高度 $H = 0$ m,助推器工作结束时,导弹的速度 $v_{k1} = 500$ m/s,发动机的工作时间为 2 s,平均弹道倾角 $\theta_{av} = 40°$,发动机比冲 $I_s = 2\,400$ m/s,$\sigma_1 = 0.38 \times 10^{-4}$ m²/kg。若忽略阻力影响,则 μ_{k1} 是多少?

13. 试求空空导弹的 μ_k。计算条件:发射高度 $H = 5$ km,发动机工作结束时导弹的速度 $v_{k1} = 800$ m/s,发射导弹时载机的速度 $v_L = 300$ m/s,发动机的工作时间 2 s,发动机比冲 $I_s = 2\,400$ m/s,$\sigma_1 = 1.7 \times 10^{-4}$ m²/kg。

14. 试求巡航导弹等速平飞巡航段的推进剂相对质量因数 μ_k。计算条件:导弹的巡航高度 $H = 15$ m,巡航速度 $v = 300$ m/s,等速平飞段的飞行距离 $D = 100$ km,翼载 $p_0 = 5\,000$ N/m²,阻力系数 $C_x = 0.022$,发动机比冲 $I_s = 2\,100$ m/s。

第3章 导弹分系统方案选择及设计要求

导弹总体设计就是根据战术技术要求和技术发展实际状况,对导弹及组成导弹的各个分系统进行综合、协调、研究、设计和试验的过程。这个过程往往要经过多次反复,才能得到一个综合性能最佳的导弹总体技术方案。

根据战术技术指标,选择及确定导弹的主要技术方案是总体设计的重要工作,主要分系统方案包括推进系统方案、引战系统方案、制导控制系统方案、总体结构方案、弹上能源方案、发射方案等。确定分系统技术方案就要对分系统的类型、主要性能参数进行分析,提出对分系统的设计要求。本章对导弹各分系统的组成、工作原理、特点等内容进行简单介绍,并从总体的角度出发,阐述选择分系统方案的方法,提出对各分系统的设计要求。

3.1 推进系统方案选择和要求

推进系统是导弹武器的一个重要分系统,它的主要作用是为导弹提供飞行动力,以保证导弹获得所需的速度和射程。导弹推进系统产生推力的主要部件是发动机。目前导弹上所用的发动机都是喷气发动机。喷气发动机先将推进剂的化学能转化为燃气的热能,然后又转化为燃气的动能,最后转化为对导弹的反作用力——推力,因此它既是动力装置,又是推进装置。但是发动机除了作为动力装置和推进装置这两个基本作用外,也参加了导弹的控制。一方面,由于推进系统是导弹上唯一具有显著变质量性质的系统,又是产生推力的装置,它必然影响导弹的控制;另一方面,由于发动机的推力不仅可以推动导弹前进,也可用以操纵导弹的侧向移动和滚动。所以推进系统对导弹来说,既是要控制的对象,又是可用于控制的参量。这就是推进系统对导弹控制的两重性。当然,导弹上有专门起控制作用的控制系统,但它主要依靠外力控制,而发动机推力控制则是一种内力控制。如,根据弹道要求调整推力的大小,甚至使推力中止和根据姿态要求进行推力向量控制等。但推进系统作为导弹的一个分系统,除了起到推进和控制的作用之外,对导弹的战术技术性能的影响也很大。它在导弹上的配置将影响导弹的总体布局、气动性能、弹道性能及使用性能等。

3.1.1 推进系统的组成及分类

推进系统包括发动机以及保证发动机正常工作所需的部件和组件。如液体火箭发动机主要由发动机、发动机架、推进剂(或燃料)和推进剂输送系统所组成。其中发动机是核心部分,而推进剂与发动机紧密相关。

由于发动机是推进系统的核心,导弹推进系统的分类实际是按发动机来分类的。导弹上使用的发动机都是喷气发动机。目前喷气发动机都是利用化学能,其他以核能、电磁能、太阳能或激光能为能源的喷气发动机尚未在导弹上使用。喷气发动机一般可分为火箭发动机、空气喷气发动机和组合发动机。火箭发动机所用的推进剂——燃料和氧化剂——全部自身携带,它是在空气不参与的情况下,靠发动机燃烧室中形成的喷气流的反作用产生推力的,因此火箭发动机可以在高空和大气层外使用。空气喷气发动机是利用空气中的氧气,与所携带的燃料燃烧产生高温燃气;为此,需要在空气进入发动机燃烧室之前,将空气进行压缩并与燃料混合,在燃烧时将化学能转化成为发动机喷出气体的动能。按照推进剂是液态还是固态,可将火箭发动机分为液体推进剂火箭发动机(简称液体火箭发动机)和固体推进剂火箭发动机(简称固体火箭发动机),还有混合推进剂火箭发动机,如固-液(固体燃料和液体氧化剂)火箭发动机或液-固(液体燃料和固体氧化剂)火箭发动机。空气喷气发动机按工作循环可分为涡轮喷气发动机和冲压喷气发动机。其中冲压喷气发动机又可分液体燃料冲压发动机(LFRJ)、固体燃料冲压发动机(SFRJ)和固体火箭冲压组合发动机。涡轮喷气发动机,目前主要用于飞航导弹和空地导弹上,有涡轮喷气发动机、涡轮风扇发动机以及正在发展中的桨扇发动机。

由两种或两种以上不同类型的发动机组合而成的新型发动机,称为组合发动机。把固体火箭助推发动机和作为主发动机的冲压发动机(或火箭冲压发动机),通过共用燃烧室和设置转级机构组合到一起,就构成整体式火箭/冲压发动机。把固体火箭助推发动机和作为主发动机的固体火箭冲压发动机组合成一种新的两级组合发动机就构成整体式固体火箭冲压发动机。导弹上所用喷气发动机的大致分类如图3-1所示。

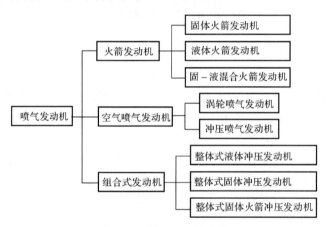

图 3-1 推进系统的分类

随着现代科学技术的发展,已进一步将不同工作循环的发动机组合在一起作为飞行器的动力,如火箭基组合循环发动机和涡轮基组合循环发动机等。但具体采用何种形式的发动机,应根据任务的性质和飞行器总体战术技术要求进行选择。

3.1.2 发动机的主要性能参数及总体参数选择

3.1.2.1 发动机的主要性能参数

表示发动机性能的一些指标称之为性能参数。它们主要有推力、总冲、比冲、推重比等。

1.总冲 I

发动机推力对工作时间的积分(见图3-2)定义为发动机的总冲(单位:N·s)。

$$I = \int_0^{t_a} P \mathrm{d}t \tag{3-1}$$

式中，t_a 为发动机的工作时间，定义为发动机点火后推力上升到额定推力的10%（或5%）的那一点为起点，到发动机推力下降到额定推力的10%（或5%）的那一点为终点，从起点至终点的时间间隔。

总冲是导弹根据其飞行任务需要对发动机提出的重要性能参数。总冲的大小决定了导弹航程的长短或有效载荷的大小，是反映发动机工作能力大小的重要指标。

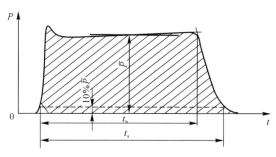

图3-2　典型的推力-时间曲线示意图

2. 推力 P

作用于发动机内外表面上作用力的合力称为发动机的推力（单位：N），它是发动机的主要性能参数之一。推力的通用公式为

$$P = \dot{m}_F u_e + (p_e - p_a)A_e - \dot{m}_a v \qquad (3-2)$$

式中　$\dot{m}_F$——每秒推进剂的消耗量（kg/s）；

u_e——喷管出口截面处燃气流的速度（m/s）；

A_e——喷管出口截面积（m²）；

p——压力，下标 e 和 a 分别表示出口气流和自由流的状态（Pa 或 N/m²）；

$\dot{m}_a$——每秒进入发动机的空气质量；

v——导弹的飞行速度。

火箭发动机与外界自由流无关，因此其推力 P 与导弹的飞行速度无关，即去掉式（3-2）中的第三项，其推力为

$$P = \dot{m}_F u_e + (p_e - p_a)A_e \qquad (3-3)$$

导弹飞行时，吸气式发动机所产生的内推力扣除本身的头部附加阻力称为有效推力。如发动机外露，还要减去外皮阻力（包括摩擦阻力、波阻和底部阻力），称为净推力。净推力是吸气式发动机提供导弹飞行的可用推力。

一般而言，在总体方案设计阶段进行飞行性能分析时，用平均推力作为总体技术指标。而在发动机设计研制过程中，总体还要提出最大推力和最小推力的要求，根据导弹和弹上各设备承受纵向过载的能力导出最大推力要求，根据导弹速度特性要求导出最小推力要求。

3. 比冲 I_s

火箭发动机比冲是指消耗单位推进剂质量所产生的冲量，也称推进剂比冲（单位：N·s·kg⁻¹），是发动机效率的重要指标，表示推进剂能量的可利用性和发动机结构的完善性。发动机在整个工作阶段的平均比冲可用下式计算：

$$I_s = \frac{I}{m_F} \qquad (3-4)$$

式中，m_F 为推进剂质量。

而将每秒消耗 1 kg 推进剂所产生的推力，即推力与推进剂质量流量之比称为发动机的比推力，即

$$P_{sp} = \frac{P}{m_F}$$

火箭发动机的比冲与比推力，在物理意义上有所区别，但在数值上相同，它们可以取瞬时值，也可以取发动机工作过程中某一时间间隔内的平均值。在固体火箭发动机试验中，精确测量推进剂流量较困难，通常是利用试验中记录的推力-时间曲线计算出总冲值，再除以推进剂质量求得平均比冲，因此用比冲表示固体火箭发动机的性能参数；而液体火箭发动机易于从试验中测得推进剂的每秒流量，故用比推力表示性能参数。

吸气式喷气发动机的比冲是指单位燃料质量流量产生的推力，也称燃料比冲，即

$$I_s = \frac{P}{m_F} \tag{3-5}$$

比冲是发动机的主要飞行性能参数，它对导弹的飞行弹道有重要意义，因为它影响航程和速度增量。对于给定总冲的发动机，比冲越大所需推进剂的质量就越小，因此发动机的尺寸和质量就可以减小。或者说对于给定推进剂质量的发动机，比冲越大则导弹的射程或运载载荷就越大。

比冲的国际单位制为 N·s/kg，它近似地代表火箭发动机喷管出口处气流速度。比冲的工程单位制为 s。

早期固体火箭发动机的比冲为 1 900～2 100 N·s/kg，燃速范围有限，而且装药的初温对燃速、工作时间和推力等有明显影响，而且初温在使用环境条件下变化较大，在喷管设计时要考虑推力调节。

当代固体火箭发动机，双基药比冲可达到 2 100～2 300 N·s/kg，复合药比冲可达到 2 300～2 500 N·s/kg。目前，固体推进剂的比冲在 2 500～3 000 N·s/kg 之间，广泛地应用于近程、中程和远程导弹，并向着高能量、推力可调节、多功能方向发展，进而结合弹体进行导弹系统一体化兼容性设计。

液体火箭发动机的液体推进剂（常规推进剂）可提供的比推力为 2 500～5 000 N·s/kg。

图 3-3 表示几种典型发动机的比冲随马赫数而变化的曲线。

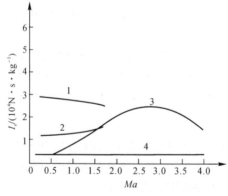

图 3-3 比冲随 Ma 而变化的曲线

1—涡喷发动机；2—带加力的涡喷发动机；3—冲压发动机；4—火箭发动机

目前，火箭发动机的比冲（比推力）值见表 3-1。

表 3-1　火箭发动机的比冲值

发动机类型	应用的推进剂	比冲（比推力）/(N·s·kg⁻¹)
液体火箭发动机	液氧和煤油	2 940
	液氧和液氢	3 832
	偏二甲肼和四氧化二氮	2 803
固体火箭发动机	双基药	2 200～2 300
	改性双基药	2 400～2 500
	复合药（加铝粉）	2 600～2 650

4. 单位燃料消耗率 η

单位时间燃料消耗量与发动机推力之比值（单位：kg/(N·h) 或 kg/(N·s)），即

$$\eta=\frac{\dot m_F}{P} \tag{3-6}$$

称为单位燃料消耗率。由式（3-6）可见，单位燃料消耗率与燃料比冲互为倒数。它表示为产生 1 N 推力单位时间内需消耗多少质量的燃料，它是发动机工作过程经济性的一个标志。它与燃料或推进剂所含能量的高低、发动机类型和工作状态有关。同时，它的大小还取决于发动机工作过程组织的完善程度。

5. 推重比

发动机的推力与发动机在当地所受重力之比称为发动机的推重比。它反映了动力装置的质量特性，对导弹的飞行性能和承载有效载荷的能力都有直接影响。因此，在对发动机的评价中，推重比是一个重要指标。提高推重比的主要措施有：高的部件性能与效率、高涡轮进口温度、结构简单、简化发动机各系统、选用比强度高的材料，以及先进的加工工艺技术等。由于弹用涡喷发动机的压气机压比与涡轮进口温度均不能太高，这就限制了推重比的进一步提高。现代涡喷发动机的推重比达 10 以上；以 $Ma=2\sim3$ 飞行的冲压发动机的推重比在 20 左右；不同特点、不同推力等级的液体火箭发动机的推重比在 70～100 范围内。推重比是无量纲参数，国际上使用比较方便。

6. 质量比

所谓质量比是指推进剂质量与动力装置总质量（含装药质量）之比，意即装药质量占动力装置总质量的百分比。这反映发动机结构的设计质量，亦即质量比体现了发动机的综合设计水平。大型固体火箭发动机的质量比目前已达 0.85 以上。对于任何固体推进剂来说，其装药质量反映总冲的大小，故质量比实际上反映了总冲与发动机总质量的比值。此比值目前已达 1 000 N·s/kg，先进的可达 1 750 N·s/kg。

7. 单位迎面推力 P_{sf}

单位迎面推力（单位：N/m²）是指发动机推力与发动机最大横截面积（或发动机最大迎风面积）之比，即

$$P_{sf} = \frac{P}{A_{max}} \qquad (3-7)$$

单位迎面推力反映了发动机的阻力特性。这个参数对吸气式发动机甚为重要,尤其在超声速飞行时。因为发动机的阻力占整个导弹阻力相当大的比例,发动机的最大迎风面积基本反映了发动机阻力特性,要减小这个阻力,发动机必须具有较大的单位迎面推力。亦即从一个侧面(主要是空气动力特性方面)反映出发动机设计的好坏。在一定推力下,迎风面积小,有可能减少导弹的空气阻力。图3-4所示为几种典型发动机的单位迎面推力随马赫数而变化的曲线。

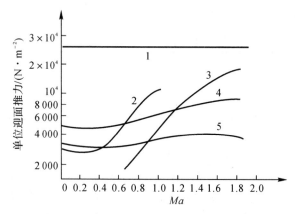

图 3 - 4　单位迎面推力随 Ma 而变化的曲线

1— 火箭发动机;　2— 脉冲发动机;　3— 冲压发动机;　4— 带加力的涡喷发动机;　5— 涡喷发动机

8.推力系数 C_F

$$C_F = \frac{P}{q_\infty A_4} \qquad (3-8)$$

式中　　q_∞—— 来流动压(N/m²);

　　　　A_4—— 发动机迎风面积(一般为燃烧室截面积)。

9.单位推力 P_s

吸气式喷气发动机中,单位质量流量的空气产生的推力称为单位推力(单位:N·s/kg),即

$$P_s = \frac{P}{m_a} \qquad (3-9)$$

给定发动机尺寸和飞行状态后,单位推力越大,绝对推力也越大。

3.1.2.2　发动机总体参数选择

选择的发动机总体参数应使导弹总体获得最佳的性能,使发动机具有尽量高的品质指标。有时两者的要求是一致的,有时又相互矛盾。当两者的要求不一致时,应首先满足导弹总体设计要求,然后适当考虑发动机的品质指标要求。

1.固体火箭发动机总体参数选择

固体火箭发动机结构简单,使用方便,质量比大,并且在总质量相同的条件下,最大推力大,导弹的加速性能好。因此固体火箭发动机被广泛应用于各种类型的导弹上。尽管固体火箭发动机具有很多优点,但发动机在推力大小的调节、方向的改变和多次点火等方面都比较

差。为了改善导弹的速度特性,增加飞行斜距,提高导弹的总体性能,20 世纪六七十年代国际上就出现了单室双推力发动机。单室双推力固体火箭发动机是发动机在结构上的一个重要发展。

单室双推力固体火箭发动机具有一个点火器、一个燃烧室和一个喷管。燃烧室工作后,能获得两个大小不等的推力。大推力使导弹具有大的加速特性,起助推作用;小推力克服飞行阻力使导弹作巡航飞行,改善速度特性。

单室双推力发动机与单推力发动机比较,有以下缺点:单室双推力发动机比冲低于单推力发动机比冲,这是由于单室双推力发动机自身条件决定的,发动机的 2 级推力在低的燃烧室压力下工作,发动机比冲较低;单室双推力发动机的质量比低于单推力发动机的质量比,单室双推力发动机燃烧室壁厚增加,使结构质量增加,从而减小了质量比;发动机的重现性较差,固体火箭发动机性能不但决定于环境温度,而且和推进剂的压力指数、燃速温度敏感系数及燃速的偏差大小有关。对于分段装药的单室双推力固体火箭发动机,速燃药和缓燃药同时燃烧,相互影响,使发动机性能的重现性变得更差。据经验,单室双推力发动机燃烧室平均压力的相对变化量比单推力固体火箭发动机的要大约一倍。

(1)单推力发动机总体参数选择。单推力发动机典型推力曲线如 3-2 所示。对导弹总体性能影响最大的参数是总冲、平均推力和工作时间。这三个参数相互不独立,在导弹总体设计时,通常选择总冲和平均推力作为被优选的参数。

发动机总冲与导弹的最大作战斜距、最大作战高度紧密相关。斜距越远要求总冲越大,高度增加也要求发动机总冲增加。

选择发动机总冲的原则为,满足导弹总体设计对作战斜距和作战高度要求,在方案设计阶段,考虑到一些误差的影响,总冲应留有一定的余量。

发动机平均推力与导弹的加速性、导弹平均速度、最大作战斜距等因素有关。导弹的加速性能以推重比表示。已知推重比,可用下式计算发动机平均推力:

$$P = \bar{P} m_0 g$$

式中　$\bar{P}$——推重比;

　　　m_0——满载状态下,导弹质量。

发动机平均推力大,导弹的平均速度和最大速度均大,推重比增大,但在总冲一定的情况下,推力大,工作时间短,不利于最大远界斜距,高推力下远界斜距略有减小。

选择发动机平均推力的原则是,在满足导弹加速性能要求下使导弹尽可能飞得更远。地空导弹的推重比通常取 18 左右。

(2)双推力发动机总体参数选择。单室双推力发动机典型推力曲线如 3-5 所示。对导弹总体性能影响最大的参数是总冲、推力比 P_1/P_2、Ⅰ,Ⅱ 级总冲分配、工作时间、燃烧室工作压力、喷管膨胀比。

单室双推力发动机总冲选择的原则和单推力发动机相同,应使导弹的最大作战斜距和作战高度满足战术技术指标要求。

1)双推力发动机推力比选择。在发动机装药相同的条件下,推力比与导弹速度、最大远界斜距、发动机总冲、制造的难易等因素有关。下面分析推力比的大小对各因素的影响。

由于主动段飞行状态导弹的阻力明显小于被动段的阻力,故推力比 P_1/P_2 越大,发动机工作时间增长,导弹末速度就越大,远界斜距增大。图 3-6 表示了推力比对飞行末速度的影响。

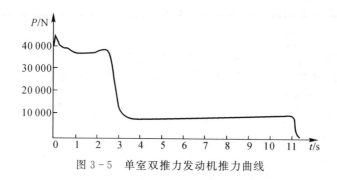

图 3-5 单室双推力发动机推力曲线

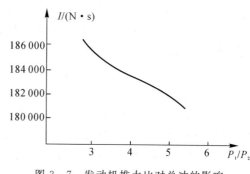

图 3-6 推力比对导弹速度的影响   图 3-7 发动机推力比对总冲的影响

对于单室双推力发动机,增大推力比是有困难的。Ⅰ级推力受燃烧室质量的限制,增加Ⅰ级推力,必然增加燃烧室结构质量。实际上,增大推力比应是降低Ⅱ级发动机推力。而Ⅱ级推力受到推进剂临界压力的限制,燃烧室最小工作压力应高于临界压力,不然发动机就不能正常工作。可见,Ⅰ级推力不允许太大,Ⅱ级推力也不可能太小。

对于一定的推进剂,压力低,比冲小。故推力比增大,发动机的总冲减小,使发动机的品质指标下降(见图 3-7)。

可见,增大单室双推力发动机的推力比,改善了导弹的速度特性,降低了发动机性能。因此,在允许的条件下,尽可能增大发动机的推力比。一般推力比选取 4~5。

2)Ⅰ、Ⅱ级总冲分配。影响Ⅰ、Ⅱ级总冲分配的因素很多,主要包括导弹的平均速度;导弹的最低巡航速度,即Ⅰ级推力结束时导弹的飞行速度;导弹的末速度与最大远界斜距;发动机的品质指标等。

导弹的最小巡航速度由Ⅰ级总冲来保证,Ⅰ级总冲大,速度就大。通常选取最小巡航速度为 $Ma = 1.3 \sim 1.5$。导弹的最大远界斜距与Ⅱ级总冲紧密相关,Ⅱ级总冲大,工作时间长,飞行时间长,飞行末速度大,最大远界斜距远。

3)喷管膨胀比的选择。单室双推力发动机只有一个喷管。发动机在不同推力状态工作时,喷管出口截面上的压力是不同的。Ⅰ级燃烧室压力高,其喷管出口截面上的压力大于大气压,燃气动能有损失。膨胀比愈小,动能损失愈大。Ⅱ级燃烧室压力低,喷管出口截面上的压力低于外界大气压。膨胀比愈大,出口压力愈低。Ⅰ级希望膨胀比大,Ⅱ级要求膨胀比小,因此Ⅰ级和Ⅱ级发动机对喷管膨胀比的要求是矛盾的。适当选择喷管膨胀比,使喷管所处的两个状态同时得到兼顾是必要的。应在发动机最大总冲前提下,选取发动机喷管膨胀比。但膨胀比受到发动机长度、直径及结构质量的限制。

2.空气喷气发动机总体参数选择

(1)空气喷气发动机总体参数选择。涡喷发动机、涡扇发动机、冲压发动机这类空气喷气发动机只要保证燃料供应,发动机的工作时间可以比飞行时间长几十倍上百倍,因此决定弹上空气喷气发动机的工作时间不是发动机本身,而是弹上油箱的燃油贮量。

空气喷气发动机一个重要的性能指标是单位燃油消耗率,简称耗油率。单位为kg/(N·h)或kg/(daN·h)。物理意义是产生 1 N 或 1 daN(10 N)推力 1 h 消耗多少千克的燃油。在产生同样推力的情况下发动机耗油率高就意味着要多贮备燃油,油箱体积大,导弹的体积也必然增大,这是导弹总体设计不希望的。因此耗油率越低越好。

涡喷发动机、涡扇发动机、冲压发动机等空气喷气发动机以空气作为氧化剂,发动机的性能随进气参数的变化而变化,空气的温度、压力、飞行器的飞行速度等都是影响发动机性能的因素。燃料的热值、密度等参数也是影响发动机性能的因素。因此,对于空气喷气发动机除了提出推力的要求外,作为发动机承制厂家必须向总体设计部提供发动机的性能参数、计算程序或计算方法。

(2)冲压发动机接力马赫数的选择。冲压发动机结构简单,造价低,在超声速条件下具有最佳的性能,但它不能产生静止推力。用于起飞、加速导弹的助推器工作结束后,由冲压发动机接力的马赫数称为接力马赫数。接力马赫数是导弹总体设计中的一个重要参数,也是冲压发动机的重要设计参数之一,接力马赫数也应当是发动机最大推力系数的设计点。确定接力马赫数时要考虑的因素如下:

1)使全弹起飞质量最小。当接力马赫数小时,助推器装药少,每降低 0.1Ma 大约可少装药 30 kg。但为使第二级导弹加速到巡航速度,冲压发动机要有较大的富余推力,因而第二级导弹的尺寸要大,质量也大,此时,发动机耗油量也大;若接力马赫数大或接近巡航马赫数时,助推器的总冲增加,装药也随之增加,第一级导弹质量也会增加。因此,可以起飞质量最小为目标函数,优化确定接力马赫数值。

2)发动机工作性能最佳。接力马赫数的选择要以发动机在巡航段具有最佳工作效能为原则,因为此时发动机工作时间最长,耗油量的多少主要取决于巡航段。

3)过载值的限制。在确定接力马赫数时还要考虑助推段过载的限制。一般情况下,助推段工作时间比较短,轴向过载较大,取轴向过载 25g 以下,导弹结构和设备是可以承受的。

4)导弹载体的要求。在确定接力马赫数时要与载体相协调,当采用机载方案时,应考虑飞机对导弹外形尺寸和质量的要求,以不影响母机的气动、操稳性能为原则。

3.1.3　火箭发动机

火箭发动机分为固体火箭发动机、液体火箭发动机以及固-液混合型火箭发动机。液体火箭发动机所用的推进剂包括液态燃料和氧化剂,分别存放在各自的贮箱中,工作时由输送系统进入燃烧室。由于液体火箭发动机战备勤务准备时间长,贮存困难,因此战术导弹已很少使用。固体火箭发动机由燃烧剂和氧化剂预先混合制成一定形状的药柱,结构简单,易于保存和使用。固-液混合型火箭发动机采用的为固-液型推进剂。

3.1.3.1 固体火箭发动机

固体火箭发动机是以固体推进剂为燃料的火箭发动机。这种发动机,推进剂被做成一定形状的药柱装填在燃烧室中,药柱直接在燃烧室中点燃并燃烧,产生高温高压的燃烧产物由喷管以高速喷出产生反作用推力。由于不存在推进剂加注和输送的问题,也不需要专门的推进剂加注设备和输送系统,所以,固体火箭发动机的突出优点在于其结构简单,维护使用方便,操作安全,工作可靠,成本相对较低。固体火箭发动机的缺点在于发动机的比冲较低,发动机性能受外界环境温度的影响较大,工作时间受发动机热防护和装药尺寸及燃速的限制不可能很长,最长工作时间也不超过几分钟,发动机的可调性如推力大小的调节、方向的改变和多次点火等方面都比较差。但是固体火箭发动机大推力、短工作时间和启动快的特点正是助推器所需要的。

固体火箭发动机主要由固体推进剂药柱、燃烧室、喷管和点火装置等部分组成(见图3-8),有些固体火箭发动机还带有推力矢量控制装置等。

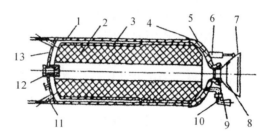

图3-8 固体火箭发动机示意图

1—燃烧室壳体; 2—药柱; 3—包覆层; 4—药柱支撑组件; 5—喷管底部; 6—传动机构;

7—喷管组件; 8—堵盖; 9—喉部镶块; 10—摆动喷管; 11—推力终止装置; 12—点火装置; 13—顶盖

1. 固体推进剂

固体推进剂一般可分为双基型和复合型两大类。通常由主要组分加上适量的增塑剂、调节剂、键合剂、安定剂、工艺助剂、添加剂组成。

双基推进剂(DB)是一种以硝化纤维和硝化甘油为主要组分的溶塑性均质推进剂,多用于早期的战术导弹。具有工艺成熟、燃烧稳定、燃烧温度低、排气无烟且腐蚀性小、抗压强度高、对环境温度不敏感、贮存寿命长、价格低廉等特点。但是由于存在能量低、密度小、高低温力学性能较差、临界压力和压力指数均较高、只适用于自由装填式装药的结构形式等缺点,在近代战术导弹上使用的越来越少。

改性双基推进剂(CMDB)是以双基推进剂为基础,添加一定比例的铝粉、氧化剂及某些改性剂制成的。它改进了双基药能量偏低和密度较小的不足,但低温延伸率差的问题依然存在,且压强指数、燃烧温度及危险等级都偏高,价格也较昂贵。

复合推进剂是一种以高分子液态预聚物、过氯酸铵和铝粉为主要组分的具有橡胶弹性体特性的非均质推进剂。按所用预聚物的不同,又分为聚硫(PS)、聚氯乙烯(PVC)、丁腈羧(PBAN)、聚醚聚氨酯(PE)、丁羧(CTPB)、丁羟(HTPB)等六类。前三种由于综合性能差,现已很少采用。

聚醚推进剂的优点是可以获得较高的能量和密度,燃速在较宽范围内可调,压强指数较低。缺点是对环境湿度和原料水分特别敏感,生产中黏度大。加稀释剂后虽可改善流动性,但稀释剂在生产和贮存期间的挥发将导致燃速等性能的变化。

丁羧推进剂的优点是对环境湿度和原料水分不敏感,力学性能易控制。不足之处是低温力学性能差,贮存期间不够稳定,能量与密度均略低于丁羟推进剂。

丁羟推进剂是现有固体推进剂中综合性能较好的一种,具有黏度低、链结构规整、流动性和力学性能好、能量高、密度大、燃速可调范围大、贮存性能好等优点。不足之处是压强指数偏高,生产时对环境湿度和原料水分仍有一定的敏感性。

表3－2列出了有关固体推进剂的主要性能参数变化大致范围。

表 3 - 2　固体推进剂主要参数

参数 单位符号 推进剂种类	理论比冲 $\dfrac{I_s}{N \cdot s/kg}$	密度 $\dfrac{\rho}{g/cm^3}$	燃速 $\dfrac{r}{mm/s}$	压强指数 n	温度敏感系数 $\dfrac{\alpha}{(\%)/K}$	火焰温度 $\dfrac{T}{K}$
双基药	1 960～2 340	1.53～1.69	5～32	0～0.52	0.1～0.26	<2 500
改性双基药	2 500～2 690	1.66～1.88	7～30	0.4～0.6		3 500～3 800
聚硫	2 320～2 450	1.72～1.75	4.9～15	0.17～0.4	～0.2	～3 000
聚氯乙烯	2 150～2 630	1.65～1.78	6～15	0.3～0.46	0.15～0.2	2 000～3 400
丁腈羧	～2 520	～1.75	～14	0.25～0.3	0.22～0.25	
聚醚	2 540～2 650	1.74～1.81	4～25	0～0.22	0.2～0.28	3 200～3 600
丁羧	2 550～2 600	1.72～1.78	8～14	0.2～0.4	0.15～0.2	3 300～3 500
丁羟	2 550～2 610	1.7～1.86	4～70	0.2～0.4	0.1～0.22	3 360～3 480

对推进剂性能的主要要求是比冲高、密度大、良好的燃烧性能和力学性能以及物理、化学安定性好,尤其是对热和机械作用的感度小,可长期贮存和安全运输,生产工艺性能好,适合于大批量生产等。

为使导弹作战时具有良好的发射隐蔽性和攻击突然性,希望消除动力装置工作时产生的白色烟迹和明亮火焰,这就需要寻求无烟无焰(或微烟少焰)推进剂。其途径之一是提高原有无烟推进剂的能量,如在双基推进剂中增加奥克托金、黑索金等高能成分。途径之二是去掉原来有烟推进剂中的发烟成分,如减少复合推进剂中铝粉、过氯酸铵的含量。

2.装药

装药是指由推进剂加工成的、具有一定形状和构造的单根或多根药柱组合。通过装药的药型、包覆、金属丝和添加物控制其燃烧规律,以获得预期的发动机内弹道特性。

装药在燃烧室内可以是贴壁浇铸的,也可以是自由装填的。贴壁浇铸的装药与燃烧室粘连成一体,是不可分解的,此类装填方式可提高装填系数;自由装填的装药预先制作好,然后自由装填在燃烧室内,全需要有固定装置将装药可靠地固定。

固体火箭发动机的内弹道性能:总冲量、推力大小及其变化规律和后效冲量是直接由装药燃烧面积的大小及其变化规律决定的,而装药的燃烧面积又直接和药型有关。因此,装药的药型直接影响着发动机的推力大小及其变化规律。同时发动机的装填密度、药柱的强度也与药型有密切关系。因此,必须合理地选择药型。

根据燃烧面积的变化规律,装药药型可以分为恒面、减面和增面药柱。按燃烧表面所处的位置可以分为端燃药柱、侧燃药柱和端侧面同时燃烧药柱。按燃烧方向的维数可以分为一维药柱、二维药柱和三维药柱。

常用端燃药柱为恒面燃烧一维药柱;两端包覆的侧面燃烧药柱,或长径比很大可以忽略端部燃烧面的端侧面燃烧药柱皆属于二维药柱,二维药柱有管形、星形、车轮形和树枝形药柱;长径较小、端部燃烧面不可忽略的端侧面燃烧药柱则属于三维药柱,而孔锥形、翼柱形和球形药柱是三维药柱的典型代表。

端燃药柱:端燃药柱是一维药柱,这种药柱的侧表面及其一端是以包覆层阻燃的,燃烧只在另一端进行。燃烧方向垂直于端面。端燃药柱的主要优点如下:能恒面燃烧;工作时间长;装填密度大;不会出现初始压力峰,形状简单,制造容易;强度高等。其缺点如下:燃面面积小,因此推力较小;在燃烧过程中发动机质心移动大;高温燃气和燃烧室壁接触,绝热层必须加厚,从而降低了装填密度;发动机推力、压力曲线上升缓慢,需要采取措施弥补;点火困难等。这种药型适用于小推力、长时间工作的续航发动机上。

侧燃药柱:侧燃药柱端面进行包覆阻燃或部分包覆,药型较多。这种药型的优点如下:可以改变内孔的几何形状和参数以得到各种不同的燃面变化规律;高温燃气不直接与燃烧室壁接触,使室壁免于受热;工作时间可以很长;推进剂可以直接浇铸在燃烧室内,因此解决了大尺寸药柱的成型和药柱支承问题,同时药柱对壳体的刚度有增强作用。这种药柱的缺点是药型复杂,使药模制造困难;有应力集中现象,使药柱的强度低、易出现裂纹;燃烧结束后留有残余推进剂,使发动机推力、压力曲线有拖尾现象。

端侧面燃烧药柱:一般为内侧面加端面同时燃烧。内侧面某部位上制成圆锥形、开平槽或翼肋形槽,可以利用开槽长度和开槽数来控制燃烧面的变化规律。这种药型比侧燃药柱装填系数高,燃面可调范围宽,无剩药,药柱强度高,应力集中减少。适用于长径比较大、工作时间较长的、推力中等的大中型发动机上。

装药设计的主要根据是发动机的推力、总冲量、推进剂的燃速、比冲、发动机的工作时间,燃烧室中压力或推力—时间曲线。据此,计算出装药量和燃面面积随时间的变化规律,从而确定药型。另外药型最终还应满足燃烧产物对燃烧室壳体的热作用最小,装填密度最大,后效冲量最小等。固体火箭发动机的药型如图 3-9 所示。

为了保证药柱的燃烧满足内弹道要求,需要对装药的表面加以控制,需在药柱的非燃烧表面采用包覆层加以限制,此包覆层大多采用掺有耐火材料的橡胶塑料类材料制作。

3. 燃烧室

燃烧室是装药贮放和燃烧的场所,是一个高压容器,经常将其设计成既是推进剂的贮箱,又是弹体结构的一个舱段。

燃烧室包括燃烧室筒体、封头及其连接和密封结构。燃烧室筒体一般为圆筒形,两端焊有前后裙部或接头,以便与导弹其他舱段和喷管相连。前裙可以采用整体结构形式,也可以是可拆卸式的,后端与喷管相接。有的燃烧室为了安装弹翼或吊挂导弹还设计有附加的接头。典型的燃烧室筒体如图 3-10 所示。由于发动机工作时燃烧室要承受高温高压,所以燃烧室应该有足够的强度和适当的隔热措施。

燃烧室壳体的材料可分为金属材料和复合材料两大类。金属材料主要是超高强度钢、钛合金及铝合金;常用的复合材料有高硅氧玻璃纤维塑料、石墨纤维塑料等。燃烧室壳体材料的选择应力求满足强度高、焊接成型工艺好、断裂韧性高、来源广泛等要求。

壳体的热防护是在壳体内表面粘贴一层绝热材料。这种绝热材料要求烧蚀率低,导热系数和密度小,工艺性好,老化性能满足发动机贮存要求。

4. 喷管

喷管的作用在于将燃烧室内燃烧产生的燃气热量通过膨胀和加速,使之转换为动能增量,从而提供导弹飞行所需的推力。喷管在设计时,要求在外形尺寸和质量受限制的条件下,使燃气获得最佳的膨胀,从而获得最大的推力。这样,必须尽量减少喷管中能量的各种损失,以提高发动机的效率。

发射发动机由于工作时间很短,喷管用机加工的钢制件或耐热的塑压件均可。

主发动机的工作时间较长,高温燃气在喷管内高速流动时,形成很大的热流量和对喷管构成严重的冲刷。因此喷管的烧蚀问题十分突出,喷管的喉衬需要寻求隔热性能好的耐高温、耐烧蚀材料,如石墨、陶瓷、碳碳复合材料等。喷管的收敛段和扩散段一般采用耐烧蚀的碳纤维模压材料。

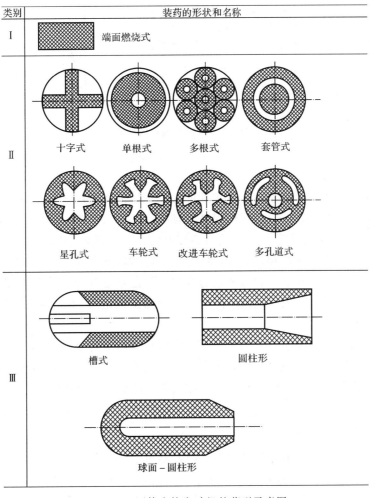

图 3-9　固体火箭发动机的药型示意图

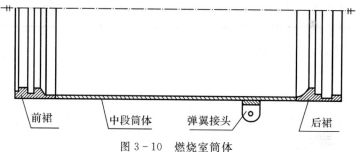

图 3-10 燃烧室筒体

前裙　中段筒体　弹翼接头　后裙

按型面分类,喷管可分为锥形喷管和特型喷管两大类。在工程实际应用中,特型喷管以特征线喷管、抛物线喷管及双圆弧喷管应用较为普遍,大型发动机采用特型喷管的较多。锥形喷管型面简单,工艺性好,但效率较低,一般用于小发动机中。典型的锥形喷管内型面如图3-11所示。

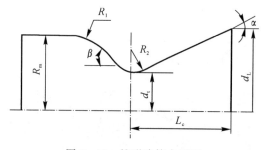

图 3-11 锥形喷管内型面

5.点火装置

点火装置的功能是使燃烧室内形成预期的温度和压强环境,准确、可靠地点燃发动机主装药,使主装药按预定的方式和速度燃烧,保证发动机启动段内弹道满足设计要求。

点火装置由起爆器、点火器和一些辅助部件组成。起爆器是点火装置的核心部件,在电能和其他非电能量的激发下使起爆器起爆,继而点燃点火器,点火器所产生的炽热火焰点燃发动机主装药。起爆器可分为电起爆器和非电起爆器。按起爆器和点火药是否安装在一起,点火器可分为整体式和分装式。点火装置的附件包括起爆器固定座、点火器安装架和使点火装置安全工作的安全保险机构等。

大型固体火箭发动机由于点火药量大,燃速高,点火瞬时容易产生爆燃,产生过高的点火压力峰,主装药也不易被均匀点燃,多采用点火发动机来点火。点火发动机工作稳定可靠,发火持续时间长,能量大,目前即使在较小的固体火箭发动机上也受到重视。点火发动机可装在主发动机头部,实施"前端点火";也可装在主发动机燃烧室后部或喷管上部,实行"后端点火"。

3.1.3.2 液体火箭发动机

液体火箭发动机是使用液体推进剂的火箭发动机,它利用推进剂在燃烧室内雾化、混合、燃烧产生高温高压的燃气,经过喷管进行膨胀、加速后以超声速喷出产生推力。液体火箭发动机的优点是发动机本身的质量较小,特别是对于大推力、长时间工作的发动机;发动机比冲高,可多次启动、关机及调节推力,发动机工作时间较长,推进剂本身的造价较低等。其缺点是推进剂输送、贮存系统复杂,不便于长期贮存,不便于维护使用等。

液体火箭发动机主要由推力室、推进剂及装载推进剂组元的贮箱、推进剂供应系统、阀门和调节器以及发动机总装元件等组成。推力室是将液体推进剂的化学能转化为喷气动能并产生推力的组件,它由推进剂喷注器、燃烧室和喷管组成。推进剂供应系统的功用是将液体推进剂按要求从贮箱送到推力室,通常有挤压式和泵压式两种类型。阀门和调节器是对发动机的工作程序和工作参数进行控制和调节的组件,在推进剂和气体的输送管路中装备的各种阀门,按预定程序开启或关闭,实施对发动机的启动、关机等工作过程的程序控制。总装元件是将发动机各主要组件组装成整台发动机所需的各种部件的总称,诸如导管、支架、常平座、摇摆软管、机架、换热器和蓄压器等。导管用来输送流体和连接组件,涡轮泵支架将涡轮泵固定在推力室或机架上,常平座是使发动机能围绕其转轴摆动的承力机构,通过发动机的单向或双向摇摆,进行推力矢量控制,摇摆软管是一种柔性补偿导管组件,使发动机能实现摇摆并保证推进剂正常输送,机架用于安装发动机和传递推力,换热器用于推进剂贮箱的增压,蓄压器用来抑制飞行器的纵向耦合振动。推进剂贮箱以及高压气瓶和减压器等,通常属于导弹的一部分,但在辅助推进系统中则归属于发动机系统。

1. 推进剂

液体火箭发动机通常使用的化学推进剂由燃烧剂和氧化剂组成。推进剂可以分为双组元推进剂和单组元推进剂两大类。如果燃烧剂与氧化剂的原子结合成一个分子,则称为单组元推进剂;单组元推进剂的供应系统比较简单,但是推进剂的性能较低,一般用于发动机的副能源(如燃气发生器)和辅助推进(如姿态控制发动机)方面。如果燃烧剂和氧化剂在进入燃烧室之前,一直是分别贮存,互不接触,则称为双组元推进剂;双组元推进剂的性能较高,工作安全。燃烧剂和氧化剂互相接触后,能瞬时自动点火的双组元液体推进剂称为自燃推进剂,如偏二甲肼和四氧化二氮。有些双组元推进剂组合相遇后不会自燃,这种组合的推进剂称为非自燃推进剂,如酒精和液氧,非自燃推进剂需要由点火装置引燃。

(1)对液体推进剂的要求。对液体推进剂的基本要求是性能高、使用方便、价格便宜。动力系统设计对推进剂的具体要求是比冲和密度比冲高;推进剂组元之一冷却性能好,亦即比热容大、导热好、临界温度高等;燃烧效率高,燃烧稳定性好;点火容易;价格便宜,来源丰富;饱和蒸气压低;冰点低,汽化点高,发动机的工作环境温度范围宽;与结构材料的相容性好;黏度小;热稳定性和冲击稳定性高、着火和爆炸危险性小,使用安全;推进剂及其蒸气和它们的燃烧产物无毒或毒性小;低余氧系数不积炭,高余氧系数燃气对材料的腐蚀作用小等。

(2)常用的液体氧化剂。

1)硝酸。化学式是 HNO_3,化学纯硝酸是无色的。15℃时纯硝酸的密度为 $1.526 \times 10^3 \ kg/m^3$,在大气压力下沸点为86℃,冰点为−42℃。其蒸气有毒,对许多金属有腐蚀性,含水硝酸腐蚀性更大。加了四氧化二氮的硝酸呈深红色、易蒸发,又称红烟硝酸。四氧化二氮的含量占40%的硝酸称为AK−40,其密度为 $1.63 \times 10^3 \ kg/m^3$,冰点为−70℃。

2)液氧。淡蓝色透明的液体,无毒、无味,在大气压下冰点为−218.8℃,沸点为−183℃,沸点下密度 $1.14 \times 10^3 \ kg/m^3$。

3)四氧化二氮。红褐色液体,其化学式为 N_2O_4,20℃时密度 $1.44 \times 10^3 \ kg/m^3$,在大气压下的沸点为21℃,冰点为−11.2℃,四氧化二氮极易蒸发。

(3)常用的液体燃烧剂。

1)酒精。无色透明、无毒、无腐蚀性的液体，又称乙醇，其化学式是 C_2H_5OH，在大气压下冰点为 $-114.1℃$，沸点为 $78.3℃$。

2)煤油。一种碳氢化合物，化学式比较复杂，煤油中碳占 $83\%\sim89\%$，氢占 $11\%\sim14\%$，此外还含有少量的氧、硫、氮等元素。$20℃$ 时煤油的密度为 $(0.80\sim0.82)\times10^3 \text{ kg/m}^3$，在大气压下冰点为 $-42.9\sim-52.3℃$，沸点为 $172\sim263℃$。

3)肼类。常用的肼类燃烧剂有无水肼 N_2H_4、偏二甲肼 $(CH_3)_2NNH_2$、混肼-50(50%偏二甲肼-50%无水肼)、一甲基肼 (CH_3NH-NH_2)。偏二甲肼是一种无色的有吸湿性并带有鱼腥味的液体，在大气压下冰点为 $-57.2℃$，沸点为 $61.3℃$，$20℃$ 时密度 $0.79\times10^3 \text{ kg/m}^3$，有毒，能自燃。

4)液氢。一种低温推进剂，在大气压下冰点为 $-259.4℃$，沸点为 $-253℃$，沸点下密度为 70 kg/m^3。与液氧组成推进剂时其比冲可达 $4\,500 \text{ N}\cdot\text{s/kg}$。液氢与液氧组成的推进剂无毒、无污染。氢气与空气或氢气与氧气混合有很宽的燃烧极限范围和爆炸极限范围。

2.推力室

推力室示意图如图3-12所示。液体推进剂以规定的流量和混合比通过喷注器喷入燃烧室，经过雾化、蒸发、混合和燃烧等过程，形成 $3\,000\sim4\,000℃$ 高温和几十兆帕的高压燃气，在喷管内膨胀加速，从喷管高速喷出而产生推力。此外，当使用非自燃推进剂时，在推力室头部还设置点火装置，在发动机启动时用来点燃推进剂。在有些发动机的推力室内，还装有隔板或声腔等燃烧稳定装置，用来提高燃烧稳定性。

(1)喷注器。喷注器由顶盖和喷注盘组成，喷注盘上有氧化剂和燃烧剂喷嘴以及相应的流道和集液腔。喷注器的功用是在给定的压降和流量下将推进剂均匀地喷入燃烧室，保证设计的混合比分布和质量分布，并迅速完成雾化、混合过程。喷嘴有直流式和离心式两种，直流式喷嘴在喷注盘上一般按同心圆分布，氧化剂和燃烧剂的环形槽交替排列。离心式喷嘴在喷注盘上的分布则有同心圆式、棋盘式和蜂巢式三种。

(2)燃烧室。推进剂从喷注器喷入燃烧室，在室内进行雾化、混合和燃烧，产生高温高压燃气。燃烧效率对发动机性能影响很大，对燃烧室设计的要求如下：合理选择形状与尺寸，在最小容积下得到最高的燃烧效率；合理组织内外冷却、防止内壁烧蚀；减小燃气的总压损失；结构简单、质量轻、工作可靠等。燃烧室形状主要有圆柱形和截锥形两种，燃烧室长度是指喷注面到喉部的距离，燃烧室容积是喉部前的容腔。燃烧室的收敛段又是喷管的组成部分。

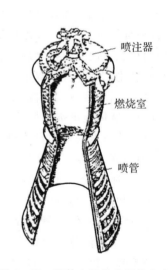

图3-12 液体火箭发动机推力室

(3)喷管。现在广泛采用拉瓦尔喷管，它由亚声速收敛段和超声速扩散段组成。收敛段一般由进口圆弧、上游圆弧和直线段三部分组成；而扩张段型面由喉部下游圆弧段和按某一造型方法给出的轮廓线组成。扩张段有锥形和钟形两种。

3.推进剂供应系统

推进剂供应系统是将贮箱中的推进剂按照要求的流量和压力输送到推力室中的系统。推进剂供应系统一般可分为两大类:一类是挤压式供应系统,另一类是泵压式供应系统。挤压式供应系统是用高压气瓶的惰性气体(氮、氦等)或其他气源经减压器引入推进剂贮箱,将贮箱内的推进剂挤压到推力室。泵压式供应系统是用涡轮泵将贮箱内的推进剂抽送到推力室,通常由涡轮泵、燃气发生器和火药启动器等组成。氧化剂泵和燃料泵由涡轮驱动,或者通过齿轮传动。为了防止泵在工作中发生气蚀,必须对推进剂贮箱增压以提高泵的入口压力,还可在泵前设置诱导轮或增压泵来提高泵的抗气蚀性能。涡轮的工质由燃气发生器或其他气源提供。在发动机启动时,用火药启动器生成的燃气来驱动涡轮,也可用其他方式启动,如用增压气体、液体推进剂启动箱或贮箱压头启动等。

(1)挤压式供应系统。挤压式供应系统示意图如图 3－13 所示。液体推进剂借助于高压气体的压力作用在推进剂的液面上,使推进剂经过管路、活门、喷注器进入燃烧室混合并燃烧。这种供应系统的工作过程如下:高压气瓶 1 是挤压推进剂的气源,其内的气体压力高达 25～35 MPa。高压气体在高压爆破活门 2 和低压爆破活门 4 打开之后,经过减压器 3 将压力降至所需要的数值(2.5～5.5 MPa)。此时,气体又分别冲破燃烧剂和氧化剂贮箱上的隔膜 5 进入贮箱,挤压燃烧剂和氧化剂的液面,使燃烧剂和氧化剂通过各自管道冲破下隔膜 5,并经流量控制板 8,最后从喷注器进入燃烧室 9 进行燃烧,从而产生高温、高压燃气,经喷管膨胀以高速喷出获得反作用推力。

采用挤压形式输送推进剂,需要高压气体和气罐,推进剂贮箱也要承受一定的高压。对于推力较小,工作时间较短的发动机,由于系统简单,质量不会很大;对于推力较大而工作时间又长的发动机,就会导致高压气体和气罐以及推进剂贮箱质量的增加。所以采用这种系统的火箭发动机不宜于做得过大。

(2)涡轮泵式供应系统。涡轮泵式供应系统示意图如图 3－14 所示。这种供应系统用涡轮泵提高来自贮箱的推进剂的压强,使推进剂按需要的流量和压力进入燃烧室中混合并燃烧。

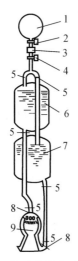

图 3－13　挤压式供应系统示意图
1—高压气瓶;　2—高压爆破活门;
3—减压器;　4—低压爆破活门;
5—隔膜;　6—燃烧剂贮箱;
7—氧化剂贮箱;　8—流量控制板
9—燃烧室

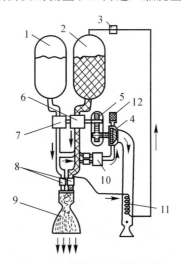

图 3－14　涡轮泵式供应系统
1—燃烧剂贮箱;　2—氧化剂贮箱;
3—增压活门;　4—涡轮;　5—齿轮箱;
6—氧化剂泵;　7—燃烧剂泵;
8—主活门;　9—推力室;　10—燃气发生器;
11—蒸发器;　12—火药启动器

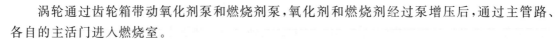

涡轮通过齿轮箱带动氧化剂泵和燃烧剂泵,氧化剂和燃烧剂经过泵增压后,通过主管路、各自的主活门进入燃烧室。

为了避免在泵的进口处出现气蚀现象,推进剂贮箱仍然需要小的增压。常温推进剂可以用高压气瓶增压;沸点低的氧化剂(如液氧)可用氧化剂经过蒸发器气化产生蒸气来增压。

涡轮靠燃气发生器10的燃气驱动,燃气发生器的工作可以直接从泵的出口处抽出一定比例的推进剂(氧化剂和燃烧剂)。涡轮的启动要依靠专门的火药启动器12,待涡轮带动泵运转后,燃气发生器即开始工作,整个系统进入正常运转。

采用泵压式供应系统,从推进剂贮箱一直到泵入口的设备都不需要承受高压,虽然增加了涡轮、离心泵及其他辅助设备,但并不会使整个系统的质量比挤压式系统大。对于现代火箭发动机,特别是燃烧室压力高,推力大,工作时间长的,都采用泵压式供应系统。但是,这种系统的结构比较复杂。

推进剂供应系统应该选用挤压系统还是泵压系统,主要取决于飞行器的要求,例如推力、比冲、工作时间、工作方式、结构尺寸、结构质量等。挤压式系统和泵压式系统的优、缺点见表3-3。

表3-3 挤压式系统和泵压式系统的优、缺点

类别	挤压式系统	泵压式系统
优点	1)结构简单; 2)总冲量不大时,具有较小的结构质量和结构尺寸; 3)容易实现多次启动; 4)供应压力比较稳定	1)贮箱压力低,贮箱及贮箱增压系统质量轻,尺寸小; 2)发动机质量几乎与工作时间长短无关; 3)燃烧室压力高,因而比冲高; 4)涡轮排气可用来控制飞行器姿态
缺点	1)总冲量不大时,贮箱及贮箱增压系统结构质量大和尺寸大; 2)燃烧室压力低,因而比冲低	1)结构复杂; 2)不容易实现多次启动

3.1.3.3 固-液混合火箭发动机

由于液体和固体火箭发动机优、缺点的互补性,人们设想把它们结合起来,组成固-液混合火箭发动机。固-液混合火箭发动机是用固体和液体两种不同聚集态推进剂的发动机,它的应用可提高发动机的比冲(3 600 N·s/kg),并能实现推力调节。一般由放置和燃烧固体燃料或氧化剂药柱的燃烧室、喷管、贮存液体氧化剂或燃料的贮箱,液体推进剂组分供应系统等组成。得到应用的固液型火箭发动机的推进剂有固体为聚乙烯,液体为过氧化氢。

固-液型火箭发动机有给出高比冲的可能性,其数值可接近于较好的液体火箭发动机的比冲值。该型发动机比液体火箭发动机简单可靠,又可能实现发动机推力调节、多次启动和关机,还可以利用液体推进剂组元对燃烧室进行冷却。

1.固-液混合推进剂

固-液混合推进剂多采用固体燃烧剂和液体氧化剂,因为液体氧化剂的密度比液体燃烧剂大,用这种组合方案可以提高推进剂的平均密度比冲;另外,固体氧化剂都是粉末,要制成一定形状并具有一定机械强度的药柱比较困难;固体燃烧剂一般选用贫氧固体推进剂,这样有利于

工艺成型并有利于点火燃烧。表3-4给出几种常用固-液组合推进剂及其性能。

表3-4　固-液组合推进剂及其性能

液体氧化剂	固体燃烧剂	氧化剂与燃烧剂的比	燃烧温度 K	比冲 N·s/kg
H_2O_2(98%)	$(C_2H_4)_n$	6.55	2 957	2 630
H_2O_2(98%)	橡胶+18%Al	5.64	3 058	2 660
H_2O_2(98%)	AlH_3	1.02	3 764	2 940
H_2O_2(98%)	$LiAlH_4$	1.08	3 068	2 830
N_2O_4	$C_2H_6N_4$+10%橡胶	1.5	3 580	2 810
N_2O_4(30%)+HNO_3(70%)	$C_2H_6N_4$(80%)+橡胶(20%)	2.13	3 320	2 660
N_2O_4	BeH_2氢化铍	1.67	3 620	3 120
C_1F_3	LiH_2	5.82	4 190	2 870

2.固-液混合发动机的工作原理

固-液混合发动机的基本组成包括图3-15所示的几个组成部分:燃烧室1(其内包括固体药柱2、喷注器3)、液体推进剂贮箱5、高压气瓶8、减压器6、活门4和7,此外还有点火装置。

发动机启动时,首先打开活门7,高压气瓶内的气体经减压器6降到所需的压力,然后进入液体推进剂贮箱5。活门4打开后,液体推进剂在气体的挤压作用下流入燃烧室头部喷注器3。由于喷注器的作用,液体推进剂形成射流和液滴,喷入固体药柱2的内孔通道,药柱点燃后,内孔表面生成的可燃气体与通道内液体组元射流互相混合并燃烧。

固体组元药柱装填在燃烧室内,要求有一定的气化表面积,以便受热后气化和液体组元混合、燃烧,这和固体火箭推进剂装药的燃烧不同。固体火箭推进剂内同时包含有燃烧剂和氧化剂,因此燃烧在固态就开始进行,燃烧反应在贴近药柱表面的气层内就完成了。而在固-液混合发动机内,固体组元只含有燃烧剂(或氧化剂),因此没有固相反应。燃烧过程首先由燃烧区放出的热量使药柱内通道表面

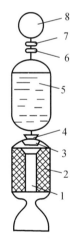

图3-15　固液混合火箭发动机

1—燃烧室；　2—固体药柱；

3—头部喷注器；　4—活门；

5—液体推进剂贮箱；　6—减压器；

7—活门；　8—高压气瓶

加温,随后开始气化,气化产物在药柱通道内与液体组元的蒸气互相混合才进入燃烧反应。因此,对固体组元药柱并不是燃烧而是气化。由于固体组元气化的速度一般都很低(1~5 mm/s),所以为满足一定流率的要求,气化面积要大;而药柱肉厚不一定很大,因此药型设计

上不同于一般固体火箭发动机,要求大燃面、薄肉厚。为了使气化表面上的气体组元与液体组元蒸气混合均匀、燃烧完全,需要在燃烧室内装扰流器。图 3-16 所示为一种分段式药柱中间设置扰流器方案。

另外,固体组元的气化速度与沿其气化表面的燃气流量有关,即与液体组元的流量有关。要改变液体组元的流量,调节发动机推力时同时应当改变固体组元的消耗量。如果液体组元仅从头部供入,对两种组元之比(固—液比)无法控制,会使混合比偏离最佳值。因此可采用液体组元从头部和药柱后空腔两区同时供入的方案,如图 3-17 所示,此方案易于控制流过固体组元表面的燃气流量,并能保持最佳要求的固-液混合比。

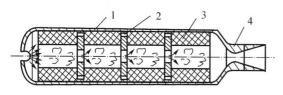

图 3-16　带分段药柱的固-液混合
火箭发动机燃烧室
1—壳体;　2—素流环;　3—药柱;　4—喷管喉衬

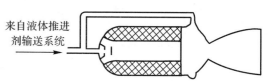

图 3-17　液体组元由燃烧室头部和药柱
后空腔两区供入的方案

3.1.4　冲压发动机

冲压发动机是吸气式发动机中结构最简单的一种发动机。在冲压发动机中,发动机通道中空气的压缩不是靠机械能,发动机工作所必需的静压的提高仅依靠流动空气在进气道内的滞止实现。冲压发动机利用大气中的氧气作为氧化剂,在高速远航程的飞行中具有独特的优越性。冲压发动机的优点是结构简单,质量轻,成本低,推重比高;在超声速飞行时,经济性好,耗油率低;由于不受转动部件耐热性的限制,燃烧室中可以加入更多的热量。冲压发动机的缺点是不能自行启动,要使用固体助推器加速到一定速度才能开始工作;单位迎面推力较小;对飞行状态的变化比较敏感,例如飞行速度、飞行高度、飞行迎角等参数的变化都直接影响发动机的工作,因此其工作范围窄。近年来,冲压发动机和固体助推火箭整体化技术的发展,把两种发动机有效地结合为一体,弥补了冲压发动机无法起飞助推的缺点,使得发动机的能量特性好,性能高。

按飞行马赫数分类,冲压发动机分为亚声速燃烧冲压发动机(简称亚燃冲压发动机)和超声速燃烧冲压发动机(简称超燃冲压发动机)。亚燃冲压发动机是指来流空气在通过进气道的多道激波后,空气速度减速到亚声速,随后喷注的燃料在亚声速条件下与空气发生燃烧,而后气体被重新加速,通过喷管膨胀喷出;超燃冲压发动机的来流空气只是部分减速,以超声速进入燃烧室,在超声速流动条件下组织燃烧。由于飞行马赫数接近 6(飞行高度 $H=20$ km)时,亚燃冲压发动机进入燃烧室的空气总温约为 $1\,470$ ℃,超过了钢的熔化温度。而且由于热分解吸收大量热量使发动机很难再加入热量,热效率低。所以飞行马赫数 $>5\sim6$ 时需采用超声速燃烧冲压发动机,即气流在进气道中经过斜激波后不再扩压减速,以超声速进入燃烧室。这样可使发动机在较低的静温和静压下进行燃烧,对结构材料的耐热性能也不会要求太高。冲压发动机的整个流道都是超声速流,并在超声速流中加热,这种动力装置就称之为超声速燃烧冲压发动机。

根据亚燃冲压和超燃冲压总效率,大致在飞行马赫数<6时,亚燃冲压发动机的性能优于超燃冲压发动机,而当马赫数>6时,则超燃冲压发动机性能居于领先地位。

亚燃冲压发动机在1.5~6.0的飞行马赫数范围内热效率高,结构又简单。目前一般战术导弹用的冲压发动机均属于亚燃冲压发动机,其典型结构形式如图3-18所示。超燃冲压发动机用于更高速度的飞行器,示意图如图3-19所示。对于超燃冲压发动机来说,进气道的压缩量极大减少,正激波损失消除,相应的总压恢复增加了。另外,压缩性能的降低导致燃烧室进口处静温和静压降低,从而减少了结构载荷的严峻性。温度降低能使燃烧室中发生的化学反应进行得更完全并且能够减少喷管中发生有限速率化学反应引起的损失。

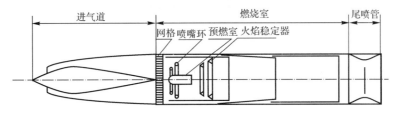

图 3-18　亚燃冲压发动机结构形式

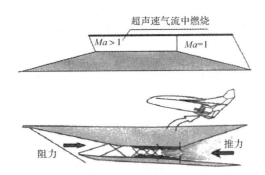

图 3-19　超燃冲压发动机示意图

3.1.4.1　冲压发动机的组成和工作原理

冲压发动机的工作原理是通过进气道使高速气流减速增压在燃烧室形成速度较低压力较高的气流,与燃烧室进口处喷出的燃料雾化掺和燃烧后通过尾喷管将燃烧产物降压加速并高速喷出,以产生反作用推力。

冲压发动机主要由进气道、燃烧室、尾喷管、燃料供给及调节装置、点火装置等组成。冲压发动机的各截面示意图如图3-20所示。

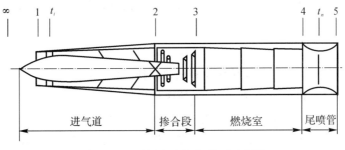

图 3-20　冲压发动机各截面示意图

1.进气道

发动机的迎面来流首先进入进气道,其功用是将高速来流减速增压,把来流的速度能转变为压力能,完成压缩过程。进气道的主要性能指标有总压恢复系数、流量系数和外阻系数。为了满足燃烧室进口流场的要求,有时在进气道出口放置气动网格或格栅。

2.燃烧室

滞止到一定速度的气流进入燃烧室,与燃料迅速掺和,在接近等压条件下进行燃烧,提高气体的温度和焓值,完成加热过程。通常燃烧室内装有预燃室、燃油喷嘴环和火焰稳定装置。为了防止烧蚀和震荡燃烧,还设置了壁面冷却装置和防震屏。

3.尾喷管

燃烧后的高温、高压燃气,经收敛或收敛—扩张喷管加速后排出,完成膨胀过程。由于排气动量大于来流动量,因而产生反作用力,即发动机推力。

4.燃料供给调节装置

该装置按一定规律控制燃油喷嘴的喷油,给燃烧室提供适量的燃油,以保证正常燃烧。

5.点火装置

点火装置用于发动机的点火启动。其中包括点火器以及防止误点火的安全装置。

3.1.4.2 冲压发动机的特性

飞行高度、速度、攻角等参数对冲压发动机的工作性能及应用产生直接的影响。本节介绍冲压发动机推力系数和比冲等性能参数随发动机工作状态(加热比、余气系数、燃烧室出口温度)的变化规律。

1.速度特性

发动机的速度特性是研究飞行高度和加热规律一定时,如等余气系数 α、等加热比 θ、等燃烧室出口总温 T_{t4} 时,发动机推力系数 C_F 和比冲 I_s 随飞行马赫数 Ma 的变化规律。

从图 3-21 可以看出,飞行高度和余气系数一定时,当飞行马赫数大于设计马赫数时,来流总温增加,加热比降低,发动机进气道由临界进入超临界工况,飞行马赫数愈大,进气道的超临界程度愈严重,进气道的总压恢复下降得愈大,因此,发动机的推力系数随马赫数增大而降低。相反,当飞行马赫数小于设计值时,来流总温降低,加热比增加,发动机进气道由临界进入亚临界工况,进气道产生溢流现象,流量系数减小,附加阻力增加,因此,发动机的推力系数随马赫数降低亦降低。可见,设计点是发动机推力系数最高点,低于或高于设计马赫数时,推力系数皆低于设计值,离设计马赫数愈大,推力系数降低得愈大。比冲随马赫数的变化规律与推力系数规律相同,但设计点的比冲不一定是最高值,因为在设计点发动机的燃烧效率并非是最高值,如图 3-22 所示。

2.高度特性

发动机的高度特性是研究飞行马赫数和加热规律一定(等余气系数 α、等加热比 θ 或 T_{t4})时,发动机推力系数 C_F 和比冲 I_s 随高度 H 的变化规律。

从图 3-23 和图 3-24 可以看出,飞行马赫数和余气系数一定时,在同温层(高度为 11 ~ 20 km),随高度增加,由于大气压力下降,燃烧室压力也下降,燃烧效率则降低,因此,加热比和总压恢复随高度的增高而降低,使发动机处于超临界工作,这样,推力系数和比冲随高度的增加而减小。而当飞行高度在同温层以下并逐渐减小时,大气温度增加,加热比减小,从而,推力系数和比冲随高度的降低而减小。推力系数的最大值出现在 11 km 处,而比冲最大值比 C_F 最大值提前出现。

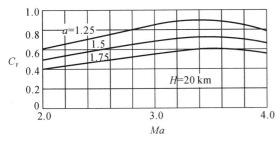

图 3-21　冲压发动机推力系数随 Ma 的变化关系

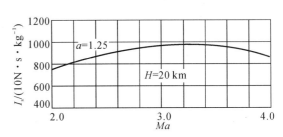

图 3-22　冲压发动机比冲随 Ma 的变化关系

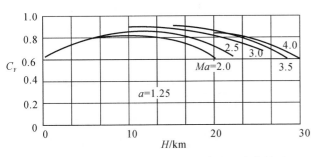

图 3-23　冲压发动机推力系数随高度的变化关系

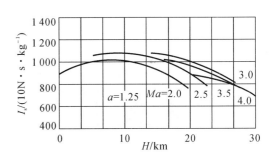

图 3-24　冲压发动机比冲随高度的变化关系

3. 调节特性

发动机调节特性是研究飞行马赫数和高度不变时,推力系数 C_F 和比冲 I_s 随余气系数 α(或加热比)的变化规律。

从图 3-25 可以看出,当飞行马赫数和高度一定时,推力系数随余气系数的增大而下降,这是由于其他参数不变,余气系数增大意味着燃料供应量减小,进气道超临界程度增加,推力系数相应减小。比冲随余气系数的变化关系如图 3-26 所示。由于燃烧效率 η 随余气系数变化,比冲变化;同时由于贫油、富油燃烧效率都要下降,所以比冲随余气系数的增加,开始有增加的趋势,到某一余气系数之后才开始下降,但其总的变化量不大,变化比较平缓。

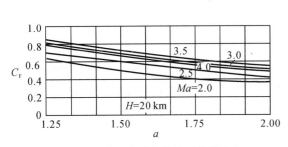

图 3-25　冲压发动机推力系数随余气
系数的变化关系

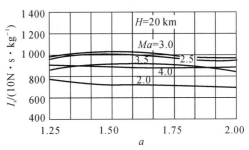

图 3-26　冲压发动机比冲随余气
系数的变化关系

3.1.4.3　火箭-冲压组合发动机

由于冲压发动机在一定速度下才能工作,所以冲压发动机必须与助推发动机组合在一起使用。在最简单的组合动力装置中,作为主发动机的冲压发动机和作为助推器的固体火箭发动机,无论在结构上或工作过程方面都是相互独立的。近年来组合动力技术有了很大的发展,这两种发动机从布局上、结构上和工作循环上有机地结合在一起,它们共用一个燃烧室,使之一体化,因此称为火箭-冲压组合发动机或整体式冲压发动机。火箭-冲压组合发动机同时具有火箭发动机和冲压发动机的特性,可完成导弹起飞、加速和续航飞行。它结构简单、工作可靠、尺寸小、质量轻、推力大、比冲高,是导弹动力装置中很有优势的一种发动机。

1.固体火箭-冲压组合发动机

固体火箭-冲压组合发动机又叫管道火箭,其组成示意图如图 3-27 所示。它由两大部分组成,一是固体火箭助推器,它有自己专用的喷管,助推器药柱贮存在共用燃烧室中。当助推器药柱燃烧完毕时,腾出了燃烧室的空间,助推器专用尾喷管脱落,将冲压发动机的尾喷管露出,进气道出口的堵盖被前面冲进的空气冲开,这时就变成了如图 3-27(b)所示的第二部分,即火箭-冲压发动机了。火箭冲压发动机包含进气道、燃气发生器、引射掺混补燃室、尾喷管等几个部分。

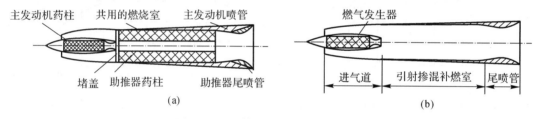

图 3-27　固体火箭-冲压组合发动机

(a)含助推器;　(b)不含助推器

(1)进气道:其作用是引入空气,实现冲压压缩,同时给燃烧室提供合适的进口气流。

(2)燃气发生器:它实质上是一个固体火箭发动机,内装贫氧固体推进剂,推进剂在火箭室中进行初次燃烧。因为推进剂是贫氧的,所以初次燃烧是不完全的,还含有很多可燃物质。初次燃烧的产物从燃气发生器的喷口排出,进入冲压发动机燃烧室。这股具有很高温度和动能的射流与经过进气道来的空气进行引射掺混,并进行补充燃烧。

(3)引射掺混补燃室:其作用是对进气道来的空气实现引射增压,并使从燃气发生器喷管喷出的初燃烧后的燃气与空气掺混进行补充燃烧。一般把引射补燃过程划分为两个过程,即引射掺混过程和二次燃烧过程。在有的发动机方案中,引射增压室和补燃室是分开的。

(4)尾喷管:实现燃气膨胀过程的部件。

2.液体燃料冲压组合发动机

液体燃料冲压组合发动机与固体火箭-冲压组合发动机不同之处在于冲压发动机使用的是液体燃料,燃烧室内燃油供给系统、火焰稳定器和壁面冷却装置必不可少(见图 3-28)。

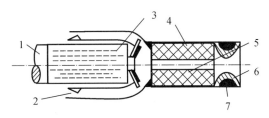

图 3-28 液体燃料冲压组合发动机

1—弹体; 2—空气进气道; 3—冲压发动机的液体燃料; 4—燃烧室;

5—助推器药柱; 6—助推器喷管; 7—尾喷管

3. 固体燃料冲压发动机

固体燃料冲压发动机(Solid Fuel Ramjet,SFRJ)是一种自带燃料,利用空气中的氧进行燃烧的新型吸气式发动机。与通常的液体燃料冲压发动机工作原理相同,固体燃料冲压发动机只是将其中喷注的液体燃料更换为在燃烧室中充填富燃料固体药柱,使在空气流中点燃的固体燃烧药柱分解、气化、燃烧,释放出富燃气与粒子,进而与进气道流出的空气混合燃烧,在燃烧时气体的焓增加,燃烧产物由喷管高速排出,产生推力。

固体燃料冲压发动机的典型结构由进气道、主燃烧室、后燃室和喷管组成,如图 3-29 所示。与传统的火箭发动机和冲压发动机相比,SFRJ 无须推进剂供应与控制系统,因而结构简单;SFRJ 利用空气作氧化剂,因而比冲高,是固体火箭发动机的 3~4 倍;SFRJ 的燃烧为扩散控制的燃烧,燃料燃烧的能量沿燃烧室的轴向分散释放,因而燃烧很稳定;SFRJ 自身只带燃料,因而发动机的贮存和使用都很安全。SFRJ 的这些优点使得它将成为未来超声速战术导弹、增程火箭弹的首选动力装置。

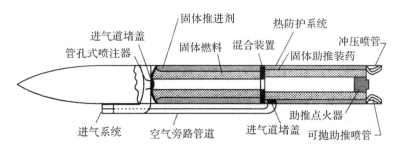

图 3-29 固体燃料冲压发动机示意图

4. 火箭-冲压组合发动机的特点

1)与火箭发动机相比较,组合发动机可得到高得多的比冲,固体火箭冲压发动机的比冲在 6 000~12 000 N·s/kg 之间。

2)与冲压发动机相比较,显著提高了迎面推力,可达 200 kN/m² 以上,而冲压发动机仅 110 kN/m²。组合发动机拓宽了工作范围,可适应超声速机动飞行。

3)由于固体助推器与冲压发动机采用一体结构,使得导弹的结构紧凑、体积小、质量轻。对于固体火箭冲压发动机来说,燃气发生器始终提供了不熄灭的强大点火源,因而不需要预燃室和点火器,这样不仅使得发动机结构简单,工作可靠,而且战时不必加注燃油,给勤务处理带来方便,提高了作战机动性。

3.1.5 涡轮喷气发动机

涡轮喷气发动机在20世纪40年代首先应用于歼击机,以后很快被广泛应用于军用和民用飞机上。随着导弹射程的不断增加和涡轮喷气发动机的小型化及成本的降低,在20世纪70年代后飞航导弹越来越多地采用涡轮喷气发动机作为巡航动力装置。与火箭发动机、冲压发动机相比,涡轮喷气发动机的比冲较高,常用于射程为数百千米的亚声速战术导弹上,而由于涡扇发动机的比冲更高,常用于射程达数千千米的远程巡航导弹上。

3.1.5.1 涡轮喷气发动机的组成及工作原理

涡轮喷气发动机简称涡喷发动机,它是以空气作为工质的热机,由进气机匣、压气机、燃烧室、涡轮、尾喷管和供油调节装置组成。压气机转子和涡轮转子由一根轴连接起来成为一个大的转动部件,这是与冲压发动机的最大区别。

典型的轴流式涡喷发动机由进气道、轴流压气机、燃烧室、涡轮、尾喷管和燃油调节系统组成,其结构如图3-30所示。

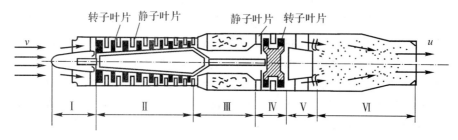

图3-30 轴流式涡轮喷气发动机示意图

Ⅰ—进气道; Ⅱ—轴流式压气机; Ⅲ—燃烧室; Ⅳ—涡轮; Ⅴ—加力燃烧室; Ⅵ—喷管

在亚声速或高亚声速飞行时,压气机是使气流压力增高的主要部件。从进气道流出的空气进入轴流式压气机,在此处将空气进行压缩增压。压气机轴上装有转子叶片,它由涡轮带动高速旋转,由此迫使进气道来的空气不断被压缩而增高压力,同时空气流速下降,温度升高。增压后的空气再进入燃烧室,在燃烧室中和喷入并雾化的燃油混合、燃烧,成为具有很大能量的高温高压燃气。

从燃烧室流出的高温高压燃气,流入与压气机装在同一根轴上的涡轮。燃气在涡轮中膨胀,部分热熔在涡轮中转换为机械能推动涡轮高速旋转,涡轮带动压气机旋转继续为空气增压。从涡轮中流出的高温高压燃气,在尾喷管中继续膨胀,以高速沿发动机轴向从喷口喷出,这一速度比气流进入压气机的速度要大得多,使发动机获得了反作用推力。

涡轮前的燃气由于受到涡轮材料允许温度的限制,因此,为了提高发动机的推力,在涡轮后面可增设加力燃烧室,即第Ⅴ部分,在加力燃烧室中再次喷入燃油,与经过涡轮后的燃气中的剩余氧气再次燃烧,这样,就再次提高了燃气的能量。有加力燃烧状态和无加力燃烧状态的推力可提高25%～70%。

涡轮风扇喷气发动机除了增加风扇之外,其余部分与涡轮喷气发动机相像。它也有进气道、压气机(有低压和高压压气机)、燃烧室、涡轮(级数较多)和尾喷管。不同之处在于有双涵道——外涵道和内涵道。图 3－31 为涡轮风扇发动机示意图。

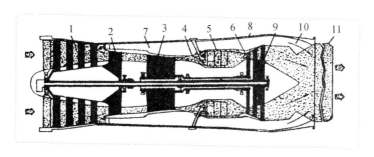

图 3－31　涡轮风扇发动机示意图

1,2—风扇叶片；　3—压气机；　4—燃油喷嘴；　5—燃烧室；　6—高压涡轮；

7—外函通道；　8—发动机匣；　9—低压涡轮；　10—外函气流；　11—喷管

这种发动机的工作过程及其原理如下：

空气进入进气道，经过风扇压缩，然后按一定比例将气流分成两股，一股空气由风扇向后推动，经外涵道向后流去，与燃气会合，由尾喷管喷出；另一股空气经内涵道，就是普通涡喷发动机所经过的路径，生成燃气，由喷管喷出。

在涡扇发动机中，涡轮要带动压气机和风扇，由于风扇的转速不能太高，因此风扇与压气机不能同轴，由两组涡轮分轴带动。由于涡轮的级数多了，因此消耗在涡轮上的能量也比较多。这样一来，由尾喷管喷出的气流能量减少了，气流的温度和速度就降低了。这种情况虽然会引起内涵道的每千克空气所产生的推力减小，但是另一方面，由于风扇的作用，进入发动机的空气流量大大增加，其总的结果还是增大了发动机的推力。

3.1.5.2　涡轮喷气发动机的特性

涡轮喷气发动机的推力、燃油消耗量 $\dot{m}_F$ 及它们的速度、高度特性取决于压气机的增压比 H_{k0}^* 和涡轮前燃气温度 T_3^*，而这两个参数受到发动机结构质量和材料的限制，因此涡轮喷气发动机只适宜于低空亚声速范围和高空不太大的超声速范围。在初步方案设计时，涡轮喷气发动机的速度、高度特性按如下方法估算。

1. 速度特性

速度特性是指飞行高度一定时，在给定的发动机调节规律下，推力和耗油率等随飞行速度的变化规律。

推力的速度特性系数 ξ：

$$\xi = P_v / P_{v=0} \tag{3-10}$$

式中　　P_v——发动机在某一高度某一速度时的推力 $P_v = f(Ma)$；

　　　　$P_{v=0}$——发动机在某一高度上速度为零时的推力。

推力的高度特性系数 k_H：

$$k_H = P_H / P_0 \tag{3-11}$$

式中　　P_H——某一高度上速度为零时发动机的推力；

　　　　P_0——海平面发动机的推力。

方案设计时取：

当 $H \leqslant 11$ km 时，$k_H = f(\Delta) = \Delta^m, m = 0.8 \sim 0.85$；

当 $H > 11$ km 时，$k_H = f(\Delta) = a\Delta$，$a = 1.20 \sim 1.25$。

式中，Δ 为空气相对密度，$\Delta = \rho_H / \rho_0$。

因此，若已知涡轮喷气发动机海平面的静推力 P_0，即可求出不同高度不同速度的推力 P_{Hv}：

当 $H \leqslant 11$ km 时，$P_{Hv} = \xi k_H P_0 = \xi \Delta^m P_0$；

当 $H > 11$ km 时，$P_{Hv} = \xi k_H P_0 = a \xi \Delta P_0$。

图 3 - 32 所示是设计增压比为 6，飞行高度为 6 km 的某台发动机的速度特性。图中给出了涡轮前温度为 1 600 K，1 400 K，1 200 K 三种不同数值的速度特性。

从图中可以看出，随着飞行马赫数增大，发动机的性能参数有如下变化：

1）单位推力 P_s 不断减小，当马赫数增大到某一数值时，单位推力为零；

2）空气流量 $\dot{m}_a$ 不断增大，在亚声速阶段增加较慢，在超声速阶段增加较快；但马赫数再大时，空气流量增大减慢；

3）推力 P 起初略微下降或增加缓慢，随后随马赫数的增加而迅速增加。达到某一最大值后，推力随马赫数的增大而减小，最后下降为零；

4）耗油率 $\dot{m}_F$ 随马赫数的增加而不断增加，至某一马赫数后，耗油率急剧增加。

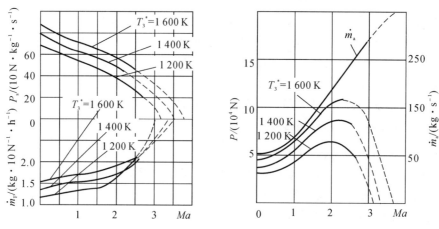

图 3 - 32　涡喷发动机的速度特性

2.高度特性

高度特性是指飞行速度一定时，在给定的发动机调节规律下，推力和耗油率随飞行高度的变化规律。

燃油消耗率的速度特性系数 χ

$$\chi = \dot{m}_{Hv} / \dot{m}_{Hv=0} \tag{3-12}$$

式中　$\dot{m}_{Hv}$——发动机工作在某一高度某一速度的耗油率；

$\dot{m}_{Hv=0}$——发动机在某一高度上速度为零时的耗油率。

χ 由典型近似曲线估计，当 $Ma < 1.5$ 时，$\chi = 1 + 0.38Ma - 0.05Ma^2$。

燃油消耗率的高度特性系数 k'_H 由下式近似表示：

当 $H \leqslant 11$ km 时，$k'_H = 1 - a'$，$a' = 0.008 \sim 0.01$；

当 $H > 11$ km 时，$k'_H = 0.89 \sim 0.91$。

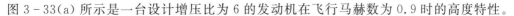

图 3-33(a) 所示是一台设计增压比为 6 的发动机在飞行马赫数为 0.9 时的高度特性。

从图可见,当飞行高度小于 11 km 时,随着飞行高度的增加,单位推力 P_s 增大,耗油率下降,推力 P 下降。当飞行高度大于 11 km 时,单位推力和耗油率均不变化,而推力随高度的增高继续下降。

3. 转速特性

涡喷发动机的转速特性(也称节流特性)是在一定的飞行条件下,发动机推力和耗油率随转速而变化的规律。

对于几何不可调的发动机,只能通过改变供油量来改变发动机的工作状态,供油量不同,发动机的工作状态也不同。图 3-33(b) 所示是一台设计增压比为 6、涡轮前燃气温度为 1 400 K 的单轴发动机的地面静态转速特性。可见,当发动机转速从设计转速下降时,发动机推力急剧下降,在 $\bar{n}=0.85$ 左右达最小值后,随转速的下降而增大。图中虚线部分表示压气机的喘振裕度小于最小允许值,发动机的工作不稳定。

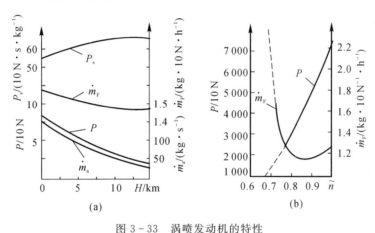

图 3-33　涡喷发动机的特性
(a)涡喷发动机的高度特性；　(b)涡喷发动机的转速特性

3.1.6　推进系统的选择

3.1.6.1　发动机类型选择

1. 固体火箭发动机

固体火箭发动机结构简单,使用方便,安全可靠,成本低,可长期贮存,迅速启动,因此,固体火箭发动机在各种类型的战术导弹上得到了广泛应用。虽然固体火箭发动机在战术导弹上使用具有很多优点,但它的比冲低,环境温度对药柱结构和特性影响大,推力难调节,特别在比冲、密度、燃速、机械性能等方面受到限制,一般多在短程导弹上使用。

2. 液体火箭发动机

液体火箭发动机的优点是发动机本身的质量较小,特别是对于大推力、长时间工作的发动机;比推力高;可多次启动、关机及调节推力;发动机工作时间比较长。但系统复杂,成本较高,燃料毒性大,使用不方便,不便于长期贮存,所以在战术导弹上使用受到限制。

3.冲压发动机

冲压发动机结构简单,制造成本低,在 $Ma=1.5\sim4$ 范围内,它有高的推力系数、低的燃油消耗率和较高的比冲。冲压发动机的单位面积推力大,飞行速度越大效率越高,其推重比仅次于固体火箭发动机,而高于其他发动机。但冲压发动机的工作条件较苛刻,且速度为零时无推力,给使用造成了一定的困难。

4.涡轮喷气发动机

涡喷发动机使用航空煤油,耗油率低,比冲高而且无毒,给使用带来方便。但其结构复杂,质量大,推重比小,多用于空对地导弹或巡航导弹上。

5.涡轮风扇发动机

涡扇发动机的耗油率比涡喷发动机低得多,经济性好,适用于远程飞航导弹。巡航导弹的动力装置都采用涡扇发动机。

6.火箭-冲压组合发动机

火箭-冲压组合发动机集中了冲压发动机和固体火箭发动机的优点,它结构紧凑,质量小,推力大,比冲高,是超声速远航程导弹的理想动力装置。

3.1.6.2 发动机的选择方法

在选择发动机时,首先应了解各类发动机性能随工作条件的不同而变化的情况,做出各种性能曲线来进行比较;其次,应针对给定的导弹战术技术要求,从使导弹的起飞质量最小、发动机的价格或其他原则作为出发点,对不同的候选发动机进行综合分析比较,从而确定满足具体使用要求的最佳发动机。

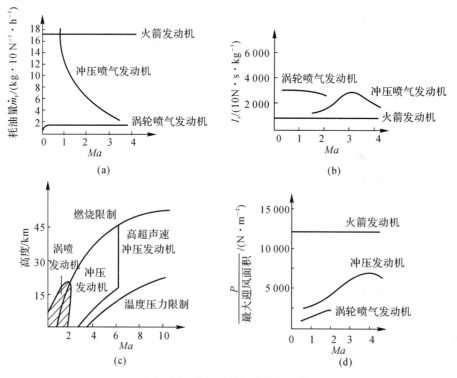

图 3-34　各类发动机的性能曲线

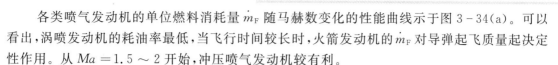

各类喷气发动机的单位燃料消耗量 $\dot{m}_F$ 随马赫数变化的性能曲线示于图 3-34(a)。可以看出,涡喷发动机的耗油率最低,当飞行时间较长时,火箭发动机的 $\dot{m}_F$ 对导弹起飞质量起决定性作用。从 $Ma=1.5\sim2$ 开始,冲压喷气发动机较有利。

由图 3-34(b)可见,涡轮喷气发动机在使用高度和速度范围内,比冲最高 $I_s=28\sim36\ kN\cdot s/kg$,冲压发动机比冲为 $I_s=12\sim15\ kN\cdot s/kg$,而火箭发动机的比冲最低,为 $I_s=2\,000\sim2\,500\ N\cdot s/kg$。

由图 3-34(c)可见,涡轮喷气发动机,在低空适用于亚声速或跨声速,在中空可使用到不大的超声速。加力涡轮喷气发动机在低空可使用到 $Ma=1.5$ 左右。冲压发动机在低空时适用于 $Ma=1.5\sim2.5$。火箭发动机工作不受飞行速度和高度限制,可在导弹飞行速度和高度使用的范围内任意选用。火箭-冲压组合发动机可在介于火箭发动机和冲压发动机的使用条件之间选择。

火箭发动机的单位迎面推力最大,如图 3-34(d)所示。整体式火箭冲压发动机的比冲和单位迎面推力都介于火箭发动机和冲压发动机之间,在战术导弹上使用,有可能使导弹的尺寸和质量减小。

作为助推器使用的发动机要求单位迎面推力大,能在短时间内使导弹起飞并加速到某一速度,所以一般都选用固体火箭发动机。固体火箭发动机虽然比冲较低,仅是冲压发动机比冲的 20%～30%,但其结构简单、启动迅速、勤务处理十分方便,在近程导弹(射程小于 40～50 km)上得到广泛应用。当要求导弹有较远射程(大于 50 km)时,一般要考虑使用吸气式喷气发动机,高亚声速远程(大于 1 000 km)巡航导弹一般选用涡喷、涡扇发动机,而中远射程的超声速导弹应选用冲压发动机。当要求导弹在大气层内以高超声速($Ma>6$)巡航飞行时,应考虑使用超声速燃烧冲压发动机。

从成本看,冲压发动机由于构造简单,其成本就比涡轮喷气发动机低得多;从工作可靠性看,因固体火箭发动机无活动部件,其可靠性比液体火箭发动机要高;从使用方便性看,固体火箭发动机比液体火箭发动机使用方便,因前者发射前准备工作少,不需要很多的辅助设备;从推力调节性看,固体火箭发动机比液体火箭发动机困难,因前者只能在有限范围内调整;从推力矢量控制看,液体火箭发动机比固体火箭发动机操纵容易,因前者便于采用摆动推力室或燃气舵等方式实现。另外对发动机技术的掌握程度,这一因素有时对发动机的选择起决定性作用。

3.1.7   推进系统设计要求

发动机为导弹提供飞行动力,保证导弹获得所要求的速度、射程。发动机又是弹体的组成部分,应满足气动力和结构总体的要求。

3.1.7.1   固体火箭发动机设计要求

战术导弹上使用的固体火箭发动机有单级固体火箭发动机、双推固体火箭发动机和脉冲式固体火箭发动机。

1. 单级固体火箭发动机性能要求

单级固体火箭发动机性能要求包括总冲、比冲、推力与时间的关系曲线、质量比和质量比冲、推力偏心。质量比是推进剂质量与发动机总质量的比值,质量比冲是发动机总冲与发动机

导弹总体设计与试验实训教程

质量的比值,这两个参数直接影响导弹射程、导弹总质量及与其相关的性能,是评估导弹发动机设计水平的重要参数。推力偏心相当于在制导系统中引进干扰力和力矩,对发射速度低的导弹,将影响制导精度。一般要求发动机的推力偏心不超过 $0.2°$。

2．双推固体火箭发动机性能要求

导弹采用单室双推发动机的目的在于降低导弹的峰值速度,以降低气动阻力引起的能量损失。要求第一级推力大,使导弹快速离开发射架并达到要求的速度;第二级则维持续航。除与单级固体火箭发动机性能要求的项目外,还有:第一级推力、总冲、最大推力、最小推力及起始推力峰值建立时间、两级推力比、两级发动机推力总冲之和、两级分别工作时间。发动机在两种推力状态下工作,使用同一个喷管,至少有一个推力状态是在非最佳工作状态,推力比越大,偏离最佳工作状态就越远,使总体效率下降。

3．脉冲式固体火箭发动机性能要求

脉冲式固体火箭发动机有双脉冲和多脉冲发动机。它与双推力发动机的要求不同在于根据点火指令实现多次点火。

3.1.7.2 液体火箭发动机设计要求

液体火箭发动机性能要求包括推力、比冲、混合比、推进剂流量、发动机质量、质量推力比等。推进剂质量混合比是氧化剂流量与燃烧剂流量之比,混合比偏差是实际混合比与额定混合比之差。推进剂流量是发动机产生所需推力时每秒消耗的推进剂量,推进剂流量＝推力/比冲＝氧化剂流量＋燃烧剂流量。质量推力比是发动机结构质量与推力之比,它的含义是发动机产生 $1\,N$ 推力需要多少千克的结构质量,质量推力比小说明发动机设计水平高,工艺先进,结构材料好。

3.1.7.3 火箭-冲压组合发动机设计要求

火箭-冲压组合发动机在助推器推力的作用下达到规定的飞行条件后转入冲压工作状态,它的工作与导弹飞行高度、速度范围及弹道特性密切相关。火箭-冲压组合发动机应在所要求的飞行高度、马赫数、攻角及侧滑角范围内正常工作,其工作包线设计必须满足导弹总体的工作包线,进气道在亚临界流态下不应发生喘振。发动机抛出物不得对导弹和载机造成损坏。性能要求包括工作包线、发动机尺寸和质量、转级马赫数,助推器的尺寸、质量、总冲、推力、工作时间,典型飞行状态下的冲压工作状态推力、推力系数、工作时间、比冲。

3.1.7.4 涡轮喷气发动机设计要求

涡轮喷气发动机的性能随着飞行速度和大气条件的变化而变化,其工作与导弹的飞行速度、飞行高度、发动机的转速等密切相关。对涡喷发动机的性能要求包括工作包线、启动时间、推力、燃料消耗率、转子转速、空气流量、单位推力、燃气发生器质量和推重比、振动输出量级以及发动机尺寸和质心位置。发动机的工作包线是以飞行马赫数和飞行高度为坐标给出的发动机能稳定可靠的工作范围;为适应导弹的快速反应要求,发动机必须具有快速启动能力,启动时间定义为发动机转速从0到额定转速的90%所经历的时间。同时为了正确使用和检测,还应当给出一些极限或限制条件,如环境温度范围、最高进排气温度与冲击温度、最低进气压力、最大实际转速和最大换算转速、燃油进口(泵前)最低压力、滑油压力与温度、最大空气引出量、最大雨水含量与分布、最大动力输出等等。

3.2 引战系统方案选择和要求

引战系统是导弹武器的重要分系统,其任务是选择最有利的时机摧毁、破坏目标、杀伤有生力量,而导弹其他分系统都是为保证将战斗部和引信可靠、准确地运送到预定适当位置的。因此战斗部是导弹的有效载荷,它的质量在很大程度上决定了全弹的质量。在导弹系统设计中,设计师应尽可能将导弹各分系统的体积及质量降到最低,而把更大的空间留给作为导弹有效载荷的战斗部,使战斗部质量尽可能大,以便使被攻击的目标受到尽可能大的毁伤和破坏。其次,战斗部借助其威力,在一定范围内可以弥补导弹制导系统不可避免存在的制导误差,因此,战斗部的威力半径必须满足战术技术要求所提出的命中概率 P 要求,并且与导弹制导系统的准确度(通常用标准偏差 σ 或圆概率偏差 CEP 表示)匹配好,才能有效地摧毁目标。最后,在导弹系统布局时,为保证战斗部系统功能的正常发挥,原则上是充分发挥战斗部的最大效率。如对付装甲目标的聚能装药战斗部、半穿甲战斗部,应尽可能靠近导弹头部,以保证战斗部爆炸所形成的金属射流有效破甲,或者使战斗部有效地穿入目标内部爆炸。对付飞机类目标的破片杀伤战斗部,为了增大有效杀伤半径,同时有利于导引头正常工作,战斗部位于导弹中部靠前比较合理,并且战斗部应避开弹翼的位置。对付地面目标的爆破战斗部,其位置的要求不严格。

3.2.1 引战系统的组成及分类

引战系统由引信、战斗部和保险装置组成。战斗部是导弹直接用于摧毁目标的部件,是导弹的有效载荷。战斗部由装填物和壳体组成。装填物是战斗部摧毁目标的能源和工质,其作用是将本身储存的能量(化学能或核能)通过反应(化学反应或核反应)释放出来,与战斗部其他构件一起形成金属射流、自锻破片或预制破片、冲击波等毁伤因素。例如常规装药战斗部在引爆后通过化学反应释放出能量,与战斗部其他构件配合形成金属射流、破片、冲击波等杀伤元素。装填物主要是高能炸药或核装药。壳体是战斗部的基体,用以装填爆炸装药或子战斗部,起支撑体和连接体作用,大部分壳体是全弹弹体的组成部分。破片式杀伤战斗部的壳体还具有形成杀伤元素的作用,它在炸药爆炸后破裂形成具有一定质量的高速破片。当战斗部安装在导弹头部时,还应保持良好的气动外形。

引信是适时引爆战斗部的引爆装置,引信包括近炸引信、触发引信和自炸引信三种。对于规定的作战目标,当导弹满足制导精度要求时,近炸引信应正常工作,并满足炸点控制精度;当导弹撞击目标时触发引信正常工作;当导弹未遇靶和遇靶未炸时,自炸引信应正常工作。

保险装置是战斗部的安全装置。它既要保证在导弹运输、储存、检测、挂飞及发射离架后的安全距离内处于安全状态,同时也要保证导弹发射后飞离我方人员安全距离之外适时解除保险,在引信输出的引爆脉冲作用下及时可靠起爆战斗部。引信和保险的作用虽然不同,但在大多数情况下,在构造上往往将保险装置装在引信上,因此通常就把保险装置看作是引信的一部分。

在现代战争中,由于所要对付目标的多样性,因而战斗部种类也具有多样性,战斗部对目标的破坏机理有物理(机械)破坏效应、化学毁伤效应、光辐射杀伤效应、放射性杀伤效应以及其他毁灭效应,如细菌、微生物等。战斗部有时按装填物分类,例如,装填普通炸药的战斗部,简称常规战斗部,装填原子装药的战斗部称为核战斗部。导弹战斗部分类如图 3 - 35 所示。

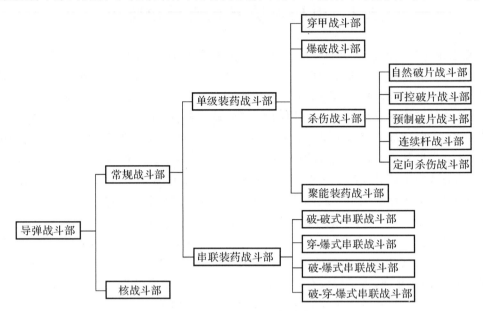

图 3 - 35　导弹战斗部分类

3.2.2　战斗部与导弹系统的关系及其威力参数

3.2.2.1　战斗部与导弹系统的关系

1.战斗部质量与全弹质量的关系

战斗部是导弹直接用于摧毁目标的部件,整个导弹武器系统的目的就在于将它准确地运送到预定的目标区,并引爆它。因此战斗部是导弹最主要的有效载荷,它的质量在很大程度上决定了全弹的质量。根据导弹的质量方程(2.5 节),导弹的总质量可以表示成如下形式:

$$m_2 = \frac{m_P}{1-(k_F\mu_k + K_g + K_S)} = \frac{m_A + m_{cs}}{1-(k_F\mu_k + K_g + K_S)} \qquad (3-13)$$

式中　m_2 —— 导弹第二级总质量;

　　　m_A —— 战斗部质量;

　　　m_{cs} —— 制导控制系统质量;

　　　K_g —— 动力系统结构相对质量系数;

　　　K_S —— 弹体结构相对质量系数;

　　　μ_k —— 燃料相对质量因数;

　　　k_F —— 燃料贮备因数。

由上式知,在一定战术性能要求下,K_g,K_S 及 $k_F\mu_k$ 是可以确定的,此时战斗部质量 m_A 便决定了导弹的总质量 m_2,而且战斗部越重,致使导弹越重。因此在保证摧毁目标的前提下,应使战斗部尽可能轻些,这样有利于减小导弹质量,提高导弹的战术性能。

为了初步估计 m_A 与 m_2 的数量关系,可参考以下统计数据:对于现有地空、空空导弹,$m_A/m_2 \approx 0.1 \sim 0.2$,平均统计值为 $0.14 \sim 0.15$;对于飞航导弹,$m_A/m_2 \approx 0.2 \sim 0.44$。

对于某些类型的战斗部质量 m_A,在工程实践中总结出一些经验公式,可供战斗部方案论证与工程设计参考。

爆破战斗部质量 m_A 取决于炸药装药量 m_e 和装填系数 K_a,而炸药装药量取决于舰船上各类要害件的结构与要求的威力半径 R。

$$m_A = \frac{m_e}{K_a} \tag{3-14}$$

式中　m_e——战斗部的炸药装药量,以 TNT 当量计;

　　　K_a——装填系数。

确定炸药装药 m_e 的经验公式:

对于舰船结构,战斗部在空旷甲板上(或侧舷外部)爆炸时

$$m_e = 2.667R^2$$

战斗部在舰面建筑物内部爆炸时

$$m_e = 2.237R^2$$

战斗部对鱼雷舱的破坏

$$m_e = 1.667R^2$$

战斗部对舰面飞机的破坏

$$m_e = (0.167 \sim 0.25)R^2$$

战斗部对军舰装甲的破坏

$$m_e = R^2$$

式中,R 为战术技术要求的威力半径,m。

2. 战斗部尺寸与导弹尺寸的关系

战斗部尺寸主要是指战斗部直径 D_w 与战斗部长度 L_w。导弹战斗部直径等于或小于导弹的直径 D,即 $D_w = D$ 时,战斗部壳体是导弹弹体的一部分,与导弹弹体一起受力;$D_w < D$ 时,战斗部装在导弹的战斗部舱内,战斗部壳体不受力。对于聚能战斗部来说,战斗部直径 D_w 与静破甲深度 L_j 有关,见 101 页式(3-25)。战斗部长度 L_w 一般根据所要求的战斗部威力与导弹允许的容积而定。

3. 战斗部威力半径与制导精度、命中概率的关系

战斗部的威力性能参数因类型不同而不同,大多数战斗部可用威力半径 R 来描述。而威力半径必须满足战术技术要求所提出的命中概率 P 要求,并且与导弹制导系统的准确度(通常用标准偏差 σ 或圆概率偏差 CEP 表示)匹配好,才能有效地摧毁目标。用于对付空中目标的导弹,常用标准偏差来表示制导系统的导引准确度;而用于对付地面目标和海上目标的导弹,则常用圆概率偏差来表示制导系统的导引准确度。在目标确定之后,命中概率 P 是战斗部威力半径 R、导引准确度 σ 或圆概率偏差 CEP 的函数。

以对付空中目标的导弹为例,假设制导系统无系统误差,则依据概率论知,要保证命中概率 P 为 99.7%,R 与 σ 之间必须满足以下条件:

$$R \geqslant 3\sigma \tag{3-15}$$

在上述条件下,单发导弹命中概率的表达式为

$$P = 1 - e^{-\frac{R^2}{2\sigma^2}} \tag{3-16}$$

由式(3-16)可导出由 P 和 σ 所要求的战斗部威力半径 R 的大小:

$$R = 1.414\sigma\sqrt{-\ln(1-P)} \tag{3-17}$$

因战斗部的威力半径与战斗部质量成一定的比例关系,式(3-16)中的 R 可以用 m_A 来替换。对于破片式杀伤战斗部,当用它对付歼击机和轰炸机时,其单发导弹命中概率为

$$P = 1 - e^{-\frac{0.8m_A^{\frac{1}{2}}}{\sigma^{2/3}}} \tag{3-18}$$

采用爆破战斗部对付歼击机和轰炸机时,其单发导弹命中概率为

$$P = 1 - e^{-\frac{0.8m_A^{\frac{1}{3}}}{\sigma^{2/3}}} \tag{3-19}$$

由式(3-18)和式(3-19)可知,因 σ 的指数为 $2/3$,它大于 m_A 的指数 $1/2$ 和 $1/3$。这说明 σ 减小比 m_A 增大更能有效地提高命中概率 P。当单发导弹的命中概率不满足要求而又需提高时,则首先设法提高制导系统的准确度,其次才是增加战斗部的质量 m_A。

以对付地面目标的导弹为例,假设在制导系统无系统误差的情况下,位于战斗部威力半径 R 内的目标都能可靠命中,则威力半径 R 与圆概率偏差 CEP 之间必须满足以下条件:

$$R \geqslant 2.5\text{CEP} \tag{3-20}$$

如果上述条件无法满足,则同样首先设法提高制导系统的准确度;若在当时技术上不能再提高制导系统的准确度时,则可以考虑多发齐射,相当于增大了战斗部的威力半径。

4. 战斗部结构与导弹结构的关系

战斗部是导弹的一个部件,在结构设计时,其质量、质心、外形、配合尺寸等应与导弹总体相协调。

战斗部的装药与壳体结构应以满足威力要求为主来确定。战斗部的承力结构、连接方式以及与此相关的结构尺寸,则与全弹的结构有关。如果战斗部壳体不是受力件,可采用悬挂式连接,战斗部位于舱体内;如果战斗部壳体是受力件,可采用螺钉连接或螺纹连接,此时战斗部壳体成为弹体的组成部分,其外形应满足全弹的气动外形要求。

战斗部在导弹中的部位取决于全弹布局和对目标的毁伤作用方式,原则上是充分发挥战斗部的最大效率。对付坦克、舰艇类目标的聚能战斗部、半穿甲战斗部,应尽可能靠近导弹头部,以保证战斗部爆炸所形成的金属射流有效穿甲,或者使战斗部能有效地穿入目标内部爆炸;对付地面雷达、空中飞机目标的破片战斗部,为了增大有效杀伤半径,同时利于导引头正常工作,战斗部位于导弹中部靠前比较合理,并且战斗部应避开弹翼的位置;对付地面目标的导弹,战斗部位置的要求不严格。集束战斗部的抛射不应受弹翼的干扰。

3.2.2.2 战斗部的威力参数

威力指战斗部对目标的破坏能力。不同类型的战斗部用不同的参数表示其威力。下面分析几种常用战斗部的威力参数。

1. 无条件杀伤半径

爆破战斗部以冲击波超压或比冲量的破坏范围表示威力参数。冲击波杀伤目标的机理是靠爆破战斗部爆炸时产生的冲击力,以空气为媒介,由外向里挤压,使目标遭到破坏。若在某个半径范围内,冲击波能确定地摧毁目标,则这个半径在引战配合计算中称为"无条件杀伤半径",即在这个范围内,只要战斗部被引爆,不管杀伤物质(爆炸产物等)是否击中目标,目标总

是能被摧毁。

2. 毁伤概率

战斗部毁伤概率是指在导弹正常发射并飞行到预定攻击区(或直接命中目标)、引信正常工作的条件下,战斗部毁伤目标的可能性,又叫条件毁伤概率 P_d。毁伤概率由目标特性、战斗部性能和使用条件确定。

3. 威力半径 R

杀伤战斗部的威力指标是破片的威力半径或有效杀伤区域的大小。对给定的目标而言,P_d 达到规定值时,战斗部破片的飞散距离,亦即有效破片离开战斗部中心的距离称为有效杀伤半径,也称为威力半径。R 在设计时应考虑下列因素:

(1) 在 R 的距离上,应满足规定的条件毁伤概率 P_d 的要求;

(2) 由前面分析可知,威力半径、制导精度与命中概率有关,彼此之间应协调一致。战斗部威力半径应大于导引系统的最大制导误差。

4. 破甲深度(侵彻深度)

破甲深度(或侵彻深度)是聚能破甲战斗部(或侵彻战斗部)的威力参数。聚能破甲战斗部的威力完全取决于破甲战斗部的静破甲深度;侵彻战斗部的威力除了与侵彻深度有关外,还取决于战斗部爆炸后超压的毁伤作用。

5. TNT 当量

TNT 当量是爆炸性核弹头的威力参数。战略导弹通常装有核弹头。核弹头有两类:爆炸性核弹头和放射性战剂核弹头。战略导弹常使用爆炸性核弹头。

如果某一爆炸性核弹头爆炸时所释放的能量相当于 x t 普通 TNT 炸药爆炸时释放的能量,那么就称该爆炸性核弹头的威力为 x t TNT 当量。举例来说,1 kg 的 U^{235} 核物质,在爆炸时全部分裂放出的能量为 9.623×10^{13} J 的热能,1 t TNT 炸药爆炸时全部化学能为 4.393×10^9 J 的热能,因此 1 kg 核物质的 TNT 当量应为

$$A = \frac{9.623 \times 10^{13}}{4.393 \times 10^9} = 21\ 800 \tag{3-21}$$

A 称为 U^{235} 的当量系数。如果考虑到核反应时的效率 η 和核物质的浓度 ε,则核弹头的威力为

$$x = m_n A \eta \varepsilon$$

式中,m_n 为核弹头所装核物质的质量。

核弹头威力大小范围大致如下:

小型原子弹:$(0.5 \times 10^4 \sim 1 \times 10^4)$ t TNT 当量;

中型原子弹:$(2 \times 10^5 \sim 5 \times 10^5)$ t TNT 当量;

大型原子弹:$(1 \times 10^6 \sim 2 \times 10^6)$ t TNT 当量;

氢弹:1.3×10^7 t～几千万吨 TNT 当量。

爆炸性核武器具有四种杀伤效果,即冲击波、热辐射、贯穿辐射、放射性沾染,其所占核爆炸放出能量的比例大致如下:

冲击波　50%;

贯穿辐射　5%;

热辐射　30％；

放射性沾染　15％。

四种杀伤因素对不同的对象效果不同,冲击波主要对硬目标(例如建筑、工事、地下发射设施、武器等)起摧毁作用,热辐射对建筑、人员、物质起烧毁作用,贯穿辐射可以穿透钢筋水泥墙和装甲杀伤人员,而放射性沾染则是严重沾染环境造成人畜大量伤亡。

作为攻击战略目标的核导弹同常规装药战斗部一样,主要靠冲击波来摧毁敌方战略目标(工业枢纽、经济政治中心、战略政治中心、战略导弹发射基地、交通中心等)。

3.2.3　爆破战斗部

3.2.3.1　爆破战斗部的作用原理

爆破战斗部借助爆炸装药在不同介质中爆炸后形成的爆炸冲击波和爆轰产物为主要毁伤因素对目标造成破坏。爆炸冲击波和爆轰产物具有高压、高温和高密度的特性,因此对目标具有一定的破坏能力。

爆破战斗部通常分为外爆式和内爆式两种类型。外爆战斗部在目标周围爆炸,配用近炸引信或触发引信,近炸引信的作用距离由战斗部的威力半径、目标要害部位尺寸和目标易损特性等确定。

外爆战斗部(见图3-36)的壳体较薄,可装填较多炸药,装填系数较大。

内爆战斗部(见图3-37)要求导弹直接命中目标,战斗部钻入目标内部爆炸。战斗部在目标内部爆炸所形成的爆炸冲击波运动到壁面反射后,其波阵面压强增大,目标在经过多次反射的爆炸冲击波作用下,其破坏程度将显著增强。内爆战斗部采用触发延期引信。战斗部壳体应具有较高强度,以保证战斗部有效地进入目标内部。

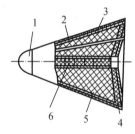

图3-36　外爆战斗部
1—弹头帽；2—外壳；3—壳体；4—TNT炸药塞；
5—混合炸药；6—中心传爆管

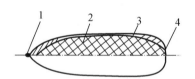

图3-37　内爆战斗部
1—引信；2—装药；
3—壳体；4—装药底盖

3.2.3.2　爆破战斗部的主要性能参数

爆破战斗部的主要性能参数包括冲击波波阵面超压 Δp 和比冲量 i。

(1)冲击波波阵面超压:冲击波波阵面上压力超出当地周围未被扰动的介质大气压力的数值。即

$$\Delta p = p - p_a \quad 或 \quad \Delta p_m = p_m - p_a \qquad (3-22)$$

式中　p_a —— 未扰动气体压力；

p_m——最大压力。

爆破战斗部爆炸之后,冲击波通过某点时压力随时间的变化情况如图 3-38 所示。

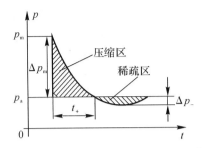

图 3-38　冲击波经过某点时压力与时间的关系曲线

(2)比冲量:单位面积上所受波阵面的作用力和这一力作用时间的乘积。

$$i = \int (p - p_a) \mathrm{d}t \qquad (3-23)$$

爆破战斗部对目标的破坏程度与比冲量和超压值有关。目标不同,它所能承受的超压和比冲量的数值也不同。经验认为,当比冲量 $i = 2\,000 \sim 3\,000 \ \mathrm{N \cdot s/m^2}$ 时,可破坏坚固的建筑物。对飞机来说,超压 $\Delta p = 0.05 \sim 0.10 \ \mathrm{MPa}$ 就可使其严重破坏,$\Delta p > 0.10 \ \mathrm{MPa}$ 时可使其完全破坏;对舰艇来说,$\Delta p = 0.03 \sim 0.04 \ \mathrm{MPa}$,可使其中等程度破坏,$\Delta p = 0.07 \sim 0.078 \ \mathrm{MPa}$ 时,遭受严重破坏;对车辆来说,$\Delta p = 0.035 \sim 0.29 \ \mathrm{MPa}$,轻型装甲车辆将受到不同程度的破坏,$\Delta p > 0.05 \ \mathrm{MPa}$ 时可破坏各种轻型兵器和引爆地雷;冲击波对人体的杀伤作用可用其超压来表征,当 $\Delta p < 0.02 \times 10^5 \ \mathrm{Pa}$ 时基本没有杀伤作用,当 $\Delta p = 0.03 \times 10^5 \sim 0.05 \times 10^5 \ \mathrm{Pa}$ 时,人体会受到中等程度伤害,当 $\Delta p > 0.1 \times 10^5 \ \mathrm{Pa}$ 时人将致死。

爆炸冲击波波阵面压强与爆炸点当地的密度有关。由于高空空气稀薄,爆破战斗部的毁伤能力随爆炸点高度增加而显著下降,因此这种战斗部主要用于攻击地面目标和水面目标。

3.2.4　聚能装药战斗部

3.2.4.1　聚能装药战斗部的作用原理

聚能装药战斗部是一种利用炸药爆炸时产生的聚能效应和冲击波效应去穿透厚的坦克、舰船的装甲或混凝土的战斗部,配用触发引信。它主要用于攻击地面上的防御工事、坦克、装甲车,以及水面上的舰艇等,其装药量较大。战斗部起爆后,位于前端的锥形(或半球形)药型罩形成一股速度极高的聚能流来毁伤坦克的装甲或军舰的侧弦板,使之构成破孔。在爆炸形成的爆炸冲击波随之到达后,扩大破孔尺寸,综合破坏坦克或军舰的舱段。

图 3-39 所示是一个反坦克导弹聚能装药战斗部,它由防滑帽、风帽、药形罩、炸药、壳体和压电引信等组成。战斗部位于导弹的头部,防滑帽的作用是当导弹撞击目标时,防止导弹在目标上滑跳,从而保证引信和战斗部正常工作。风帽的作用是使战斗部碰到目标装甲时,正好使装甲处在聚能流的焦点上,这样可以增加穿透效果。药型罩的作用是提高破甲效能。这是由于金属药型罩使形成的金属聚能流密度大,运动距离长,具有更大的能量集中,因而对装甲的穿透作用也就更强。

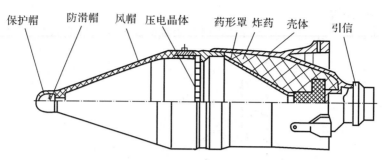

图 3-39　反坦克导弹聚能装药战斗部结构图

（保护帽　防滑帽　风帽　压电晶体　药形罩　炸药　壳体　引信）

3.2.4.2　聚能装药战斗部的主要性能参数

1. 破甲威力及其确定

破甲深度（厚度）是破甲威力的主要因素。此外，在考察战斗部破甲威力时，在破甲深度一定的前提下，穿孔直径愈大，后效作用及击毁目标的程度和概率也愈大，因此，对穿孔直径即后效作用大小也要给予适当考虑。

在衡量破甲战斗部的威力时，常常采用在静止试验条件下测得的破甲深度——"静破甲深度"这一概念。确定破甲战斗部的威力，其实质就是计算确定聚能装药战斗部的静破甲深度。反坦克导弹用的聚能装药战斗部的静破甲深度必须远大于坦克主装甲的厚度，才能保证导弹命中目标并可靠起爆后具有很高的毁伤概率。确定静破甲深度时需要考虑下列因素：

（1）坦克主装甲（前装甲）的厚度与倾角；

（2）导弹着靶瞬间的姿态与引信瞬发度，以及导弹和甲板表面之间的相对运动等因素对破甲效应的影响；

（3）结构和工艺因素对破甲效应的影响；

（4）战斗部的聚能射流穿透装甲之后，还应具备足够破坏目标的后效作用。

考虑到上述因素，静破甲深度 L_j 应满足如下条件，即

$$L_j \geqslant \frac{b}{\cos(\varphi - \Delta\varphi)} k_1 k_2 k_3 k_4 + \Delta L \qquad (3-24)$$

式中　　L_j——静破甲深度；

　　　　b——坦克装甲（靶板）厚度；

　　　　φ——着角（弹轴与装甲板法线之间的夹角，见图 3-40）；

　　　　$\Delta\varphi$——着角变化量，取决于导弹着靶姿态、立靶方位与引信瞬发度、弹头的防滑设施等。

采用压电引信，对仰靶射击时，$\Delta\varphi = 2° \sim 5°$，对侧立靶射击时，$\Delta\varphi = 1° \sim 6°$；采用机械触发引信，弹头有防滑帽，对侧立靶射击时，$\Delta\varphi = 1.5° \sim 5.5°$；$k_1$ 为靶板材料修正系数，静破甲试验靶板为普通碳钢，动破甲为装甲靶板时，可取 $k_1 = 1.08 \sim 1.14$；k_2 为导弹滚转影响的修正系数，可根据试验

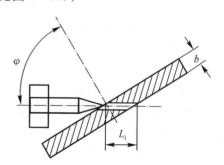

图 3-40　导弹着靶情况图

曲线计算,当导弹着靶时转速低于 30 r/s,取 $k_2=1$;k_3 为引信瞬发度影响的修正系数,对压电引信、电力引信等瞬发度较高的引信,取 $k_3=1$;k_4 为考虑着靶时弹轴倾斜度影响的修正系数,着角 $\varphi \geqslant 65°$ 时,取 $k_4=1$;ΔL 为保证后效作用所需的破甲余量,根据试验统计结果,取 $\Delta L=140 \sim 250$ mm,在此条件下,穿透装甲后的射流在距靶板 1 m 以内,能穿透坦克的油箱,2 m 以内能穿透弹药舱,3 m 左右能杀伤乘员。

2.战斗部直径与质量的估算

战斗部的直径主要取决于两个因素:① 保证导弹头部具有良好的气动力外形,从这个观点出发,战斗部的直径最好等于弹径,对亚声速飞行的反坦克导弹,也可以允许其小于或大于弹身直径;② 保证战斗部有足够大的威力,对聚能装药战斗部,弹径愈大,破甲威力愈大,即静破甲深度愈大。因为战斗部的直径 D_W 基本上决定了炸药柱及药型罩的直径 d,所以,在保证破甲射流稳定性及适当的穿孔直径的前提下,破甲战斗部的直径 D_W 一经确定,则其静破甲深度 L_j 也就基本上确定了。因此,可以根据静破甲深度 L_j 来估算战斗部的直径。根据国内外的破甲战斗部统计,目前一般的设计水平,可达到静破甲深度为战斗部直径的 $5 \sim 6$ 倍,即

$$L_j=(5 \sim 6)D_W \tag{3-25}$$

设计最佳的聚能装药战斗部,其破甲深度可以达到弹径 $8 \sim 10$ 倍。

聚能装药战斗部的质量是一个重要的参数,它是破甲威力的特征量之一。根据试验的理论分析结果,战斗部质量 m_A 与静破甲深度 L_j 近似成线性关系,即

$$m_A=K_c L_j \tag{3-26}$$

式中,系数 K_c 由试验统计确定,对中轻型反坦克导弹破甲战斗部取 $K_c=3 \sim 5$;重型反坦克导弹破甲战斗部取 $K_c=5 \sim 7$。在总体方案分析过程中,可利用关系式(3-26)对战斗部的质量进行粗略的估算。

3.战斗部结构对破甲威力的影响

(1)战斗部所装炸药的爆速和装药密度愈大,在同样结构和环境条件下,所生成的聚能射流破甲威力愈大;

(2)在形状相似,其他条件相同的情况下,炸药柱的外径 d 直接同战斗部的破甲深度成正比,即药柱外径愈大,破甲威力愈大。

(3)药型罩的材料直接决定着聚能射流的密度,而射流密度愈大,则破甲深度愈大。在金属材料中,以紫铜药型罩破甲性能最好,故使用最普遍。但近些年来,新发展的贫铀合金(提炼铀 235 剩下的废渣铀 238)制成的药型罩,破甲性能有很大的提高。

(4)药型罩的形状对破甲威力影响很大。已经得到应用的有锥形、双锥形、半球形、喇叭形等,各种形状的药型罩在爆炸条件相匹配的条件下皆能获得好的破甲效果。锥形药型罩形成的射流稳定性好,且工艺也较简单,因而使用最广泛。喇叭形药型罩可以增大破甲深度,但形成射流的稳定性差,且工艺复杂,所以很少采用。

圆锥形药型罩锥角 2α 的变化对破甲深度有显著的影响。表 3-5 列出了典型条件下(炸药爆速 8 300 m/s,药型罩材料为紫铜)的实验结果。当锥顶角 2α 增大时,静破甲深度将降低。但射流稳定性提高,穿孔直径也增大,后效作用好,通常设计战斗部的锥顶角选为 $40° \sim 60°$,当战斗部直径较大时,锥顶角也取得稍大些。

表 3-5 药型罩锥角与破甲深度的关系

药型罩锥顶角(2α)	30°	40°	50°	60°	70°
静破甲深度相对值(L_j/d)	6.3	5.56	5.3	5.13	4.95

喇叭形药型罩、双锥形药型罩都是变锥角的锥形药型罩,本质上与锥形药型罩相同,但因它们的顶部锥角小,底部锥角大,有利于提高射流头部速度,增大射流的速度梯度,同时使药型罩的母线相对增长,装药量可增多,因而可提高破甲深度。

(5)炸高的影响。在静破甲试验中,药型罩锥形底部端面至靶板表面的垂直距离称为静止炸高,如图 3-41 中 H_J 所示。对于某一具体战斗部,在一定结构和爆炸条件下,都存在一个最有利的静止炸高。在最有利的静止炸高下,战斗部可以获得最大的静破甲深度。最有利炸高取决于战斗部的结构因素,通过合理确定风帽的长度来保证。通常最有利静止炸高是药型罩锥底直径的 1~3 倍,即 $H_J=(1~3)d$。且当药型罩锥顶角 2α 愈大时,最有利炸高的相对值 H_J/d 也愈大。

(6)隔板。在战斗部起爆(传爆)药柱与药型罩之间设置隔板,通过延迟(或中断)药柱轴向爆轰传递和改变爆轰传播路径,来调整起始爆轰波阵面的形状,进而控制爆轰方向和爆轰达到药型罩的时间,同时还可提高爆炸载荷,以达到提高破甲深度的目的。隔板材料要求有良好的隔爆性能,可压缩性大,组织均匀,且各向同性,以保证起始爆轰波阵面的对称性与稳定性;且应具有一定的强度和韧性,不易碎裂。试验表明泡沫塑料、酚醛层压布板、酚醛塑料、蜡等材料制成的隔板,其静破甲深度提高的程度相近。战斗部的结构如图 3-41 所示。

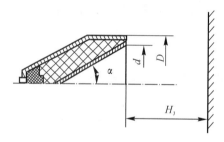

图 3-41 战斗部的结构参数

3.2.5 杀伤战斗部

3.2.5.1 破片式杀伤战斗部的作用原理

破片杀伤战斗部是现役装备中最常见的主要战斗部形式之一,用于攻击飞机、飞航式导弹等空中目标,亦可攻击地面一切有生力量及机场上的各类飞机、汽车、雷达设备、各种轻重武器等。

破片式杀伤战斗部的作用特点是,利用战斗部爆炸后产生大量高速飞散的破片群直接打击目标,从而使目标损伤或破坏。破片对目标的破坏作用可以归纳如下:

(1)击穿破坏作用,破片击穿飞机的座舱、发动机、燃油系统、润滑系统、操纵系统以及飞机结构(如蒙皮、梁、框、翼肋等受力构件)等部件,使部件遭受破坏,失去作用而摧毁飞机。

(2)引燃作用,破片击中飞机的油箱使飞机着火而摧毁飞机。

(3)引爆作用,破片击中飞机携带的弹药使弹药爆炸而摧毁飞机。

其中击穿破坏和引燃作用是主要的。在高空以击穿破坏为主,引燃作用则由于高空空气稀薄而大大减弱。

破片式杀伤战斗部对目标的杀伤和破坏是靠具有一定动能并且具有一定分布密度的破片直接打击目标来实现的,其中破片的分布密度与形状大小则与战斗部的结构及材料有关。破片式杀伤战斗部可分为自然、可控和预制破片三种形式。所谓可控破片,是在壳体上刻槽,造成局部强度减弱,以控制爆炸时的破裂部位,形成大小、形状较为规则的破片。所谓预制破片,是预先制成破片,其形状可以是立方体、圆球、短杆等,装在壳体内,爆炸后飞散出去。这类杀伤破片的大小和形状规则,杀伤效果较令人满意。预制破片杀伤战斗部的壳体很薄,根据所要求的破片数和飞散要求,破片分一层、两层或多层形式用有机胶黏结成块,预先装填在战斗部壳体内。

可控破片又称为半预制破片,典型结构主要有壳体刻槽式杀伤战斗部、装药表面刻槽式杀伤战斗部和圆环叠加点焊式杀伤战斗部三种类型。壳体刻槽式杀伤战斗部应用应力集中的原理,在战斗部壳体内壁或外壁上刻有许多等距离交错的沟槽,将壳体壁分成许多尺寸相等的小块,当炸药爆炸时,由于刻槽处的应力集中,因而沿刻槽处破裂,破片的大小和形状由预刻的沟槽来控制,沟槽的形状为V形,组成斜交的菱形网格,沟槽深一般为壳体壁厚的1/3。装药表面刻槽式杀伤战斗部是在炸药的表面上预先制成沟槽,爆炸时,在凹槽处形成聚能作用,将壳体切割成形状规则的破片,采用这种结构可以很好地控制破片的形状及尺寸。圆环叠加点焊式杀伤战斗部是使用许多圆环叠层堆积起来的,用点焊连接成战斗部壳体。爆炸时,圆环被拉断成破片。

图3-42所示是壳体内表面刻槽式杀伤战斗部。该战斗部壳体采用厚7 mm,10号普通碳钢板卷焊接而成,其内壁刻槽的槽深为3 mm,V形槽角度为168°,为加强应力集中,槽底部较尖,为45°。爆炸后,形成的每一菱形破片质量为12 g。战斗部是由壳体、前底、后底、药柱和传爆管等组成的。内表面沟槽的形状如图3-42(b)所示。

图3-43所示是美国"百舌鸟"空地导弹预制破片杀伤战斗部,战斗部内装1万多个质量为0.85 g的立方体钢制破片,破片速度为1 000~2 000 m/s,能击穿与雷达结构(天线支座、框架、机框等)等效的2.175 mm厚的装甲钢板。在战斗部前端设置了一个聚能药型罩,用来销毁位于战斗部舱前面的制导舱。该战斗部的破片尺寸和质量小而数量多,适于对付地面的软目标和半硬目标。哈姆导弹战斗部破片的数量增加到25 000块,并用钨合金破片取代钢破片,提高了破片的穿透力。

连续杆式杀伤战斗部又称链条式杀伤战斗部(见图3-44),其外壳是由若干钢条在其端部交错焊接并经整形而成的圆柱体。战斗部爆炸后,处于折叠状态的连续杆受装药爆炸力的作用逐渐展开,形成一个不断扩张的链条式金属杀伤环,连续杆环以一定的速度与空中目标碰撞时,对构件进行切割,使目标杀伤。连续杆环展开达到最大直径后就断裂成单独的杆,像普通破片一样,但由于数量少,速度低,它的杀伤作用大大减弱。这种战斗部与破片式战斗部相比,最大优点是杀伤率高,缺点是对导弹制导精度要求高,生产成本也比较高。

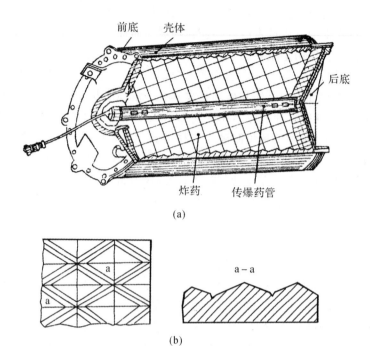

(a)

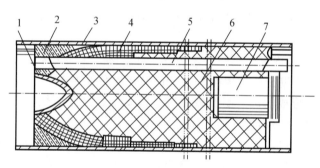

(b)

图 3-42 壳体内表面刻槽杀伤战斗部

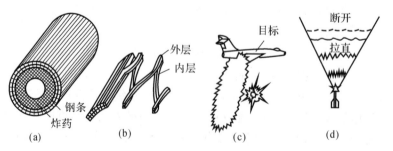

图 3-43 预制破片式杀伤战斗部

1—药型罩; 2—填料; 3—壳体; 4—预制破片; 5—电缆管; 6—炸药; 7—传爆管

图 3-44 连续杆式杀伤战斗部的工作原理图

(a)构造示意图; (b)钢条的连接方式; (c)杀伤效果; (d)钢条扩散过程

离散杆式战斗部是用独立的、大长径比的预制杆件作为主要杀伤元素的战斗部,从本质上说,类似于预制破片式杀伤战斗部。离散杆战斗部是由大量首尾不相连的杆条安装在装药外面组成的,杆条可以是一层,也可以是两层,可以从一端起爆,也可以从两端起爆。

聚能式杀伤战斗部攻击空中目标时主要是利用金属射流的有效破甲作用和金属质点能点燃目标内的易燃物对目标进行破坏。它与其他聚能战斗部的显著区别在于聚能装药不是一个而是由许多个聚能药垛组成的,所有聚能药垛均匀沿圆周方向和轴向分布,在空间构成一个威力网。图 3-45 所示是"罗蓝特"导弹战斗部结构示意图。带半球形药型罩的药垛沿轴向有 5 排,每排有 12 个,均匀地交错放置,药型罩直径为 35～40 mm,爆炸后每个药型罩能形成 50～60 个金属质点,质点速度达 3～4 km/s,成辐射分布。

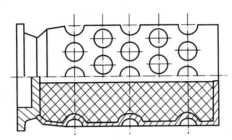

图 3-45　"罗蓝特"导弹战斗部结构示意图

3.2.5.2　破片式杀伤战斗部的主要性能参数

为了保证对目标的杀伤破坏作用,破片式杀伤战斗部必须具有足够数量和足够大小的破片,且每块破片必须具有足够的动能。即要求破片在目标附近应有一定的散布密集度,并具有足够大的动能飞向目标。

破片式杀伤战斗部的主要性能参数包括:N——有效杀伤破片总数;q_f——单个破片质量;Ω——破片飞散角;φ——破片飞散方向角;v_0——破片飞散初速。

1.破片初速

破片初速是战斗部爆炸时,破片获得能量后达到的最大飞行速度。其计算公式为

$$v_0 = 1.236 \sqrt{\dfrac{Q_e}{\dfrac{1}{\beta} + \dfrac{1}{2}}} \tag{3-27}$$

式中　　v_0——破片初速(m/s);

　　　　Q_e——炸药爆热(J/kg);

　　　　β——质量比,$\beta = m_e/m_f$;

　　　　m_e——装药质量(kg);

　　　　m_f——形成破片的壳体质量(kg)。

若以装填系数表示,则式(3-27)可改写为

$$v_0 = 1.236 \sqrt{\dfrac{Q_e}{\dfrac{1}{K_a} - \dfrac{1}{2}}} \tag{3-28}$$

式中,K_a 为装填系数,$K_a = m_e/(m_e + m_f)$。

计算破片初速常用格尼(Gurney)公式,该公式所依据的假设条件和所应用推导方法与

上述是一致的,对于圆柱形壳体,格尼公式为

$$v_0 = \sqrt{2E} \sqrt{\frac{\beta}{1 + \beta/2}} \tag{3-29}$$

式中,$\sqrt{2E}$ 为格尼常数,或称格尼速度(m/s);E 可称为格尼能。

2. 破片飞散角及其破片密度分布

破片的飞散角是指战斗部爆炸后,在战斗部轴线所在的平面内,90% 有效破片所占的角度。在飞散角内,破片密度的分布通常是不均匀的,用符号 $\varphi_{0.9}$ 表示,试验表明,在静态飞散区内,破片密度 $\varphi_{0.9}$ 近似服从正态分布。

战斗部在静止条件下爆炸时,有 80%～90% 的破片沿其侧向飞散,而有 5%～10% 的破片向前后方向飞散(见图 3-46(a))。破片的静态飞散特性完全取决于战斗部结构、形状、装药性能及起爆传爆方式。在三维空间中,战斗部的静态飞散区是一个对称于战斗部纵轴的空心锥。

战斗部在动态条件下爆炸时,由于导弹速度与破片速度的叠加关系,因而使侧面破片飞散锥发生了向前倾斜(见图 3-46(b))。破片的动态飞散特性取决于导弹的速度 v,目标的速度 v_T 及破片的静态飞散特性等。

3. 破片静态飞散方向角

破片静态飞散方向角是破片飞散方向与战斗部轴线正向(即弹轴方向)所成的夹角。由于破片飞散具有一定的张角,因此飞散方向角按张角的中心线计,记为 φ。飞散方向角是根据引战配合的要求设计的,可以前倾或后倾,但为了使工程上易于实现,通常设计与弹轴正向成 90°。

图 3-46(c) 所示为破片群静态飞散特性,其中,φ_1,φ_2 为破片群的飞散范围角。

飞散范围角 φ_1,φ_2 是飞散角的两个边界值。它们是由战斗部金属壳体两端底部破片的飞散方向决定的。而两端底部破片的飞散方向主要取决于战斗部的长细比(即长度与直径之比)、炸药性能、装填系数、两端金属壳体的厚度和起爆管在战斗部中的位置等。

破片的静态飞散范围角 φ_1,φ_2 可由下式确定:

$$\varphi_i = \frac{\pi}{2} - \frac{26\sqrt{Q_e} \cos \theta_i}{v_e \sqrt{\frac{1}{K_a} - \frac{1}{2}}} \quad i = 1, 2 \tag{3-30}$$

式中 θ_1,θ_2——爆轰波到达边界时,波的法向与壳体表面的夹角;

         v_e——炸药的爆速(m/s)。

由破片群飞散角 Ω 范围所形成的区域,称为破片群的静态飞散区。显然 $\Omega = \varphi_2 - \varphi_1$

则

$$\Omega = \frac{26\sqrt{Q_e}}{v_e \sqrt{\frac{1}{K_a} - \frac{1}{2}}} (\cos \theta_1 - \cos \theta_2) \tag{3-31}$$

破片群飞散方向角 φ 表示破片群的平均飞散方向,亦即飞散角的二等分线与导弹纵轴之间的夹角。显然

$$\varphi = \frac{1}{2}(\varphi_1 + \varphi_2)$$

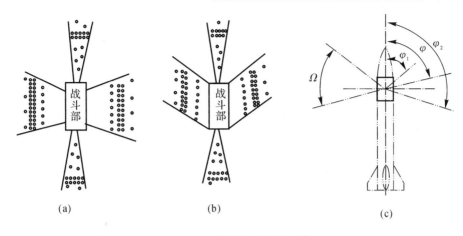

图 3-46 战斗部破片的飞散

则
$$\varphi = \frac{\pi}{2} - \frac{26\sqrt{Q_e}}{2v_e\sqrt{\dfrac{1}{K_a}-\dfrac{1}{2}}}(\cos\theta_1 + \cos\theta_2) \tag{3-32}$$

4. 单枚破片质量

单枚破片质量是破片式杀伤战斗部一枚破片炸前的设计质量,它是由破片的速度和目标的易损特性决定的。对付一定的目标,可以确定相应的杀伤准则。给定一个初速,就可以确定一枚破片的质量。

5. 杀伤破片总数

杀伤破片总数指战斗部在威力半径处对目标有杀伤作用的有效破片的总和。杀伤破片总数根据威力半径、破片飞散角和设计的破片密度确定,即

$$N = \frac{2\pi}{0.9 \times 57.3}R^2\varphi_{0.9}\gamma = 0.121\,8R^2\varphi_{0.9}\gamma \tag{3-33}$$

式中　　N——杀伤破片总数(块);

　　　　R——战斗部威力半径(m);

　　　　γ——要求的 $\varphi_{0.9}$ 内的平均破片密度(块$/m^2$)。

表 3-6 示出破片式杀伤战斗部的主要性能参数,战斗部所用的炸药装药大多数是以黑索金或奥克托金为主体的含铝粉的混合炸药。

表 3-6 破片杀伤战斗部主要总体指标

战斗部类型	战斗部质量/kg	破片质量/g	破片初速/(km·s⁻¹)	破片飞散角/(°)
地空导弹战斗部	>100	9～20	3～2.6	10～40
	>11	2～3	1.8～2.5	
空空弹战斗部	>11	2～3	1.8～2.3	10～22
超低空地空弹	1.5～2.0	2～2.5	1.3～1.8	9～14

6. 破片必需的打击动能

破片必需的打击动能 E 是指破片击穿目标所必需的最小动能。破片所需的打击动能如表 3 – 7 所示。

表 3 – 7　破片杀伤目标所需的动能

目标	人员	飞机	装甲(10 mm)	装甲(16 mm)
$E/(\text{N} \cdot \text{m})$	78.5～98.1	1 472～2 453	3 434	10 202

破片击中目标时的打击动能为

$$E = \frac{1}{2} m_f v_{fT}^2 \qquad (3 - 34)$$

其中，m_f 为单枚破片的质量；v_{fT} 为破片击中目标时相对于目标的速度，其值为

$$\boldsymbol{v}_{fT} = \boldsymbol{v}_f - \boldsymbol{v}_T$$

其中，$\boldsymbol{v}_f$ 为破片击中目标时的存速(矢量)；$\boldsymbol{v}_T$ 为目标的速度矢量。

$$v_f = v_0 e^{-K_H R}$$

其中，v_0 为破片的初速，其值可按式(3 – 27)～ 式(3 – 29)计算；K_H 为破片的速度衰减系数 (m^{-1})；R 为战斗部的威力半径(m)。

$$K_H = \frac{C_x \rho g S_f}{2 q_f}$$

其中，q_f 为破片的重力(N)；S_f 为破片的迎风面积 (m^2)；C_x 为阻力系数。

3.2.5.3　定向杀伤战斗部

定向杀伤战斗部是近年来发展起来的一类新型结构的战斗部。传统的破片杀伤战斗部的杀伤元素沿径向基本是静态均匀分布的，这种均匀分布实际上是很不合理的。因为当导弹与目标遭遇时，不管目标位于导弹的哪一个方位，在战斗部爆炸瞬间，目标在战斗部杀伤区域内只占很小一部分，如图 3 – 47 所示。这就是说，战斗部杀伤元素的大部分并未得到利用。因此，人们想到能否增加目标方向的杀伤元素(或能量)，甚至把杀伤元素全部集中到目标方向上去，这种把能量在径向相对集中的战斗部就是定向战斗部。定向战斗部的应用将大大提高对目标的杀伤能力，或者在保持一定杀伤能力的条件下，减少战斗部的质量。在使用定向战斗部时，导弹应通过引信或弹上其他设备提供目标脱靶方位的信息并选择最佳起爆位置。下面介绍几种典型的定向战斗部结构。

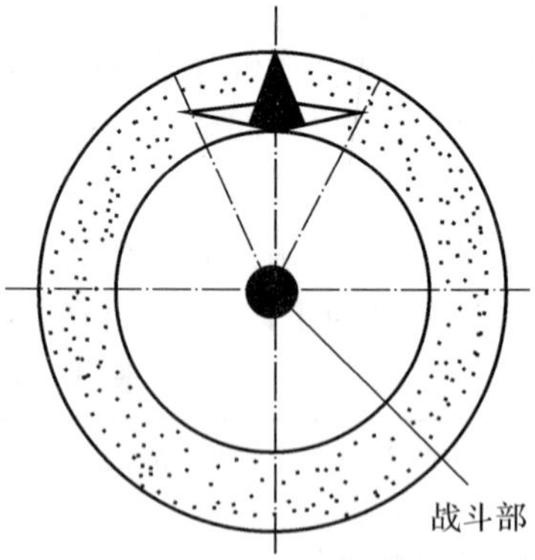

图 3 – 47　空中目标在径向均强性战斗部杀伤区域横截面图

1. 产生破坏的壳体在外，装药在内的结构

这一类结构的壳体与径向均强性战斗部没有大的区别，但其所占的径向位置内部结构有很大的不同。首先把主装药分成互相隔开的四个象限(Ⅰ，Ⅱ，Ⅲ，Ⅳ)，四个起爆装置(1,2,3,4)偏置于相邻

两象限装药之间靠近弹壁的地方,弹轴部位安装安全执行机构,其结构横截面示意图如图 3－48 所示。

当导弹与目标遭遇时,弹上的目标方位探测设备测知目标位于导弹径向的某一象限内,于是通过安全执行机构,同时起爆与之相对的那个象限两侧的起爆装置,如果目标位于两个象限之间,则起爆与之相对的那个起爆装置,此时,起爆点不在战斗部轴线上而有径向偏置,叫偏心起爆或不对称起爆,由于偏心起爆的作用,改变了战斗部杀伤能量在径向均匀分布的情况,从而使能量向目标方向相对集中,起爆装置的偏置程度对径向能量的分布有很大影响,越靠近弹壁,目标方向的能量增量越大。

2. 装药位于产生破片的壳体之外的结构

这一类结构与径向均强性战斗部有很大区别,其典型结构如图 3－49 所示。图中示出了6 个扇形部分,各扇形装药之间用隔离炸药片隔开,后者与战斗部等长,其端部有聚能槽,用以切开装药外面的薄金属壳体(此壳体仅作为装药的容器,而不是为了产生破片),战斗部的中心部位为预制破片芯。在目标方位确定后,导弹给定信号使离目标最近的隔离炸药片起爆系统引爆隔离炸药片,在战斗部全长度上切开外壳,使之向两侧翻卷,并使该部分的扇形主装药被抛撒开而爆炸,为破片飞向目标方向让开道路。随后,与目标方位相对的主装药起爆系统起爆,使其余的扇形体主装药爆炸,推动破片芯中的破片无障碍地飞向目标。

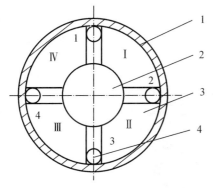

图 3－48　定向战斗部结构示意图(一)

1—破片层；2—安全执行机构；

3—主装药；4—起爆装置

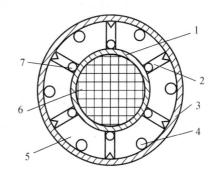

图 3－49　定向战斗部结构示意图(二)

1—薄内壳；2—隔离炸药片；3—薄外壳；

4—主装药起爆系统；5—主装药；

6—预制破片芯；7—隔离炸药片起爆系统

3. 展开型结构

圆柱形战斗部分成 4 个互相连接的扇形体,预制破片排列在各扇形体的圆弧面上,各扇形体之间用隔离层分隔,隔离层中紧靠两个铰链处各有一个小型聚能炸药,靠中心有与战斗部等长的片状装药。两个铰链之间有一压电晶体,扇形体两个平面部分的中心各有一个起爆该扇形体主装药的传爆管,如图 3－50 所示。在确知目标方位后,远离目标一侧的小聚能装药起爆切开相应的两个铰链,与此同时,此处的片状装药起爆(由于隔离层的保护,小聚能装药和片状装药的起爆都不会引起主装药的爆炸),使四个扇形体以剩下的三对铰链为轴展开,破片即全部朝向目标,在扇形体展开过程中,压电晶体受压,产生大电流、高电压脉冲并输送给传爆管,传爆管引爆主装药,全部破片向目标飞去。

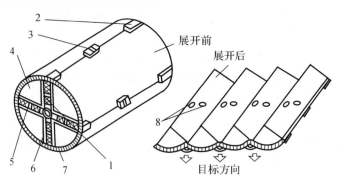

图 3-50 展开式定向战斗部

1—隔离层; 2—铰链; 3—压电晶体; 4—主装药; 5—小聚能装药;

6—片状装药; 7—破片层; 8—传爆管

3.2.6 半穿甲战斗部

半穿甲战斗部属于内爆战斗部,靠战斗部壳体的结构强度和引信的延迟作用,进入目标内部爆炸,壳体形成杀伤破片,并伴有强冲击波。半穿甲战斗部的头部有防跳弹装置。这种战斗部采用触发延时引信,以保证战斗部进入目标内部一定深度时起爆主装药。

半穿甲战斗部壳体应能承受得住与目标撞击时的冲击载荷,在冲击载荷作用下其爆炸装药不能早炸。半穿甲战斗部用于攻击非装甲舰艇时十分有效,如图 3-51 所示。

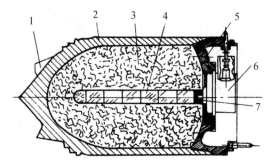

图 3-51 飞鱼系列导弹战斗部

1—防跳弹爪; 2—壳体; 3—炸药; 4—传爆药; 5—底部; 6—引信; 7—起爆药

3.2.7 云爆战斗部

云爆战斗部是指以燃料空气炸药(Fuel Air Explosive,FAE)作为爆炸能源的战斗部,也称 FAE 战斗部,其特点是燃料通过爆炸方式或其他方式均匀地分散在空气中,并与空气中的氧气混合成气-气、液-气、固-气等两相或多相云雾状混合炸药,在引信的定时作用下进行爆轰,形成"分布爆炸",从而达到大面积毁坏目标的效果。

云爆战斗部研制进展较快,目前已由一次引爆取代两次引爆,其关键技术是形成一个云雾区与及时可靠引爆。据资料报道,一个质量为 30 kg 装药的战斗部,抛撒出的燃料颗粒能形成直径为 15 m,高为 1.5~2 m 的云雾区,引爆后云雾区压力可达 2 MPa(20 atm),急速膨胀的

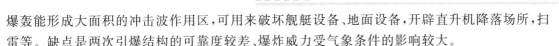

爆轰能形成大面积的冲击波作用区,可用来破坏舰艇设备、地面设备,开辟直升机降落场所,扫雷等。缺点是两次引爆结构的可靠度较差、爆炸威力受气象条件的影响较大。

3.2.8 串联战斗部

串联战斗部是把两种以上的单一功能的战斗部串联起来组成的复合战斗部系统。串联战斗部最初主要应用于对付反应装甲,近年来,在反机场跑道,反地下工事等硬目标战斗部中都广泛应用了串联结构。

1.反击反应装甲的串联战斗部

反击反应装甲的串联战斗部结构如图3-52所示。该战斗部为破—破式两级串联战斗部,当破甲弹击中爆炸装甲时,第一级装药射流碰击爆炸装甲,引爆其炸药,炸药爆轰使爆炸装甲金属沿其法线方向向外运动和破碎,经过一定延迟时间,待爆炸装甲破片飞离弹轴线后,第二级装药主射流在没有干扰的情况下顺利击穿装甲。

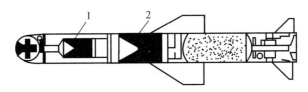

图3-52 反击反应装甲的串联战斗部
1—第一级装药; 2—主装药

2.反击混凝土目标的串联战斗部

反击混凝土坚固目标(机场跑道、混凝土工事等)的串联战斗部通常采用破-爆型战斗部,即前级为空心装药或大锥角自锻破片装药,后级为爆破战斗部。图3-53所示为装有单一双级破-爆型反跑道及反硬目标串联战斗部BROACH导弹结构。该类战斗部的工作特点是,前置的聚能装药在跑道路面打开一个大于随进战斗部直径的通道,随进战斗部在增速装药的作用下,通过该通道进入路面内部爆炸,使跑道达到较大的毁伤。

由于串联战斗部利用了不同类型战斗部的作用特点,通过合理的组合达到对一些典型目标的最佳破坏效果,因此,与单一战斗部相比,在达到相同毁伤效果时,往往战斗部的质量可大大减轻。特别是在低空投放、战斗部着速较低时,对地下深埋目标及机场跑道、机库等硬目标,串联战斗部更有独特的优势,近年来串联战斗部受到各国普遍重视。

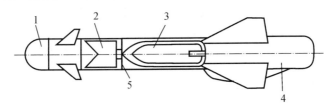

图3-53 带有单一破-爆型串联战斗部的BROACH导弹
1—寻的头; 2—前驱空心装药; 3—随进爆破弹; 4—涡轮发动机; 5—隔板

3.2.9 引信和保险装置

任何类型的导弹都是为完成预定的战斗任务而研制的,当导弹飞抵目标区时,由导弹的战斗部和引信来完成预定的摧毁目标的战斗任务。

引信是利用环境信息和目标信息,或按预定条件(如时间、压力、指令等)起爆或引燃战斗部主装药的控制装置或系统。引信接收、变换、保存和传递信息,控制战斗部在相对于目标最佳的位置或时机起爆,以完成摧毁目标的任务。

引信具有安全控制即保险、解除保险、感觉目标、起爆控制4个基本功能。其中保险装置的作用是保证战斗部在勤务处理,发射直至与目标交会前引信的安全,但到达目标区时又能可靠地解除保险。引信和保险装置的作用虽然不同,但是在大多数情况下,在构造上往往将保险装置装在引信上,因此通常就把保险装置看作是引信的一部分。

引信分类的方式较多,可按作用方式、作用原理、配用的弹种、弹药的用途、安装部位、安全程度及输出特性等方式进行分类。根据对目标的作用方式,引信可分为触发引信和非触发引信两大类。

1. 触发引信

触发引信又称着发引信或碰炸引信,它是通过与目标直接接触而作用的引信。其信息感受装置能感受目标的反作用力或碰撞时产生的惯性力,有机械触发、电触发和光触发等类型。

触发引信从碰击目标到爆炸序列最后一级传爆药爆炸所经历的时间称为引信的瞬发度,它对于战斗部对目标的毁伤效果有极大的影响。作用时间小于1 ms的为瞬发引信,作用时间为1~5 ms的为惯性引信,作用时间大于5 ms的为延期引信。

触发引信主要用于爆破、聚能装药、半穿甲、集束和核能等多种战斗部上。

2. 非触发引信

非触发引信又称近炸引信,其信号感受装置是利用目标周围物理场固有的某些特征,或引信周围物理场由于目标出现所发生的变化,来感受目标信息,并把这种信息转换成电信号。信号处理电路对这种电信号进行鉴别、分离、变换、运算及选择。当目标处于战斗部的最佳杀伤区时,输出激励信号,启动发火机构,适时引爆战斗部装药。

近炸引信的类型也较多,按感受目标信息的物理场不同,分为无线电、光、声、磁、静电、水压和气压等引信。按物理场及目标探测器的特点分为米波、微波、可见光、红外、紫外和激光等引信。按信息探测方法分为多普勒、调频、脉冲、脉冲多普勒和比相等引信。按物理场源位置分为主动式、半主动式、被动式和半被动式。此外还有制导引信、计算机引信等。

非触发引信主要用于杀伤、杀伤爆破、破片、核能等战斗部上。

此外,还有周炸引信、时间引信、指令引信等。

3.2.10 战斗部的引战配合特性

引战配合是所有导弹都必须考虑的问题,尤其对于地空和空空导弹,引战配合问题更显得突出。我们知道,战斗部的起爆是由引信控制的。因此设计人员的主要任务不只是设计一个孤立的引信和战斗部,而关键的问题是协调好引信的启动区和战斗部的动态杀伤区的配合问题,正确地选择引信的引爆位置和时刻,使战斗部的动态杀伤区恰好穿过目标的要害部位。

1. 战斗部的有效起爆区

战斗部动态杀伤区穿过（或说覆盖）目标要害部位，是破片杀伤目标的必要条件。如图3-54所示，战斗部起爆提前或滞后，动态杀伤区都不会穿过目标要害部位。因此，必须正确地选择战斗部的起爆位置和时刻。

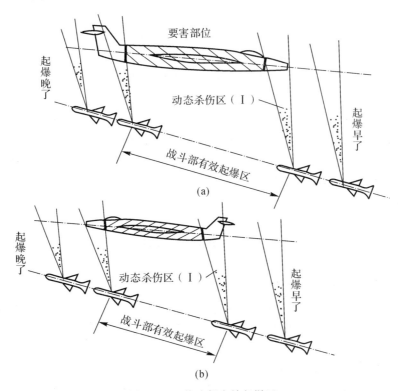

图 3-54　战斗部有效起爆区

显然，在目标周围空间存在这样一个区域：战斗部只有在这个区域内起爆时，其动态杀伤区才会穿过目标要害部位，破片才有可能杀伤目标。

我们称这个区域为战斗部的有效起爆区。在此，将动态杀伤区进入目标要害部位近端中点到离开远端中点时，战斗部起爆位置或时刻所构成的区域，定义为战斗部的有效起爆区。

这里所讨论的有效起爆区，是依据动态杀伤区确定的。此时，目标不动，导弹和战斗部破片以它们相对于目标的速度矢量接近目标。

战斗部起爆是由引信控制的，因此，战斗部的有效起爆区就成为引信设计的一个重要依据。

2. 引信的实际引爆区

为了与战斗部动态杀伤和战斗部有效起爆区的分析相一致，引信实际引爆区也是相对目标来说的。

任何引信的引爆都是有条件的。显然，在目标周围空间存在这样一个区域，导弹只有位于这个区域内时，其引信才能正常引爆战斗部，称这个区域为引信的实际引爆区。引信引爆区除了主要取决于引信本身的灵敏度、敏感方位和延迟时间等因素外，还与目标情况和导弹、目标交会参数有关。

3.引战配合特性:引信与战斗部的配合

引战配合是所有导弹都必须考虑的问题。对于采用全向作用战斗部的导弹而言,引信只需在目标处于战斗部的有效摧毁半径之内引爆战斗部,就可能摧毁目标。这是比较简单的引战配合问题。

对于防空导弹,大多数采用定向战斗部,这就使引战配合问题变得很复杂。这种战斗部爆炸后,远处的目标(导弹与目标之间的距离大于战斗部有效杀伤半径)固然不可能被杀伤,近处的目标也未必一定能被破片击中。只有当目标的要害部位恰好处于战斗部的动态杀伤区内时,目标才有可能被杀伤。

为了使战斗部动态杀伤区恰好穿过目标的要害部位,必须正确地选择引信的引爆位置或时刻。这就涉及引信与战斗部配合特性(简称引战配合特性)问题。所谓引战配合特性,是指引信的实际引爆区与战斗部的有效起爆区之间配合(或协调)的程度。只有当引信的实际引爆位置落入战斗部的有效起爆区内时,战斗部的动态杀伤区才会穿过目标的要害部位。

影响引战配合特性的因素如下:

(1)遭遇条件:导弹和目标的速度、姿态角和交会角、遭遇高度、脱靶量等。

(2)目标特性:要害部位的尺寸、位置和分布情况,目标质心位置、目标的反射和辐射特性等。

(3)战斗部参数:静态飞散角和飞散方向角;破片的大小、质量和初速等。

(4)引信参数:对于无线电引信,这些参数含天线方向性图的宽度和最大辐射方向的倾角、引信的灵敏度、发射机功率和延迟时间等。对红外引信,这些参数含通道的接收角、延迟时间、引信的灵敏度等。

引战配合特性应主要满足下列要求:

(1)引信的实际引爆距离不得大于战斗部的有效杀伤半径。否则杀伤效果为零。

(2)引信的实际引爆区与战斗部的有效起爆区之间应力求协调。在导弹与目标的各种预期遭遇条件下,实际引爆区与有效起爆区的配合概率或配合度不得小于给定值,以满足预期杀伤效果的要求。

(3)引信的实际引爆区的中心应力求接近战斗部的最佳起爆位置,以便获得尽可能大的杀伤效果。

综上所述,引战配合是引信和战斗部联合作用的效率,以对目标的条件杀伤概率表示,它是衡量或评价引信和战斗部参数设计协调性的一个综合指标。引信和战斗部总体指标必须满足引战配合设计的要求。在一定的遭遇条件下,引战配合效率的高低,取决于引信和战斗部总体参数的设计及其相互的协调性。对引信而言,总体设计主要涉及引信天线(视场)的倾角 Ω_f、延迟时间 τ_f、作用距离 R_f 等;对战斗部而言,主要涉及战斗部静态飞散方向角 φ、破片飞散初速 v_0、破片飞散角 Ω、破片质量和密度分布以及威力半径 R 等。在工程设计中,有关的各项指标必须相互协调才能最后确定,但一般是在确定战斗部参数的情况下,首先改变引信参数,直至引信在技术上有困难而不能再适应战斗部时为止,再考虑改变战斗部的参数,最后使引战配合效率满足导弹武器系统的战术技术指标要求。

导弹研制的实践表明,引战配合技术的好坏往往是影响整个导弹系统试验成败和能否及时定型的关键。一个好的引战配合设计方案可以在满足杀伤效率的要求下最大限度地减小战斗部质量,从而减小整个导弹的起飞质量。

3.2.11 战斗部的选择

战斗部类型在导弹方案设计时根据已经确定的战术技术要求确定,有时在军方的战术技术要求中指定战斗部的类型。

战斗部类型选择与所攻击目标的特性,导弹总体分配给战斗部的质量与尺寸,制导精度要求密切相关。选择战斗部类型主要应从目标特性出发,目标特性包括目标易损性、目标生存力。一般来说,对付空中目标的反飞机导弹(防空导弹、空空导弹),其战斗部大多数是采用杀伤式战斗部(破片式、连续杆式、离散杆式);对付体积小、生存力低的目标,一般采用破片式战斗部;对付允许的最大脱靶量小、目标体积大、速度低时,选用连续杆式战斗部;对付速度高、生存力强的目标时,采用离散杆式战斗部较好。对付装甲目标的导弹(如反坦克导弹、反舰导弹),主要采用聚能战斗部、穿甲(半穿甲)战斗部。对付地面目标的导弹(战术弹道导弹、空地导弹)常采用爆破战斗部、半穿甲战斗部等。

对付同一种目标,可以选用几种类型的战斗部,这就需要根据允许的战斗部质量、尺寸和制导精度,在仔细研究相类似战斗部使用经验的基础上,选择几种类型的战斗部进行设计,然后进行评价,从中确定战斗部的最佳类型。

3.2.12 引战系统设计要求

3.2.12.1 战斗部设计要求

1.爆破战斗部设计要求

爆破战斗部的主要要求包括冲击波波阵面超压、比冲量、密集杀伤半径等。

2.聚能装药战斗部设计要求

聚能装药战斗部的主要要求包括破甲深度、穿孔直径、炸高、穿透率等。

3.破片式战斗部设计要求

破片式战斗部的主要要求:质量、体积、有效杀伤半径(作为地面检验,提出杀伤元素对等效靶板的穿透能力)、杀伤破片总数、单枚破片质量、破片静态飞散角、破片动态飞散角、破片静态平均飞散初速、破片密度等。

4.连续杆式战斗部设计要求

连续杆式战斗部主要是对其杆长、杆数、杆重及扩张的速度、断开时圆环的半径提出要求。

5.离散杆式战斗部设计要求

离散杆式战斗部要求类同于破片战斗部,其杀伤元素为离散杆,对其初速、杆的飞散方位角、杆飞散角应提出要求,杆在周向上应服从均匀分布,尺寸要求包括杆长、直径,爆炸效果应要求杆完整率、杆条密度及杀伤性能。

6.定向战斗部设计要求

定向战斗部的主要要求:杀伤元素飞散的定向性、有效杀伤半径、杀伤元素总数、单枚元素质量、元素静态飞散角;杀伤元素动态飞散角、杀伤元素静态平均飞散初速;杀伤元素密度及战斗部总质量和体积。

3.2.12.2　引信设计要求

1. 近炸引信设计要求

(1)体制选择：近炸引信有红外引信、主动激光引信、主动雷达引信等类型，应根据导弹研制总要求规定的目标特性、使用条件、抗干扰特性要求，综合技术成熟程度等因素选定引信体制。

(2)启动概率：引信对典型目标的启动概率应大于99%。

(3)作用距离：对空目标来说，引信作用距离是指引信能够确定"目标存在"时的弹目距离。对地目标来说，特征参数为"炸高"。作用距离的计量方法有以下几种：

1)导弹与目标外部之间的最小距离；

2)导弹与目标红外辐射源中心之间的最小距离；

3)导弹与目标面心之间的最小距离等。

选用何种计量方法应结合近炸引信的类别和引战系统的具体情况考虑。

作用距离应与允许的脱靶量相协调，以确定引信对典型目标的可靠作用距离范围，并要求近炸引信作用无死区。应根据对典型目标的可靠作用距离范围确定引信的工作灵敏度、频带和信噪比等，并满足虚警概率要求。

(4)虚警概率：近炸引信的虚警概率 P_f 与引信的带宽、工作时间以及动态门限信噪比有关，一般要求不大于 10^{-6}。则

$$P_f = t_f \Delta f e^{-\frac{1}{2}\left(\frac{b}{\sigma}\right)^2} \tag{3-35}$$

式中　t_f——引信在弹道上最大工作时间；

　　　Δf——引信通信频带带宽；

　　　b——门限电平；

　　　σ——噪声的均方根值。

(5)延迟时间：为了使战斗部能准确杀伤目标要害部位，控制炸点的延迟时间是引信设计非常重要的任务。防空导弹引信的延迟时间是指从引信感知到目标存在到引信给出起爆信号的时间，它主要取决于导弹与目标交会时导弹与目标的相对速度，导弹与目标的交会角，并与目标大小有关。

(6)抗干扰能力：近炸引信应具有较高的抗背景干扰、人为的有源及无源干扰能力。对无线电近炸引信主要是抗宽带压制式干扰、瞄准噪声式干扰及无源干扰的能力。对光学引信要求具有抗地物、阳光、云雾、烟尘干扰的能力。另外要求引信应在电源加电和电源掉电波动时不会虚警早炸。

(7)截止距离：为了抗有源干扰、无源干扰及背景干扰，对近炸引信有截止距离的要求，引信对截止距离外的信号不响应。当截止距离与引信最大作用距离发生矛盾时，需采用变截止距离设计技术。

(8)接收路径与弹轴倾角：对于对空目标而言，为了适应导弹与目标多种交会状态，并使引信延迟时间有更大的可调范围，尽可能使探测方向相对导弹纵轴有一定倾角。引信作用距离与脱靶量近似有如下关系：

$$r = L\sin(\beta - \nu)$$
$$\nu = \arcsin(v_{\mathrm{T}}\sin\theta/v_r) \tag{3-36}$$

式中 r——脱靶量，m；

        L——引信的作用距离，m；

        ν——弹目交会角，rad；

        β——探测方向与弹轴倾角，rad；

      v_{T}——目标速度，m/s；

      v_r——导弹目标相对速度，m/s；

      θ——弹道倾角，rad。

当导弹与目标交会角较大时，倾角 β 不能太小，一般应不小于 65°，无线电近炸引信天线的方向图为绕弹轴形成对称的空心圆锥体，一般要求方向图主瓣与弹轴倾角应不小于 65°，并要求天线方向图的主瓣场强绕弹轴均匀分布，还应对主瓣宽度及主副瓣电平比有相应要求。

2. 触发引信设计要求

当导弹撞击目标时触发引信应正常工作。触发引信一般采用惯性触发，即利用导弹与目标的撞击过载使引信工作，一般要求：撞击过载不小于 $-200g$ 时不启动；撞击过载不大于 $-250g$，持续时间 1 ms 时，应可靠启动。考虑到撞击过载的持续时间极短，触发引信应能快速响应，可靠动作且是不可逆的。

当导弹未遇靶未炸时，自炸引信应工作。自炸引信一般采用电子式计时引信，自炸引信一般大于最大制导飞行时间。

3.3　制导控制系统方案选择和要求

导弹制导控制系统在导弹系统中具有极为重要的作用，其任务就是保证导弹在飞行过程中，根据目标的运动情况，克服各种干扰因素，使导弹按照预定的弹道，准确地命中目标。

将导弹导向并准确地命中目标是制导控制系统的中心任务。为了完成这个任务，制导控制系统必须具备下列基本功能：

(1)导弹在飞向目标的过程中，不断地测量导弹和目标的相对位置，确定导弹的实际运动相对于理想运动的偏差，并根据所测得的运动偏差形成适当的操纵指令，此即"导引"功能。

(2)按照导引系统所提供的操纵指令，通过控制系统产生一定的控制力，控制导弹改变运动状态，消除偏差的影响，即修正导弹的实际飞行弹道，使其尽量与理论弹道(基准弹道)相符，以使导弹准确地命中目标，此即"控制"功能。

3.3.1　制导控制系统的组成及分类

制导控制系统以导弹为控制对象，包括导引系统和控制系统两部分，其基本组成如图 3-55 所示。

导引系统用来测定或探测导弹相对目标或发射点的位置，按照要求的弹道形式形成导引指令，并把导引指令送给控制系统。导引系统通常由导弹、目标位置和运动敏感器(或观测器)及导引指令形成装置等组成。

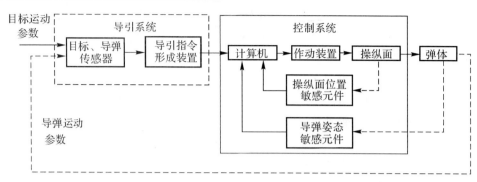

图 3-55 导弹制导系统的基本组成

控制系统响应导引系统来的指令信号,产生作用力迫使导弹改变航向,使导弹沿着要求的弹道飞行。控制系统的另一项重要任务是保证导弹在每一飞行段稳定地飞行,因此也常称为稳定回路。稳定回路中通常含有校正装置,用以保证其有较高的控制质量。控制系统通常由导弹姿态敏感元件、操纵面位置敏感元件、计算机(或综合比较放大器)、作动装置和操纵面等组成。

各类导弹由于其用途、目标的性质和射程的远近等因素的不同,具体的制导设备差别较大。各类导弹的控制系统都在弹上,工作原理也大体相同,而导引系统的设备可能全部放在弹上,也可能放在制导站或导引系统的主要设备放在制导站。

制导控制系统主要按导引系统分类,而其飞行控制系统工作原理大体相同,仅仅弹上设备的复杂程度不同。根据制导系统的工作是否与外界发生联系,可将制导系统粗略地分为两种类型,即程序制导系统和从目标获取信息的制导系统。

在程序制导系统中,由程序机构产生的信号起控制作用。这种信号确定所需的飞行弹道,制导系统的任务是力图消除弹道偏差。飞行程序在飞行器发射前根据目标坐标给定,因此这种制导系统只能导引导弹攻击固定目标。相反,带有接收目标状态信息的制导系统,可以在飞行过程中根据目标的运动改变飞行器的弹道,因此这种系统既可以攻击固定目标也可以攻击活动目标。

按制导系统的特点和工作原理,一般可分为自主制导、遥控制导、自动寻的制导和复合制导系统,如图 3-56 所示。

按飞行弹道又可分为初始段制导、中段制导和末段制导。

3.3.2 惯性敏感元件

导弹制导控制系统包括导引系统和控制系统两个部分,多数导弹控制系统的组成及结构基本相同,但所用部件的数量及其具体的工作原理,则因导弹的类型、采用的制导技术及制导精度的要求等的不同而有所差异。导弹导引系统的主要装置是测量装置,在遥控系统中测量装置一般为测角仪,在自寻的系统中测量装置为导引头。导弹的控制系统一般包括信号综合放大器、敏感元件、执行装置等,这里的敏感元件主要是陀螺仪、加速度计等。

导弹的敏感元件用来感受导弹飞行过程中弹体姿态和质心横向加速度的瞬时变化,反映这些参数的变化量和变化趋势,产生相应的电信号供给控制系统。有时还感受操纵面的位置。

自主制导的导弹中,还要敏感直线运动的偏差。感受弹体转动状态的元件用陀螺仪,感受导弹横向或直线运动的元件用加速度计和高度表。

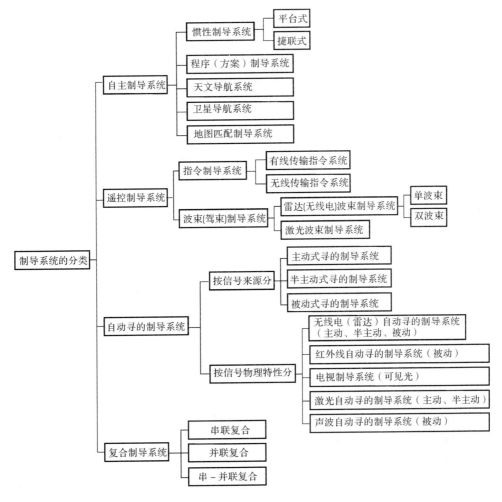

图 3-56　制导系统的分类

3.3.2.1　陀螺仪

陀螺仪是惯性测量装置最重要的组成单元之一。它是角运动的测量装置,它的基本原理是刚体定点转动的力学原理。

一般来说质量轴对称分布的刚体当它绕对称轴高速旋转时,都可以称为陀螺。陀螺自转的轴叫陀螺的主轴或转子轴。把陀螺转子装在一组框架上,使其有两个或三个自由度,这种装置就称为陀螺仪。三自由度陀螺仪的陀螺转子装在两个环架上,它能绕三个相互垂直的轴旋转,如果将三自由度陀螺仪的外环固定,陀螺转子便失去了一个自由度,这时就变成了二自由度陀螺仪。

1.三自由度陀螺仪

三自由度陀螺仪也称自由陀螺仪或定位陀螺仪,其示意图如图 3-57 所示。

三自由度陀螺仪的基本功能是敏感角位移。根据三自由度陀螺仪在导弹上安装方式的不同，可分为垂直陀螺仪和方向陀螺仪。

垂直陀螺仪的功能是测量弹体的俯仰角和滚动角，其安装方式如图 3-58 所示。陀螺仪主轴与弹体坐标系 Oy_1 轴重合，内环轴与弹体纵轴 Ox_1 重合，外环轴与弹体坐标系 Oz_1 轴重合。俯仰角输出电位器的滑臂装在外环轴上，电位器绕组与弹体固连，滚转角输出电位器的滑臂装在内环轴上，电位器绕组与外环固连。

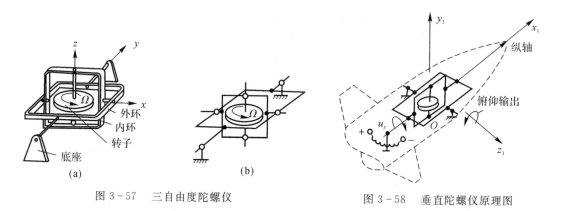

图 3-57　三自由度陀螺仪　　　　图 3-58　垂直陀螺仪原理图

陀螺仪测角的原理：导弹发射瞬间，陀螺仪的内环轴与 Ox_1 重合，外环轴与 Oz_1 轴重合，导弹在飞行过程中，电位器绕组与弹体一起运动，这时，不会有外力矩作用到陀螺仪上，由于陀螺仪的定轴性，其转子轴（主轴）在空间的方向不变，转子轴绕陀螺仪内、外环轴的转角皆为零，因此电位器的滑臂在空间方位不变。当弹体滚转或做俯仰运动时，电位器的滑臂与绕组间的相对转动，使电位器产生输出电压，其幅值与弹体转动的角度成线性关系。

某雷达遥控指令制导导弹上安装的垂直陀螺仪如图 3-59 所示。陀螺仪除陀螺转子、框架、输出电位器等主要部分外，还有一些辅助机构，如制锁机构，其作用是锁住内环与外环的位置，以保证导弹发射时陀螺仪的转子轴与 Oy_1 轴一致，并使陀螺仪的三个轴互相垂直，同时也保证在存放和运输中，陀螺仪的内环、外环与壳体不相碰撞，使陀螺仪的精度不受破坏。

方向陀螺仪的功能是测量弹体的俯仰角和偏航角，其安装方式如图 3-60 所示。陀螺仪主轴与弹体纵轴 Ox_1 轴重合，内环轴与弹体坐标系 Oz_1 重合，外环轴与弹体坐标系 Oy_1 轴重合。俯仰角输出电位器的滑臂装在内环轴上，电位器绕组与外环固连，偏航角输出电位器的滑臂装在外环轴上，电位器绕组与弹体固连。

方向陀螺仪的测角原理与垂直陀螺仪相同。当弹体做偏航或俯仰运动时，方向陀螺仪就输出与弹体转动角度成比例的电压信号。

垂直陀螺仪主要用于地空、空空和空地导弹，方向陀螺仪一般用于地对地导弹。陀螺仪的安装应尽量靠近导弹的质心部位，以保证测量的准确性。

2.二自由度陀螺仪

利用陀螺的进动性，二自由度陀螺仪可做成速率陀螺仪和积分陀螺仪。速率陀螺仪用来测量导弹绕某一坐标轴的转动角速度，因此又称为角速度陀螺仪。速率陀螺仪的原理如图 3-61 所示，用来测量弹体绕 Oy_1 轴的加速度 ω_{y_1}。陀螺仪只有一个框架，框架轴的方向与弹体纵轴 Ox_1 平行，当导弹以角速度 ω_{y_1} 绕 Oy_1 轴转动时，由陀螺仪进动的右手定则可知，陀螺仪将沿 Ox_1 轴反方向产生陀螺反力矩 M_g，这个力矩迫使转子轴并带动内环向 Oy_1 轴方向转动。然而,内环的运动受到弹簧和阻尼元件的限制,在陀螺仪进动过程中,弹性元件与阻尼元件将产生与进动方向相反的弹性力矩和阻尼力矩,因此当陀螺力矩与弹簧力矩平衡时,框架停止转动,此时角度传感器输出电压与陀螺力矩成正比,而陀螺力矩与弹体转动角速度成正比。因此,角度传感器输出电压与弹体转动角速度成正比。阻尼器的作用是对框架的起始转动引入阻尼力矩,消除框架转动过程中的振荡。

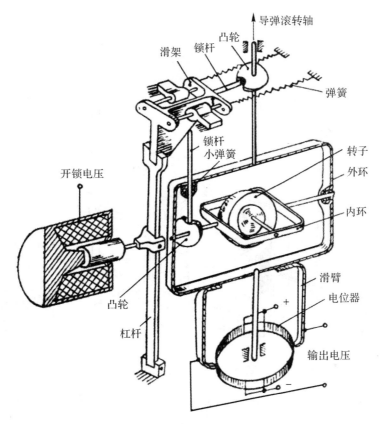

图 3 - 59　典型的垂直陀螺仪

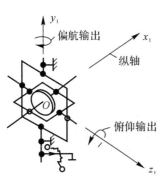

图 3 - 60　方向陀螺仪原理图

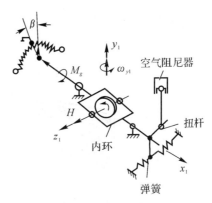

图 3 - 61　速率陀螺仪原理图

图3-62所示为某型导弹上的速率陀螺仪。导弹上有两个速率陀螺仪,一个用来测量导弹绕 Oy_1 轴摆动的角速度,在导弹上的安装方式是,转子轴沿导弹 Oz_1 方向,框架轴沿导弹纵轴 Ox_1 方向;另一个用来测量导弹绕 Oz_1 轴摆动的角速度,在导弹上的安装方式是,转子轴沿导弹 Oy_1 方向,框架轴沿导弹纵轴 Ox_1 方向。

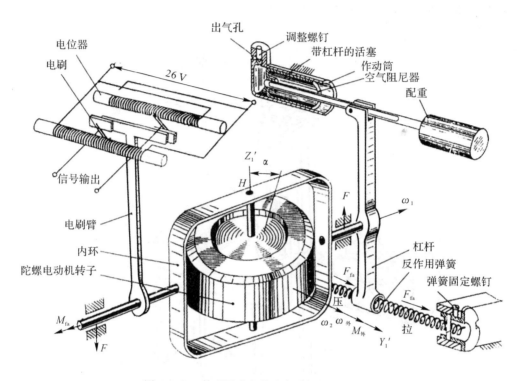

图 3-62　某型导弹上的速率陀螺仪原理结构图

测速积分陀螺仪是在二自由度陀螺仪基础上去掉弹簧增设阻尼器和角度传感器而构成的。与速率陀螺仪相比,它只缺少弹性元件,而阻尼器起了主要作用。实际中应用的测速积分陀螺仪都是液浮式结构。典型的液浮式积分陀螺仪的原理结构如图 3-63 所示。陀螺转子装在浮筒内,浮筒被壳体支撑,浮筒与壳体间充有浮液,浮筒受的浮力与其重力相等,以保护宝石轴承。

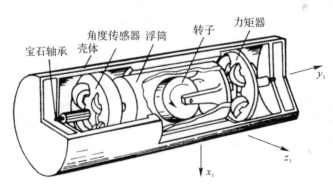

图 3-63　测速积分陀螺仪原理结构图

当陀螺仪壳体(与弹体固连)绕 Ox_1 轴以角速度 ω_{x_1} 转动时,陀螺仪产生一个和角速度 ω_{x_1} 成比例的陀螺力矩,这个力矩使浮筒绕 Oy_1 轴进动,悬浮液的黏性对浮筒产生阻尼力矩。设浮筒的进动角速度为 $\dot\alpha_n$,则阻尼力矩为

$$M_z = K_z \dot\alpha_n$$

式中,K_z 为阻尼系数。

陀螺仪的陀螺力矩为
$$M_g = \omega_{x_1} H$$

式中,H 为陀螺转子的动量矩。

当 $M_z = M_g$ 时,陀螺处于平衡状态,故有

$$\dot\alpha_n = \frac{H}{K_z} \omega_{x_1}$$

积分得
$$\alpha_n = \frac{H}{K_z} \int_0^t \omega_{x_1} \, \mathrm{d}t$$

由上式可以看出,陀螺仪的转动角度 α_n 与输入角速度 ω_{x_1} 的积分成比例,故称为积分陀螺仪。

3.3.2.2　加速度计

加速度计是导弹控制系统中的一个重要惯性敏感元件,用来测量运动物体的线加速度。它的工作原理是基于作用在检测质量上的惯性力与运动物体的加速度成正比。它输出与运动载体的运动加速度成比例的信号。在惯性制导系统中,它可测得导弹的切向加速度,经过两次积分,便可确定导弹相对于起点的飞行路程。常用的加速度计有重锤式加速度计和摆式加速度计两种类型。

1. 重锤式加速度计

重锤式加速度计原理如图 3-64 所示。加速度计的基座与导弹固连在一起。当导弹加速运动时,基座也一起做加速运动,其加速度为 a,由于基座上的惯性质量块 m 相对于基座向相反方向运动,此时,连接基座和质量块间的弹簧就会受到压缩或拉伸,直到弹簧的恢复力 $F_t = K\Delta S$ 等于惯性力时,质量块相对于基座的位移量才不再增大。忽略摩擦阻力,质量块和基座有相同的加速度,即
$$a = a'$$
弹簧的恢复力 $\qquad\qquad F_t = K\Delta S$
惯性力 $\qquad\qquad F = ma' = F_t$
因此 $\qquad\qquad a = a' = \dfrac{F_t}{m} = \dfrac{K}{m}\Delta S$

式中的 K 和 m 是已知的,所以只要测出质量块的位移量 ΔS,便知道基座的加速度。

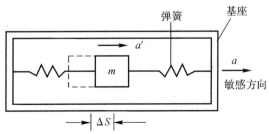

图 3-64　重锤式加速度计原理图

重锤式加速度计由惯性体(重锤)、弹簧片、阻尼器、电位器和锁定装置等组成,其结构如图3-65所示。惯性体悬挂在弹簧片上,弹簧片与壳体固连,锁定装置是一个电磁机构,在导弹发射前,用衔铁端部的凹槽将重锤固定在一定位置上。导弹发射后,锁定装置解锁,使重锤能够活动,阻尼器的作用是给重锤的运动引入阻力,消除重锤运动过程中的振荡。加速度计安装在导弹上时,应使敏感轴与弹体的某个轴平行,以便测量导弹飞行时沿该轴产生的加速度,加速度计的敏感方向如图3-65所示。

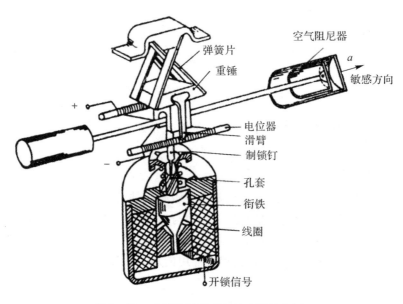

图3-65 典型的重锤式加速度计结构图

导弹在等速运动时,弹簧片两边的拉力相等,惯性体不产生惯性力,惯性体在弹簧片的作用下处于中间位置;导弹加速运动时,由于惯性力的作用,惯性体相对于壳体产生位移,将拉伸弹簧片,当惯性体移动了某一距离时,弹簧片的作用力与惯性力平衡,使惯性体处于相应的位置上,与此同时,与惯性体固连的电位器滑臂也移动同样的距离,这个距离与导弹的加速度成比例,所以电位器的输出电压与导弹的加速度成比例。

2. 摆式加速度计

摆式加速度计原理如图3-66所示。摆式加速度计拥有一个悬置的检测质量块,相当于单摆,可绕垂直于敏感方向的另一个轴转动。当检测质量块 m 受到加速度作用偏离零位时,由传感器检测出信号,该信号经高增益放大器放大后激励力矩器,产生恢复力矩。力矩器线圈中的电流与加速度成正比。

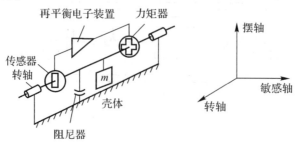

图3-66 摆式加速度计原理图

摆式加速度计的检测质量块的支撑结构简单、可靠、灵敏,因而得到了广泛应用。

3.3.3 自主式制导

在这种制导系统中,控制导弹飞行的导引信号的产生不依赖于目标或指挥站(地面或空中的),而仅由安装在导弹内部的测量仪器测量地球或宇宙空间物质的物理特性,从而决定导弹的飞行轨迹,制导系统和目标、指挥站不发生联系,称为自主制导。

导弹发射前,预先确定了其弹道,导弹发射后,由弹上制导系统的敏感元件不断测量预定的参数,如导弹的加速度、导弹的姿态、天体位置、地磁场和地形等,这些参数在弹上经适当处理以后与预定的弹道运动参数进行比较,一旦出现偏差,便产生导引指令进行修正,使导弹沿着预定弹道飞向目标。

为了确定飞行器的位置,在飞行器上必须安装位置测量系统。常用的测量系统有惯性系统、天文导航系统、磁测量系统等。自主式制导设备是一种由各种不同作用原理的仪表所组成的十分复杂的动力学系统。

自主制导的全部制导设备都装在弹上,导弹和目标及指挥站不发生联系,故隐蔽性好,抗干扰性强。但是,导弹一经发射出去,就不能再改变其飞行弹道,因此只能用于攻击固定目标或将导弹导引到预定区域。自主式制导系统一般用于弹道导弹、巡航导弹和某些战术导弹的初始飞行段或中段制导。

自主式制导根据控制信号形成的方法不同,可分为惯性制导、程序制导、天文导航、地图匹配制导等几大类。

3.3.3.1 惯性制导

惯性导航是一种自主式导航方法。用来完成惯性导航任务的设备,称为惯性导航系统,简称为惯导系统。惯性导航的基本原理是以牛顿力学定律为基础,在导弹内用加速度计测量导弹运动的加速度,通过积分运算获得导弹速度和位置的信息,利用这些信息进行导引。加速度计的测量和导航计算机的推算都是在相对选定的参考基准,即导航坐标系内进行的。而导航坐标系,又是靠陀螺仪来建立的。惯导系统是一种完全自主的导航系统,它不依赖任何外部信息,也不向外辐射能量,具有很好的隐蔽性、抗干扰性和全天候导航能力。特别是可以实时提供导弹稳定控制所需的各种信息,是一种难以取代的导弹导航系统。

1.惯导系统的组成

惯导系统的基本组成包括惯性测量装置与导航计算机。惯性测量装置由陀螺仪(有时简称为陀螺)和加速度计及附属电路组成。前者用来测量相对于惯性空间的角运动,后者用来测量相对于惯性空间的线运动。将这两种惯性元件安装在导弹上,它们测得的角运动和线运动的合成,便是导弹相对于惯性空间的运动。这样便可求得导弹相对于惯性空间的位置。根据陀螺仪和加速度计在导弹上的安装方式不同,分为平台式惯性测量装置和捷联式惯性测量装置两种。在平台式惯性测量装置中,陀螺和加速度计被安装在一个特制的稳定平台上。工程上,通常将这样的惯性测量装置称为陀螺稳定平台,简称为平台。在捷联式惯性测量装置中,陀螺和加速度计与导弹的弹体固联。工程上,通常将此捷联式装置称为惯性测量装置或惯性测量组合。

(1)陀螺稳定平台。陀螺稳定平台是平台式惯导系统的核心部件。按其具有的平衡环多少可分为双环、三环和四环式平台。在导弹上最常见的为三环平台。

三环平台具有三个平衡环架，并用三个独立的伺服回路进行稳定，共同构成"万向支承"。三个环架分别称为外环、中环和内环，内环就是平台的台体。在台体上装有惯性元件：陀螺和加速度计。平台的伺服回路由陀螺、伺服电路、力矩电机和平衡环架所组成。

平台的基本功能是用物理的方法在运动载体上建立一个三维的直角坐标系，这个直角坐标系的物理载体就是平台的台体。换句话说，就是用平台的台体来模拟导航参考系，并为安装在台体上的加速度计提供测量基准。由于导航参考系可分为相对惯性空间定位的惯性参考系和跟踪当地水平面的动参考系两种，因此，平台的工作方式也可分为"稳定"和"跟踪"两种。

（2）惯性测量装置（简称惯测装置）。惯测装置或惯性敏感元件有各种陀螺和加速度计，最常见的惯测装置是由三个单自由度速率陀螺仪或用两个双自由度动调陀螺仪和三个加速度计及附属电路组成捷联式惯性测量装置，并被直接固连在弹体上。

同平台一样，惯测装置也是在导弹上用物理的方法建立一个三维的直角坐标系。所不同的是在惯测装置中没有用万向环架支承的平台台体和对其进行稳定的伺服回路，陀螺和加速度计都直接安装在弹体上，它们的测量轴分别按规定的方向沿弹体系正交配置。就是说，惯测装置模拟的不是导航系，而是弹体系。惯测装置不仅要保证陀螺、加速度计的安装精度，还要有良好的热学特性、电磁兼容性和弹上恶劣力学环境的适应性，这些都是惯测装置设计中必须解决的问题。

（3）导航计算机。导航计算机是由硬件和软件共同组成的计算机系统。它和平台或者惯测装置一起构成闭合回路，完成惯导系统的初始对准、误差补偿和导航计算等多项任务，它是惯导系统不可缺少的重要组成部分。

2. 惯导系统的分类

惯导系统可分为平台式和捷联式两大类。

（1）平台式惯导系统。平台式惯导系统的原理如图3-67所示。这种惯导系统主要由陀螺稳定平台、导航计算机和控制显示器等部分组成。

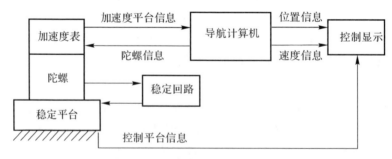

图3-67　平台式惯导系统原理框图

陀螺稳定平台是平台式惯导系统的主体部分。其作用是在运载体上实现所选定的导航坐标系，为加速度计提供精确的安装基准，使3个加速度计的测量轴始终沿导航坐标系的3根坐标轴定向，以测得导航计算所需的运载体沿导航坐标系三轴的加速度。

根据所选取的导航坐标系的不同，可分为空间稳定平台式惯导系统与当地水平平台式惯导系统。前者平台所建立的是惯性坐标系，一般用于弹道式飞行器如弹道导弹、运载火箭和一些航天器。后者平台所建立的是当地水平坐标系如地理坐标系或地平坐标系,一般用于飞航式飞行器,如飞机和巡航导弹,还用于舰船和地面战车。

陀螺稳定平台是以陀螺仪为敏感元件的三轴稳定装置。借助伺服回路(或称稳定回路),使平台绕3根轴保持空间方位稳定;借助修正回路,使平台始终跟踪当地地理坐标系。因此,安装在平台上的3个加速度计能够精确地测得运载体相对地球运动的加速度。

在导航计算机中,还要进行有害加速度(如运载体运动引起的向心加速度、运载体运动与地球自转相互影响引起的哥氏加速度)的补偿计算、陀螺仪和加速度计误差以及其他误差的补偿计算。而且,导航计算机还要计算出平台跟踪地理坐标系的角速度,以此作为控制信号,用来修正平台所需稳定的方位。

计算机输出的导航参数包括经度 λ、纬度 φ、高度 H 以及东向速度 v_E、北向速度 v_N、天向速度 v_D 等。稳定平台测出的姿态参数包括俯仰角 ϑ、横滚角 γ 和航向角 φ。

(2)捷联式惯导系统。捷联式惯导系统是计算机技术发展的产物,平台的功能由计算机完成。由于没有实体稳定平台,陀螺和加速度计只能固连在弹体上构成捷联式惯性测量装置。陀螺组合和加速度计组合测量的是导弹相对惯性空间的角速度矢量和线加速度矢量在弹体坐标系上的分量,并经接口电路送入导航计算机。但实际需要的并不是这些弹体系上的参数,而是导弹相对地球的速度、位置和姿态等。为此,在计算机中定义一个虚拟的导航坐标系(例如,地理系),作为导航计算的基准。由于在平台式惯导系统中,导航系是用物理平台来模拟的,那么,在捷联惯导系统中,仍然可以使用"平台"的概念,称虚拟的导航系为数学平台。在计算机中,每个采样周期都将惯性元件在弹体系上测得的数据投影到数学平台上,得到导弹相对导航系的加速度,则下面的导航计算就和平台式惯导系统没有什么两样了。由此可见,在捷联惯导系统中,是用计算机来完成稳定平台的功能。图 3-68 为捷联式惯导系统的原理框图。

捷联式惯导系统由于不再使用复杂的机电平台,因此,具有体积小、质量轻、低成本、结构简单和便于维修等优点。此外,捷联式惯导系统的最大优点还在于它适合采用多余度技术,使系统的任务可靠性能成倍地提高,而且当多个陀螺都正常工作时,能够提供重复测量,借助先进的数据处理技术可减小单个陀螺测量误差的影响,从而提高系统的导航精度。

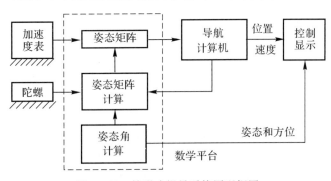

图 3-68　捷联式惯导系统原理框图

当然,捷联式惯导系统也有缺点,首先,由于没有能隔离载体角运动的平台,惯性元件直接固连在弹体上,因此,载体的角运动将直接作用到惯性元件上而引起动态误差,而且对捷联式陀螺的角速率测量范围也提出了很高的要求。其次,在捷联式惯导系统中,导航计算机除了必须完成与平台式惯导系统等量的导航计算外,还必须完成多项外加的计算任务。例如,对惯性元件的误差补偿计算、求解矩阵微分方程、加速度信号的坐标变换、为提取姿态角而进行的反三角函数运算等。因此,对计算机的运算速度和内存容量都提出了很高的要求。但是随着惯性器件制造工艺和计算机技术的发展,在某新一代导弹特别是战术导弹中,用捷联式惯导系统取代平台式惯导系统将是大势所趋。

3.3.3.2 方案制导

所谓方案就是根据导弹飞向目标的既定轨迹,拟制的一种飞行计划。方案制导系统则能导引导弹按这种预先拟制好的计划飞行。导弹在飞行中的引导指令根据导弹的实际参量值与预定值的偏差来形成。方案制导系统实际上是一个程序控制系统,因此方案制导系统也称为程序制导系统。

方案制导系统一般由方案机构和弹上控制系统两个基本部分组成,如图 3 - 69 所示。方案制导的核心是方案机构,它由传感器和方案元件组成。传感器是一种测量元件,可以是测量导弹飞行时间的计时机构,或测量导弹飞行高度的高度表等,它按一定规律控制方案元件运动。方案元件可以是机械的、电气的、电磁的和电子的,方案元件的输出信号可以代表俯仰角随飞行时间变化的预定规律,或代表弹道倾角随导弹飞行高度变化的预定规律等。在制导中,方案机构按一定程序产生控制信号,送入弹上控制系统。弹上测量元件(陀螺仪)不断测出导弹的俯仰角、偏航角和滚动角。当导弹受到外界干扰处于不正确姿态时,相应通道的测量元件就产生稳定信号,并和控制信号综合后,操纵相应的舵面偏转,使导弹按预定方案确定的弹道稳定地飞行。

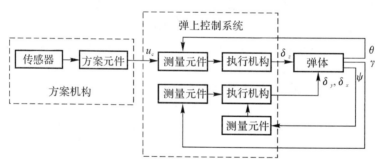

图 3 - 69 方案制导系统方框图

方案制导的优点是设备简单,制导与外界没有关系,抗干扰性好,但导引误差随飞行时间的增加而增加。方案制导常用于弹道导弹的主动段、有翼导弹的初始段和中段制导以及无人驾驶侦察机和靶机的全程制导。

典型的舰对舰飞航式导弹的飞行弹道如图 3 - 70 所示。导弹发射后爬升到 A 点,到 B 点后转入平飞,至 C 点方案飞行结束,转入末制导飞行。可见,飞航式导弹的两段弹道(爬升段和平飞段)均为方案制导,末制导可采用自动寻的导引或其他制导技术。

3.3.3.3 天文导航

天文导航是根据导弹、地球、星体三者之间的运动关系来确定导弹的运动参量,将导弹引向目标的一种自主制导技术。导弹天文导航系统一般有两种,一种是由光电六分仪或无线电六分仪跟踪一个星体,引导导弹飞向目标。另一种是用两部光电六分仪或无线电六分仪分别观测两个星体,根据两个星体等高圈的交点,确定导弹的位置,引导导弹飞向目标。

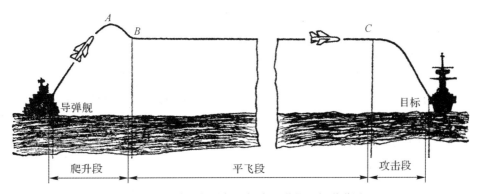

图 3-70　典型舰对舰飞航式导弹的飞行弹道图

六分仪是天文导航的观测装置,它借助于观测天空中星体来确定导弹的地理位置。根据其工作时所依据的物理效应不同,可以分为光电六分仪和无线电六分仪。

光电六分仪一般由天文望远镜、稳定平台、传感器、放大器、方位电动机和俯仰电动机等部分组成,如图 3-71 所示。

跟踪一个星体的导弹天文导航系统,由一部光电六分仪或无线电六分仪、高度表、计时机构、弹上控制系统等部分组成,其原理如图 3-72 所示。由于星体的地理位置由东向西等速运动,每一个星体的地理位置及其运动轨迹都可以在天文资料中查到,因此,可利用光电六分仪跟踪较亮的恒星或行星来制导导弹飞向目标。制导中,光电六分仪的望远镜自动跟踪并对准所选用的星体,当望远镜轴线偏离星体时,光电六分仪就向弹上控制系统输送控制信号。弹上控制系统在控制信号的作用下,修正导弹的飞行方向,使导弹沿着预定弹道飞行。导弹的飞行高度由高度表输出的信号控制。当导弹在预定时间飞到目标上空时,计时机构便输出俯冲信号,使导弹进行俯冲或末端制导。

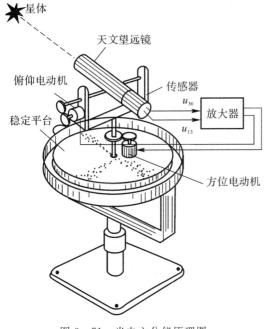

图 3-71　光电六分仪原理图

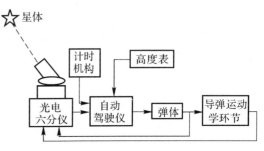

图 3-72　天文导航系统原理图

导弹天文导航系统完全自动化,精确度较高,而且导航误差不随导弹射程的增大而增大,但导航系统的工作受气象条件的影响较大,当有云、雾时,观测不到选定的星体,则不能实施导航。另外由于导弹的发射时间不同,星体与地球间的关系也不同,因此,天文导航对导弹的发射时间要求比较严格。为了有效地发挥天文导航的优点,该系统可与惯性导航系统组合使用,组成天文惯性导航系统。天文惯性导航系统利用六分仪测定导弹的地理位置,可以校正惯性导航仪所测得的导弹地理位置误差。如在制导中六分仪由于气象条件或其他原因不能工作时,惯性导航系统仍能单独工作。

3.3.3.4 地图匹配制导

地图匹配制导系统是在航天技术、微型计算机、空载雷达、制导、数字图像处理和模式识别的基础上发展起来的一门综合性新技术。国外已经成功地应用于巡航导弹和弹道导弹上,从而大大改善了导弹的命中精度。

所谓地图匹配制导就是利用地图信息进行制导的一种自主式制导技术。目前使用的地图匹配制导有地形匹配制导与景象区域相关器制导两种。地形匹配制导是利用地形信息来进行制导的一种系统,也叫地形等高线匹配制导;景象匹配区域相关器制导是利用景象信息进行制导,简称景象匹配制导。两种系统的基本原理相同,都是利用弹上计算机(相关处理机)预存的地形图或景象图(基准图),与导弹飞行到预定位置时弹上传感器测出的地形图或景象图(实时图)进行相关处理,确定出导弹当前偏离预定位置的纵向和横向偏差,形成制导指令,将导弹引向预定的区域或目标。

一个地图匹配制导系统,通常由一个成像传感器和一个预定航迹地形图存储器及一台相关处理计算机等组成,其原理如图3-73所示。

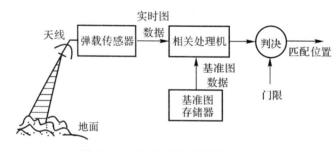

图3-73 地图匹配制导系统原理图

1.地形匹配制导

地球表面一般是起伏不平的,某个地方的地理位可用周围地形等高线确定。地形等高线匹配就是将测得的地形剖面与存储的地形剖面比较,用最佳匹配方法确定测得地形剖面的地理位置,利用地形等高线匹配来确定导弹的地理位置,并将导弹引到预定区域或目标的制导系统,称为地形匹配制导系统。

地形匹配制导系统由雷达高度表、气压高度表、数字计算机及地形数据存储器等组成,其简化框图如图3-74所示。其中气压高度表测量导弹相对海平面的高度,雷达高度表测量导弹离地面的高度,数字计算机提供地形匹配计算和制导信息,地形数据存储器提供某一已知地区的地形特征数据。

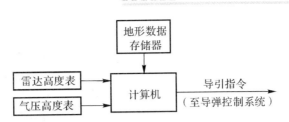

图 3-74　地形匹配制导系统简化框图

　　地图匹配制导系统的工作原理如图 3-75 所示。用飞机或侦察卫星对目标区域和导弹航线下的区域进行立体摄影,就得到一张立体地图。根据地形高度情况,制成数字地图,并把它存在导弹计算机的存储器中。同时把攻击目标所需的航线编成程序,也存在导弹计算机的存储器中。导弹飞行中,不断从雷达高度表得到实际航迹下某区域的一串测高数据,导弹上的气压高度表提供了该区域内导弹的海拔高度数据——基准高度。上述两个高度相减,即得导弹实际航迹下某区域的地形高度数据。由于导弹存储器中存有预定航迹下所有区域的地形高度数据(该数据为一数据阵列),这样,将实测地形高度数据串与导弹计算机存储的矩阵数据逐次一列一列地比较(相关),通过计算机计算便可得到测量数据与预存数据的最佳匹配。因此,只要知道导弹在预存数字地形图中的位置,将它和程序规定位置比较,得到位置误差就可形成导引指令,修正导弹的航向。

　　可见,实现地形匹配制导时,导弹上的数字计算机必须有足够的容量,以存放庞大的地形高度数字阵列。而且,要以极高的速度对这些数据进行扫描,快速取出数据列,以便和实测的地形高度数据进行实时相关处理,才能找出匹配位置。

　　如果航迹下的地形比较平坦,地形高度全部或大部分相等,这种地形匹配方法就不能应用了。此时可采用景象匹配方法。

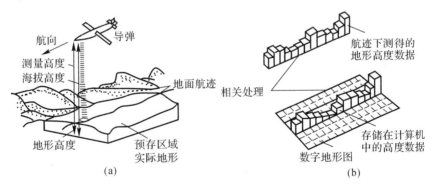

图 3-75　地形匹配制导系统的工作原理

2.景象匹配制导

　　景象匹配制导是利用导弹上传感器获得的目标周围景物图像或导弹飞向目标沿途景物图像(实物图),与预存的基准数据阵列(基准图)在计算机上进行配准比较,得到导弹相对目标或预定弹道的纵向横向偏差,将导弹引向目标的一种地图匹配制导技术。目前使用的有模拟式和数字式两种,下面主要介绍数字式景象匹配制导系统。

　　数字式景象匹配制导的基本原理如图 3-76 所示,它是通过实时图和基准图的比较来实现的。

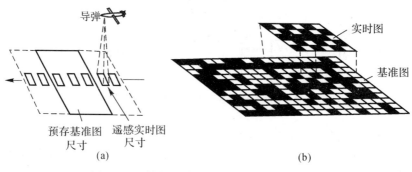

图 3-76　数字式景象匹配制导的基本原理图
(a)基本原理；　(b)相关处理

　　规划任务时由计算机模拟确定航向(纵向)、横向制导误差,对预定航线下的某些确定景物都准备一个基准地图,其横向尺寸要能接纳制导误差加上导弹运动的容限。遥感实时图始终比基准图小,存储的沿航线方向的数据量应足以保证拍摄一个与基准图区重叠的遥感实时图。当进行数字式景象匹配制导时,弹上垂直敏感器在低空对景物遥感,制导系统通过串行数据总线发出离散指令控制其工作周期,并使遥感实时图与预存的基准图进行相关处理,从而实现景象匹配制导。

　　图 3-77 给出了景象匹配制导系统的简要组成,它主要由计算机、相关处理机、敏感器(传感器)等部分组成。

　　研究和试验表明,数字式景象匹配制导系统比地形匹配制导系统的精度约高一个数量级,命中目标的精度在圆误差概率含义下能达到 3 m 量级。

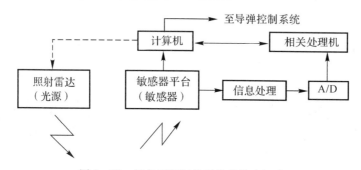

图 3-77　景象匹配制导系统的基本组成

3.3.4　遥控制导

　　遥控制导是指在远距离上向导弹发出导引指令,将导弹引向目标或预定区域的一种导引技术。遥控制导一般分为两大类,一类是遥控指令制导,另一类是驾束制导。

　　驾束制导系统中,制导站发出无线电波束或激光波束,导弹在波束内飞行,弹上制导设备感受它偏离波束中心的方向和距离,并产生相应的引导指令,操纵导弹飞向目标。在多数驾束制导系统中,制导站发出的波束应始终跟踪目标。

遥控指令制导系统中,由制导站的观测跟踪装置同时测量目标、导弹的位置和其他运动参数,并在制导站形成导引指令,该指令通过导引信道传送至弹上,弹上控制系统操纵导弹飞向目标。

遥控制导系统的主要组成部分包括目标(导弹)观测跟踪装置,导引指令形成装置(计算机),弹上控制系统(自动驾驶仪)和导引指令发射装置(驾束制导不设该装置),如图 3 - 78 所示。

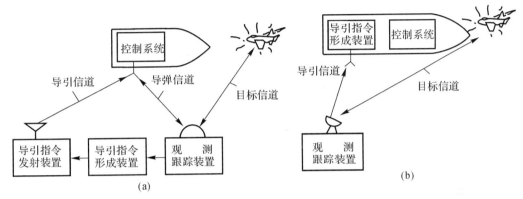

图 3 - 78　遥控制导系统示意图

由图 3 - 78 的功能图可以看出,遥控指令制导是一个闭合回路,运动目标的坐标变化成为主要的外部控制信号。在测量目标和导弹坐标的基础上,作为解算器的指令形成装置计算出指令并将其传输到弹上。早期的遥控指令制导系统往往使用两部雷达分别对目标和导弹进行跟踪测量,目前多用一部雷达同时跟踪目标和导弹的运动,这样不仅可以简化地面设备,而且由于采用了相对坐标体制,大大提高了测量精度,减小了制导误差。

驾束制导和遥控指令制导虽然都是由导弹以外的制导站引导导弹,但驾束制导中制导站的波束指向,只给出导弹的方位信息,而引导指令则由在波束中飞行的导弹感受其在波束中的位置偏差来形成。弹上观测装置不断地测量导弹偏离波束中心的大小和方向,并据此形成引导指令,使导弹保持在波束中心飞行。而遥控指令制导系统中的引导指令,是由制导站根据导弹、目标的位置和运动参数来形成的。

遥控制导系统由于其探测设备在地面或在其他弹外载体上,因此其制导精度随着导弹射程的增加而降低,为提高制导精度,遥控制导系统均在改善制导站的作用距离、探测跟踪精度和抗干扰能力等。同时,为了提高导弹的作用范围,减小近界距离,采用了提高引入段制导系统的快速性,另外从提前启控着手,采用了宽、窄波束双模式制导。在引入段初期采用宽波束制导,使导弹进入波束的时间提前,从而使控制提前,减小了近界距离。但为提高测角精度,在导弹引入波束后,需用窄波束制导。

遥控制导系统多用于地对空导弹和一些空对空、空对地导弹,有些战术巡航导弹也用遥控指令制导来修正其航向。早期的反坦克导弹多采用有线遥控指令制导。

3.3.5　自动寻的制导

自动寻的制导也称为自导引,它是用弹上制导设备接收目标辐射或反射的信息,实现对目

133

标的跟踪并形成导引指令,引导导弹飞向目标的一种制导技术。

根据目标辐射或反射的能量形式不同,可将自动导引分为光学自动导引、无线电自动导引、声学自动导引三类。根据有无照射目标的能源及能源所在位置的不同,可将自动导引分为主动式、半主动式和被动式三种寻的制导系统。虽然上述的分类方法不同,但从自动导引系统的组成原理和工作原理来看,它们之间除了在目标辐射或反射能量的接收和转换上有差别之外,系统其余部分的组成原理和工作原理基本上是相同的。自动寻的制导系统组成原理框图如图 3-79 所示,由导引头、弹上信号处理装置与弹上控制系统等组成。

导引头实际上是制导系统的探测装置,分红外型、雷达型和激光型等多种,它的功用是根据来自目标的能流(热辐射,激光反射波,无线电波等)自动跟踪目标,并给导弹自动驾驶仪提供导引控制指令,给导弹引信和发射架提供必要的信息。弹上控制指令形成装置综合导引头及弹上敏感元件的测量信号,形成控制指令。弹上稳定控制装置根据制导信号产生适当的导弹横向机动力,保证导弹在任何飞行条件下按导引规律逼近目标。

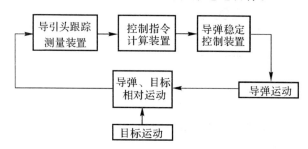

图 3-79 自动寻的制导系统组成原理图

自动寻的系统的制导设备全部在弹上,具有"发射后不管"的特点。这种特性使寻的制导系统在导弹上获得广泛应用。但由于它靠来自目标辐射或反射的能量来测定导弹的飞行偏差,作用距离有限,抗干扰能力差。一般用于空对空、地对空、空对地导弹和某些弹道导弹,用于巡航导弹的飞行末段,以提高末段制导精度。

3.3.5.1 按目标信息源所处的位置分类

根据导弹所利用能量的能源所在位置的不同,自动寻的制导系统可分为主动式、半主动式和被动式三种。

1.主动式寻的制导

照射目标的能源在导弹上,对目标辐射能量,同时由导引头接收目标反射回来的能量的寻的制导方式,如图 3-80 所示。采用主动式寻的制导的导弹,当弹上的主动导引头截获目标并转入正常跟踪后,就可以完全独立地工作,不需要导弹以外的任何信息。

随着能量反射装置功率的增大,系统作用距离也增大,但同时弹上设备的体积和质量也增大,因此主动式寻的制导系统的作用距离有限,已实际应用的典型主动寻的系统是雷达自动寻的系统。

2.半主动式寻的制导

照射目标的能量发射装置设在导弹以外的制导站或其他位置,弹上只有接收装置,如图 3-81 所示。因此半主动式寻的制导系统的功率可以很大,该系统的作用距离比主动式寻的系统要大。

图 3－80　主动式寻的制导示意图

图 3－81　半主动式寻的制导示意图

3.被动式寻的制导

由弹上导引头直接接收目标本身辐射的能量,导引头将以目标特定的物理特性(无线电波和红外线等)作为跟踪的信息源,形成导引信号,控制导弹飞向目标,如图 3－82 所示。被动式寻的制导系统的作用距离不大,典型的被动式自寻的系统是红外自寻的系统。

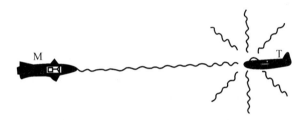

图 3－82　被动式寻的制导示意图

3.3.5.2　按目标信息的物理特性分类

按目标信息的物理特性分类,自动寻的制导系统又可分为红外自寻的制导系统、雷达自寻的制导系统、激光自动寻的制导系统、电视自动寻的制导系统等。

1.红外自寻的制导系统

红外自寻的制导系统是利用目标辐射的红外线作为信号源的被动式自动寻的制导系统。红外自寻的制导系统通常设置在导弹的最前端,因此称为红外导引头。

红外线是一种热辐射,是物质内分子热振动产生的电磁波,其波长为 $0.76\sim1\,000\ \mu m$,在整个电磁波谱中位于可见光与无线电波之间。凡是温度高于绝对零度($-273\,℃$)的物体,都能辐射红外线,一般情况下,取决于物体的温度及其表面辐射率。根据普朗克定律,不同温度的目标有不同的红外辐射波长和辐射强度,目标温度越高,辐射峰值波长越短,辐射强度越大。人体和地面背景温度为 $300\ K$ 左右,相对应最大辐射波长为 $9.7\ \mu m$,涡轮喷气发动机尾喷管的有效温度为 $900\ K$,其最大辐射波长为 $4.2\ \mu m$。红外导引头正是根据目标和背景的红外辐射能量不同,从而把目标和背景区别开来,以达到导引的目的。

按功能分解,红外导引头通常由红外探测器、跟踪稳定、目标信号处理及导引信号形成等子系统组成,如图 3－83 所示。

红外探测系统是用来探测目标、获得目标有关信息的系统。若将被检测对象与背景及大气传输作为系统组成的环节来考虑,红外探测系统的基本构成框图如图 3－84 所示。

红外探测系统可分为点源探测和成像探测两大类。点源探测系统主要用来测量目标辐射和目标偏离光轴的失调(误差)角信号,而成像探测系统还可获得目标辐射的分布特征。

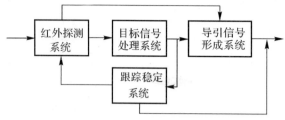

图 3-83　红外导引系统基本构成框图

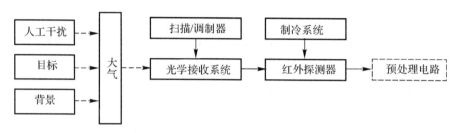

图 3-84　红外探测系统基本构成框图

　　跟踪稳定系统主要功用是在红外探测系统和目标信号处理系统的参与、支持下,跟踪目标和实现红外探测系统光轴与弹体的运动隔离,即空间稳定。跟踪稳定系统一般由台体、力矩器、测角器、动力陀螺或测量用陀螺以及放大、校正、驱动等处理电路组成,如图 3-85 所示。

　　目标信号处理的基本功用是将来自红外探测器组件的目标信号进行处理,识别目标,提取目标误差信息,驱动稳定平台跟踪目标。目标信号处理系统主要由前置放大、信号预处理、自动增益控制、抗干扰、目标截获、误差信号提取、跟踪功放等功能块组成,如图 3-86 所示。

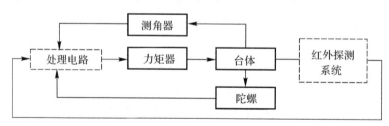

图 3-85　跟踪稳定系统构成框图

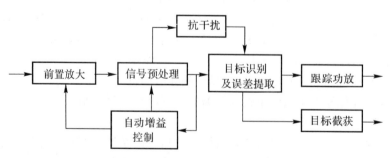

图 3-86　目标信号处理系统基本构成框图

　　导引信号形成系统的基本功能是:根据导引律从角跟踪回路中提取与目标视线角速度成

正比的信号或其他信号并进行处理,形成制导系统所要求的导引信号。

(1)红外非成像导引头。对于红外非成像导引头而言,它探测的目标具有一个共性,即比起背景来,它们都是一个张角很小的物体,例如,飞机对天空、舰艇对海面等。它是一种探测高温点目标(例如飞机的喷口附近,军舰的烟囱口附近)的能量检测系统,它需要从空间、时间、光谱等特征方面经过调制或滤波,抑制大面积背景形成的干扰,检出小目标信息。在红外非成像寻的系统中,光学系统将目标聚成像点,成像于调制盘上,因此也叫红外点源自寻的制导系统。红外点源自寻的系统从目标获取的信息只有一个点的角位置信号,没有区分多目标的能力,红外非成像导引头的缺点是易受干扰。

(2)红外成像导引头。红外成像制导系统是一种扩展源检测系统,也叫对比度检测系统,目标和背景(含干扰)都是检测对象,它将相邻两个瞬时所检测到的目标和背景(含干扰)信号值作为有效信号值,其识别目标的基础是要找出目标和背景的特征差,因此可以说它是一种通过摄取目标的红外辐射图像,并经计算机图像处理来获得目标位置信息的弹上装置。

按红外成像制导系统所用的红外成像器类型分类,目前可分多元线列光机扫描型(第一代)和红外焦平面型(第二代)两类。

从作战应用角度看,要求提高红外成像导引头的空间分辨率和热灵敏度,这就需要制作出几百元乃至几万元的红外探测器列阵。目前第一代红外成像导引头采用分立式多元探测器列阵,由于受工艺限制,最多只能利用200元以内的列阵探测器,这就限制了红外成像导引头的性能,采用扫描和凝视红外焦平面器件的第二代红外成像导引头,有效地提高了系统热灵敏度和空间分辨率,并降低了系统成本和缩小了体积,是红外成像导引头发展的必由之路。

红外成像导引头一般采用中、远红外实时成像器,以 $8\sim14\ \mu m$ 远红外波段实时红外成像器为主,可以提供二维红外图像信息,利用计算机图像信息处理技术和模式识别技术,对目标图像进行自动处理,模拟人的识别功能,实现寻的制导系统智能化。

红外成像导引头可以在各种型号的导弹上使用,只是识别跟踪的软件不同。美国的"幼畜"导弹的导引头可以用于空地、空舰、空空三型导弹上。其工作原理是,在导弹发射前,由制导站的红外前视装置搜索和捕获目标,根据视场内各种物体热辐射的差别在制导站显示器上显示出图像。目标位置被确定之后,导引头便跟踪目标。导弹发射后,摄像头摄取目标的红外图像,进行处理得到数字化的目标图像,经过图像处理和图像识别,区分出目标、背景信号,识别出真假目标并抑制假目标。跟踪装置按预定的跟踪方式跟踪目标,并送出摄像头的瞄准指令和制导系统的导引指令,导引导弹飞向预定目标。

红外导引头,特别是日趋成熟的红外成像导引头,其制导精度高,抗干扰能力强,具有发射后不管的能力,战场隐蔽性好,具有较强的识辨目标要害和进行地形匹配的能力,但它对目标的探测距离通常比雷达型导引头近。红外成像制导与点红外制导相比,有很强的抗光电干扰能力,可使武器对目标进行全向攻击,有命中点选择的能力;红外成像制导与电视制导相比,红外成像制导可昼夜工作,能识别目标易损部位。因此,红外成像制导是当今精确制导的主流。

2.雷达自寻的制导系统

雷达导引头是利用目标自身或反射电磁波特性,发现目标、测量目标参数及跟踪目标的电子设备。雷达导引头选用微波波段电磁波,不受白天、夜间及气候环境的影响,全天候工作,且导引头自动寻的实现"发射后不管"。随着雷达技术的发展,可实现远的作用距离、高的跟踪精度、强的抗干扰能力,因此在战争中起着主导作用,被广泛应用于军事装备中。

雷达导引头由天线系统、雷达接收机、数字信号和数字数据处理系统、天线伺服系统、调频系统和发射机系统组成,如图 3-87 所示。

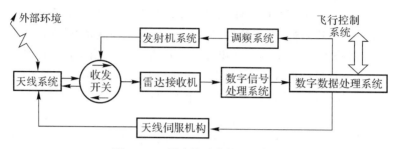

图 3-87　雷达导引头的组成部分

外部环境送给雷达导引头的信号包括雷达回波、地面杂波和人工干扰等。天线系统输出的信号包括目标的角度信息和多普勒频率,其中多普勒频率包含弹目接近速度信息。这些微弱的回波信号经过收发开关,送到雷达接收机进行放大、滤波和变换。然后在数字信号处理器中提取出目标角度信息和弹目接近速度信息。再送至数字数据处理器,经过滤波估值得到目标运动的信息,再加上飞控系统测得的导弹自身的信息,形成对天线伺服机构的控制指令,再通过天线伺服系统的运动,改变天线跟踪目标的角度,同时形成调频系统的控制指令,改变发射机的频率,实现对目标回波的多普勒频率跟踪。数字处理系统还要把目标运动参数和弹目接收速度估值送给飞控系统,形成导弹控制指令。

雷达自寻的制导有主动、被动和半主动三种形式。雷达自寻的制导的特点是探测距离远,可提供视线角速度和相对速度等信息,但它易受无线电干扰,同时,由于噪声和探测死区的存在,制导误差较红外型导弹大。

毫米波雷达自寻的制导是目前正在发展的一种比较有前途的制导技术,多用于精确制导武器。毫米波通常是指波长为 1~10 mm 的电磁波,其对应的频率为 30~300 GHz,毫米波的波长和频率介于微波与红外波段之间,兼有这两个波段固有的特性,是高性能制导系统比较理想的选择波段。

毫米波制导目前有两个工作波段:即 8 mm 和 3 mm。毫米波制导系统的特点是,制导设备的体积小、质量轻,穿透大气的损失较小,测量精度高,分辨能力强,抗干扰能力强,鉴别金属目标能力强;毫米波制导的主要缺点是,探测目标的距离短,即使在晴朗的天气,导引头所能达到的探测距离也很有限。但随着毫米波振荡器功率的提高,噪声抑制以及其他方面技术水平的提高,探测距离有望增大。

3.电视自寻的制导系统

随着光电转换器件 CCD(电荷耦合器件)、ICCD(微光像增强器)和高速实时图像处理技术的快速发展,电视导引头在空地导弹、飞航导弹等武器系统中得到了应用。

电视制导是由弹上电视导引头利用目标反射的可见光信息实现对目标捕获跟踪,导引导弹命中目标的被动寻的制导技术。电视自寻的制导系统根据其跟踪方式的不同有多种,按摄像敏感器的性能可分为可见光电视自寻的制导、红外光电视自寻的制导和微光电视自寻的制导。按在视场中提取目标位置的信息不同可分为点跟踪(即边缘跟踪、形心跟踪系统)和面相关跟踪电视自寻的系统。电视制导有两种工作方式,一种是发射前锁定目标工作方式,一般用于近程导弹;一种是发射后锁定目标工作方式,即人在回路中工作方式,这种工作方式用在中远程导弹上。

电视导引头的基本原理:电视自寻的制导是以导弹头部的电视摄像机拍摄目标和周围环境的图像,从有一定反差的背景中选出目标并借助跟踪波门对目标实行跟踪,当目标偏离波门中心时,产生偏差信号,形成引导指令,控制导弹飞向目标。波门就是在摄像机所接收的整个景物图像中围绕目标所划定的范围,如图3-88所示。划定波门的目的是排除波门外的背景信息,对这些信息不再做进一步处理,起到选通的作用。这样,波门内的视频信号,目标和背景之比加大了,避免了虚假信号源对目标跟踪的干扰。

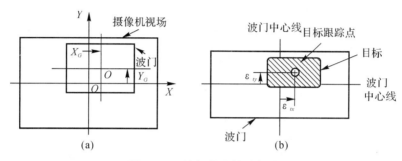

图3-88　波门的几何示意图

电视导引头一般由电视摄像机、光电转换器、误差信号处理电路、伺服机构等组成,简化框图如图3-89所示。摄像机把被跟踪的目标光学图像投射到摄像靶面上,并用光电敏感元件把投影在靶面上的目标图像转换为视频信号。误差信号处理器从视频信号中提取目标位置信息,并输出驱动机构的信号,以使摄像机光轴对准目标。对地面背景复杂的目标,电视导引头目前还不能自动识别,需要人工参与。制导站上有显示器,以使操作者在发射导弹前对目标进行搜索、截获,在发射导弹后观察目标的情况。在电视导引头锁定目标后,人可以不参与工作,导引头自动跟踪目标;在被跟踪目标丢失后,导引头应重新搜索目标,在人的参与下并再次截获跟踪目标。

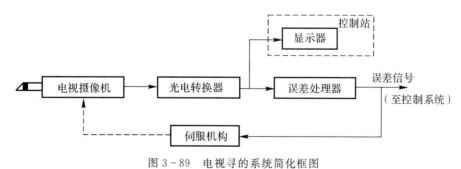

图3-89　电视寻的系统简化框图

电视自寻的制导的优点在于:工作可靠、分辨率高(和红外成像自寻的制导相比)、隐蔽性好、可直接成像、不易受无线电干扰;其缺点是受气象条件影响较大。

4.激光自寻的制导系统

激光自寻的制导是由弹外或弹上的激光束照射目标,弹上的激光导引头利用目标漫反射的激光,捕获跟踪目标,导引导弹命中目标的制导技术。使用最多的是照射光束在弹外的激光

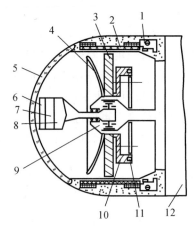

半主动制导技术。

激光有方向性强,单色性好,强度高的特点,因此激光器发射的激光束发散角小,几乎是单频率的光波,而且在发射的光束截面上集中了大量的能量,因而激光寻的制导系统具有制导精度高,目标分辨率高,抗干扰能力强,结构简单,成本低的特点。但激光制导系统的正常工作容易受云、雾和烟尘的影响。

激光半主动导引头主要由光学系统、激光探测器和放大电路、信息处理电路及机械结构组成。光学系统的功能是收集、会聚激光能量并滤除阳光及杂波。光学系统可以是透射式的,也可以是折射式的。会聚透镜通常装在万向支架上,以适应跟踪的需要。激光探测器是四象限元电二极管,用来完成光电转换,经放大及信息处理电路处理过的四路信号送给随动系统即可控制弹的飞行。机械结构主要起支撑光学部件、探测器、电路板并与弹体相连接的作用。

图 3 - 90 激光半主动导引头
1—碰合开关; 2—线包; 3—磁铁;
4—主反射镜; 5—外罩; 6—前放;
7—激光探测器; 8—滤光片;
9—万向支架; 10—锁定器;
11—章动阻尼器; 12—电子舱

图 3 - 90 为某导弹激光半主动导引头结构示意图。导引头由光学系统、探测器、陀螺平台和电子设备组成。目标反射的激光束经球形外罩 5 后,由主反射镜 4 反射,经滤光片 8 聚焦在激光探测器上。为减小入射能量的损失,增大反射系数,主反射镜表面镀有反射层。

陀螺平台中的陀螺转子是一块永久磁铁 3,其上附有机械锁定器 10 和主反射镜 4,这些部件随陀螺转子一起旋转,增大了转子的转动惯量,激光探测器 7 装在内环上,不随转子转动。机械锁定器用于在陀螺不工作时保证陀螺转子轴与导弹纵轴重合。

导引头中设有解码电路,以便与激光目标指示器的激光编码相协调,逻辑电路控制导引头的工作方式。

激光导引头的探测器可以是旋转扫描式的(带调制盘),但更广泛的是采用四象限探测器阵列。这一点与红外自寻的不同,红外自寻的系统多采用调制盘。

激光制导系统的关键部件是激光器和接收激光能量的激光探测器。目前,装备的激光制导系统基本上都采用掺钕的钇铝石榴石激光器,工作于 $1.06~\mu m$ 近红外波段,具有脉冲重复频率高(可以使导引头获得足够的数据),功率适中的特点,但其正常工作受气象和烟尘的影响。今后趋向于使用工作于 $10.6~\mu m$ 远红外波段的二氧化碳激光器,以改善全天候作战能力和抗烟雾干扰的能力。

3.3.6 复合制导

3.3.6.1 复合制导

复合制导是由几种制导系统依次或协同参与工作来实现对导弹的制导的。复合制导系统设计的首要问题是复合方式的选择问题。选择复合方式考虑的主要因素,是武器系统的战术技术指标要求、目标及环境特性、各种制导方式的特点及相应的技术基础。大多数防空导弹的初始飞行段采用自主式制导,以后采用其他制导。复合制导可分为:自主式＋寻的制导;指令制导＋寻的制导;波束制导＋寻的制导;捷联惯性制导＋寻的制导;自主式＋TVM制导;程序制导＋捷联惯性制导＋寻的制导等。例如采用"捷联惯性制导＋无线电指令修正＋主动雷达末制导"复合制导体制的空空导弹,可使导弹在惯性中制导段利用载机雷达提供的目标信息,通过数据链,随时对导弹进行修正,实现最佳的中制导段弹道。在交接段(中制导段与末制导段的过渡段)为雷达导引头截获目标提供必要的信息,并把导弹引导到能保证导引头可靠截获目标的"空间篮筐"内。这样有助于克服导弹发射时导引头作用距离的局限性,从而使导引头准确、稳定、快速地截获和跟踪目标,增大发射距离。例如,美国的AIM-120先进中距导弹,俄罗斯的P-77中距导弹,采用的复合制导体制都是捷联惯性制导＋数据链修正＋主动雷达末制导。

　　复合制导设计中一个重要问题是不同制导方式的转换问题,它包括两个方面:一是不同制导段弹道的衔接,二是不同制导段转换时目标的交接班。交接班,是指从一种制导方式转到另一种制导方式,交接班性能及其弹道平稳性直接影响着导弹末制导导引头对目标的截获概率及末段的制导控制品质。例如,交接班时导弹位置偏差和导弹从一种制导方式到另一种制导方式时导弹空间方位的协调性,若不协调,则导引头就不可能捕获目标。因此,在复合制导系统中,交接班问题是两种制导方式转换的限制条件。对于不同的复合制导,限制条件也就不同。

　　中、末制导交接班主要应考虑以下问题:

　　1)弹道交接班算法设计及其在交接班过程中的弹道平稳性;

　　2)飞行控制系统协助导引头截获目标的方式方法;

　　3)中、末制导交接班姿态角误差和位置误差的分配;

　　4)中、末制导交接班导引头截获概率计算:包括影响中制导精度的因素分析、目标指示误差建模以及目标机动的影响;

　　5)交接班过程中制导信息的交接方式、传递及转换;

　　6)交接班导引头未截获目标时,其扫描初始状态的设定。

　　下面简介美国"爱国者"导弹采用的复合制导系统,该系统为自主式＋指令＋TVM复合制导体制。初制导采用自主式的程序制导,在导弹从发射到相控阵雷达截获之前这段时间内,利用弹上预置的程序,通过自主组件进行预置导航,该组件可使导弹稳定并进行粗略的初始转弯。当相控阵雷达截获跟踪导弹时,初制导结束,中制导开始。

　　中制导采用指令制导。在中制导段,相控阵雷达既跟踪测量目标,又跟踪测量导弹,地面制导计算机比较目标与导弹的位置,形成导弹控制指令,控制导弹按期望的弹道飞向适当位置,以便中、末制导实施交班。在中制导段还要形成导引头天线的预定控制指令,控制导引头天线指向目标。与此同时,导引头开始截获照射目标的回波信号,一旦导引头截获回波信号,就通过导引头上的发射机转发到地面,地面作战指挥系统就将其转入末段制导。

　　末段采用TVM制导(是指令与半主动寻的制导的组合)。在TVM制导段,相控阵雷达仍然跟踪测量导弹和目标,但与中制导不同,此时相控阵雷达用线性调频宽脉冲对目标进行跟踪照射。另外在形成控制指令时,使用了由导引头测量的目标信息。由于导弹距离目标越来越近,导引头测得的目标信息比雷达测得的信息精度高,因此保证了制导精度,克服了指令制

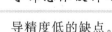

导精度低的缺点。

为了提高导弹在各种复杂战场环境条件下的抗干扰和反隐身能力,先进导弹还采用多模制导技术。多模制导是指同一制导段(如末制导段),采用两种或两种以上频段或制导方式,例如红外与射频制导同时进行工作,采用毫米波主动雷达导引头和凝视红外成像导引头的复合、毫米波主动雷达导引头和宽带无线电被动导引头的复合等。复合制导则是指制导段采用两种或两种以上制导方式进行工作,例如人工与自导相结合的制导。一般认为复合制导涵盖多模制导。随着未来战场环境变得越来越恶劣,单一频段或模式的制导,将难于适应未来战争的要求,因此多模制导或复合制导现已成为精确制导技术发展的重要方向。多模或复合制导可以充分发挥各自的优势,弥补各自的不足,从而可极大地提高武器的作战效能。

3.3.6.2　采用复合制导的原则

对于射程较远的战术导弹,其航迹都可以大致分为三段,即初始段、中段和末段。

从简化系统、提高可靠性和减少质量的观点看,应尽量避免采用多种制导组成的复合制导。但随着目标的飞行高度向高空和低空发展和防空导弹作战区域的扩大,用单一的制导方式控制导弹杀伤目标已有困难。例如对付远距离目标用遥控指令时制导精度达不到要求,用主动或半主动寻的制导时,截获和稳定自动跟踪目标的距离不能满足要求。因此提出了复合制导系统,合理地利用一些单一制导系统的良好特性取长补短,来达到控制导弹杀伤目标的目的。因此,需要考虑下列原则。

1. 采用初段制导的原则

初段制导又称"发射段制导",简称"初制导"。初制导系统用来保证射程,是从发射瞬间到导弹到达一定速度进入中制导前的制导。对有助推器的导弹,这一段是到助推器脱落瞬间为止。

由于导弹制造、安装存在误差,导弹离轨时有扰动以及阵风等偶然因素,使发射段弹道散布很大。当导弹加速到正常飞行速度时,难以准确地进入中制导作用范围,这种情况就要加初制导。

初始段时间很短,速度变化大,平均速度小,和正常飞行的中段相比有很多不同特点。常用程序或惯性等自主制导。一般用摆动发动机或单独的制导设备来实现。

如果能保证初始段结束时,导弹能进入中制导的作用范围,可不用初制导。

2. 采用中制导的原则

中制导又称"中段制导",是从初制导结束到末制导开始前的制导。中制导很重要,是导弹弹道的主要制导段。一般制导时间较长。中制导系统的任务是控制导弹的飞行弹道,将导弹导向目标,使导弹被置于某一尽可能有利的位置,以便使末制导系统能"锁住"目标。或者说中制导的使命首先是将导弹制导到末制导能"锁住"目标的距离内,但不要求精确的终点位置。中制导系统是导弹的主要制导系统。中制导结束时的制导精度,可确定导弹接近目标时,是否要采用末制导。当不用末制导时,习惯上称为全程中制导。此时中制导的制导精度就决定了该导弹的命中精度。

中制导通常采用自主制导或遥控制导。捷联式惯性制导是远程导弹普遍采用的中制导方式。

3. 采用末制导的原则

末制导又称"末段制导",是导弹在中制导结束到与目标遭遇或在目标附近爆炸时的制导。末制导通常采用寻的制导系统,其任务是保证导引准确度。脱靶量最小是末制导设计的主要要求,因此,在末段仍沿用中制导时采用的制导规律是不可取的。当中制导精度不能满足战术技术要求时,常在弹道末段采用作用距离不远但制导精度很高的寻的制导。

是否采用末制导,取决于中制导误差的大小能否保证满足战术技术要求。对于不同类型的导弹,这种要求是不同的。下列条件若不能满足时,则必须考虑采用末制导。

(1)对于反舰导弹和反坦克导弹,要求制导误差小于目标的最小横向尺寸。即 $CEP \leqslant b/2$,其中 CEP 为圆概率偏差;b 为军舰(或坦克)的高度。

(2)对于反飞机导弹,要求制导误差小于导弹战斗部的有效杀伤半径,即 $\sigma \leqslant R/3$,R 为战斗部的有效杀伤半径。

3.3.7 飞行控制系统

飞行控制系统(以下简称飞控系统)是导弹制导控制系统的重要组成部分,一般由自动驾驶仪与弹体动力学环节构成闭合回路,也称为稳定控制系统或稳定回路。

飞控系统原理结构图如图 3-91 所示。在飞控系统中,自动驾驶仪通常包括传感器、控制电路、气动舵机或推力矢量执行机构等弹上设备;而弹体动力学通常包括气动力控制面或推力矢量控制面和弹体,弹体是控制对象。在弹体动力学已经确定的条件下,飞控系统的设计实际上就是自动驾驶仪的设计。

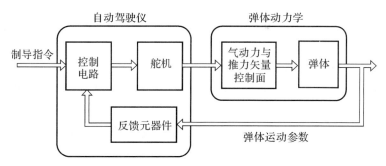

图 3-91 飞控系统原理结构图

自动驾驶仪的功能是控制和稳定导弹的飞行。所谓控制是指自动驾驶仪按控制指令的要求操纵舵面偏转或改变推力矢量方向,改变导弹的姿态,使导弹沿基准弹道飞行。所谓稳定是指自动驾驶仪消除因干扰引起的导弹姿态的变化,使导弹的飞行方向不受扰动的影响。稳定是在导弹受到干扰的条件下保持其姿态不变,而控制是通过改变导弹的姿态,使导弹准确地沿着基准弹道飞行。显然,稳定是控制的前提,而稳定与控制又是矛盾的。导弹在飞行过程中,可以认为弹体外形是不变的,而导弹的飞行高度、速度、质量、质心位置都在变化,也有可能有较大的外干扰,再加上快速大机动要求对稳定度的限制,这些都增大了稳定和控制综合设计的难度。

3.3.7.1 系统的组成及分类

飞控系统中,弹体作为控制对象,自动驾驶仪是控制器。自动驾驶仪一般由弹体状态参数反馈器件(惯性器件)、控制电路和舵机系统组成。

常用的惯性器件有自由陀螺仪、测速陀螺仪和线加速度计等,分别用于测量导弹的姿态角、姿态角速度和线加速度等。

控制电路由数字电路和(或)模拟电路组成,它用于各种控制量与反馈量的综合、信号的变换和放大,包括实现调节规律和校正网络需要的电路,以形成对舵机的控制信号。此外,还有逻辑和时序控制电路以及微处理器、存储器和接口电路等。

舵机系统的功能是根据控制信号去控制相应空气动力控制面的运动或改变推力矢量的方向。它由角位置反馈电位计、信号综合、变换和功率放大电路、驱动器、舵机能源以及传动机构组成。其中,功率放大电路、驱动器、舵机能源以及传动机构往往随舵机类型(冷气舵机、燃气舵机、液压舵机或电动舵机)不同而不同。

一般来说,自动驾驶仪中控制导弹在俯仰平面内运动的部分,称为俯仰通道;控制导弹在偏航平面内运动的部分,称为偏航通道;控制导弹绕弹体纵轴转动运动的部分,则称为滚转通道。它们与弹体构成的闭合回路,分别称为俯仰稳定回路、偏航稳定回路和滚转稳定回路。对于轴对称的"十"字形气动布局导弹来说,俯仰(稳定)回路和偏航(稳定)回路一般是相同的,通常称为侧向稳定回路或侧向回路;对于"×"字形气动布局的导弹,没有偏航与俯仰回路之分,因为导弹的偏航运动和俯仰运动都由两个相同的回路(通常称为Ⅰ回路和Ⅱ回路)的合成控制实现,习惯上,将Ⅰ回路和Ⅱ回路也称为侧向稳定控制回路,相应地称滚转稳定回路为倾斜稳定回路或倾斜回路。

旋转导弹的自动驾驶仪通常没有滚转通道,只用一个侧向通道控制导弹的空间运动,因而又称为单通道自动驾驶仪。

飞控系统的主要分类如下:

1)按所采用的控制方式分类,可分为侧滑转弯(STT)自动驾驶仪与倾斜转弯(BTT)自动驾驶仪。

2)按俯仰、偏航、滚转三个通道分,可分为侧向(俯仰/偏航)自动驾驶仪和横滚自动驾驶仪。

3)按单通道的功能分,可分为过载控制自动驾驶仪;姿态控制/稳定自动驾驶仪;高度控制自动驾驶仪。

4)按对控制增益的调整方法分,可分为分段调整增益自动驾驶仪;开环(如惯性基准)自适应自动驾驶仪;闭环(如模型参考/自校正调节器)自适应自动驾驶仪。

3.3.7.2 弹体动力学模型

1. 力和力矩模型

轴对称导弹弹体动力学模型通常建立在弹体坐标系,以利于进行导弹姿态的计算。

(1)升力:

$$Y = C_y qS$$

(2)轴向阻力:

$$X = C_x qS$$

（3）侧向力矩：

$$
\begin{cases}
M_y = m_y qSL_B + m_y^{\bar{\omega}_y}\omega_y qSL_B^2/2v \\
M_z = m_z qSL_B + m_z^{\bar{\omega}_z}\omega_z qSL_B^2/2v
\end{cases}
$$

（4）滚转力矩：

$$
M_x = m_x qSL_B + m_x^{\bar{\omega}_x}\omega_x qSL_B^2/v
$$

（5）一片舵面的铰链力矩：

$$
M_h = m_h qSL_B
$$

2. 动力学和运动学模型

导弹弹体的运动可以看作质心的运动和绕质心转动的合成运动。

（1）质心动力学方程：

$$
\left.\begin{aligned}
m\frac{\mathrm{d}v}{\mathrm{d}t} &= P\cos\alpha\cos\beta - X - mg\sin\theta \\
mv\frac{\mathrm{d}\theta}{\mathrm{d}t} &= P(\sin\alpha\cos\gamma_V + \cos\alpha\sin\beta\sin\gamma_V) + Y\cos\gamma_V - Z\sin\gamma_V - mg\cos\theta \\
-mv\cos\theta\frac{\mathrm{d}\psi_V}{\mathrm{d}t} &= P(\sin\alpha\sin\gamma_V - \cos\alpha\sin\beta\cos\gamma_V) + Y\sin\gamma_V + Z\cos\gamma_V
\end{aligned}\right\}\quad (3-37)
$$

（2）绕质心转动动力学方程：

$$
\left.\begin{aligned}
J_x\frac{\mathrm{d}\omega_x}{\mathrm{d}t} &= M_x - (J_z - J_y)\omega_y\omega_z \\
J_y\frac{\mathrm{d}\omega_y}{\mathrm{d}t} &= M_y - (J_x - J_z)\omega_x\omega_z \\
J_z\frac{\mathrm{d}\omega_z}{\mathrm{d}t} &= M_z - (J_y - J_x)\omega_y\omega_x
\end{aligned}\right\}\quad (3-38)
$$

（3）质心运动学方程：

$$
\left.\begin{aligned}
\frac{\mathrm{d}x}{\mathrm{d}t} &= v\cos\theta\cos\psi_V \\
\frac{\mathrm{d}y}{\mathrm{d}t} &= v\sin\theta \\
\frac{\mathrm{d}z}{\mathrm{d}t} &= -v\cos\theta\sin\psi_V
\end{aligned}\right\}\quad (3-39)
$$

（4）姿态运动学方程：

$$
\left.\begin{aligned}
\frac{\mathrm{d}\vartheta}{\mathrm{d}t} &= \omega_y\sin\gamma + \omega_z\cos\gamma \\
\frac{\mathrm{d}\psi}{\mathrm{d}t} &= \frac{1}{\cos\vartheta}(\omega_y\cos\gamma - \omega_z\sin\gamma) \\
\frac{\mathrm{d}\gamma}{\mathrm{d}t} &= \omega_x - \tan\vartheta(\omega_y\cos\gamma - \omega_z\sin\gamma)
\end{aligned}\right\}\quad (3-40)
$$

（5）导弹质量方程：

$$
\frac{\mathrm{d}m}{\mathrm{d}t} = -\dot{m}_F \quad (3-41)
$$

（6）角度几何关系方程：

$$\left.\begin{aligned}
\sin\beta &= \cos\theta[\cos\gamma\sin(\psi-\psi_V)+\sin\vartheta\sin\gamma\cos(\psi-\psi_V)]-\sin\theta\cos\vartheta\sin\gamma\\
\cos\alpha\cos\beta &= \cos\vartheta\cos\theta\cos(\psi-\psi_V)+\sin\vartheta\sin\theta\\
\sin\gamma_V\cos\theta &= \cos\alpha\sin\beta\sin\vartheta-(\sin\alpha\sin\beta\cos\gamma-\cos\beta\sin\gamma)\cos\vartheta
\end{aligned}\right\}$$

$$(3-42)$$

方程式(3-37)至式(3-41)共13个微分方程,加上三个角度关系方程,共16个方程,求解方程组可得到导弹在任一瞬间的位移运动和姿态运动。

3. 动力学系数

当采用小扰动线性化,忽略二阶以上微量以及导弹气动力、气动力矩的次要因素时,可使方程实现线性化。同时采用通道分离假设(当轴对称导弹滚转角速度 $\dot{\gamma}$ 较小时),可以得到导弹运动的简化方程,在速度坐标系中,这些方程如下:

(1) 弹体纵向运动小扰动模型:

$$\left.\begin{aligned}
\ddot{\vartheta}+a_1\dot{\vartheta}+a_2\alpha+a_3\delta_z &= 0\\
\dot{\theta} &= a_4\alpha+a_5\delta_z\\
\vartheta &= \theta+\alpha
\end{aligned}\right\}$$

$$(3-43)$$

式中 $a_1=-\dfrac{M_z^{\bar{\omega}_z}}{J_z}$——气动阻尼动力系数(1/s);

$a_2=-\dfrac{M_z^{\alpha}}{J_z}$——静稳定动力系数(1/s²);

$a_3=-\dfrac{M_z^{\delta_z}}{J_z}$——操纵动力系数(1/s);

$a_4=\dfrac{P+Y^{\alpha}}{mv}$——法向力动力系数(1/s);

$a_5=\dfrac{Y^{\delta_z}}{mv}$——舵升力动力系数(1/s)。

(2) 弹体倾斜运动小扰动模型:

$$\ddot{\gamma}+c_1\dot{\gamma}=-c_3\delta_x$$

式中 $c_1=-\dfrac{M_x^{\bar{\omega}_x}}{J_x}$——滚动阻尼动力系数(1/s);

$c_3=-\dfrac{M_x^{\delta_x}}{J_x}$——副翼效率动力系数(1/s²)。

4. 弹体传递函数

(1) 纵向运动传递函数。

1) 当 $(a_2+a_1a_4)>0$ 时,导弹纵向运动传递函数为

$$\left.\begin{aligned}
W_{\delta_z}^{\vartheta}(s) &= \frac{K_d(T_{1d}s+1)}{T_d^2s^2+2\xi_dT_ds+1}\\
W_{\delta_z}^{\alpha}(s) &= \frac{K_dT_{1d}}{T_d^2s^2+2\xi_dT_ds+1}\\
W_{\delta_z}^{n_y}(s) &= \frac{v}{57.3g}\frac{K_d}{T_d^2s^2+2\xi_dT_ds+1}
\end{aligned}\right\}$$

$$(3-44)$$

式中

$$T_d = \frac{1}{\sqrt{|a_2 + a_1 a_4|}}$$

$$K_d = -\frac{a_3 a_4}{|a_2 + a_1 a_4|}$$

$$T_{1d} = \frac{1}{a_4}$$

$$\xi_d = \frac{a_1 + a_4}{2\sqrt{|a_2 + a_1 a_4|}}$$

2）当 $(a_2 + a_1 a_4) < 0$ 时，导弹纵向运动传递函数为

$$\left.\begin{array}{l} W_{\delta_z}^{\dot{\vartheta}}(s) = \dfrac{K_d(T_{1d}s + 1)}{T_d^2 s^2 + 2\xi_d T_d s - 1} \\[3mm] W_{\delta_z}^{\alpha}(s) = \dfrac{K_d T_{1d}}{T_d^2 s^2 + 2\xi_d T_d s - 1} \\[3mm] W_{\delta_z}^{n_y}(s) = \dfrac{v}{57.3g}\,\dfrac{K_d}{T_d^2 s^2 + 2\xi_d T_d s - 1} \end{array}\right\} \qquad (3-45)$$

（2）倾斜运动传递函数。

导弹倾斜运动传递函数为

$$W_{\delta_x}^{\bar{\omega}_x}(s) = \frac{\dot{\gamma}(s)}{\delta_x(s)} = \frac{K_{dx}}{T_{dx}s + 1} \qquad (3-46)$$

式中，$K_{dx} = -c_3/c_1$；$T_{dx} = 1/c_1$。

3.3.7.3　侧向控制回路

图 3-92 是指令制导和寻的制导系统中常用的侧向控制回路的原理图。它由速率反馈回路和线加速度计反馈回路组成。图 3-93 为这种控制回路的计算结构图。如果导弹是轴对称的，则使用两个相同的自动驾驶仪控制弹体的俯仰和偏航运动。以俯仰通道为例。

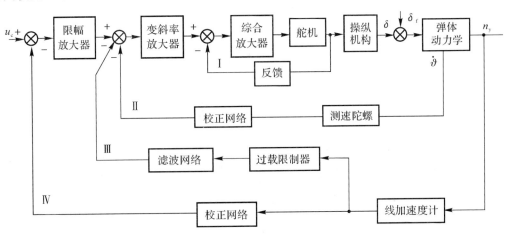

图 3-92　由测速陀螺仪和加速度计组成的侧向控制回路原理图

Ⅰ—舵系统；　Ⅱ—阻尼回路；　Ⅲ—过载限制回路；　Ⅳ—控制回路

u_c—指令电压；　δ—舵偏角；　$\dot{\vartheta}$—俯仰角速度；　n_y—过载；　δ_f—等效干扰舵偏角

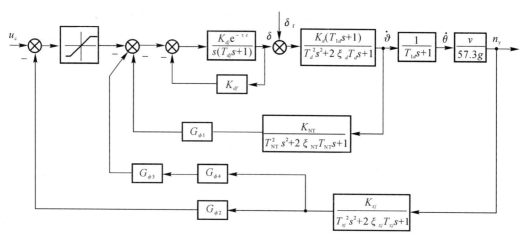

图 3-93　具有测速陀螺仪和加速度计的稳定回路计算结构图

1. 阻尼回路

由测速陀螺仪和加速度计组成的侧向稳定回路是一个多回路系统,阻尼回路在稳定回路中是内回路。从图3-92中把阻尼回路分离出来,如图3-94所示。进一步简化后,阻尼回路的结构图如图3-95所示。

将图3-95中的弹体动力学用传递函数 $W^{\dot\vartheta}_{\delta_z}(s)$ 表示,由于舵回路时间常数比弹体时间常数小得多,测速陀螺时间常数通常也比较小,自动驾驶仪可用其传递系数 $K^{\dot\vartheta_z}_{\dot\vartheta}$,则以传递函数表示的阻尼回路结构图如图3-96所示。经推导提高系统稳定回路阻尼的闭环传递函数为

$$\frac{\dot\vartheta(s)}{\delta_z(s)}=\frac{K_d^*(T_{1d}s+1)}{T_d^{*2}s^2+2\xi_d^*T_d^*s+1}$$

式中　K_d^* —— 阻尼回路闭环传递系数,$K_d^*=\dfrac{K_d}{1+K_dK^{\dot\vartheta_z}_{\dot\vartheta}}$

　　　　T_d^* —— 阻尼回路时间常数,$T_d^*=\dfrac{T_d}{\sqrt{1+K_dK^{\dot\vartheta_z}_{\dot\vartheta}}}$

　　　　ξ_d^* —— 阻尼回路闭环阻尼系数,$\xi_d^*=\dfrac{\xi_d+\dfrac{T_{1d}K_dK^{\dot\vartheta_z}_{\dot\vartheta}}{2T_d}}{\sqrt{1+K_dK^{\dot\vartheta_z}_{\dot\vartheta}}}$

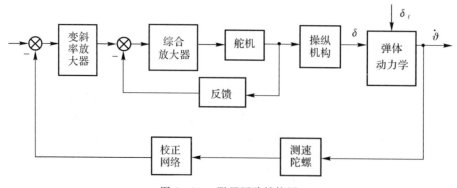

图 3-94　阻尼回路结构图

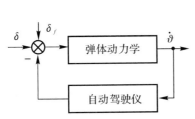

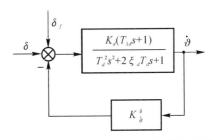

图 3 - 95   简化后的阻尼回路结构图   图 3 - 96   以传递函数表示的阻尼回路结构图

可以看出,当 $K_d K_{\dot\vartheta}^{\delta} \ll 1$ 时,有 $K_d^* \approx K_d$,$T_d^* \approx T_d$,也就是说,阻尼回路的引入,对弹体传递系数和时间常数影响不大,其作用主要体现在对阻尼系数的影响上,考虑到 $K_d K_{\dot\vartheta}^{\delta} \ll 1$,阻尼系数的表达式可写为

$$\xi_d^* = \xi_d + \frac{T_{1d} K_d K_{\dot\vartheta z}^{\delta}}{2 T_d}$$

此式说明,引入阻尼回路,使补偿后的弹体俯仰运动的阻尼系数增加,$K_{\dot\vartheta z}^{\delta}$ 越大,ξ_d^* 增加的幅度越大,因此阻尼回路的主要作用是用来改善弹体侧向运动的阻尼特性。

2.控制回路

控制回路是在阻尼回路的基础上,加上由导弹侧向线加速度负反馈组成的指令控制回路。线加速度计用来测量导弹的侧向线加速度 $v\dot\theta$(实际上是测量过载 $n_y = v\dot\theta/57.3g$),是控制回路的重要部件,它的精度直接决定着从指令 u_c 到过载的闭环传递系数的精度。

控制回路中除线加速度计外,还有校正网络和限幅放大器。校正网络除了对回路本身起补偿作用外,还有对指令补偿的作用。校正网络的形式和主要参数是由系统的设计要求确定的。如果只从自动驾驶仪控制回路来看,有时不需要校正就能满足性能要求,在这种情况下,校正网络完全是为满足制导系统的要求。

根据阻尼回路的分析结果,阻尼回路的闭环传递系数可等效为一个二阶振荡环节,假定线加速度计安装在质心上,可得到控制回路等效原理结构图如图 3 - 97 所示。

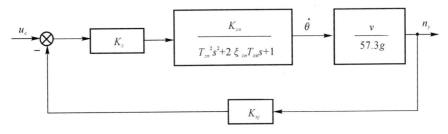

图 3 - 97   侧向控制回路等效原理结构图

最常见的侧向控制回路有两种基本形式,一种是在线加速度计反馈通路中有大时间常数的惯性环节,如图 3 - 98 所示,这种稳定回路适用于指令制导系统;另一种稳定回路是在主通道中有大时间常数的惯性环节,如图 3 - 99 所示,这种稳定回路适用于寻的制导系统。

对指令制导的导弹,常采用线偏差作为控制信号,从线偏差到过载要经过两次积分,无线电传输有延迟,因此,要求稳定回路具有一定的微分型闭环传递函数特性,以部分补偿制导回路引入大时间延迟。而在稳定回路中,只要在线加速度反馈回路中,引入惯性环节,就可方便地达到这个目的,这就是指令制导系统中稳定回路的线加速度计反馈通道中,常常要串入一个较大时间常数的惯性环节的原因。

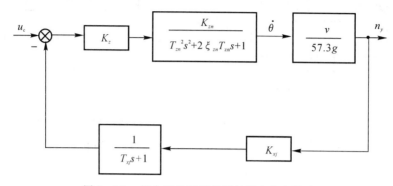

图 3-98　指令制导系统常用的侧向稳定回路

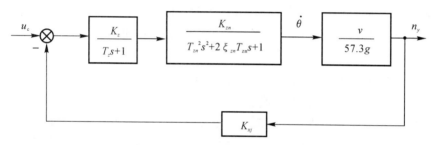

图 3-99　寻的制导系统常用的侧向稳定回路

与指令制导系统不同,寻的制导系统中,对目标的测量及控制指令的形成均在弹上,其时间延迟较小,而噪声直接进入自动驾驶仪,这样不仅不要求稳定回路具有微分型闭环特性,相反却要求有较强的滤波作用。同时,寻的制导系统要求尽量减小导弹的摆动,使姿态的变化尽可能小,以免影响导引头的工作。为达到这个目的,在自动驾驶仪的主通道中往往要引入有较大时间常数的惯性环节。

下面简要推导对应于图 3-97,图 3-98,图 3-99 三种结构图的等闭环传递函数。对应于图 3-97,可推得其闭环传递函数为

$$\frac{n_y(s)}{u_c(s)} = \frac{K_z K_{zn} \dfrac{v}{57.3g}}{T_{zn}^2 s^2 + 2\xi_{zn} T_{zn} s + 1 + K_z K_{zn} \dfrac{v}{57.3g} K_{xj}} = \frac{K_j}{T_j^2 s^2 + 2\xi_j T_j s + 1} \quad (3-47)$$

式中

$$K_j = \frac{K_z K_{zn} \dfrac{v}{57.3g}}{1 + K_z K_{zn} K_{xj} \dfrac{v}{57.3g}}$$

$$T_j = \frac{T_{zn}}{\sqrt{1 + K_z K_{zn} K_{xj} \dfrac{v}{57.3g}}}$$

$$\xi_j = \frac{\xi_{zn}}{\sqrt{1 + K_z K_{zn} K_{xj} \dfrac{v}{57.3g}}}$$

由以上推导结果可见,对应于图 3-97 的控制回路,最后可等效为一个二阶系统,且 $T_j <$ T_{zn},$\xi_j < \xi_{zn}$,这表明由于线加速度计反馈的引入,系统的频带比阻尼回路有所展宽,而阻尼系统有所下降。因此,在阻尼回路设计时,应充分考虑到这种影响。

对应于图 3-98,可推得其闭环传递函数为

$$\frac{n_y(s)}{u_c(s)} = \frac{K_z K_{zn} \dfrac{v}{57.3g}(T_{xj}s+1)}{(T_{xj}s+1)(T_{zn}^2 s^2 + 2\xi_{zn}T_{zn}s+1) + K_z K_{zn}\dfrac{v}{57.3g}K_{xj}} =$$

$$\frac{K_z K_{zn}\dfrac{v}{57.3g}(T_{xj}s+1)}{T_{zn}^2 T_{xj}s^3 + (T_{zn}^2 + T_{xj}2\xi_{zn}T_{zn})s^2 + (2\xi_{zn}T_{zn}+T_{xj})s + 1 + K_z K_{zn}\dfrac{v}{57.3g}K_{xj}} =$$

$$\frac{K_j(T_{xj}s+1)}{(T_{j1}s+1)(T_j^2 s^2 + 2\xi_j T_j s+1)} \tag{3-48}$$

式中

$$K_j = \frac{K_z K_{zn}\dfrac{v}{57.3g}}{1 + K_z K_{zn} K_{xj}\dfrac{v}{57.3g}}$$

T_{j1},T_j,ξ_j 由式(3-48)分母的三阶方程确定。

从式(3-48)可见,这种控制回路的闭环传递函数中,在分子上增加了 $(T_{xj}s+1)$ 微分项,因此具有微分作用,可以补偿指令制导系统的时间延迟,其分母可分解为一个惯性项和一个二次项。因此若主导极点是惯性项,则其动态品质表现为惯性环节的特性;若主导极点是二次项,则其动态品质表现为振荡特性。

对应于图 3-99,可推得其闭环传递函数为

$$\frac{n_y(s)}{u_c(s)} = \frac{K_z K_{zn}\dfrac{v}{57.3g}}{(T_z s+1)(T_{zn}^2 s^2 + 2\xi_{zn}T_{zn}s+1) + K_z K_{zn}\dfrac{v}{57.3g}K_{xj}} =$$

$$\frac{K_z K_{zn}\dfrac{v}{57.3g}}{T_{zn}^2 T_z s^3 + (T_{zn}^2 + 2T_z \xi_{zn}T_{zn})s^2 + (2\xi_{zn}T_{zn}+T_z)s + 1 + K_z K_{zn}\dfrac{v}{57.3g}K_{xj}} =$$

$$\frac{K_j}{(T_{j1}s+1)(T_j^2 s^2 + 2\xi_j T_j s+1)} \tag{3-49}$$

式中

$$K_j = \frac{K_z K_{zn}\dfrac{v}{57.3g}}{1 + K_z K_{zn} K_{xj}\dfrac{v}{57.3g}}$$

T_{j1},T_j,ξ_j 由式(3-49)分母的三阶方程确定。

从式(3-49)可见,这种控制回路的闭环传递函数中,与式(3-47)相比,在分母中增加了 $(T_{j1}s+1)$,与式(3-48)相比分子中少了 $(T_{xj}s+1)$。因此具有较强的滤波作用,且使 ϑ 摆动较

小,故适宜于在自寻的制导系统中应用。

3.3.7.4 滚动回路

1.导弹滚转角的稳定

滚转稳定回路的基本任务是消除干扰作用引起的滚转角误差。为了稳定导弹的滚转角位置,要求滚转稳定回路不但是稳定的,稳定准确度要满足设计要求,而且其过渡过程应具有良好品质。

典型的应用角位置陀螺仪和校正网络的滚转角稳定回路如图 3-100 所示。

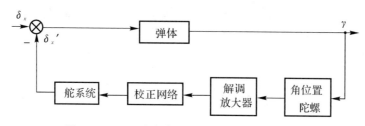

图 3-100　具有角位置反馈的滚转角稳定回路

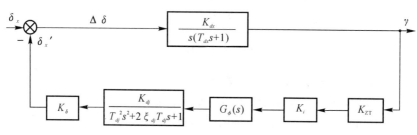

图 3-101　滚转角稳定回路方框图

设校正网络的传递函数为 $G_\phi(s)$,角位置陀螺仪的传递系数为 K_{ZT},舵回路的传递函数为

$$\frac{K_{dj}}{T_{dj}^2 s^2 + 2\xi_{dj} T_{dj} s + 1}$$

则滚动回路的方框图如图3-101所示,图中 K_δ 为舵机至副翼间的机械传动比,K_i 为可变传动比。

图 3-101 稳定回路的闭环传递函数为

$$\frac{\gamma(s)}{\delta_x(s)} = \frac{\dfrac{K_{dx}}{s(T_{dx}s+1)}}{1+\dfrac{K_0}{s(T_{dx}s+1)}\dfrac{1}{T_{dj}^2 s^2 + 2\xi_{dj}T_{dj}s+1}} = \frac{K_{dx}(T_{dj}^2 s^2 + 2\xi_{dj}T_{dj}s+1)}{s(T_{dx}s+1)(T_{dj}^2 s^2 + 2\xi_{dj}T_{dj}s+1)+K_0}$$

$$(3-50)$$

式中,$K_0 = K_{dx}K_A$ 为开环传递系数

$$K_A = K_{ZT}K_i K_{dj}K_\delta$$

有些情况下,为了改善角稳定回路的动态品质,引入角速度陀螺仪回路,如图 3-102 所示。为了讨论方便,假定舵系统是理想的放大环节,同时把角位置陀螺和测速陀螺都简化为放大环节,这样可得到具有滚转角位置和滚转角速度反馈的稳定系统方框图,如图3-103所示。

图 3-102 和图 3-103 中,δ_γ 为等效的扰动副翼偏转角;K_{dj} 为不计惯性的执行机构传递系

数；K_{NT} 为测速陀螺仪传递系数；K_{ZT} 为位置陀螺仪传递系数。

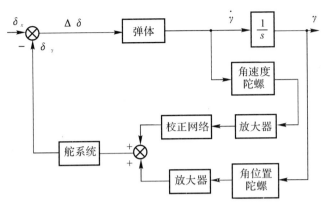

图 3 - 102　具有位置和速度反馈的滚转角稳定回路

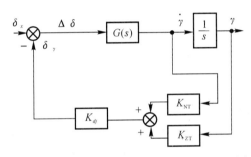

图 3 - 103　具有位置和速度反馈的滚转角稳定回路方框图

引入测速陀螺反馈后，系统的闭环传递函数为

$$\frac{\gamma(s)}{\delta_x(s)} = \frac{\dfrac{K_{dx}}{(T_{dx}s+1)s}}{1+\dfrac{K_{dx}K_{dj}(K_{ZT}+K_{NT}s)}{(T_{dx}s+1)s}} = \frac{K'}{T'^2 s^2 + 2\xi T's + 1}$$

式中　　$K' = \dfrac{K_{dx}}{K_0}$；

$K_0 = K_{dj}K_{dx}K_{ZT}$ 为开环传递系数；

$\xi' = \dfrac{1+K_{dj}K_{dx}K_{NT}}{2\sqrt{K_0 T_{dx}}}$；

$T = \sqrt{T_{dx}/K_0}$。

由上式可以看出，引入测速陀螺反馈后，理想情况下滚转角稳定系统是一个二阶振荡环节，其阻尼系数 ξ' 比 ξ 增大了，选择合适的测速陀螺传递系数 K_{NT}，可以使滚转角稳定系统具有所需的阻尼特性，同时增大位置陀螺传递系数 K_{ZT}，可以减小系统的时间常数，提高系统的快速性。

可见，由测速陀螺仪组成的反馈回路起阻尼作用，使系统具有良好的阻尼性；自由陀螺仪组成的反馈回路稳定导弹的滚转角。

2.导弹滚转角速度的稳定

为了降低扰动对滚转角速度的影响，把滚转角速度限制在一定的范围内，可采用测速陀螺反馈或在弹翼上安装陀螺舵的方式,这两种不同的实现方式,其作用都相当于在弹体滚转通道增加测速反馈。

以采用测速陀螺反馈的稳定系统为例,系统回路由测速陀螺仪、滚转通道执行装置及弹体等构成。假设执行装置为理想的放大环节,放大系数为 K_{dj},测速陀螺仪用传递系数为 K_{NT} 的放大环节来近似,设反馈回路的总传递系数为 $K_a = K_{NT} K_{dj}$,简化后的具有测速陀螺的滚转角速度稳定系统的方框图如图 3 - 104 所示,图中 δ_γ 为等效扰动舵偏角。

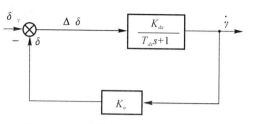

图 3 - 104　滚转角速度稳定回路方框图

系统的闭环传递系数为

$$\frac{\dot{\gamma}(s)}{\delta_\gamma(s)} = \frac{K_{dx}}{T_{dx}s + (1 + K_{dx}K_a)} = \frac{K_{dx}}{1 + K_{dx}K_a} \cdot \frac{1}{\dfrac{T_{dx}}{1 + K_{dx}K_a}s + 1}$$

由上式可以看出,由于引入滚转角速度反馈,系统的传递系数减小为原来的 $1/(1 + K_{dx}K_a)$,相当于增加了弹体阻尼,同时,时间常数减小为原来的 $1/(1 + K_{dx}K_a)$,系统过渡过程加快了。

3.3.8　导引规律的选择

导引规律是将导弹导向目标的运动规律,简称导引律。它根据导弹和目标之间的相对运动参数(如视线角速度、相对速度等)形成制导指令,使导弹按一定的飞行轨迹攻击目标。

导引规律是导弹控制系统设计的重要内容,它描述导弹在向目标接近的整个过程中所应遵循的运动规律,它决定了导弹的飞行弹道特性及其相应的弹道参数。导弹按不同的导引规律制导,飞行的弹道特性和运动参数是不同的。导弹的弹道参数又是导弹气动外形、推进系统、制导系统和引战系统设计以及确定导弹载荷等的重要依据。

导引规律对导弹的速度、机动过载、制导精度和单发杀伤概率有直接的影响,而速度、过载、精度和单发杀伤概率是决定导弹杀伤目标空域的大小及形状等特性的重要因素,由此可知,研究导弹的导引规律能使导弹在给定条件下提高和改善导弹的性能,确定或改进导引规律在导弹系统设计中占有重要地位。

导引规律有很多种,包括经典导引规律和现代导引规律。经典导引规律是建立在早期经典理论概念基础上的制导规律,包括追踪法、前置角或半前置角法、三点法、平行接近法以及比例导引法等。现代导引规律是建立在现代控制理论和对策理论基础上的制导规律,目前主要有线性最优、自适应制导以及微分对策等导引规律。经典导引规律需要的信息量少,结构简单,容易实现,因此现役战术导弹大多数还是使用经典导引规律或其改进形式。现代导引规律较之经典导引规律有许多优点,如脱靶量小,导弹命中目标时姿态角满足需要,抗目标机动或其他随机干扰能力强,弹道平直,弹道需用过载分布合理,可扩大作战空域等。但是,现代导引规律结构复杂,需要测量的参数较多,给导引规律的实现带来了困难。随着微型计算机的发展,现代导引规律的应用是可以实现的。

采用遥控制导的导弹,多采用三点法导引规律。三点法导引规律是导弹在攻击目标的整个飞行过程中,其质心始终位于制导站和目标位置的连线上。

采用自动寻的制导的导引规律主要有追踪法、前置角法、平行接近法以及比例导引法等。追踪法是保证导弹拦截目标的一个最直截了当的方法。它有两种方法,一是姿态追踪法,导弹的纵轴直接指向目标,导弹在机动飞行时,速度向量总是迟后于弹轴的指向。这种导引规律最容易实现,导引头一般固定于弹体上,只要使敏感轴指向目标即可,它要求导引头具有宽视场角。二是速度追踪法,在导弹接近目标的制导过程中,导弹速度向量与导弹、目标连线相重合。实现这种导引规律有两种方案,一种是用具有随动系统的导引头,使其敏感轴直接沿风标稳定,亦即使导引头敏感轴方向与导弹速度指向一致。另一种是用三自由度陀螺和攻角传感器分别测量弹体姿态角和攻角,间接地实现敏感轴沿风标稳定。

前置角法是追踪法的推广,导弹在飞行中其轴(或速度向量)与导弹、目标的连线具有一个角度。

平行接近法是指在导弹的运动过程中,导弹与目标的连线始终平行于初始位置,即如果在导弹发射时刻,导弹与目标的连线倾角为某一角度,则当导弹接近目标时,导弹与目标的连线应总为该固定的角度。也就是说,连线不应有转动角速度。

比例导引法是使导弹速度向量的旋转角速度(或弹道法向过载)与目标视线的旋转角速度成正比。它的特点是,导弹跟踪目标时发现目标视线的任何旋转,总是使导弹向着减小视线角的角速度方向运动,抑制视线的旋转,使导弹的相对速度对准目标,力图使导弹以直线弹道飞向目标,它能敏感地反映目标的运动情况,能对付机动目标和截击低空飞行的目标,并且导引精度高,因此它被广泛地应用。

比例导引法是追踪法、前置角法和平行接近法的综合描述,是自动寻的导引规律中最重要的一种。当比例导引法的导航比增益取 1 时,它就是追踪法;若取导航比增益为零时,它就是前置角法;当导航比增益趋向无穷大时,它就变成了平行接近法。因此追踪法、前置角法、平行接近法都可以被看作比例导引法的特殊情况。

一般采用追踪法、三点法和比例导引法这三种导引规律,其他形式的导引规律均可归结为这三种之一。

在初步设计时,导弹需要的加速度和产生的脱靶量是两个重要的参数。在三种导引规律中,只有比例导引法可以响应快速机动的目标。在波束制导系统中,由于导弹必须位于瞄准线上,目标的任何机动都可能造成导弹飞行弹道的很大偏差,产生很大的法向加速度。基于追踪法导引时,速度向量总是对准目标,故在接近目标时,它同样会产生很大的偏差。

影响脱靶量的参数有:① 传感器的偏差角;② 噪声;③ 目标的航向;④ 目标的加速度;⑤ 目标速度;⑥ 阵风;等等。

表 3-8 给出了选择导引规律的整个原则。原则的第一条表明,在所有情况下选择比例导引是最为适用的。但必须注意。在设计过程中的成本和复杂性也是考虑的主要因素。

表 3-8 对付空中威胁所有导引规律比较

		目标航向	目标速度	目标加速度	传感器偏差	噪声	阵风
三点法	良好		√			√	
	一般				√		√
	差	√		√			

续 表

		目标航向	目标速度	目标加速度	传感器偏差	噪声	阵风
追踪法	良好		√			√	√
	一般				√		
	差	√		√			
比例导引	良好	√	√	√	√		√
	一般						
	差					√	

导引规律影响导弹的弹道特性、导弹的需用过载、过载在弹道上的分布和导引精度等。因此,导引规律的选择是十分重要的。下面给出选择的基本原则:

(1)理论弹道应通过目标,至少应满足预定的制导精度要求,即脱靶量要小。

(2)弹道横向需用过载变化应光滑,各时刻的值应满足设计要求,特别是在与目标相遇区,横向需用过载应趋近于零,以便保证导弹以直线飞行截击目标。如果所设计的导引规律达不到这一指标,至少应该考虑导弹的可用过载和需用过载之差应有足够的富余量,且应满足下列条件:

$$n_{ya} \geqslant n_{yn} + \Delta n_1 + \Delta n_2$$

式中 n_{ya} —— 导弹的可用过载;

n_{yn} —— 导弹的弹道需用过载;

Δn_1 —— 导弹为消除随机干扰所需的过载;

Δn_2 —— 消除系统误差所需的过载。

(3)目标机动时,导弹需要付出相应的机动过载要小。

(4)抗干扰能力要强。

(5)适合于尽可能大的作战空域杀伤目标的要求。

(6)导引规律所需要的参数应便于测量,测量参数的数目应尽量少,以便保证技术上容易实现,系统结构简单、可靠。

3.3.9　制导控制系统设计要求

3.3.9.1　制导控制系统的主要性能指标

导弹制导控制系统的总体设计目标是,在导弹受到外部环境干扰时能克服干扰,使导弹稳定在预定的弹道上;当攻击目标时,能接受导引头的控制信号,依据制导律控制导弹飞向目标并最后击毁目标。导弹制导控制系统的主要性能指标包括:

1.导弹的制导方式

(1)单一制导;

(2)复合制导;

(3)多模制导。

2. 制导精度

制导精度应满足一定概率的脱靶量。

3. 抗干扰能力

(1) 抗目标或敌方的无线电有源干扰、无源干扰的能力；

(2) 抗红外干扰机干扰或红外诱饵干扰弹干扰的能力；

(3) 抗背景干扰的能力。

4. 导弹飞行速度、高度和过载范围

(1) 速度范围 (v_{max}, v_{min})；

(2) 高度范围 (H_{max}, H_{min})；

(3) 最大过载 (n_{xmax}, n_{ymax})。

5. 时间特性和攻击距离

(1) 归零或初始段时间，最大中制导飞行时间，最大飞行时间；

(2) 发动机工作时间；

(3) 最大发射距离；

(4) 最小发射距离。

6. 制导规律

(1) 追踪法；

(2) 前置角或半前置角法；

(3) 三点法；

(4) 平行接近法；

(5) 比例导引法。

7. 控制方式

(1) 旋转式单通道控制；

(2) STT 三通道控制；

(3) BTT 控制；

(4) 气动力/推力矢量复合控制；

(5) 直接力控制。

8. 系统响应特性与控制能力

(1) 超调量 $\sigma\%$；

(2) 调节时间 (或时间常数) 及带宽；

(3) 姿态角稳定误差；

(4) 最大舵偏角 δ_{max} 及最大舵偏角速度 $\dot{\delta}_{max}$；

(5) 最大舵机输出力矩。

9. 结构尺寸、质量、质心、转动惯量和接口要求

(1) 结构尺寸：长度 L、直径 D；

(2) 质量特性 $m(t)$ 和质心位置 $x_T(t)$；

(3) 转动惯量;

(4) 机械连接方式:卡环式、法兰盘式、螺纹式、楔形块式;

(5) 电气接口:与导弹各舱段和发射装置间的电气接口。

10. 制导系统硬件的寿命和可靠性

(1) 寿命:使用寿命、贮存寿命、总寿命和寿命周期;

(2) 挂飞平均无故障间隔时间(MTBF);

(3) 任务可靠度。

11. 制导系统硬件使用维护特性和环境适应性

(1) 使用维护特性;

(2) 环境适应性;

(3) 电磁兼容性。

3.3.9.2 导引系统设计要求

对采用精确制导技术的导弹武器来说,导引系统的主体就是导引头。对导引头设计的总要求是在战术技术指标规定的使用条件(包括规定的背景及干扰条件)及作战空域内,完成对目标的探测、识别和跟踪,测量导弹目标相对运动参数,提供导弹制导所需的导引信息。

1. 红外导引系统

(1) 体制及波段选择。应根据战术技术指标对导弹截获距离和抗干扰要求及实现可能,确定红外导引头采用的探测体制,是单元调制盘式调制体制或多元脉位式调制体制或线列扫描成像体制或面阵凝视成像体制。目前发展趋势是采用成像体制。为提高抗干扰能力,其工作波段发展趋势采用多波段,工作波段的选择主要取决于目标辐射特性、干扰辐射特性、大气窗口、主要背景辐射等因素,以保证获得最高信噪比。并根据最大跟踪能力、最大跟踪场、最大角加速度、稳定精度、平台负载确定跟踪稳定平台体制是动力陀螺式或速率稳定平台式或捷联稳定式。

(2) 截获距离。导引系统探测距离是导弹探测到目标的距离,它与系统的探测灵敏度、目标的红外辐射特性、目标与背景的温差、大气传输特性及导弹相对目标的方位等有关。当信噪比超过一定值时,导引头可转入自动跟踪,此时弹目距离为截获距离,应根据战术技术要求确定,应比允许发射距离更远,应考虑从截获到发射之间的延迟所对应的距离。

(3) 探测、截获和虚警概率。目标探测就是从含噪声的信号中检测出目标信息。导引头的目标信号中含有多种噪声,包括背景噪声、热噪声、电磁噪声、探测器噪声等;可作为白色高斯噪声或有色高斯噪声处理,其概率密度为

$$P(x) = \frac{1}{\sqrt{2\pi}} \frac{1}{\sigma} e^{(x-m)^2/2\sigma^2}$$

式中 m —— x 的均值;

  σ —— 均方差。

信号加噪声的联合概率密度函数一般也认为服从正态分布。

对单次检测虚警概率 P_f 和探测概率 P_d 分别表示如下:

虚警概率 P_f

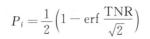

$$P_f = \frac{1}{2}\left(1 - \text{erf}\,\frac{\text{TNR}}{\sqrt{2}}\right)$$

探测概率 P_d

$$P_d = \frac{1}{2}\left(1 + \text{erf}\left(\frac{\text{SNR} - \text{TNR}}{\sqrt{2}}\right)\right)$$

$$\text{erf}(x) = \frac{2}{\sqrt{\pi}} \int_0^x \exp\left(-t^2/2\right) dt$$

$$\text{SNR} = \frac{s}{\sigma}$$

式中　SNR——信号 s 与噪声均方根值之比；

　　　TNR——阈值与噪声均方根值之比。

从虚警概率和探测概率的公式可知，虚警概率 P_f 只与 TNR 有关，TNR 越大，虚警概率越低；探测概率与 TNR 和 SNR 均有关。当虚警概率一定时，即 TNR 确定，要提高探测概率只有提高 SNR。

系统总体设计时，可根据平均虚警时间 T_f（它表示系统两次虚警之间的平均时间间隔）与虚警概率的关系，求出虚警概率。它们的关系如下：

$$T_f = \frac{1}{2\Delta f P_f}$$

式中，Δf 为系统噪声带宽。

为了既能满足检测指标又不降低探测距离，必须进行多帧检测，总的探测概率 $P_{d(M/N)}$ 及多帧虚警概率 $P_{f(M/N)}$ 为

$$P_{d(M/N)} = \sum_{k=M}^{N} C_N^k P_d^k (1 - P_d)^{N-k}$$

$$P_{f(M/N)} = \sum_{k=M}^{N} C_N^k P_f^k (1 - P_f)^{N-k}$$

式中　N——连续检测帧数；

　　　M——检测到目标帧数；

　　　P_d——单帧探测概率；

　　　P_f——单帧虚警概率。

当导引头探测目标可转入跟踪时的信噪比所对应的探测概率为截获概率。

(4)探测视场和空间分辨率。导引头的探测视场有瞬时视场、搜索视场。

瞬时视场是指导引头瞬时观察到的空域范围。搜索视场是指按特定规律扫描，在搜索一帧的时间内导引头瞬时视场所能覆盖的空域范围，一般要求约为 6°圆锥角。红外导引头瞬时视场一般要求约为 3°圆锥角，太大背景干扰大，太小难以瞄准。

有的导引头为提高截获概率，采用扫描方式来扩大导引头的搜索视场，捕获目标后再以小视场进行跟踪。圆锥扫描搜索视场一般约为 6°圆锥角，俯仰方位扫描一般约为 6°×6°。

红外导引头空间分辨率表示对目标细节的分辨能力。例如对观察距离约为 10 km 的目标，在正侧方观察长 10 m，翼展 10 m 的目标，目标的张角为 1 mrad，取可分辨因素为 4，则空间分辨力应为 0.25 mrad。

(5)随动能力。为迅速捕获目标，要求导引头位标器具有与机载雷达随动能力，包括随动

最大角度,最大角速度,应尽可能与跟踪雷达的跟踪能力相匹配。

(6) 跟踪能力。

1) 最大跟踪角速度。根据导弹攻击区和制导系统的要求确定目标视线最大角速度,根据最大视线角速度,确定导引头的最大跟踪角速度能力。

2) 最大跟踪离轴角。对采用比例导引的导弹,根据导弹与目标的速比 b 以及导弹的需用攻角 $\alpha_{\max}$ 确定导引头最大跟踪离轴角为

$$\varphi_{\max} \geqslant \arcsin \frac{\sin (q_T - \theta_T)}{b} + \alpha_{\max}$$

式中 q_T—— 目标视线角;

      θ_T—— 目标航迹角。

3)跟踪快速性。导引头的跟踪快速性取决于对导引系统的带宽要求,要求太快,不利于滤除导引噪声,太慢则将影响跟踪能力。根据弹道上的不同阶段和不同的滤波算法应有不同的要求,应用弹道仿真确定。

(7)抗干扰。

1)抗人工干扰。主要是考虑抗诱饵弹的干扰。应能给出对战术技术指标规定的干扰形式的平均抗干扰概率,包括干扰弹与目标的能量比、投放时间、投放间隔、投放方式、数量、工作波段、类型等。

2)抗背景或环境干扰。在下视下射时应能对抗地物、海浪背景的影响;能在不均匀的亮云背景下正常截获跟踪目标;有较高的抗太阳干扰能力,例如,一般要求导引头偏离太阳夹角大于 12°应能正常工作。

(8)输出特性。

1)导引信号。为实现导引律,导引系统应输出导引律需要的所有信号。

2)导引传递函数。导引传递函数是指单位角速度输入下的导引头输出电压,它与失调角信号成比例。导引传递函数是导弹导航比的一部分。一般要求导引传递函数误差不大于额定值的±10%。

3)通道耦合系数。在多通道导引系统中,在规定的条件下某个通道的输入引起另一个通道的耦合输出,该输出与某个通道输出的比称为通道耦合系数,一般要求不大于0.1。

4)测量误差。对采用比例导引的导弹,导引头测量误差主要有目标相对导弹视线角速度的测量误差、失调角零位的测量误差。引起失调角零位测量误差的因素较多,如导引头的信息处理误差,导引头的装配误差,通道耦合误差,干扰、背景引起的误差,弹体耦合引起的误差,陀螺回转中心与位标器质心不重合引起的漂移,随机机构的间隙使失调角测量值的不确定等。测量零位误差一般不超过0.1°。

输出噪声也会造成导引头的测量视线角速度的误差,使制导信号产生波动。一般要求在目标能量足够时,视线角速度的测量噪声的均方根值不大于 0.1°/s。

(9)失控距离。当导弹接近目标时,导弹因导引头跟踪能力不够,目标可能超出导引头视场而失去控制。如果失控距离大,将使脱靶量大。

导弹脱靶量的表达式如下:

$$r = \frac{1}{2}(a_{TB} - a_{MB})t_{gB}^2 - v_B t_{gB}$$

$$t_{gB} = D_B / |\dot{D}_B|$$
$$v_B = D_B \dot{q}_B$$

式中　r——导弹脱靶量；

　　a_{TB}——目标失控时刻的横向加速度(垂直视线)；

　　a_{MB}——导弹失控时刻的横向加速度(垂直视线)；

　　t_{gB}——导弹失控时刻的剩余时间；

　　D_B——导弹失控距离；

　　$\dot{D}_B$——导弹失控时刻相对目标的接近速度；

　　$\dot{q}_B$——导弹失控时刻的视线转动角速度。

有的导弹要求失控距离不超过 140 m,可以满足制导精度 7 m(95％落入概率)的要求。

(10)锁定能力。在导引头截获目标之前,有的导弹采用机械锁,有的导弹采用电锁,必须根据系统允许瞄准误差的分配提出锁定精度及动态品质。

(11)导引头工作准备时间。根据战术技术要求,并结合系统达到正常工作的最小时间,如陀螺达到稳定工作时间、探测器达到制冷温度的时间确定要求。

(12)连续工作时间。连续工作时间按战术技术要求确定,应考虑战斗飞行需要时间的要求。

(13)物理参数。导引头的外形必须满足导弹气动外形的要求,导引头的质量、质心按导弹总体结构设计分配的指标。

(14)制冷。应要求导引头的制冷气体的介质、纯度(露点、允许杂质颗粒大小),达到制冷温度的时间。

2.雷达导引系统

雷达导引头有主动雷达导引头、半主动雷达导引头和被动雷达导引头三种。下面以某型复合制导空空导弹的主动雷达导引头为例阐述其基本要求。

(1)工作波段及工作波形。空空导弹雷达导引头可供选择的波段有 X,Ku,Ka,W 波段;根据导弹研制总要求中提出的导引头截获距离、抗干扰性能、大机群空战条件下电磁兼容性和战术使用要求,分析发射功率器件、天线、接收机、信息处理等技术的发展水平,进行性能、经费、进度三坐标综合论证,和使用方共同确定导引头的工作波段。

(2)截获距离。主动雷达导引头的截获距离就是导弹可进入主动雷达末制导的距离,它决定了空空导弹发射后不管的距离,也影响复合制导导弹攻击区的远边界和载机的脱离距离,从而影响载机的生存率和作战效率。

对不同的目标,在不同的背景下,导引头的截获距离不同。截获距离还与系统对导引头的目标指示精度有关。一般应确定在给定条件下导引头独立工作时的截获距离。并应考虑自由空间的截获距离和低空尾后下射时的截获距离。

(3)导引头探测灵敏度。导引头探测灵敏度是在导引头发射机工作状态下接收机能探测到目标的最小能量,一般用 dB·W 为单位。导引头探测灵敏度是根据导引头截获距离要求而确定的。

(4)发射机潜能。发射机潜能为导引头发射机平均功率与天线增益的乘积,用来表征导引头的辐射能量,一般用 dB·W 为单位。一般要求发射机潜能在所有工作环境条件下均应不低于规定指标,对其要求应满足导引头截获距离所需的潜能。

（5）截获概率。导引头单独工作时，在规定的截获距离上应保证具有规定的截获概率。对于复合制导的导弹，在中、末制导交接班时，主动雷达导引头的截获概率是导弹系统的指标，它与目标的雷达反射截面积（RCS）、导引头天线波瓣宽度及目标指示误差的大小有关。目标指示误差又与机载武器系统和导弹系统的多种误差有关，如机载雷达的测角误差、测距误差、测速误差，导弹的对准误差和导航误差，导弹的结构安装误差以及天线指向误差等因素有关。这些误差又随攻击距离变化。导引头的波瓣宽度也随弹目距离变化，一般要通过制导系统数字仿真来确定中、末制导交接班时导引头满足规定的截获概率。

（6）多目标和群目标攻击能力。多目标攻击能力是指机载雷达能分辨的多个目标进行攻击时，导引头根据装订的飞行任务，应能截获、跟踪载机分配给自己的目标。群目标攻击能力是指对机载雷达不能分辨的密集编队的目标攻击时，导弹能攻击密集编队目标中的被指定该导弹的优选目标。它是根据战术技术指标确定的。

（7）分辨率。分辨率是指导弹测量目标角度及接近速度可分辨的最小值。导引头的角度分辨率取决于波束宽度及角度鉴别器的性能；导引头的速度分辨率由速度跟踪窄带滤波器的带宽决定。

（8）下视下射能力。导引头在飞行控制系统的协助下应能避开地面反射的杂波，迎头或尾后攻击位于载机下方的目标。由于地面杂波的复杂性，一般应规定导引头在典型条件下的低空下视能力（包括目标高度、弹与目标的高度差等）。

（9）导引头搜索特性要求。若导引头在"允许截获"指令后规定时间内未能截获目标，应自动转入搜索状态，包括角度搜索和速度搜索。一般应规定导引头的角度搜索、速度搜索范围和搜索周期。对于无测距功能的主动雷达导引头，由于不能同时接收和发射，存在距离遮挡问题。为了不漏掉目标，在角度搜索和速度搜索时，停在每一步的驻留时间应大于距离遮挡周期。为了缩短搜索周期，在条件允许时，应尽可能增大多普勒滤波器宽度，多普勒滤波器的带宽最好对应目标速度指示误差允许的最大值。

（10）导引头速度跟踪特性。应根据导弹与目标的接近速度范围确定多普勒滤波器的跟踪范围。应根据导弹与目标的接近加速度范围确定导引头应能跟踪多普勒频率变化率的能力。

（11）导引头单脉冲角鉴相器失调角的测量精度。失调角的测量精度影响导引头对视线角速度的测量精度，它是影响导弹制导精度的重要因素。应规定在各种不同信噪比条件下的失调角的测量精度，包括斜率、零位和测量噪声均方差的指标。

（12）导引头主动通道的动态范围。根据不同距离、不同目标的反射能量以及目标有源干扰能量的可能范围，确定导引头接收机正常工作的动态范围，一般应不低于 100 dB。当输入信号电平在 100 dB 范围内变动时，要求导引头的等强信号线方向改变不大于规定值。

（13）位标器的技术要求。

1）天线预偏角。根据导弹截获目标时的需要确定天线预偏角度范围、天线预偏时间及预偏精度。

2）天线跟踪角度范围。应根据导弹自主飞行时导引头跟踪目标的最大离轴角（视线与弹轴的夹角），并考虑弹体在飞行中的摆动幅度来确定导引头天线跟踪角度（框架角）的范围。

3）天线跟踪角速度范围。应根据弹道的实际需要，确定导引头自主跟踪目标时对应的最大跟踪角速度。

4）天线稳定装置的漂移。天线稳定装置的漂移分静态漂移和动态漂移。天线稳定装置静止状态测量目标视线角速度的零位误差称为天线稳定装置的静态漂移;在导弹自主飞行中,因天线稳定装置受导弹加速度惯性力的作用引起的漂移称为动态漂移。天线稳定装置静态漂移和动态漂移是影响视线角速度测量精度的重要因素。天线稳定装置的漂移大小与陀螺漂移、位标器的质量偏心、位标器结构间隙和惯性力的大小及方向有关,应根据详细数值仿真分析其对制导精度的影响,来确定对位标器漂移的技术要求。

5)天线稳定系统去耦系数。天线稳定系统去耦系数定义为因弹体摆动引起的导引头视线角速度测量值的扰动与弹体摆动角速度之比,它反映了天线伺服系统对弹体摆动的去耦能力。一般应规定不同频率、不同幅度弹体摆动条件下对应的去耦系数。应根据导引头视线角速度的测量精度对其进行要求。

(14)测量误差。对采用比例导引的导弹,对弹目视线角速度的测量精度,尤其是大信噪比条件下(导弹与目标距离很近时)弹目视线角速度的测量精度是影响导弹制导精度的关键因素。视线角速度的测量一般是通过测量导引头角跟踪回路的失调角来实现的。视线角速度的测量误差与失调角的测量误差、天线稳定装置的漂移、通道耦合等有关。一般要求,导引头对视线角速度测量的零位误差不大于 $0.1°/s$;视线角速度为 $1°/s$ 时,视线角速度的测量误差一般不大于 10%;通道耦合不大于 10%。

视线角速度测量的输出噪声会使制导信号产生波动,从而引起弹道的波动,要求对导引头测量信号进行滤波。当目标能量信噪比足够大时,一般要求视线角速度测量噪声的均方根值不大于 $0.1°/s$。

(15)抗干扰。

1)导引头应具有良好的抗背景干扰和抗无源干扰能力。

2)导引头应具有良好的抗自卫式干扰和支援式干扰能力。

3)导引头应具有跟踪干扰源的能力。

这些能力要满足研制总要求规定的抗干扰能力。

(16)天线罩技术要求。

1)电性能。应规定导引头天线罩在工作波段上的透过率和天线罩折射误差斜率。天线罩的透过率影响导引头的作用距离,一般应大于 0.9。在弹体摆动时,天线罩对雷达电磁波的折射误差会对视线角速度的测量产生干扰,并会降低导弹在高空的稳定性。一般应通过制导系统的仿真,确定天线罩折射误差斜率的上限允许值。

2)物理特性。天线罩应满足使用环境要求,包括静强度、动强度、热载荷、密封和雨蚀等。

(17)数据链接收装置的技术要求。数据链接收装置的技术要求包括工作频段、带宽、点频数、频率稳定度、接收机灵敏度、副载频及频率稳定度、编码与解码方法、接收天线增益、机弹同步信号等。

(18)导引头准备时间。导引头准备时间包括导引头加温时间、导引头准备好时间,还应规定导引头发射机供电后进入正常工作的时间。

(19)自检能力。自检能力包括地面检测自检覆盖率、空中发射前自检覆盖率。

3.3.9.3　飞行控制系统设计要求

对不同的导弹飞行控制系统有很大的差异,其指标体系也不完全相同。以下主要对采用惯导的空空导弹飞行控制系统提出设计要求。

1. 对准精度和导航精度

应根据截获概率的要求,并结合飞机武器系统能达到的水平,确定机载惯导和弹载惯导粗对准允许误差和精对准误差要求,在不考虑坐标系对准误差的条件下,确定导弹飞行规定时间后的导弹位置精度、速度精度、姿态精度要求。

2. 加速度计及角速度传感器测量范围

根据弹道上导弹可能出现的加速度及弹体角速度范围,确定加速度计及角速度传感器测量范围要求。

3. 对滤波算法的要求

(1) 在中制导段,利用载机装订数据和通过数据链通道接收的数据,对载机和目标信息进行预测,形成控制算法要求的导弹目标相对位置矢量、目标速度矢量和剩余飞行时间估值。

(2) 当导弹允许截获时,给出目标指示和允许截获指令。

(3) 对导引头的角度测量信息进行滤波和外推导弹目标相对位置、目标速度和目标加速度的估值;角度滤波算法具有抗地杂波、镜像、间断杂波和假目标等能力。

(4) 协助导引头实现速度跟踪和抗速度拖引干扰。

(5) 算法保证在有目标优选标志时,能按目标优选标志对群目标进行优选。

4. 对制导规律的要求

按要求实现规定的制导规律或特种弹道算法。

5. 对稳定回路的要求

(1) 对稳定性的要求。导弹稳定系统应保证导弹在所有自主飞行条件下弹体绕俯仰、偏航、滚转三个轴的空间稳定性,即稳定回路三个通道的稳定性。空空导弹稳定回路的纵向通道(俯仰、偏航)的工作频带一般为 $1\sim2$ Hz。为保证导弹机动飞行时在各种干扰力矩作用下弹体俯仰、偏航、滚转三个轴的稳定性,一般要求滚动通道的频带应大于 10 Hz。按照经典的线性控制理论,在规定的带宽下,一般要求稳定回路的幅稳定裕度不小于 6 dB,相对稳定裕度一般不小于 $30°$。

但考虑到系统的非线性、时变性,特别是有弹载计算机控制的导弹,由于软件设计的复杂性和时延的不确定性,一般要在作战空域中的各种典型条件下,通过数字仿真、半实物仿真和程控弹的发射,逐步调整稳定算法及指标要求,确保系统是稳定的。

对有数据链的导弹,导弹应尽可能将数据链接收天线的极化方向对准载机发射信号源的极化方向,并要避免弹体遮挡,以保证数据链信息的接收。这样,在中制导阶段就要求弹体滚转角稳定在要求的值上,误差在 $-15°\sim+15°$ 范围内。

(2) 对稳定回路复现控制过载的要求。一般来说,空空导弹的稳定回路应有快速响应导弹控制指令的能力,以便对付高机动目标。但在不同的高度上,目标的机动能力相差很大,对导弹的快速性要求也应不同。格斗主要在低空进行,目标的机动能力强,离轴发射角度大,对导弹的快速性要求高,其稳定回路的时间常数一般应小于 0.2 s;而在高空,由于目标机动能力下降,对导弹的快速性要求可较低。

(3) 启控时间的要求。导弹离开载机一定距离后,才允许导弹接入控制指令,开始有制导的飞行。稳定回路接入控制指令的时间为导弹启控时间。导弹启控时间应根据保证载机的安

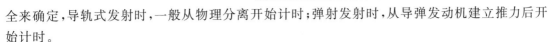

全来确定,导轨式发射时,一般从物理分离开始计时;弹射发射时,从导弹发动机建立推力后开始计时。

(4)抑制弹体弹性振动的影响。应设计结构滤波器或采用其他方法,对导弹弹体结构的一阶弯曲(必要时包含二阶弯曲)固有频率进行有效抑制,使稳定回路没有接近弹体弹性固有振动频率的输出,以防止控制系统发生伺服颤振。

6.对舵机的要求

舵机用来执行导弹控制指令,操纵舵面偏转,产生控制力和力矩。在导弹上通常采用的有电动舵机、气动舵机和液压舵机。

液压舵机输出力矩大,抗负载能力强,响应速度快,但其结构复杂,设计加工制造成本高,能源笨重,体积、质量较大,使用维护不方便;气动舵机以高压冷气或燃气为能源,其输出力矩、抗负载能力、响应速度等方面虽不如液压舵机,但其结构简单,制造成本低,质量、体积小,维护使用方便,一般用于小型导弹上;电动舵机以弹载电池为能源,采用稀土永磁直流电动机,响应速度快,体积、质量小,使用维护方便,且易实现自检,大大提高了任务可靠度,近年来广泛用于各种大小的导弹上。

根据舵机反馈的原理不同,舵机又分为位置反馈式和力矩平衡式。若舵偏角随动舵偏角指令,称为位置反馈式舵机,主要用于有自动驾驶仪的导弹上。若舵偏角的大小与输入控制力矩成比例,称为力矩平衡式舵机,如"响尾蛇"空空导弹上的气动舵机,其舵偏角的大小取决于作用在舵面上的气动铰链力矩与控制力矩的平衡位置,它随导弹飞行高度和速度而变化。

对于位置反馈式舵机,根据导弹稳定回路动态特性要求,特别是滚动通道的动态特性要求,要求舵机具有快速响应能力,其通频带应尽量宽,一般对空载角速度、最大输出力矩、最大舵偏角和规定输入力矩下的带宽提出要求;对于力矩平衡式气动舵机,要求舵机的频带要比弹体的频带窄,以抑制弹体振荡,一般仅根据导弹可用过载的要求对舵机的最大输出力矩和最大舵偏角提出要求。

舵机的零位误差要求以通常可实现的加工、安装精度为宜,一般不大于 $0.5°$。

应对弹体结构颤振的可能性进行分析,一般要求舵机的频带还要低于弹体一阶弯曲模态频率,并对舵传动系统的间隙或频率提出要求,以避免结构颤振。

在导弹挂飞或应急发射时,一般要求舵面锁定,以保证安全。

3.4 总体结构方案选择和要求

导弹弹体结构是导弹的重要组成部分,它由弹身和气动力面组成,弹身通常分为数个舱段,气动力面主要包括弹翼、尾翼(安定面)、舵面等。为了实现舵面操纵及导弹各级之间的分离,还包括舵面操纵机构及级间的分离机构。

弹体的功用是把导弹各舱段和舵翼面连接成一个整体,使其具有良好的空气动力外形,承受和传递各种载荷,保证弹内的组件具有良好的工作环境,使导弹完成预定的战斗任务。

导弹结构设计的内容包括总体结构设计和部件结构设计。总体结构设计的依据是气动外形、总体布局、气动力面几何形状、外载荷估算报告、质量和质心要求、使用环境条件及维护测试要求、气动加热计算报告等。总体结构设计的内容包括全弹结构布局、分离面设置与形式设计,弹体与发射装置以及弹体内部各组件位置、空间、质量分配与调整、组件在弹体结构内安装设计及协调。组件结构设计是对弹体总体结构设计进行细节设计,即以组件(舱段、气动力面或特殊功能部件)为单元,把组件的具体构造、外形尺寸、材料、剖面形状、尺寸精度要求和质量要求进行细致的设计,最后得到全套从零件到各级装配用的生产图纸和技术要求。

3.4.1 导弹的结构形式与分类

一般来说,弹体是由骨架元件(纵、横向骨架元件)和蒙皮构成的薄壁结构,其结构特点如下:容易形成流线型的气动外形;从力学角度看是高次静不定结构,局部小开口一般不影响结构的承载能力;由于材料大致沿结构剖面的外缘分布,刚度大,质量轻。

弹体的结构形式,可以按加工方法和承受弹体载荷的主要受力元件进行分类。

1.按不同的加工方法分

(1)装配式结构。蒙皮、骨架元件单独制造,而后通过一定的连接(铆接、焊接、螺接、胶接等)方式装配成一个整体。因此,按装配方法的不同,又可分为铆接结构、焊接结构、胶接结构等。这类结构零件及装配工作量大,采用工装较多,生产周期长,互换性要求高。

(2)整体式结构。这种结构特点是蒙皮和骨架为一体。可以用机械加工、铸造、化学铣切、模锻、旋压、纤维缠绕或模压等方法加工成型。因此,结构零件数量少,装配工作量小,工装少,材料可以合理分布,容易实现模块化和互换。这类结构已逐渐成为战术导弹的主要结构形式。

2.按承受弹体载荷的主要受力元件分

(1)梁式。蒙皮较薄,弹体的弯矩和轴向力主要由较强的纵向元件(梁)来承受。

(2)桁条式。结构由蒙皮和布置较密的纵向元件(桁条)构成。蒙皮在桁条支持下一起承受弹体载荷。

(3)硬壳式。结构中一般不设纵向元件,弹体载荷全部由蒙皮承受。

3.4.2 气动力面构型及设计

气动力面是翼面、舵面、安定面、反安定面以及副翼的统称,是弹体的重要部件。气动力面结构设计的要求是翼面应具有良好的气动性能,质量小,承载大,同时必须保证具有良好的强度和刚度,而且结构简单,工艺性好,使用维护方便。

由于各种气动力面的结构形式和基本要求都类似,故本节主要讨论弹翼的构型与设计问题。导弹常用的翼面构造形式有蒙皮骨架式翼面、整体结构翼面、夹芯结构翼面、复合材料结构翼面及折叠翼面等。

3.4.2.1 蒙皮骨架式翼面

蒙皮骨架式翼面可按其有无翼梁而分为梁式及单块式。

1.梁式结构翼面

翼面由蒙皮、桁条、翼肋、纵墙、连接件和翼梁组成。按照翼梁数不同,可分为单梁式、双梁式及多梁式翼面,其中以单梁式翼面较多。

在梁式结构翼面中,翼梁是主要受力构件,它承受弹翼的全部弯矩、剪力,并与前后纵墙及上下蒙皮组成的闭室承受扭矩。桁条的数目不多,也较弱,它主要和蒙皮一起承受局部气动载荷。蒙皮较弱,不参加承受弯矩作用,只承受局部气动载荷及扭矩。翼肋在承受蒙皮传来的空气动力时像翼梁一样在翼肋平面内受力,并把力传给翼梁腹板及蒙皮。

为了更好地传递剪力和扭矩,在梁式翼面中通常还设置前、后辅助接头和前、后纵墙。梁式结构仅在翼展较大的翼面中采用,图3-105所示为一典型的单梁式翼面。

2. 单块式结构翼面

单块式弹翼的特点主要表现在蒙皮和纵向构件上,即蒙皮较厚,在纵向无强的翼梁,但安排有较多的桁条和纵墙,由蒙皮、墙和桁条铆接在一起构成壁板来承受和传递弹翼上的载荷。这种结构主要受力构件是蒙皮,安排在翼型外缘,能较好地利用结构高度,提高承载能力,减轻构造质量。图3-106所示是一种典型的单块式结构。

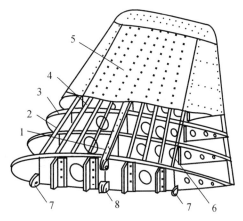

图 3-105 单梁式翼面

1—翼梁; 2—前墙; 3—翼肋; 4—桁条; 5—蒙皮;
6—后墙; 7—辅助接头; 8—主接头

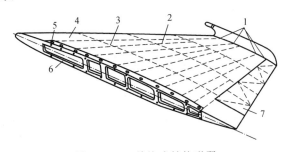

图 3-106 单块式结构弹翼

1—纵墙; 2—桁条; 3—翼肋; 4—蒙皮; 5—槽口; 6—对接孔; 7—副翼

3.4.2.2 整体结构翼面

整体结构将蒙皮和加强件(桁条和翼肋等)合为一体。特点是蒙皮容易实现变厚度,加强肋可以合理分布,零件少,连接件少,铆缝少,表面光滑,外形较准确,强度高,刚度好,结构简单,材料单一,装配工作量小。

整体结构分为组合式、实心式及整体夹芯式。

1. 组合式

组合式由整体加工成型的上下两块壁板,用铆钉或螺钉装配而成,图3-107所示是其典型结构,壁板蒙皮是变厚度的,壁板有辐射梁式及网格式。辐射梁起加强蒙皮及传递剪力作用,并将翼面载荷以最短的传递路线传给主接头。网格式壁板格子形状有长方形、正方形及菱形。其沿弦向、展向均有较好的刚度,同时网格加工方便。上述两种壁板均需在铆钉孔处制出凸台,以便铆接。

壁板材料一般用铝合金,可采用机械加工、化学铣切及模锻方法加工。弹翼与弹身的连接为多点式连接形式,其好处是将弹翼上的气动载荷分散传递给弹身,使弹翼及弹身不必过度加强其传力区的强度及刚度,可减少传力区的结构质量。

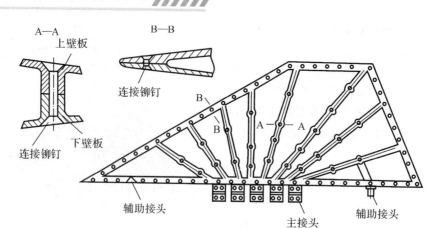

图 3-107　组合式整体结构翼面

2.实心式

对于尺寸小的薄翼面和舵面常采用实心结构,它可以用机械加工、锻造等方法制成,结构简单,加工方便,其结构如图 3-108 所示,所用材料多为铝合金。

3.整体夹芯式

整体夹芯翼面用铝合金机械加工而成,实心剖面中间钻出成排斜深孔以减重,孔内填充硬质泡沫塑料。此结构与实心平板弹翼相比质量减轻约 50%,加工方便,成本低,多用于厚度较大的翼面,如图 3-109 所示。

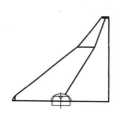

图 3-108　实心式翼面

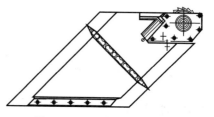

图 3-109　整体夹芯式翼面

3.4.2.3　夹层结构式翼面

夹层结构是由面板和芯材组成的,按不同的芯材可分为加强肋夹层结构和蜂窝夹层结构,目前,最常用的还是加强肋夹层结构。这种结构的特点是,加强肋为变厚度辐射状框架,蒙皮为等厚度钛合金板。蒙皮与加强肋之间用点焊固定,翼、舵面周边用滚焊连接(见图 3-110)。

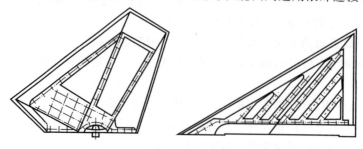

图 3-110　加强肋夹层结构舵、翼面

3.4.2.4 折叠翼面

采用折叠翼的优点是缩小导弹横向尺寸,便于贮装和运输,增加车辆或舰艇的运载能力,减少阵地车辆数目,提高战斗力。

折叠弹翼是在翼面展向的一部分或翼根部用折叠机构将弹翼折叠,解除约束后翼面即自动展开并在规定的位置上锁定。对折叠机构的主要技术要求是连接可靠、折叠方便、展开迅速、锁紧牢固、质量小、体积小、气动外形好。折叠翼的折叠机构一般包括展开装置和锁紧装置两部分。展开装置的作用是使处于折叠状态的翼面在一定条件下展开。对于大型折叠弹翼,展开装置也是折叠装置,即展开装置也起折叠作用,它是自动展开和自动折叠的。但在小型导弹上,大多数是人工折叠的,但翼面的展开一般是自动的。锁定装置作用是折叠部分展开后,将其和弹翼的固定部分可靠地锁定成一个整体,以便共同承担气动力。

可以从不同角度将折叠展开机构进行分类。按展开的能源分,有弹(扭)簧力式、压缩空气式、燃气压力式、液压作动筒式等。按折叠方式分,有全翼折叠式和部分弹翼折叠式等。

1. 全翼折叠式

全翼折叠式可使导弹在储运和发射装置上的径向尺寸最小,最常见的有:

(1)卷叠式。弹翼由弹簧钢板做成或在弹翼根部装有弹簧装置,弹翼折叠后装入发射筒内由筒壁约束,发射出筒后,在弹簧的作用下弹翼自动张开,如图 3-111 所示。

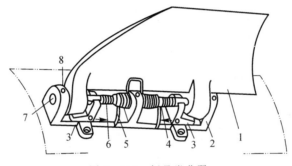

图 3-111 折叠卷曲翼

1—卷曲翼; 2—支座; 3—锁紧件; 4—弹簧座; 5—扭簧; 6—小弹簧; 7—转轴; 8—螺钉

(2)潜入式。弹翼潜入弹身之内,弹身开有潜伏槽及潜入空间,弹翼折叠后导弹装入发射筒(箱)内。

(3)尾叠式。弹翼折叠于弹身尾端,弹翼折叠后,外廓尺寸与弹身直径相等,发射后用发动机的燃气或弹力装置使弹翼展开,这种翼面属非操纵性稳定尾翼。

(4)纵向折叠。整个弹翼向后转动,直到紧贴于弹身为止甚至潜入弹体之内。

2. 部分折叠式

部分折叠式应用最多的有以下几种:

(1)横向折叠。以弹翼的中部或靠近根部进行折叠,称为横向折叠,适用于各种不同大小的导弹。小型弹一般用弹簧机构展开,如图 3-112 所示。

(2)多次折叠式。由于一次折叠仍不能满足减小径向尺寸的要求,因此必须两次折叠,但其结构复杂,一般只能在特殊情况下应用。

(3)伸缩型折叠。弹翼做成如拉杆天线型,导弹在储运发射前,弹翼收缩于翼根或弹体内,由专用装置或火箭筒(管)壁进行约束。导弹在发射后,收缩部分由弹簧力或其他能源作用,使收缩部分自动弹出,并予以锁定进入工作状态。

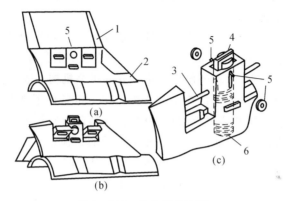

图 3-112 横向折叠外翼

(a)展开状态; (b)折叠状态; (c)局部放大(下锁状态)

1—外翼部分; 2—翼根部分; 3—转轴; 4—锁紧件; 5—按钮及其轴; 6—弹簧

3.4.3 弹身构型与设计

弹身是导弹弹体的重要组成部分,其功能是把弹体的各部件如弹翼、舵面、发动机等连成一体,形成设计的气动外形,承受并传递各种载荷,保证导弹的正常飞行;装载战斗部、推进剂和各种仪器设备,并保证其必要的工作条件。弹身通常由若干个舱段组成,如导引头舱、战斗部舱、制导控制舱、油箱和发动机舱等。

弹身一般可分为头部、圆柱段和尾段三部分,头部形状有半椭球形、圆锥形及抛物线形等,尾段形状有截锥形及抛物线形等。

弹身一般是由纵向(梁、桁条)、横向(隔框)加强件和蒙皮组成的薄壁结构。按不同的加工方法可分为装配式结构和整体结构两大类;按承受弹体载荷的主要承力构件不同,可分为梁式、桁条式、硬壳式等形式。

3.4.3.1 硬壳式结构舱段

硬壳式结构特点是整个舱体主要由较厚的蒙皮和较多的隔框组成,一般没有纵向加强件,弹体的弯矩、轴力、剪力和扭矩全部由蒙皮承受。采用较多的隔框主要是为了维持弹体外形,提高蒙皮在受压时的稳定性,加强框还要承受框平面内的集中载荷。它适合于直径较大的舱段,而直径较小的舱段,由于工艺原因,一般采用整体式结构。这种结构较梁式或桁条式结构构造简单,气动光滑,易于保证舱段密封,有效容积大,工艺性良好。其缺点是承受纵向集中力较差。硬壳式结构舱段简图如图 3-113 所示。

硬壳式舱段的主要承力件为蒙皮和隔框,特别是蒙皮,它是舱段的主体。蒙皮厚度主要根据强度刚度要求而定,即根据外载计算蒙皮内力,再按失稳强度条件进行校核。

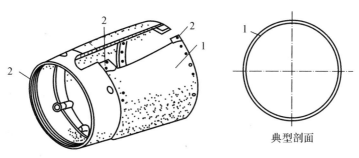

典型剖面

图 3-113　硬壳式结构舱段简图

1—蒙皮；　2—隔框

3.4.3.2　整体式结构舱段

整体式结构可视为骨架与蒙皮合二为一的结构形式,如整体铸造舱段、圆筒机加舱段、内旋压舱段、化铣焊接舱段等。它的受力特点是,舱段的全部载荷都由具有纵向、横向加强件的整体壁板(或筒体)来承受。这种结构除具有硬壳式结构的优点外,还具有材料连续、零件数量少、装配工作量小、强度刚度大、外形质量高等优点。但由于受到加工条件的限制,用于大弹径的舱段较困难,较小弹径的舱段几乎都采用整体式结构。

1.整体铸造舱

在整体式结构舱段中,铸造舱具有许多独到特点和优点。近年来,由于铸造材料、铸造工艺和检测手段的日益完善,铸件质量和尺寸精度不断提高,铸造舱在国内外的战术导弹中获得了普遍应用。特别是一些受力大、载荷复杂、固定设备部位多、强度刚度要求大的舱段尤为适合。

按照铸造材料的不同,铸造舱可选用铸铝合金或铸镁合金。在铸造方法上,广泛采用低压铸造、差压铸造等先进铸造工艺。铸铝舱的缺点是材料机械性能偏低,质量不易稳定。

图 3-114 所示为整体舱段铸造、局部机械加工而成的壳体,这种结构一般用在装有舵机的舱段。由于要有固定舵机设备的凸台和加强框,以及安装舵轴的台肩,用铸造的方法可以形成整体的结构,节省各种焊接、铆接件,加工量少,刚度好,适合于较大弹径的舱体以及大批生产。材料通常采用铸造铝合金。

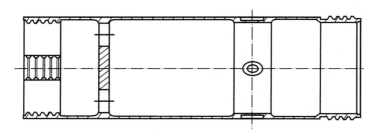

图 3-114　整体式铸造舱段

2.内旋压舱段

内旋舱是利用内旋压成型工艺,将蒙皮、端框和内部环框旋成一体的内旋压壳体,再铆上口框、支架即成舱体,它具有以下明显优点。

（1）强度刚度大。它既具有整体结构材料连续的特点，又具有铆接结构材料机械性能高的优点，其结构强度比铸铝舱、铆接舱都高。

（2）质量轻。蒙皮厚度可根据设计选择，不受工艺条件限制，且易制成变截面，壁厚精度高。舱体质量要比铸造舱轻20％以上。

（3）外形质量高，气动外形好。内外表面属于机加工成型，其准确度、对称性、表面质量都较高。

（4）工装通用性好，工装数量少。一套旋模即可适用于外径相同的各个舱段，且产品尺寸可以自由调整，设计更改和改型设计方便。图3-115所示为某型号典型的内旋压舱体。

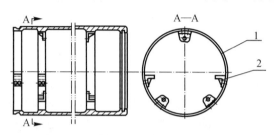

图3-115　某型号内旋压舱构造示意图
1—内旋压壳体；　2—承件支架

3. 圆筒机加舱段

图3-116所示为圆筒机械加工壳体，壳体是主要承力构件，能承受轴向力、剪力、弯矩和扭矩，内部容积大，但壳体不宜设置大开口，开口处必须有加强措施。这种形式结构简单，表面质量好。

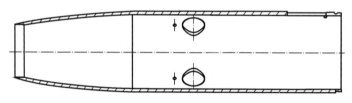

图3-116　整体式机械加工壳体

3.4.3.3　头锥的构造

战术导弹的头锥多制成光滑抛物线或其他尖拱形的旋成体，以减小头部阻力。采用雷达半主动或主动寻的制导导弹，头锥是导引头的天线罩，除要求有小的气动阻力外形外，还要求对电磁波透过性好，产生的畸变折射小，天线罩需用非金属材料制造。图3-117所示是锥形天线罩，后端胶接带有斜梯形螺纹的玻璃钢环，用以与后面舱段对接。

采用红外制导的导引头头锥结构如图3-118所示。为减小红外线透过头罩时衰减和折射，头罩用光学玻璃制成半球形，通过固定环与壳体黏结。

3.4.4　舱段间连接结构及设计

弹身通常设计成若干个舱段，然后用与各舱结构相适应的连接形式连接起来，组成整个弹身。舱段连接处要连接可靠，能可靠地承受及传递载荷；要保证装配偏差要求，即位移偏差

$\Delta\alpha$,弯折偏差 $\Delta\varphi$ 和扭转偏差 $\Delta\psi$(见图 3 - 119)要控制在允许范围之内;此外还要求装拆方便,并便于密封。

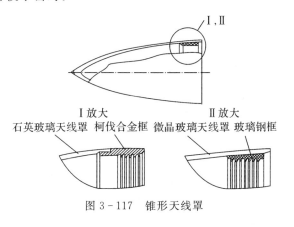

图 3 - 117　锥形天线罩

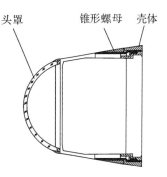

图 3 - 118　半球形头罩

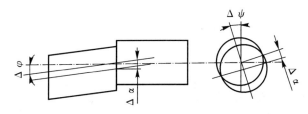

图 3 - 119　舱段间的连接偏差

舱段间的连接形式对全弹刚度和自振频率影响很大,轴向连接是强连接,连接刚度好,径向连接是弱连接,连接刚度差。影响连接刚度的因素除结构、尺寸和材料之外,接触间隙、摩擦等诸因素也起很大作用。

1.套接

套接连接是将两相邻舱段的连接框加工出可套在一起的圆柱内、外表面,它们的配合面套在一起并沿圆周用径向螺钉连接起来。舱段间的配合偏差主要靠套入面的配合精度、舱段端面的垂直度以及螺钉螺孔配合精度来保证。舱段间的弯矩、轴力、扭矩由配合面的挤压和螺钉受剪来传递。

套接连接结构简单,传力比较均匀,框缘没有被削弱,结构较轻,工艺性也好。很适合于刚度较好的中小直径舱段之间的连接。图 3 - 120 为套接螺钉连接舱段的示意图。

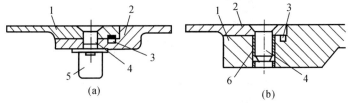

图 3 - 120　套接螺钉连接示意图
(a)托板螺母形式;　(b)钢丝螺纹衬套形式

1,2—连接框;　3—密封圈;　4—连接螺栓;　5—托板螺母;　6—钢丝螺纹衬套

2. 盘式连接

盘式连接是通过两个舱段连接框的端面对接,用沿圆周分布和弹身轴线平行或不平行的螺栓连接固定,可分为轴向盘式连接、折返螺栓连接、斜向盘式连接等。

如图 3-121 所示为轴向盘式连接。这种连接形式,弯矩由部分螺栓受拉和框的部分端面受挤压来传递,轴向力由框的端面受挤压传递,剪力由销钉和螺栓传递。对接偏差由连接框的端面垂直度和销孔的对合精度来保证。这种对接形式的对接孔加工比较容易,弯折偏差比套接时要小。由于容易提高对接框的抗弯刚度,故适合于弹径较大、载荷较大的舱段连接。弹径 500 mm 以上的舱段大都采用这种形式。

3. 螺纹连接

两个舱段的连接处分别加工出内、外螺纹,直接用螺纹进行连接。为防止松动,两舱段连接好后,用止动螺钉紧固。图 3-122 所示为螺纹连接的典型形式。$\Delta \alpha$ 由配合面的配合精度、同轴度来保证;$\Delta \varphi$ 由舱段端面垂直度来保证。螺纹连接的优点是结构简单、装拆方便,连接强度、刚度大,可利用空间大,加工容易,但这种连接形式的扭转偏差 $\Delta \psi$ 较难保证。多用于无相对转角要求的相邻舱段,如天线罩与舱段的连接。

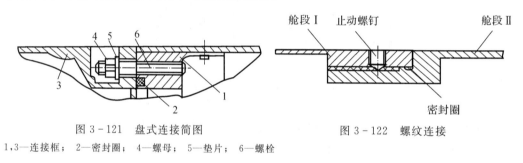

图 3-121 盘式连接简图   图 3-122 螺纹连接

1,3—连接框; 2—密封圈; 4—螺母; 5—垫片; 6—螺栓

4. 外卡块式连接

如图 3-123 所示,在两个舱段的外表面配合处,加工成斜面。舱段对接时将两个半圆形外卡块装在舱段上,用绑带和两头有左右螺纹的螺栓把它们箍接成一个整环。拧紧螺桩,抽紧绑带,可使外卡块的斜面与舱段斜面紧密配合,从而可把两个舱段连接起来。两个舱段的对接端面上,需安装两个定位销钉,用以传递扭矩和保证位移偏差不超过允许值。该连接形式的主要优点是连接刚度较大,装拆开敞性好。缺点是配合面较多,加工精度要求高,成本高。这种连接形式适用于中小弹径的舱段连接。

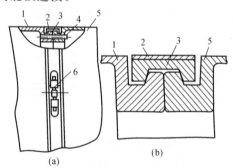

(a)   (b)

图 3-123 外卡块式连接

1,5—舱段; 2—外卡块; 3—绑带; 4—定位销; 6—左右螺栓(爆炸螺栓)

3.4.5 分离机构方案

分离机构是两级或多级导弹间连接的特殊组合件,它起着级间连接与级间分离两个重要作用。为了使导弹速度快、飞行距离远、质量小,往往采用两级形式,在助推器工作结束后,就需要将助推器壳体抛掉。分离机构的作用就在于分离前将助推级与二级导弹可靠地连接起来,而在预定分离瞬间,则迅速、可靠地将助推器与二级导弹本体分离。因此对分离机构的主要要求是:

1)连接可靠。使导弹在使用及飞行过程中,在各种静、动载荷作用下,一、二级弹体连接牢固,并要保证连接精度要求。

2)分离可靠。在分离信号给出后,能迅速、可靠地使分离部分脱离导弹本体,并要尽量减少对二级弹体的干扰作用。

分离机构的构造形式,一般可分为纵向分离机构和横向分离机构两大类。纵向分离机构是将助推器(或分离部件)沿导弹纵轴方向分离出去,故又称为串联分离机构。横向分离机构是将助推器(或分离部件)沿导弹径向分离出去,故又称并联分离机构。

3.4.5.1 纵向分离机构

1.卡环式分离机构

卡环式分离机构一般由两个半环、两个爆炸螺栓、两个横向连接螺栓等组成。图 3 - 124所示的某型号分离机构即为典型的卡环式分离机构。分离环卡在一、二级对接舱的槽内,使其对接贴紧并传递弯矩和轴向力。当导弹给出级间分离信号时,爆炸螺栓引爆,推出横向连接螺栓,解除了分离环约束,在一级气动阻力及二级发动机燃气冲击力作用下,实现导弹的级间分离。

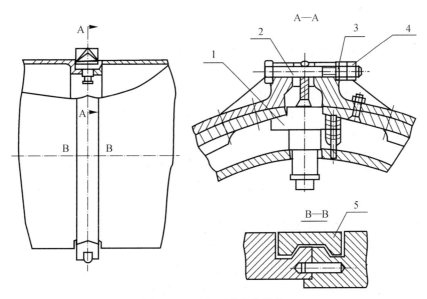

图 3 - 124 卡环式分离机构

1—爆炸螺栓; 2—横向螺栓; 3—螺母; 4—锁紧螺母; 5—分离环

导弹总体设计与试验实训教程

卡环式分离机构的主要优点是机构简单、传力直接、占用舱内空间小、分离可靠、维护使用也很方便，不足之处是连接刚度稍差，不适用于大直径的导弹。

2.轴向爆炸螺栓式分离机构

图3-125所示为用爆炸螺栓直接连接导弹一、二级的纵向分离机构，分离机构主要由防爆盒里面的角撑、橡皮减震垫、爆炸螺栓等组成。爆炸螺栓本身既是连接件又是释放件，结构形式比较简单。根据弹径不同、载荷不同，可以布置不同的螺栓数量，如4个、6个、8个等，在弹道式导弹一般都安排10个以上。

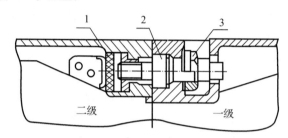

图3-125　轴向爆炸螺栓连接的分离机构

1—橡皮减震垫；　2—爆炸螺栓；　3—特型螺母

这种分离机构连接强度刚度大，连接可靠，无外突物，气动外形好，靠爆炸螺栓直接释放，分离可靠，装拆维护也方便，对于大、中、小型导弹都适于采用。

3.4.5.2　横向分离机构

1.悬挂式分离机构

图3-126所示为某型号悬挂式分离机构简图。该机构由前后悬挂接头、后支撑杆及一组释放机构组成。在助推器点火后，燃气流冲击位于喷口处的后悬挂接头的旗状板，再通过一套传动机构使助推器后悬挂点被解除连接。由于助推器前接头只能承受向前作用的助推器推力，后支撑也没有与弹体固连，所以当助推器工作完毕时，在重力及气动阻力作用下就自动与二级弹体分离。

这种连接与分离机构的特点是构造简单，分离可靠，装拆也较方便，其缺点是助推器的推力仅通过前接头单点传递，给二级弹体的受力传力带来一定的困难。

2.集束式分离机构

某型号集束式分离机构如图3-127所示。4台助推器呈45°方向并联于弹体四周，助推器用前、后接头(即分离机构)和弹体相连。前接头为球头球窝结构(见Ⅰ详图)，可以调节，是受力主接头。后接头结构为分离环。

其工作原理是，导弹发出分离信号后，爆炸螺栓起爆，分离环解除约束，在助推器系统阻力作用下分离环向后移动，助推器球头退出二级弹体。由于助推器头部装有5°斜角的头锥，在头锥升力、圆柱段升力和惯性力等作用下，绕其后轴螺栓移动，4台助推器迅速成伞状张开，同时向后移动，直至分离环滑出弹体，一、二级完全脱离，整个分离过程结束。

该分离机构连接牢固、分离可靠，适宜于多个助推器的较大型导弹上，在设计、制造及安装调节上技术要求比较高。

176

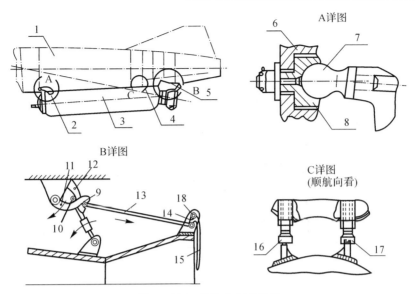

图 3-126　悬挂式分离机构

1—弹体；　2—前悬挂接头；　3—助推器；　4—后支撑；　5—后悬挂接头；　6—支架；　7—球形接头；

8—球窝；　9—横轴；　10—小轴；　11—制动块；　12—锁钩；　13—撑杆；

14—小销；　15—旗形件；　16—左后支撑；　17—右后支撑；　18—后小轴

3.4.6　结构设计要求

弹体各部分的功能不同,要求也不同,结构设计要综合考虑协调多方面的因素和要求,设计目标是保证导弹有最好的性能,设计时应遵循以下的一些基本要求。

3.4.6.1　结构设计要求

1.气动外形要求

尽可能提高空气动力表面的品质,对理论外形的误差应严格控制并提高表面光滑品质,保证导弹具有良好的气动性能和飞行性能。设计中应采用整体式、整体加强框式等局部刚度高的结构形式,减少分离面和舱口数目,提高弹体刚度和减轻质量。尽量避免或减小突出外表面的台阶、缝隙等可能增大阻力、降低升力的外表结构,不能避免时应加整流罩。结构设计应满足舵轴在弹体、舵面上的位置要求。

2.质量、质心要求

结构设计应满足总体方案设计规定的质量指标,满足对质心位置的要求。为了保证导弹结构质量最小,在保证导弹性能的前提下,尽可能使设备或选择的成品件质量、尺寸小;导弹内部安排要紧凑,相关的组件尽量靠近;所有管路、电缆尽可能短;把舱体设计成承力结构,即舱体既是设备的壳体又是弹身的一部分,充分利用结构的功能,达到减重的目的;在保证工艺及维护使用要求的前提下,弹身分离面数量最少,弹体口盖数量最少;充分发挥零部件的综合受力作用,减少构件数量。根据刚度和强度指标合理选定剖面尺寸,既保证弹体结构质量最小,又有合适的强度和刚度。

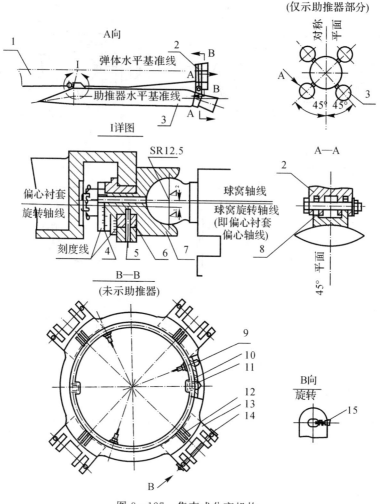

图 3-127 集束式分离机构

1—弹体； 2—助推器分离环； 3—助推器； 4—刻度盘； 5—保险销； 6—偏心衬套； 7—偏心球窝；

8—助推器后接头； 9—爆炸螺栓； 10—尾舱； 11—滑块； 12—滚轮； 13—分离环叉耳；

14—连接螺栓； 15—止动螺丝； Δ_1—偏心衬套偏心值； Δ_2—偏心球窝偏心值

3.强度及刚度要求

导弹在发射、飞行、运输及使用过程中,都会受到很大的载荷,弹体结构最主要的任务之一是保证结构具有足够的强度和刚度来承受各种载荷,使结构不被破坏,又不产生不允许的变形。

4.工艺性、经济性要求

工艺因素影响结构的性能,还决定生产效率及生产成本,是实现经济性的主要因素,因此要求所设计的结构具有良好的工艺性。在保证结构性能要求的前提下,应尽量降低成本,这是经济性要求的基本原则,设计中应进行功能成本分析,使结构在导弹设计、制造、试验、贮存、维护使用的全寿命周期中所需的全部费用最低。

5.环境适应性要求

各种环境因素及其综合环境会影响弹体结构及其内部组件的功能和寿命,为了提高产品的可靠性,必须在设计阶段对结构及其材料的环境适应性充分考虑。结构环境适应性要求主要有防热、防腐蚀、防振动冲击。同时弹体结构还有对内部组件的防护设计要求,包括热环境防护、潮湿、盐雾、霉菌、沙尘防护,力学环境防护和电磁干扰防护。

6.可靠性与维修性要求

可靠性是导弹设计最重要的要求,导弹结构可靠性主要是保证结构在整个使用周期内不破坏或失效。设计师应根据导弹总体给出的可靠性指标进行可靠性设计,也就是根据已知的外载荷、材料性能、工作条件和可靠度进行零部件设计,预计弹体结构的可靠性,并对弹体结构故障模式及影响和危害性进行分析。

维修性是弹体结构设计的另一个重要要求。首先应合理选择分离面,保证维修时的可拆性和可达性;其次,要尽量实现通用化和标准化,减少拆卸连接件的数量等。

上述各项基本要求,孤立地看是应该满足,但实际上它们之间是相互联系又相互制约的。例如为了获得最轻的结构,希望结构元件的所有材料都能发挥作用,这就导致元件的剖面形状复杂化,工艺性变差。因此设计师应综合多种因素进行综合分析,恰当地处理好各项要求间的矛盾,得出最合理、最有利的设计方案。

3.4.6.2　结构动态固有特性

结构动态固有特性是指它的固有频率及其主振型等结构固有的物理特性。无论是动态响应和结构的动稳定性还是结构与弹上系统(例如控制系统、燃料输送系统等)的干扰耦合,都与结构动态固有特性有关。因此,在总体设计时应合理地安排导弹结构质量、刚度与阻尼的大小和分布,使频率和模型满足要求。

在总体设计中可以从以下两个方面调整导弹的固有特性:

1.改变全弹刚度大小与分布状况

由结构动力学可知,系统固有频率可表示为

$$\omega_i^z = \frac{K_i}{M_i} \quad (i=1,2,\cdots,n)$$

式中　K_i, M_i——第 i 主振型的主刚度、主质量矩阵。

$$K_i = A_{(i)}^{\mathrm{T}} K A_{(i)}$$

当系统刚度增加时,全弹结构的刚度矩阵 K 中元素值增大,K_i 值增加,系统固有频率也随之增加。因此,可以通过弹体结构设计改变全弹刚度大小与分布状况,以调整全弹固有特性。

2.改变全弹的质量与质量分布状况

当系统质量减小时,主质量数值也减小,系统固有频率随之增加。因此,结构设计可以通过选择材料,变更内部设备的质心位置,来调整全弹质量的大小与分布,以求得合适的固有频率和振型。

某导弹的结构方案是,弹身分为一级弹身和二级弹身。一级弹身由导弹本体和助推器连接尾舱组成。助推器的前球头插入二级弹身承力舱内,可以滑动;后接头固联在连接尾舱上。助推段结束时,连接尾舱与助推器一起脱落,其间用分离包带连接。

弹身由末制导天线罩、末制导雷达舱(遥测舱)、战斗部舱、战斗部连接短舱、推进剂箱、承力短舱、驾驶仪舱和设备舱组成。

末制导天线罩是一个玻璃钢整流罩,其余是由三个整体铸造舱段、四个铆接舱段和一个承力式油箱组成的混合式结构,弹身为圆剖面。该导弹具有良好的刚度和强度,在法向过载 $7g$,侧向过载 $6.5g$,轴向过载 $19g$ 的条件下能正常飞行。经地面试验,测得弹体的固有振动特性如表 3-9 所示。

表 3-9 某导弹固有振动特性

状态	振型	频率/Hz
一级燃油满载	一阶	21.82
	二阶	73.54
一级空载	一阶	26.19
	二阶	81.13
二级燃油满载	一阶	34.95
	二阶	90.59
二级空载	一阶	36.95
	二阶	98.67

以上数据供结构设计时使用。

3.5 弹上能源方案选择和要求

弹上能源为导弹在发射时及自主飞行时给弹上设备提供能源,以满足它们的工作需求。如导引头位标器陀螺组件稳速和进动所需要的用电,续冷导引头探测器所需要的用电或用气,导引头、驾驶仪、引信等设备电子线路的用电及舵机工作时所需的用电或用气,等等。

3.5.1 弹上能源的类型

导弹能源系统包括电源系统、气源系统和液压源系统。

电源系统一般由一次电源、二次电源及其电源转换控制装置组成,一次电源有热电池或涡轮电机,近代多采用化学电池,二次电源大多采用电源变换模块变换得到。电源系统为导弹所有部件提供电能,满足各用户要求的电源电压、电流和供电时序;电源转换装置完成对一次电源的点火激活,并判断其电压正常后立即完成由导弹发射装置供电到弹上电源供电的状态转换。

弹上气源有燃气或制冷气源。制冷气源主要由气瓶、充气阀、压力表、电磁阀、干燥过滤器和管道组成。冷气源导引头提供探测器制冷能源,或为位标器跟踪系统、舵机和涡轮发电机提供能源。为了减小贮气瓶的体积,弹上制冷气源一般都是高压的。只用于导引头探测器续冷的贮气瓶由于工作时间短、制冷耗气量小,所需容积很小,一般不会超过 10 mL。用于推动气动舵机的贮气瓶容积相对要大得多,具体量值由舵机的耗气量与工作时间、贮气瓶的充气压力

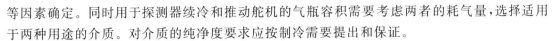

等因素确定。同时用于探测器续冷和推动舵机的气瓶容积需要考虑两者的耗气量,选择适用于两种用途的介质。对介质的纯净度要求应按制冷需要提出和保证。

燃气源主要是燃气发生器,它由点火器、药柱、过滤器和壳体等组成。燃气发生器是导弹上常用的一种能源,可以用来推动燃气舵机操纵导弹飞行,也可以用来驱动涡轮带动发电机发电。

液压源是用液体作为工质的动力源。弹载液压源是导弹液压伺服机构(液压舵机、天线伺服机构等)赖以工作的动力源。根据工作方式分为开式(又称挤压式)和泵式两种。

开式液压源多为高压气体(空气或氮气),挤压油箱中的液体供舵机使用,舵机使用过的工作液随之排出弹外。开式液压源结构简单,工作可靠,价格低廉,但体积太笨重,一般工作时间小于 30 s。如美国 AIM - 7E 导弹舵机的液压能源。

泵式液压源则是由电机或涡轮带动液压泵高速旋转,泵将液压油从油箱打到高压管路中去,供舵机使用,舵机使用过的工作油液再流回到油箱里去,油箱里的油再打到高压管路中去,如此往复不断地工作。泵式液压源虽结构复杂,价格昂贵,但体积小,较适宜用于中远程导弹。如俄罗斯白杨导弹的舵机能源。

3.5.2　弹上电源总体设计

弹上电源是弹上的一种主要能源。弹上供电系统是导弹电气系统的重要组成部分。弹上电源及供电系统的总体设计是导弹总体设计的内容之一,其任务是根据导弹总体和弹上设备的供电要求,确定弹上电源的产生、变换和分配方案。

3.5.2.1　弹上电源的分类

现代导弹具有各种不同功能的电子和电气设备,需要多种不同的电源。

1. 按电源的种类分

(1)直流电源。一般需要有多种不同的额定电压、电流、电压稳定度及纹波系数等要求的直流电源。

(2)交流电源。一般也需要多种不同的频率、波形、电压、电流和相数等要求的交流电源。

2. 按电源的产生和使用方式分

(1)一次电源。导弹的弹上电源是一次性使用的。平时它以某种形式的能量贮存,当需要使用时,可在很短时间内激活,产生符合要求的电能。这种弹上电源称为一次电源。

(2)二次电源。一次电源产生的电源种类一般都不能完全满足各弹上设备的供电要求,需要经变流器变换成满足弹上设备要求的各种电源。该变流器可以多次使用,称为二次电源。

3.5.2.2　一次电源的特点与要求

1. 一次电源的特点

(1)化学电源的特点。

1)铅酸电池。铅酸电池一般以铅(Pb)作为负极活性剂,二氧化铅(PbO_2)作为正极的活性剂,用氟硅氢酸(H_2SiF_6)的水溶液作为电解液。

防空导弹上使用的铅酸电池,电解液贮存在弹性容器内。需要电池工作时,利用弹上其他能源(如弹上的气压能源等)将电解液挤压进每个单体电池,电池便开始激活和工作。

铅酸电池虽然价格比较便宜,但由于其体积比能量和质量比能量都比较小,低温性能也不好,在低温下使用时,需要给电池预先加温,现在的导弹很少采用这种电池。

2)锌银电池。这种电池以氧化银(Ag_2O)作正极板的活性物质,用多孔的锌板作负极,以氢氧化钾(KOH)或氢氧化钠(NaOH)水溶液作电解液。

锌银电池在低温下的容量要降低:一般在$-10℃$时为常温下额定容量的50%;在$-20℃$时为常温下额定容量的40%左右。因此在低温下使用时,应预先对其加温。

与铅酸电池相比,锌银电池价格比较昂贵,但由于它的质量比能量和体积比能量比铅酸电池大,其比功率高,而且内阻小,可大电流放电,放电时电压平稳。特别是采用化学加热自动激活锌银电池还具有准备时间短,激活和加热总时间小于$1.5\ s$,在低温下使用时不需要单独进行加温等优点,因此在20世纪七八十年代,防空导弹大都采用这种电池作为弹上一次电源。如美国的"爱国者"、法国的"响尾蛇"等防空导弹都采用贮备式自动激活锌银电池作为弹上一次电源。

3)热电池。热电池是一次性使用的储备式熔盐电解质原电池。在常温下它的电解质是不导电的固体,使用时用电流引燃电点火头或用撞针机构撞击火帽,点燃电池内部的烟火热源,使电池内部温度迅速上升,达$600℃$以上,使电解质熔融并形成高导电率的离子导体,从而使电池激活。

热电池的负极材料采用碱金属或碱土金属,主要包括钙、镁、锂及锂和铝硅的合金。正极材料有铬酸盐、硫酸盐、磷酸盐、钼钨铁的氧化物、重金属的氧化物和二硫化铁等。电解质一般采用氯化锂-氯化钾低共熔盐。

一般热电池的最佳工作温度在$450\sim550℃$,电池在这个温度范围内的持续工作时间称为热电池的热寿命。它是热电池的重要性能参数,与热电池的电化学体系、加热剂、隔热材料、贮热方法和电池大小有关。因此对于一定电化学体系的热电池来说,除严格控制加热剂的发热量外,还要在电池堆两端加上隔热片,周围包裹隔热层,以延长电池的热寿命。

热电池与已经使用的镉镍电池、铅-硅氟酸(或硼氟酸)电池、锌银电池比较,具有明显的优点。当工作时间短、要求体积和质量很小时,其优越性更为突出。特别是Li/FeS_2体系热电池,由于放电时极化很小,在整个放电过程中内阻变化不大,它有当今其他电池所没有的超高速放电能力。上述几种电池的功率密度和能量密度比较如图3-128所示。

从这几种电池性能比较可以看出,热电池是一种高能贮备电池。它具有工作可靠、比功率大、脉冲放电能力强、使用温度范围广、结构牢固、环境适应能力好、不需维护、贮存寿命长和成本较低等优点,在军事和航天技术上应用越来越广泛。

(2)燃气涡轮发电机。燃气涡轮发电机主要由壳体、定子组合件、转子组合件、涡轮及端盖组成。采用燃气涡轮发电机作为弹上一次电源时,其组成框图如图3-129所示。

燃气涡轮发电机安装在舵机上,其动力源是由燃气发生器产生的高压燃气。燃气经过喷嘴,产生具有一定压力和流量的射流,推动涡轮转动,通过传动装置带动交流发电机按规定的转速旋转,产生弹上设备所需要的交流电源,同时经变流器供给弹上设备所需的其他种类的电源。

交流发电机应满足以下要求:

1)交流发电机的电气性能(如输出电压、频率、电流等)应满足要求;

2)应具有电压和频率自动调整装置,以保证输出电压和频率的稳定;

3)应采用自激,不需另外设置激磁电源;

4)应采用质量好、耐热性强的材料,使其尺寸和单位功率的质量远小于一般工业用相同功率的发电机的尺寸和单位功率的质量;

5)可靠性、力学环境条件等其他性能指标应满足导弹总体要求。

采用燃气涡轮发电机有一定的优点,例如当弹上的舵系统采用液压能源时,燃气涡轮还可以带动液压泵,可减小弹上能源系统的体积和质量,但燃气涡轮发电机制造和使用维护都比较复杂。

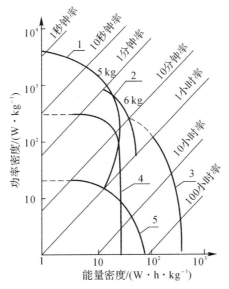

图 3-128 几种电池的功率密度和能量密度比较

1—热电池;2—锌银电池; 3—锂-二氧化硫电池; 4—镍镉电池; 5—碱性二氧化锰电池

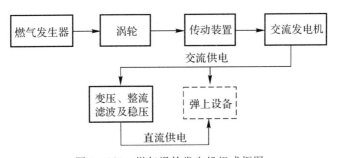

图 3-129 燃气涡轮发电机组成框图

2. 一次电源的要求

选用一次电源体制,要根据导弹总体和弹上设备的供电要求而决定。选用一次电源的一般要求为:

(1)可靠性高。由于一次电源是一次性使用,平时处于贮存状态,不能用激活的办法检查其性能。它又是弹上的主电源,一旦激活后便应正常工作,这就要求其有更高的可靠性。

(2)启动时间短。当需要作战使用时,一次电源由贮存状态进入工作状态的启动时间要尽量缩短。对于化学电源,其启动时间称为激活时间。随着要求武器系统快速反应能力的提高,要求激活时间越短越好。

(3)贮存寿命长。要求一次电源的贮存寿命要长。

(4)体积、质量小。为了使弹上一次电源做到体积小、质量轻,应采用质量比能量和体积比能量高的电源作为弹上一次电源。

(5)环境适应能力强。要求弹上一次电源具有抗振、抗过载、耐机械冲击性能和耐旋转能力,同时能满足高低温、高低气压和湿热、霉菌等环境条件要求。

(6)使用维护方便。要求弹上一次电源能不要预先加温便可以在全天候的条件下使用,而且平时不需进行维护。

(7)性能/价格比高。要求弹上一次电源既要性能优越,又要价格便宜。

根据对导弹一次电源的上述要求,目前防空导弹大多采用化学电源作为弹上一次电源,也有采用燃气涡轮发电机作为弹上一次电源。

3.5.2.3 二次电源的特点与要求

二次电源用于变换和供给弹上设备所需的一次电源以外的其他种类的电源。二次电源可以有两种供电方式:一种是集中供电,即由一个二次电源统一变换和供给弹上各设备所需的二次电源;另一种是分散供电,即由一次电源向弹上各设备提供主电源,各设备所需的二次电源由各设备自行变换。

采取集中供电方式的二次电源,由于进行统一设计,做成一个变流器,比分散变换的变换效率高。但当弹上设备安装比较分散,而且所需的二次电源的种类又比较多时,采取集中供电,将增加二次电源的供电电缆,同时弹上各设备单元调试也需要单独的二次电源供电。

防空导弹上采用的二次电源,有机电式和电子式两种变流器。

1.机电式变流器的特点

机电式变流器由电动机-发电机组成。由一次电源供给直流电动机的直流电源,直流电动机带动交流电机转动,变换成弹上设备所需的交流电源。

这种机电式变流器效率比较低,体积、质量也比较大,电动机和发电机都有旋转机械部分,可靠性较低,使用维护也不方便,现在已被电子式变流器所取代。

2.电子式变流器的特点

电子式变流器由电子线路组成,其体积小,质量轻,可靠性、工作寿命以及使用维护等性能均比机电式变流器优越,因此现代导弹一般采用这种变流器。图 3 - 130 是一种用于防空导弹的电子式变流器的原理框图。

一次电源的直流电压经极性保护、LC 滤波器和串联稳压器后对 LC 振荡器供电。振荡器产生的频率为 f_1 的正弦电压经放大与移相后驱动推挽功率放大器,再供给输出变压器 T_1。输出变压器 T_1 的次级输出弹上设备所需的频率为 f_1 的各种不同电压。串联稳压器的输出电压受输出变压器 T_1 的一路次级电压的控制,构成频率为 f_1 的交流电压的稳幅系统,保证输出交流电压的稳定。

由输出变压器 T_1 的另一路次级输出电压经稳压二极管限幅后加到整形电路,再经分频、放大与移相后激励推挽功率放大级,再供给输出变压器 T_2,其次级输出弹上设备所需的频率为 f_2 的方波电压。

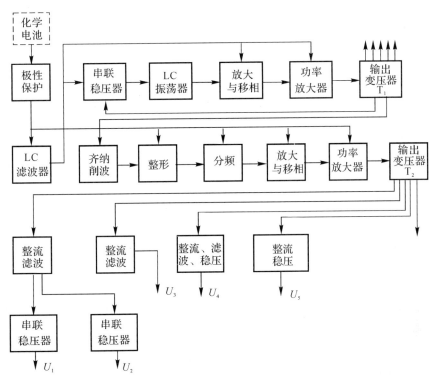

图 3-130　电子式变流器原理框图

将频率为 f_2 的方波电压经整流、滤波和稳压,产生弹上设备所需的其他直流电压。

3.5.2.4　弹上供电系统总体设计

弹上供电系统总体设计主要是确定弹上一次电源、二次电源和供电线路的方案。

1. 一次电源的选择

确定一次电源时,首先应选择符合要求的定型产品,这可以节省研制经费、缩短研制周期。如果没有符合要求的定型产品,则要提出一次电源研制任务书。任务书中应明确主要技术指标要求。

(1)额定电压。它应根据弹上设备所需的一次电源和有关标准来确定。例如选用化学电源时,应符合航天部标准"化学电源电压系列"中的规定。

(2)偏差要求。应根据弹上设备的供电要求和所选用的一次电源体系能够达到的指标来确定,一般为 $\pm10\%$。

(3)额定电流及脉冲放电能力。根据导弹飞行过程中的负载变化曲线来确定。

(4)激活时间。根据导弹作战反应时间的要求来确定,该时间越短越好,一般不大于 1 s。

(5)可靠度。应高于弹上其他设备,一般大于 0.996。

(6)贮存时间。一般不少于 10 年。

(7)体积小,质量轻;使用维护性能好;适用于使用环境条件。

战术导弹的弹上设备多,对一次电源的供电要求也有差别。例如火工品电路要求起爆脉冲电流大,但供电时间很短,电压精度要求不高;弹上数字信息处理系统的设备要求一次电源的供电电压稳定,不应有脉冲干扰;有的设备则要求负极应独立,不能与其他设备的负极相连。为了保证对各弹上设备的供电品质要求,有时将一次电源做成几个独立的电池组。

2.二次电源的选择

首先应根据弹上设备所需的二次电源供电的种类和导弹总体布局等要求,确定二次电源是集中变换还是分散变换方式。一般应优选集中变换方式,有利于提高总的变换效率。如果没有符合要求的定型产品,应提出研制任务书。任务书中应明确主要技术指标要求:

(1)输入要求。

1)输入直流电压额定值及其变化范围,它应与一次电源输出的直流额定电压和变化范围相一致;

2)输入脉动电流。

(2)输出交流电压。

1)波形(正弦波、方波等);

2)电压额定值;

3)电压误差;

4)负载电流额定值;

5)负载特性;

6)输出电压的温度系数;

7)波形失真度;

8)频率额定值;

9)频率偏差;

10)频率的温度系数;

11)电压稳定度。

(3)输出直流电压。

1)电压额定值;

2)电压误差;

3)负载电流额定值;

4)负载电流的变化范围;

5)输出电压的温度系数;

6)电压稳定度;

7)负载稳定度;

8)输出纹波有效值;

9)输出纹波峰-峰值。

(4)效率。

1)DC/AC 逆变器:不小于 60%;

2)DC/DC 变换器:不小于 70%。

(5)环境条件要求。

(6)体积和质量。

(7)可靠度。

(8)电磁兼容要求。

（9）使用维护要求。

3.供电线路方案

确定了弹上一次电源和二次电源的方案后,可以根据各弹上设备的用电要求,确定供电线路方案。确定供电线路方案的原则是:

（1）确保供电系统工作可靠;

（2）保证满足各弹上设备对供电品质(如电压、电流等)的要求;

（3）对弹上设备工作不产生干扰;

（4）力求减小供电电网的体积和质量;

（5）供电电网要求安装、测试和维护方便。

根据上述原则,确定供电线路的形式和线制。供电电网可分为辐射式(开式)和封闭式两种。直流供电线路有双线制与单线制。交流电网有单线制、双线制和三线制。

单线制的直流电网虽然可以减轻供电电网的质量,但公用负线容易产生干扰信号。现代防空导弹的弹上设备要求有良好的电磁兼容性,因此直流电网应采用双线制,交流电网根据相数应采用双线制或三线制。

确定了供电线路的形式和线制后,便可以拟定供电电网图,并根据导弹飞行过程的负载变化曲线进行供电电网计算,根据计算结果对电网的设计方案加以改进,确定合理的供电电路方案。

确定了弹上一次电源、二次电源和供电线路方案后,便基本上完成了弹上电源总体设计。

3.5.3　弹上气源总体设计

3.5.3.1　分类、组成及工作原理

凡是用气体做工质来传递力和控制信号的动力源,称之为弹上气源。气源实质上是气体的贮存装置和发生装置。气源可按图3-131所示进行分类。

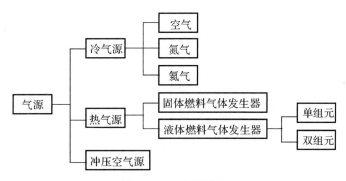

图3-131　气源分类

1.冷气源

冷气源是相对于热气源而言的。热气源气温通常高达1 200℃;冷气源通常是指常温下的高压空气、高压氮气和高压氦气。将它们压缩到气瓶内,以压力能的形式贮存,使用时打开气瓶开关,气体从气瓶内流出,将气体的压力能转换成为其他形式的能。冷气源实际上是一个贮

气装置,其组成如图 3 - 132 所示。各主要部件的功能如下:

(1)气滤。气滤是将气体中的杂质滤掉,净化气体,确保系统能正常工作。气滤的过滤精度要依据系统的需要,防空导弹一般为 10 μm。

(2)单向阀。单向阀是专门为充放气体用的装置。充气时用专用工具将单向阀打开,气体就可通过单向阀向气瓶充气,当充到所需的压力时,取下专用工具,单向阀自动关闭气路,这时气瓶始终保持一定的压力。

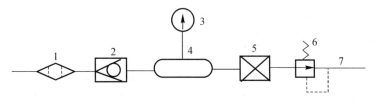

图 3 - 132 冷气源

1—气滤; 2—单向阀; 3—压力表; 4—气瓶; 5—减压阀; 6—电爆阀; 7—管路

(3)压力表(或压力传感器)。压力表是气瓶内的压力显示装置。当气瓶压力过高时,应自动或人工采取放气措施。当气瓶压力低于要求时,应向气瓶补充充气。

(4)气瓶。气瓶是贮存气体的装置。一般为球形,也有环形的。气体种类根据用途而定,舵机和解锁机构一般用氮气,探测器制冷用氩气。气瓶的充气压力一般为 35～40 MPa,为减少体积,目前充气压力已高达 70 MPa。

(5)减压阀。减压阀在系统中起减压作用,即将气瓶里的高压气体减到系统所需要的值,对气动舵机来讲使用压力一般为 1～3 MPa;对挤压式能源来讲,一般使用压力为 18～21 MPa。

(6)电磁阀或电爆阀。电磁阀的功能是控制气体的流向,根据负载的需要随时打开阀门实施供气,不工作时则阀门关闭;电爆阀的功能则是打开气路实施供气,过程是不可逆程序。

(7)管路。管路是输送气体的装置,管路的直径和走向要依据实际情况而定,安装时要特别注意防止引起颤振。

2.热气源

热气源是将固体燃料(或者是液体燃料)点燃,或者是单组元燃料在催化剂的作用下进行分解以后,在发生器内产生高温高压的气体,使化学能转变成为压力能,气体流经喷嘴以后将压力能转变成动能,通过燃气导管输送到负载上,然后根据不同的需要再转换成其他形式的能。如可将其转换成电能、机械能等。热气源实质上是气体发生装置。

由于固体发生器使用维护方便,所以被广泛用做热气源。固体发生器多为端面燃烧,一般使用低温缓燃火药,火药的燃温一般为 1 200℃左右,燃速一般为 2～5 mm/s。双基药和复合药均可用做固体发生器的主装药,固体发生器组成如图 3 - 133 所示。

点火器的点火压力,主要取决于点火空间和喷嘴喉径的大小以及装药量的多少。点火压力要大于火药的稳定燃烧压力,火药的稳定燃烧压力一般为 3～4 MPa,点燃主装药的峰值压力一般要求小于 10 MPa,从点火器通电到主装药开始燃烧约 0.1 s,这说明固体发生器具有良好的启动特性。由于主装药燃烧产生的气体温度高达 1 200℃,所以热防护是其主要的问题,一般金属很难长期承受,因此对飞行时间不长(一般小于 30 s)、惯性负载较小的导弹(如

SA－7，TOR等)，由发生器、燃气控制阀、作动筒等组成的热燃气伺服系统控制导弹的姿态。由于热燃气伺服系统体积小、质量轻、结构简单,随着热防护问题的不断解决,工作时间会越来越长,有着广泛的应用前景。

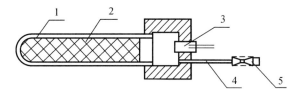

图 3－133　固体火药气体发生器

1—壳体；　2—火药；　3—点火器；　4—导管；　5—喷嘴

对于大中型导弹,由于工作时间长(一般大于 50 s),负载力矩大,直接应用热燃气伺服系统有一定的困难,所以一般都不直接使用热燃气推动作动筒,而是经过某种转换,如用热燃气吹动涡轮,涡轮带动液压泵旋转使其先转换成压力能,然后再根据需要再转换成其他形式的能,因此热气源一般都用做初级能源。

3. 冲压空气源

凡是采用冲压发动机作为动力装置的导弹均可利用进气道中的冲压空气作为工质。利用冲压空气做动力源的要求如下：

(1)冲压空气压力未满足要求以前,必须有初级能源;

(2)冲压空气满足要求时,应能及时地进行切换,用冲压空气代替初级能源工作,如图3－134所示。

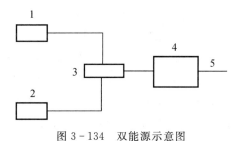

图 3－134　双能源示意图

1—冲压空气；　2—燃气发生器；　3—切换阀；　4—涡轮泵；　5—管路

3.5.3.2　气源的特点与应用

1. 气源的优点

(1)工作介质是气体,不管是贮存气体还是冲压空气,气体来源方便,工作时气体直接排出弹外,不会对其他设备造成污染;

(2)气体黏性系数小,因此在管路中流动时压力损失小;

(3)系统简单,可靠性高;

(4)可直接利用气压信号完成各种复杂的动作;

(5)易于实现快速的直线往复运动、摆动和转动,调速方便;

(6)环境适应能力强,特别是在强磁、辐射、静电、湿热、冲击、振动、离心等恶劣的场合下能可靠地工作。

2.气源的缺点

(1)气体有弹性,可压缩,因此当负载发生变化时,传递运动不够平稳、均匀,刚性较差;

(2)传递效率低,不易获得很大的力或力矩;

(3)噪声较大;

(4)对热气流还要考虑热防护问题;

(5)受环境温度影响较大。

3.气源的应用

(1)可直接给舵机提供气体,把气体的压力能转换成为机械能,使舵面偏转,即气动舵机;

(2)可用于吹动涡轮,使涡轮高速旋转并带动液压泵或发电机,或两者兼而有之,将气体的压力能转换成为液压能或电能,即涡轮泵发电机能源系统;

(3)可直接给油箱供气,将油箱里的液压油挤到舵机里去供舵机工作,将气体的压力能转变成液压能然后再转变成机械能,即挤压式能源;

(4)可给油箱增压,使油箱变为增压油箱,确保泵的充填性能,使之工作更加可靠;

(5)可给蓄压器充气,使蓄压器成为吸收液压冲击和瞬时补充能量的装置。

3.5.3.3 气源的设计与计算

对冷气源来讲,其关键是气瓶设计;对热气源来讲,其关键是气体发生器的设计。

1.气瓶的设计与计算

(1)明确对气瓶的设计要求。

气瓶在充灌状态下长期贮存不允许漏气,但是在长期贮存条件下,由于材料老化等因素的影响,总有一定量的漏气,因此一般规定在一定的时间内(不考虑环境温度对气体的影响)气瓶内的压力应保持在一定的范围内,因此对气瓶所用的密封材料及焊缝的焊接质量要求很高。为了减少充灌气体的体积,一般充灌压力为 35~40 MPa,有特殊要求的可达 70 MPa 以上,故气瓶的材料均采用高强度的合金钢或者是高强度铝合金。密封材料的选用要考虑长期贮存时的老化问题,气瓶材料与密封材料还要考虑到与贮存气体的相容性,便于加工成型,焊接工艺要好,焊缝质量一般都要求进行 X 光探伤或者是超声波探伤等。

气瓶在充灌状态下,由于受环境温度的影响,气瓶内的充气压力随温度的变化较大,越是高压变化越大,因此要尽量采用惰性气体,气瓶要具备随时能检测瓶的压力。当气压小于某一规定值时,要进行适时补气;当气压超过某一规定值时,气瓶要有自动放气装置,随时进行放气,确保气瓶的安全与可靠。

(2)确定气瓶容积。气瓶的终压应由工作压力来确定,如果工作压力为 p 的话,考虑到压力损失,一般要高出 0.25%~0.5%。

气瓶的终压压力为

$$p_2 = p + \Delta p \tag{3-51}$$

由理想气体状态方程得到气瓶的初始状态为

$$p_1 V_1 = m_1 R T_1 \tag{3-52}$$

气瓶供气结束后,气瓶内剩余气体的状态方程为

$$p_2V_2 = m_2RT_2 \tag{3-53}$$

油箱里的状态方程为

$$pV = mRT \tag{3-54}$$

由式(3-52)得

$$m_1 = \frac{p_1V_1}{RT_1} \tag{3-55}$$

由式(3-53)得

$$m_2 = \frac{p_2V_2}{RT_2} \tag{3-56}$$

由式(3-54)得

$$m = \frac{pV}{RT} \tag{3-57}$$

气瓶里气体的初始质量 m_1 应该等于气瓶剩余气体的质量 m_2 和油箱里的气体质量 m 之和。由式(3-55)、式(3-56)、式(3-57)得

$$m_1 = m_2 + m \tag{3-58}$$

即

$$\frac{p_1V_1}{RT_1} = \frac{p_2V_2}{RT_2} + \frac{pV}{RT} \tag{3-59}$$

经变换整理以后得

$$V_1 = \frac{pV(c_1/c_2)}{c_2p_1 - (p + \Delta p)} \tag{3-60}$$

式中　V_1——气瓶的容积(L);

$\quad\quad p$——贮箱的工作压力(MPa);

$\quad\quad V$——贮箱的体积(L);

$\quad\quad p_1$——气瓶的初始压力(MPa);

$\quad\quad R$——气体常数;

$\quad p + \Delta p$——气瓶的终压压力(MPa);

$\quad\quad \Delta p$——减压阀的压力损失一般为 $0.25 \sim 0.5$ MPa;

$\quad c_1,c_2$——为修正系数。系数选取见表 3-10。

表 3-10　c_1,c_2 数值选取表

p_1/p_2	10	7	4	2
c_1	0.55	0.60	0.70	0.82
c_2	0.75	0.80	0.87	0.90

(3) 适当选取气瓶的外形尺寸。导弹上常见的气瓶形状有球形和环形两种。气瓶的外形尺寸要依据弹体所给定的空间适当选取,既要充分利用空间又要在保证工作安全可靠性的前提下,使气瓶的体积最小、质量最轻,又要便于成形加工。

从质量观点来看,球形气瓶受力最好,与其他形状相比其结构质量最轻,如果空间允许的话最好采用球形气瓶。而环形气瓶受力较差,质量较大,但从部位安排来讲,易于充分利用弹体空间,因此也经常采用。

（4）确定气瓶的壁厚

球形气瓶的壁厚按下式计算：

$$\delta = \frac{pd}{4\sigma_b\psi - p} \qquad (3-61)$$

式中　　δ——气瓶的壁厚（mm）；

　　　　p——气瓶内的计算压力（MPa）；

　　　　d——气瓶的内径（mm）；

　　　　σ_b——气瓶的材料强度极限（MPa）；

　　　　ψ——焊缝强度削弱系数。气瓶属高压容器，安全系数较大，一般选取 $2 \sim 2.5$。

内径 d 可根据已确定的气瓶容积求得

$$V_1 = \frac{1}{6}\pi d^3 \qquad (3-62)$$

$$d = \sqrt[3]{6V_1/\pi}$$

$$\delta = \frac{p\sqrt[3]{6V_1/\pi}}{4\sigma_b\psi - p} \qquad (3-63)$$

环形气瓶的壁厚按下式计算：

$$\delta = \frac{pd}{2\sigma_b\psi - p} \qquad (3-64)$$

式中　　δ——环形气瓶的壁厚（mm）；

　　　　p——气瓶内的计算压力（MPa）；

　　　　d——圆环小圆直径（mm）；

　　　　D——圆环大圆半径（mm）；

　　　　σ_b——气瓶的材料强度极限（MPa）；

　　　　ψ——焊缝强度削弱系数。

2.气体发生器的设计与计算

（1）明确固体发生器设计要求。

1）发生器是产生高温高压燃气的装置。为了保证发生器可靠工作，减小体积和质量，发生器的壳体材料一般选用高强度的合金钢或者是高强度的钛合金。

2）双基药、复合药均可做发生器的主装药，但要求火药燃烧温度越低越好，燃速不易太高，目前国内几种缓燃火药，燃温一般在 1 200℃左右（实测温度），燃速一般在 2～5 mm/s。

3）由于发生器属高温高压容器，因此要采取特殊措施，绝对不允许漏气，确保系统可靠工作。

4）由于固体火药受温度影响大，所以要求燃料的燃烧速度的敏感性要小，低温时要保证能正常点火并且点火延迟时间小。

5）由于火药受高、低温影响较大，装药时为了保证工作时间的要求，药柱的总长要按高温时的燃速考虑；为了满足低温时的功率要求，应按低温燃气流量考虑装药。根据实际经验，高、低温功率相差近一倍，因此在总体设计时要采取必要措施，使之高、低温均能正常工作，如有的采用保温措施,有的则采用放气喷嘴等措施。

(2)发生器主装药的选择。

1)发生器的主装药一般选低温缓燃均质的双基火药,火药的燃烧温度越低越好,在相同功率的情况下燃速越低越好,这样可在相同的工作时间内,减少药柱的长度和质量。

2)火药的温度敏感系数越小越好,火药的温度敏感系数一般为(0.03%)/℃(在 6 MPa,−40~60℃ 条件下)。

3)火药的临界燃烧压力一般为 3~4 MPa,火药的工作压力只要大于临界燃烧压力就行,一般火药的工作压力为 5~7 MPa,点火峰值压力一般小于 10 MPa。

4)一般发生器的主装药采用端面燃烧,为点火可靠,药面上开有环形槽。

5)发生器的功率计算

$$N_f = \frac{N_b}{\eta_b \eta_w} \qquad (3-65)$$

式中　N_f——发生器的功率(kW);

　　　　N_b——泵的输出功率(kW);

　　　　η_w——涡轮效率;

　　　　η_b——泵的效率。

(3)发生器的喷嘴选择。发生器的喷嘴要能承受高温高速气体的冲刷,因此多采用耐热材料制成,工作时间短的(小于 20 s)喷嘴,材料可选用耐热不锈钢;工作时间长的(大于 50 s)可选用钨渗铜或钨钼合金,钨渗铜因加工性能好,又耐热、耐冲刷,因此应用较多。

在发生器的工作压力和喷嘴的出口压力选定以后,喷嘴的面积比可用下式求得

$$f = \frac{F_c}{F_{kp}} = \frac{(2/\kappa+2)^{1/(\kappa-1)} - (p_0/p_c)^{1/\kappa}}{\frac{\kappa+1}{\kappa-1}[1-(p_c/p_0)^{(\kappa-1)/\kappa}]} \qquad (3-66)$$

式中　F_c——喷嘴的出口截面积(mm²);

　　　　F_{kp}——喷嘴的临界截面积(mm²);

　　　　p_c——喷嘴的出口压力(MPa);

　　　　p_0——喷嘴的燃烧室压力(MPa);

　　　　κ——气体的绝热指数。

(4)燃气的绝热功

$$L_g = \frac{\kappa}{\kappa-1}RT[1-(p_c/p_0)^{(\kappa-1)/\kappa}] \qquad (3-67)$$

式中　R——气体常数;

　　　　T——火药燃烧温度(K)。

(5)喷嘴的质量流量

$$\dot{m}_p = \frac{XF_{kp}p_0}{\sqrt{RT}} \qquad (3-68)$$

式中　$\dot{m}_p$——喷嘴的质量流量(kg/s);

　　　　X——修正系数。

（6）发生器的气体生成量

$$m_{\mathrm{f}} = \nu u S \tag{3-69}$$

式中　m_{f}——发生器的气体生成量（kg/s）；

　　　ν——火药的密度（kg/cm³）；

　　　u——火药的线燃烧速度（cm/s）；

　　　S——火药的燃烧面积（cm²）。

3.5.4　液压源的总体设计

3.5.4.1　分类、组成及工作原理

凡是用液体作为工质来传递力和控制信号的动力源称之为液压能源系统，简称液压源。液压源属于二次能源，它的初级能源有电源、气源等。如气瓶挤压式液压能源、冷气涡轮泵液压能源和热燃气涡轮泵液压能源等。

1. 开式液压源

开式液压源原理组成如图3-135所示。

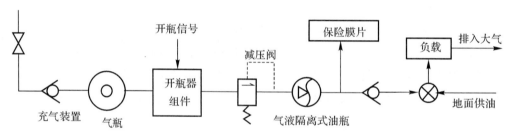

图3-135　挤压式液压源工作原理框图

2. 泵式液压源

泵式液压源原理组成如图3-136所示。

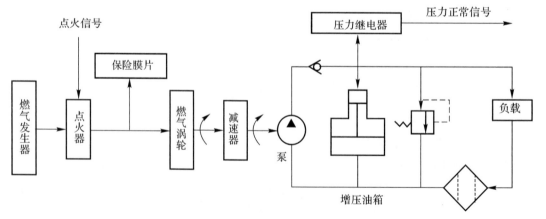

图3-136　泵式液压源工作原理框图

3.5.4.2　液压源的特点与要求

(1)液压源的优点。

1)能获得较大的传动力及传动功率,单位质量传递的功率大,当传动功率相同时,采用液压传动可减轻质量,缩小体积;

2)与电源、气源相配合,可实现多种自动循环控制;

3)速度、扭矩、功率均可实现无级调速,运动比较平稳,便于实现平稳地换向,易于吸收压力脉动和冲击,调速范围较宽,快速性较好;

4)能自行润滑,磨损较小,使用寿命长,液压元件易于实现通用化、标准化,从而可缩短设计和制造周期,降低成本。

(2)液压源的缺点。

1)由于泄漏难以避免,因而影响工作效率;

2)元件的制造精度要求高,加工比较困难;

3)油温及黏度变化较大,直接影响到系统的工作性能;

4)系统调整和维护的技术要求较高。

(3)对液压能源的要求。

液压能源除了满足系统的压力流量要求以外,还应满足以下要求:

1)保持油液的清洁度,一般为 $5\sim10\ \mu m$;

2)防止空气混入系统,空气进入系统后则将使系统工作不稳定,并使快速性降低,再则容易产生气穴,使泵不能正常工作;

3)注意油液油温温升,油温太高易缩短油液寿命,如 10 号航空油在温度 $125\sim140℃$ 时,油液寿命为 50 h;

4)尽量减小液压泵输出流量的脉动及负载流量变化对油源压力的影响,保持电源压力恒定,油源压力脉动频率应高于系统的谐振频率。

3.5.4.3　液压源的主要部件及功能

(1)液压泵。液压泵是系统的能量转换装置,即将机械能转换成液压能。防空导弹上一般使用轴向柱塞泵,体积小、质量轻、噪声小、效率高。

(2)油箱。油箱主要用于贮油、散热、分离油液中的杂质和空气,为保证泵的充填性能,防空导弹使用的油箱多为增压油箱,增压油箱主要有两种,一种是活塞式油箱,一种是皮囊式油箱。

(3)油滤。油滤用于滤除油液中的杂质。如果油液不干净,直接影响舵机的正常工作,有可能使舵机卡死,一般滤油净度为 $5\sim10\ \mu m$。

(4)单向阀。单向阀用于防止高压管路中的油液倒流。此阀一般设置在泵的出口处。

(5)蓄压器。蓄压器是贮存和释放液体压力能的装置,其功能有三个:

1)吸收系统的冲击压力,消除脉动现象;

2)补偿泄漏,保持系统压力;

3)瞬时补充流量,满足负载速度要求。

防空导弹上一般采用皮囊式蓄压器,油气分离,反应迅速,尺寸小,质量轻,皮囊里的气体一般为惰性气体(氮气或氦气),也有采用干燥空气的。

(6)溢流阀。溢流阀用于控制系统的压力,当系统的压力未达到工作压力时,此阀处于关闭状态,随着压力不断升高,当达到工作压力时,此阀打开,油液全部从此阀泄掉,此时系统压力就维持在一定的范围内。因此溢流阀的启闭特性很重要,直接影响到系统的动态特性。

3.5.4.4 液压源的设计与计算

1. 工况分析

对液压能源系统的设计来讲,归根结底是确定系统的压力和流量,也就是说确定系统的输出功率,如图 3 - 137 所示。

图中曲线 1 为能源的流量-压力曲线,曲线 2,3,4 为负载曲线。由图可见,曲线 1 与负载曲线 2 相切于 b 点,即能源的最大输出功率点与负载曲线的最大功率点相重合,并且满足下式:

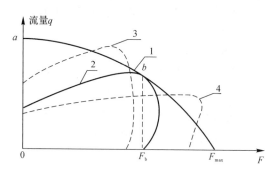

图 3 - 137 负载与能源功率匹配曲线

$$F_b = \frac{2}{3}F_{max} = \frac{2}{3}p_1 A_0 \qquad (3-70)$$

式中 F_b —— 最大功率点处的负载力(N);

      p_1 —— 作用在活塞上的压力(亦即舵机入口压力)(MPa);

      A_0 —— 活塞面积(cm²)。

满足以上两个条件,则认为两者是最佳匹配。曲线 3 表明能源的流量不足,不能满足系统的快速性要求;曲线 4 表明能源的输出压力不足,不能满足最大负载力的要求。因此能源的设计任务就是依据负载曲线及负载速度,确定能源系统的压力和流量曲线完全包容负载曲线,并使两者处于最佳匹配状态。

弹上能源系统在设计初步阶段,仅只能知道某些特征点,如图 3 - 137 所示中的 a 点为最大空载流量,b 点为最大功率点的负载力和负载速度。因此要设计出一个完好的能源系统有一定的困难,特别是对定量泵 — 蓄压器组成的能源系统,如何正确地分配泵和蓄压器的流量是一个优化设计问题。如果能知道舵偏速度 $\dot{\delta}$ 与工作时间 t 的运动规律,如 $\delta = \delta_0 \omega \cos \omega t$,则就能合理地分配泵和蓄压器的流量。如果参数选择得合理,舵偏速度要求合理,流量分配得当,则可使系统结构质量降低,体积减小,降低能源消耗,改善系统的动态特性和静态品质,提高液压刚度,使系统能稳定、有效地工作。 如美国的"潘兴"导弹,对一个舵机来讲,泵只提供 2 L/min 的常值流量,而蓄压器则要瞬时提供 7.5 L/min 流量。

2. 系统压力的选择

系统压力是指泵的出口压力。出口压力选取时除了需保证负载的入口压力以外,还要考虑管路中的压力损失,以及管路中的回油压力,由下式表示:

$$p_x = p_1 + \Delta p_2 + p_3 \qquad (3-71)$$

式中 p_x —— 系统压力,由泵负责提供(MPa);

      p_1 —— 负载的入口压力(MPa);

      Δp_2 —— 管路中的压力损失(MPa);

      p_3 —— 回油管路中的压力(MPa)。

弹上能源系统压力一般为 21 MPa,采用高压系统的主要优点是,在相同的输出功率条件下,由于压力高可减小流量,可选择尺寸小、质量轻的元件组成系统,使系统结构紧凑,质量轻。

3. 确定负载力

负载力是指作用在活塞上的外力之和,由下式表示:

$$\sum F = F_1 + F_2 + F_3 \tag{3-72}$$

或

$$\sum M = M_1 + M_2 + M_3 \tag{3-73}$$

式中　$\sum F(\sum M)$ —— 负载力(矩),(N,(N·m));

　　　　$F_1(M_1)$ —— 作用在舵面上的铰链力矩所产生的力(矩),(N,(N·m));

　　　　$F_2(M_2)$ —— 惯性力(矩),由转动部件做加速运动时产生,(N,(N·m));

　　　　$F_3(M_3)$ —— 摩擦力(矩),(N,(N·m))。

作用在活塞上的液压力由泵提供,只要作用在活塞上的液压力大于活塞上的负载力,活塞就可以运动。

4. 系统流量的确定

系统流量是指空载时为满足负载速度的要求,能源所应提供的最大流量,由下式表示:

$$q_{max} = \sqrt{3} \sum A_0 v_b + q_x \tag{3-74}$$

式中　q_{max} —— 系统所应提供的总流量(L/min);

　　　　A_0 —— 单个活塞面积(cm²);

　　　　v_b —— 活塞的负载速度(mm/s);

　　　　q_x —— 泄漏量(L/min)。

5. 确定泵的功率

泵的输出功率由下式表示:

$$N_p = \frac{p_x q_p}{612} \tag{3-75}$$

式中　N_p —— 泵的输出功率,是选择其他形式初级能源的依据(kW);

　　　　p_x —— 泵的出口压力(MPa);

　　　　q_p —— 泵提供的常值流量(L/min)。

3.5.5　弹上能源设计要求

1. 对电源系统要求

采用热电池的能源要求,需规定热电池的种类、电池个数、热电池的激活时间、点火安全电流、可靠激活电流、电源电压输出的电压范围、供电电流、供电时间及电压的波纹要求,电源电压输出回路的内阻要求、发射装置电源和导弹电源的切换方式等。在导弹发射指令到来前,电源组件应能可靠传输发射装置提供的各路电源;在导弹发射指令到来时,由机上直流+27 V激活弹上电源的电池(根据需要,有的导弹同时激活引信电源的电池);在判断电池各路电压正常后,电源组件应输出"电池电压正常"信号分别送往发射装置和舵机;当导弹分离插头脱离发射装置时,应可靠实现机、弹供电转换。

采用涡轮发电机的电源系统由涡轮发电机、谐振回路及供电电路组成。导弹采用的涡轮发电机是属于单相高频定子磁通可换向的感应子式永磁发电机,其动力源是燃气发生器。对该电源的要求:为了导弹供电多种类需要的变换,要求输出的交流电频率较高,如 5 300～7 000 Hz。要求输出的交流电压转换为直流的各种电压(对应的电压、电流要求),另外当燃气压力波动时要求谐振回路能稳定发电机的电压和频率。

2.对燃气源要求

对燃气源的要求包括电点火器点火电流、保证导弹制导正常工作时间、工作压力范围、起始压力峰值和达到第一个压力峰值的时间、从点火开始到压力达到正常压力的时间和要求。

3.对冷气源要求

对冷气源的要求包括气源介质(根据导弹需要选择氮气或氦气或空气或氩气等)、气源压力范围、供气介质露点、洁净度要求、最大供气量、连续供气时间的要求。

思考题与习题

1.火箭发动机的性能可用哪些主要参数来表征? 为什么?

2.从性能、结构、使用方便性等方面比较固体和液体火箭发动机的优、缺点。

3.选择空气喷气发动机或火箭发动机的依据及其理由是什么? 选择空气发动机和火箭动机的类别(涡喷或冲压;液体或固体火箭发动机)需考虑哪些因素?

4.研制单室双推力固体火箭发动机的主要目的是什么? 如何选择双推力发动机的推力比?

5.爆破战斗部毁伤目标的机理是什么? 冲击波超压和比冲量的定义是什么?

6.杀伤战斗部毁伤目标的机理是什么? 为杀伤目标,它需要满足哪些条件? 如杀伤战斗部的装填系数 $K_a = 0.5$,装药为 TNT 炸药,破片质量 $m_f = 10$ g,目标与导弹的速度比 $v_t/v = 1$,尾后(进入角为零)攻击目标,为杀伤目标所要求的打击动能为 2.5×10^3 N·m 时,高度为 5 km 时的杀伤半径是多少?

7.对空中目标、地面软目标和装甲目标(硬、点目标)一般选择哪种战斗部? 为什么?

8.攻击固定目标的现代巡航导弹,其制导系统一般选用哪种类型? 为什么? 末段加景象匹配的作用与理由是什么?

9.适用于攻击活动目标的无线电指令制导与寻的制导各有哪些优、缺点? TVM 体制有哪些优点? 为什么? 还存在哪些缺点?

10.红外寻的制导与雷达寻的制导相比,有哪些优点和缺点? 近距格斗空空导弹为什么大多采用红外寻的制导?

11.采用初始制导与末制导的原则是什么? 如中制导(惯性制导)的制导误差不能保证末制导(寻的制导)截获目标时,可采取哪种措施来解决?

12.确定导弹的飞行特性(射程、飞行速度和使用高度)时有哪些考虑? 欲设计一种反舰导弹,其主发动机采用冲压发动机,试问其适宜的巡航高度和特征点速度(助推器工作结束时的速度和巡航速度)应是多少? 为什么?

13. 导弹翼面部位安排与结构形式选择时考虑哪些问题？

14. 如何进行各设备舱的布局和结构形式选择？

15. 导弹级间分离有哪些方式？各种方案的优、缺点是什么？

16. 弹上能源的类型有哪些？进行能源选择时需要考虑哪些因素？

17. 某型导弹能源系统采用挤压式能源，已知油箱的体积 $V = 2$ L，油箱的工作压力 $p = 18$ MPa，气体的初始温度 $T = 17℃ = 290$ K，气瓶的初始压力 $p_1 = 45$ MPa，求气瓶的容积。

18. 已知某气体发生器泵的常值体积流量 $q_p = 35$ L/min；泵的效率 $\eta_p = 0.85$；涡轮效率 $\eta_w = 0.25$；工作时间 30 s；发生器火药参数为：$R = 39.6$；$T = 1\,473$ K；$\kappa = 1.26$；$u = 5.28$ mm/s；$p_0 = 6$ MPa；$p_c = 0.1$ MPa，求发生器各部分参数。

第4章 导弹构形设计

4.1 概　　述

　　构形设计最终要为导弹提供完美的气动外形、合理的部位安排和轻而强的结构布局,它是导弹研制过程中首先遇到的系统设计问题,也是导弹方案设计工作中的一个重要组成部分。构形设计包括导弹的气动外形设计和部位安排与质心定位。

　　导弹外形设计是指优选导弹的气动布局,即优选弹体各部件(弹身、弹翼、舵面等)的相对位置,而后从导弹应具有良好的气动特性出发,综合考虑导弹布局、制导系统特性和结构特性等因素,确定弹体各部件的外形参数和几何尺寸。部位安排与质心定位的任务是将弹上有效载荷(引信、战斗部)、各种设备(导引头、惯导设备、弹上计算机等)、动力装置(如发动机)及伺服系统(如舵机、操纵系统)等,进行合理的安排设计,使其满足总体设计的各项要求。

　　导弹外形设计是导弹系统设计中涉及面广、综合性强、难度大的工作之一。只有结合导弹部位安排的具体情况、弹上设备的类型及导弹巡航飞行平均速度、导弹可用过载、平衡攻角、静稳定度等主要设计参数;导弹质量、质心、转动惯量的数据;综合多种因素的影响,充分利用气动方面的成果和已有型号的经验,才能设计出先进的符合要求的气动外形。

　　部位安排与导弹外形设计是同时进行的,也是一项综合性很强的设计任务,它要与各方面反复协调、综合平衡、不断调整,才能将导弹外形与各部分位置确定下来;才能设计出导弹的外形图和部位安排图。基于外形设计和部位安排三维视图计算得到的气动性能与质量、质心、转动惯量等,作为导弹各系统设计的总体参数依据。

4.1.1 构形设计的要求

　　构形设计必须满足如下具体要求:

　　(1)满足导弹战术技术指标和弹上各系统工作要求;

　　(2)充分利用最佳翼身干扰、翼面间干扰以及外挂物与翼身的干扰,设计出最大升阻比的外形布局,并保证在使用攻角和速度范围内,压力中心的变化尽可能小;

　　(3)在作战空域内,满足导弹机动性、稳定性与操纵性的要求;

　　(4)应使总体结构布局合理,减小弹体上的脉动压力及滚动力矩;

　　(5)通常要保证在最大使用攻角范围内,空气动力特性特别是力矩特性尽可能处于线性范围,减小非线性对系统带来的不利影响。随着近代大攻角的应用,研究适合于大攻角飞行的布局形式;

　　(6)外形设计应满足隐身要求,使雷达散射面积最小;

　　(7)便于发射、运输、贮存与实战使用;

　　(8)对于高超声速导弹,尤其是弹道导弹,外形设计要保证弹体所受的气动阻力最小及气动加热最低。

4.1.2 外形设计的流程

气动外形设计是构形设计中首要而困难的任务之一,它与导弹飞行性能的要求、制导控制的要求以及弹上各设备的关系十分密切。纵观国内外各型导弹的外形可以得知,导弹外形设计都不是单纯的气动设计,而是综合了多种因素反复协调与迭代的结果。外形设计与导弹各部分的关系如下:

1. 与导引头头罩设计的关系

头罩的形状、直径、长细比、钝度不仅影响到全弹的气动特性,尤其是超声速下的波阻特性,而且还影响到头罩的误差斜率。采用小钝度、大长细比头部,有利于减小阻力,但需进行头罩的误差斜率补偿设计。

2. 与控制系统设计的关系

气动外形设计与控制系统设计的关系极为密切,导弹外形设计历来就是随控布局设计。弹体作为控制系统的控制对象,其气动参数的特性与精度直接影响到控制系统的操稳特性、快速性和鲁棒性。

气动舵面的设计要保证在使用攻角和速度范围内,压力中心的变化尽可能最小;受舵机功率的限制,设计中要设法减小铰链力矩,提高快速性和操纵性。

控制系统设计和六自由度数字仿真及半实物仿真需要气动外形设计得到的各种飞行状态和控制姿态下的气动力与力矩参数。为了得到气动参数的三维描述,需要制订详细的风洞试验计划,以获得足够的气动数据,用风洞试验的气动数据进行数字和半实物仿真。

3. 与发动机设计的关系

气动力的阻力特性和弹径直接影响发动机推力特性和装药量,进而影响到导弹的飞行速度与动力射程,因此,外形设计应尽可能设法减小全弹阻力以减少发动机装药量。对于采用吸气式发动机导弹的外形设计来说,进气道的外形及布局形式对全弹的气动力特性和发动机的工作都有很大的影响,必须采用一体化设计方法对翼面和进气道进行一体化布局设计。

4. 与引战系统的关系

气动力面位置的确定既要满足气动性能的要求,又要避免遮挡或者压住引信天线(或者窗口)和战斗部,而影响引信正常工作和战斗部的杀伤效率。

5. 与全弹结构强度设计的关系

气动设计中以气动集中载荷、分布载荷、热载荷提供给结构静强度设计,将气动弹性非定常气动力提供给结构进行颤振与伺服气弹分析。

6. 与发射装置设计的关系

对机载导弹来说,气动设计向发射装置提供挂机时弹、架气动集中与分布载荷,以进行发射装置结构设计。

7. 与载机兼容性的关系

机载导弹的外形与尺寸首先要满足装挂时的限制要求,弹长、翼展、舵展直接影响到挂机方式、装弹量和载机的隐身能力。导弹在挂机时,要分别分析导弹对载机的操稳特性、颤振边界、对爬升率的影响,载机对导弹离机姿态和初始轨迹的发射安全性影响。

8. 与飞行性能设计的关系

气动性能直接影响到飞行性能,需要进行数字仿真以验证是否达到飞行性能指标要求,进而优化气动外形设计。

可以看出,气动外形设计与各部分的设计是一个迭代的过程,需要多次反复才能完成,设计者需要具有较全面的知识和综合能力,以便设计出一种能满足飞行性能要求且与制导、控制相匹配,简单、高效的气动外形方案。

导弹气动外形设计的流程如图 4-1 所示。

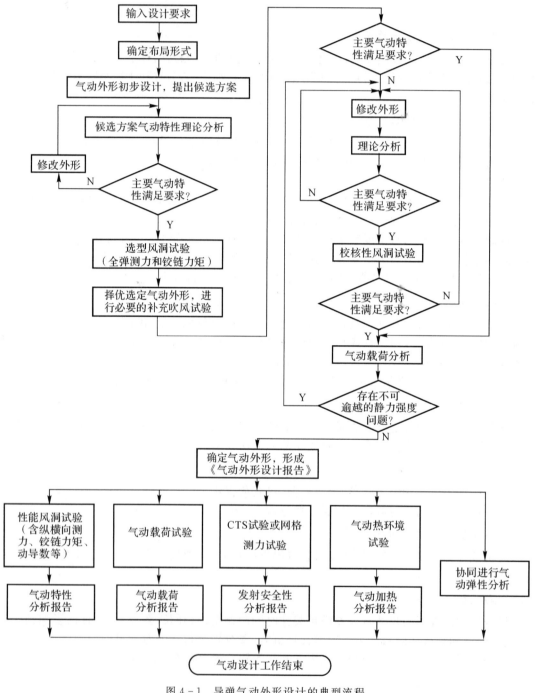

图 4-1 导弹气动外形设计的典型流程

4.2　导弹外形设计

导弹外形设计是导弹总体设计过程中很重要的一个组成部分。这阶段工作的任务就是在选定了推进系统、战斗部等弹上主要设备,初步确定导弹总体主要参数之后,进一步探讨导弹应具有什么样的外形,才能满足导弹的战术技术指标。对导弹外形设计有重要影响的战术技术指标有动力航程、飞行速度、作战空域以及战斗部尺寸等。这些指标对导弹的气动布局、部位安排具有决定性的影响。如大射程的导弹就要求气动外形具有最大升阻比,超声速或亚声速巡航就要求不同的弹翼、尾翼形状和翼型。此外,发动机类型及数量对外形设计也有重要影响,不同类型的发动机有不同的布局特点和要求;同样,不同形式的外形布局方案通常是与发动机类型、数量和在弹上的位置有密切关系。如选用空气喷气发动机时,除考虑发动机喷流对弹体的影响外,还要考虑进气道布置对全弹气动力特性的影响。

在导弹设计过程中,外形设计是与导弹主要参数设计、部位安排及质心定位等工作紧密联系和交错进行的。其过程通常是选定气动布局形式和部位安排;参考原准导弹的气动特性进行弹道估算;然后根据弹道估算结果给出速度特性、可用过载值、最大平衡攻角和静稳定度指标等主要参数,把它们与要求的设计值相比较,修改外形设计。根据外形设计结果重新进行气动特性计算,质量、质心、转动惯量计算,弹道计算,导弹可用过载计算等。如此反复,直到获得满意的结果。例如,第 3 章中导弹主要参数设计时就必须知道其空气动力特性,通常是采用已知类似导弹的气动力特性进行主要参数设计的,然后再根据弹道计算结果和选择的主要参数进行导弹外形设计,确定其空气动力特性后,再重新进行主要参数选择、发动机推力计算、质量、质心、转动惯量计算和弹道计算等,如此逐次近似。

由此可以看出,导弹外形设计不能单纯地由空气动力学的因素来确定,而是导弹系统设计中涉及面广、综合性强,难度大的工作之一。它要求总体设计人员具有空气动力学、自动控制、热力学、发动机、飞行力学和结构设计等方面的知识,并结合导弹的作战使命、性能指标、作战效率等的综合分析,才能较满意地取得最合理的设计效果。因此,气动外形设计不仅是空气动力的最佳设计,而且是一项综合性的系统工程设计。

4.2.1　气动布局

导弹外形设计的任务,就是在确定了导弹主要战术技术指标要求和选定了推进系统、稳定与制导控制体制和战斗部等弹上主要设备的基础上,分析研究气动布局的型式与外形几何参数对导弹总体性能的影响,设计出具有良好气动特性和满足机动性、稳定性和操纵性要求的导弹外形。

所谓气动布局是指导弹各主要部件的气动外形及其相对位置的设计与安装。具体来说就是研究两个问题:一是选择气动翼面(包括弹翼、舵面等)的数目及其在弹身周向的布置方案;另一个是确定气动翼面(如弹翼与舵面之间)沿弹身纵向的布置方案。

衡量各种气动布局优劣的标准,对于不同类型的导弹是不同的,如反飞机的地空导弹和空空导弹,攻击的是高速的活动目标,要求导弹的机动性高,操纵性好。同时,由于导弹本身的飞行速度很大,一般是超声速或高超声速,阻力对燃料消耗量的影响很大,应力求导弹外形具有最小的阻力特性。近程反舰和反坦克导弹对付的是低速运动的活动目标,要求导弹具有良好的机动性和稳定性,控制系统结构简单,气动特性上并无过高的要求。而对中远程巡航导弹来说,则要求导弹具有良好的空气动力特性,升阻比大,横向稳定性好,发动机要有良好的进、排气与工作条件等。

4.2.1.1 翼面在弹身周侧的布置形式

弹翼的布置形式,根据其在弹身周侧的配置有两种不同方案:一种是平面布置方案(亦称飞机式方案,面对称翼面布置方案),这一方案的特点是导弹只有一对弹翼,对称地配置在弹身两侧的同一平面内,如图 4-2 所示;另一种是空间布置方案(亦称轴对称翼面布置方案),这种方案包括的各种形式,如图 4-3 所示。

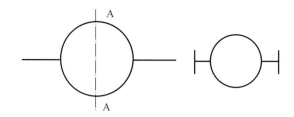

图 4-2 平面布置方案

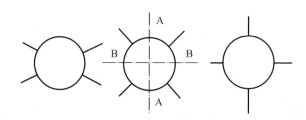

图 4-3 空间布置方案

下面分别介绍这两种布置方案的特点。

1. 面对称翼面布置的特点

面对称翼面布置是由飞机移植而来的,它有阻力小、质量轻、倾斜稳定性好等特点,这一点对远程导弹的意义很大;其次,这种布局的导弹,其升力方向(亦即导弹对称面)始终对着目标,所以战斗部可采用定向爆炸结构,使质量大为减轻;第三,这种弹翼布置在载机上悬挂方便。但面对称布置的导弹侧向机动性差。这种布置在转弯时可采用下述办法:

(1)平面转弯。导弹转弯时不滚转,转弯所需的向心力由侧滑角 β 产生,同时推力在 Z 方向也有一分量(见图 4-4)。

在这种情况下,导弹在空间飞行时同时有攻角 α 和侧滑角 β,这两个角度的大小靠方向舵及升降舵的偏转来保证。这种转弯方法可以简化控制系统,但所产生的侧向力 Z 很小,侧向过载 n_z 也很小,故只能作平缓的侧向转弯,而不能作急剧的侧向机动。对于飞航导弹,当目标固定或速度不大时,由于不必在水平面内作急剧的机动动作,侧向力只起修正作用(因可能有航向导引误差及侧风),在这种情况下可以应用平面转弯。

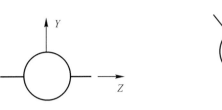

图 4 - 4 平面转弯

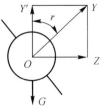

图 4 - 5 倾斜转弯

（2）倾斜转弯（协调转弯）。导弹转弯前先作滚转动作，即通过副翼，产生一个滚转力矩，导弹滚转一个 γ 角之后，使升力 Y 偏转的同时产生侧向力 Z（见图 4 - 5），至于升力的大小，则可以由攻角 α 来调整。这种转弯是通过副翼和升降舵同时协调动作来实现的，故称之为协调转弯。

倾斜转弯可以获得较大的侧向力 Z 和侧向过载 n_z。但是，导弹在机动飞行过程中，要做大角度的滚转运动，过渡过程时间长，在弹道上振荡大，将导致较大的制导误差，给控制系统设计带来困难，对掠海飞行不利。

为了简化控制系统，宜采用平面转弯。为此必须使导弹具有横滚稳定性，转弯只靠升力 Y 及侧向力 Z，此时，副翼只起辅助作用。在倾斜转弯中，副翼及升降舵都要起主要作用；至于方向舵则只起到保证不发生侧滑的作用。

适当选择气动布局，可以补救这种转弯方法的缺点，如图 4 - 6 所示的两种发动机布局，由于充分利用了发动机增大弹身的侧面积，从而增大了导弹的侧向力。

应当注意，弹体上的侧向力主要是依靠弹身的侧面积产生的，而不是依靠垂直尾翼产生的。垂尾主要起稳定和操纵作用。

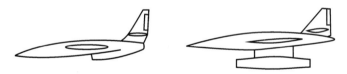

图 4 - 6 发动机的两种布置方案

对于反飞机导弹，因在各个方向都要求较大的需用机动过载，故平面转弯不能满足这种要求，此时只能采用倾斜转弯技术，即 BTT 控制（Bank - to - Turn）技术。BTT 控制导弹的特点是，在控制导弹截击目标的过程中，随时控制导弹绕其纵轴转动，使导弹合成法向加速度矢量总是落在导弹的最大升力面内（对飞机型导弹而言，指图 4 - 2 中的 A—A 平面，对"×"字形导弹而言，指图 4 - 3 中的 A—A 面和 B—B 平面，也称为有效升力面）。

BTT 控制可以分为三种类型：BTT - 45，BTT - 90，BTT - 180。它们三者的区别是，在制导过程中，控制导弹滚动的角度范围不同，分别为 45°，90°，180°。其中，BTT - 45 控制型，仅适用于×字形或＋字形布局的导弹。BTT 系统控制导弹滚动，从而使得所要求的法向过载落在它的有效升力面内。由于两个对称面的导弹具有两个相互垂直的有效升力面，如图 4 - 3 所示，所以，在制导过程中的任一瞬间，只要控制导弹滚动小于或等于 45°，便可实现所要求的法向过载与有效升力面重合的要求，从而使导弹以最大法向过载飞向目标。

BTT - 90，BTT - 180 两类控制均是用在面对称布置（飞机型）的导弹上。这种导弹只有一个有效升力面,即与弹翼垂直的对称面。欲使所要求的法向过载方向落在有效升力面内,控制导弹滚动的最大角度范围为$\pm 90°$或$\pm 180°$。其中 BTT−90 导弹具有产生正、负两个方向攻角,或正、负两个方向升力的能力;而 BTT−180 导弹仅能提供正向攻角或正向升力。这一特性往往与导弹配置了冲压式发动机有关。

轴对称布置的导弹所用的控制方案与 BTT 控制不同。导弹在飞行过程中,保持导弹相对纵轴稳定,控制导弹在俯仰和偏航两个平面上产生相应的法向过载,其合成法向过载指向控制规律所要求的方向。为了便于与 BTT 加以区别,称这种控制为侧滑转弯 STT(即 Skid−to−Turn的缩写)。

BTT 与 STT 导弹控制系统比较,其共同特点是两者都是由俯仰、偏航、滚动三个通道的控制系统组成的,但各通道具有的功用不同。表 4−1 列出了 BTT 与 STT 导弹控制系统的组成与各个通道的功用。

BTT 导弹与 STT 导弹相比,在改善与提高战术导弹的机动性、飞行速度、作战射程和命中精度等方面均有优势,也提高了导弹与冲压发动机的兼容性。

从气动外形设计的角度来看,BTT 导弹为了获得最大的升力,应该摒弃传统的 STT 导弹轴对称的设计思想,而采用非周向对称的气动布局,非轴对称气动外形,大攻角非线性气动设计,并充分利用涡升力以提高可用过载。

表 4−1　BTT 和 STT 导弹控制系统的组成

类别	STT	BTT−45	BTT−90	BTT−180
俯仰通道	产生法向过载,具有提供正、负攻角的能力	(同 STT)	(同 STT)	产生单向法向过载,具有提供正攻角的能力
偏航通道	产生法向过载,具有提供正、负侧滑角的能力	(同 STT)	欲使侧滑角为零,偏航必须与倾斜协调	(同 BTT−90)
滚动通道	保持倾斜稳定	控制导弹绕纵轴滚动,使导弹合成法向过载落在最大升力面内,最大倾斜角为45°	控制导弹滚动,使合成法向过载落在弹体对称面上,最大倾斜角为90°	(同 BTT−90)但最大倾斜角为180°
附注	适用于轴对称或两个对称面的不同导弹布局	仅适用于两个对称面的导弹	仅适应于面对称型导弹	(同 BTT−90)

采用 BTT 控制技术的导弹一般多采用一对弹翼,在较大攻角情况下,"一"字形弹翼提供的法向力明显大于"×"字形的两对弹翼,而阻力则明显小于两对弹翼的导弹,显然导弹气动性能的重要指标—升阻比将明显地提高了。

BTT 导弹弹身设计宜采用非圆截面(椭圆、矩形等)。因为弹身对升力的贡献主要取决于它的迎风面投影面积,而采用椭圆和矩形截面将会有效地增加弹身的迎风面投影面积。

在高 $Ma(Ma > 2)$ 和较大攻角($\alpha > 12°$)的情况下,弹身升力的贡献提高很快。

在 $Ma > 2$ 的情况下,弹身的位势流线性升力增加很快,并保持较稳定的数值。

在较大攻角情况下,弹身背风面基本全部产生了稳定的对称涡分离区。这个分离区越大,涡强越强,则弹身的非线性涡升力就越大。一般来说,它与弹身的迎风面投影面积成正比,与攻角的二次方成正比。

在截面面积相等的情况下,不难算出:采用长短轴比 $\frac{b}{a}=2$ 的椭圆截面比圆截面的弹身的涡升力贡献约提高 40%。如 $\frac{b}{a}=3$,则涡升力贡献约提高 70%。显然采用非圆截面弹身设计的思想是很引人注目的。

近些年来,国外在导弹的气动布局和气动外形研究设计中结合 BTT 控制技术做了大量的工作。它们研究和发展的思路是由 STT 普通轴对称布局和外形发展到圆柱形的单一平面系统,继而又对先进的融合系统和吸气式系统(采用冲压发动机)进行了大量的研究和试验。部分研究成果已运用到型号设计中,取得了良好的效果。系统发展示意图如图 4-7 所示。

采用冲压发动机的导弹,气动外形设计与进气道设计结合,可充分发挥 BTT 导弹与冲压发动机的优势。国外对吸气式系统(采用冲压发动机)进行了大量的气动、推进系统一体化设计的研究工作,如图 4-8 所示。

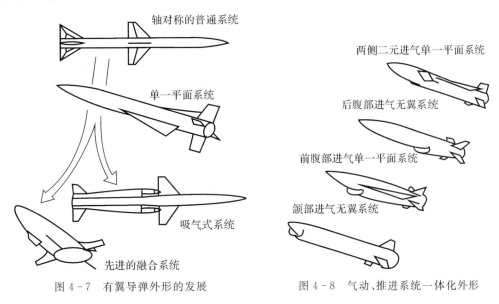

图 4-7　有翼导弹外形的发展　　　　图 4-8　气动、推进系统一体化外形

2. 轴对称翼面布置的特点

常用的轴对称翼面布置形式有“+”字形布置方案(+-+形)、“×”字形布置方案(×-×形)和混合形布置方案(+-×形),它们均为气动轴对称形式,其主要特点:

(1)无论在哪个方向均能产生同样大小的升力,该力是通过飞行过程中控制舵面,获得相应的 α 角和 β 角而产生的,即各个方向都能产生最大的机动过载,因此在攻击活动目标的导弹上得到广泛应用。

(2)升力的大小和作用点与导弹绕纵轴的旋转无关,即导弹无论如何旋转,升力的大小和作用点均不变。这一优点对掠海飞行的导弹尤为重要,也是它在近程飞航导弹上得到广泛应用的重要原因。

(3)在任何方向产生升力都具有快速响应的特性,大大简化了控制与制导系统的设计。

（4）在大攻角情况下，将引起大的滚动干扰，这就要求滚动通道控制系统快速性好。

（5）由于翼面数目多，必然质量大，阻力大，升阻比小，为了达到相同的速度特性，需要多消耗一部分能量；另外，导弹上的四个翼面基本上是雷达的四个反射器，这就增加了敌方雷达对导弹的探测面和可探测性。

从便于载机悬挂或从地面发射架上发射来看，"×"形要比"+"形方便些。

当要求过载 $n_y > n_z$ 时，可采用斜"×"字形或"H"字形布局。这种情况在可操纵航空炸弹及航空鱼雷上较多，故在这类导弹上采用这种形式。

3.尾翼或舵面在弹身周侧的布置

尾翼或舵面在弹身周侧的布置形式很多，常见的几种形式如图4-9所示。在选择的时候主要考虑对导弹稳定性和操纵性的影响，然后再考虑其他方面的影响。

图4-9中的(a)和(b)是轴对称形式，与×字形及+字形弹翼具有完全相同的特性，多用于地空和空空导弹上。

图4-9中的(c)是人字形尾翼，三个尾翼互成120°布置，这种布局可以提供足够的航向稳定性。另外，当有侧滑角 β 时，尾翼所产生的滚转力矩导数 (m_x^β) 近似等于零。这样可以减轻弹翼上副翼的负担。

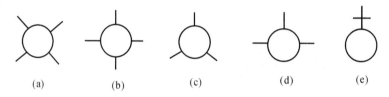

图4-9　舵面在弹身周侧的布置

图4-9中的(d)和(e)，将水平尾翼固定在弹身两侧或垂直尾翼上，这是为了保证水平尾翼在任何飞行状态下具有足够的效率。由于它们的布置是非对称的，当攻角 α 和侧滑角 β 存在时，会造成较显著的滚转力矩 M_x。

图4-9中的(c)，(d)和(e)三种形式多用于弹翼平面布置的飞航导弹上。

当布置尾翼时，从气动布局观点主要考虑：

（1）弹翼弹身阻滞气流对尾翼的影响；

（2）弹翼下洗流对尾翼的影响，当超声速时还要考虑激波系的影响；

（3）弹身旋涡对尾翼的影响；

（4）水平尾翼与垂直尾翼的相互影响；

（5）发动机喷流对尾翼的影响。

由于影响因素多且复杂，所以在选择时只能根据现有试验数据，最后位置的确定则常常依靠风洞试验，甚至在飞行试验以后。

4.2.1.2　翼面沿弹身纵轴的布置形式

按照弹翼与舵面沿弹身纵轴相对位置的不同，气动布局基本上可以分成下列几种形式（见图4-10）。

(a)正常式，由靠近导弹质心附近或在导弹前弹体的弹翼与装在弹身尾段处的舵面组成的气动布局形式，如美国的AIM-120空对空导弹，英国的"长剑"地对空导弹，法国的"飞鱼"反舰导弹；

(b)鸭式,由靠近前弹身头部的舵面与装在后弹身尾段的弹翼组成的气动布局形式,如美国的"响尾蛇"空对空导弹,俄罗斯的"道尔-M1"地对空导弹,中国的 PL-5 空对空导弹；

(c)无尾式,只有弹翼和其后缘处舵面组成的气动布局形式,如美国的"霍克"地对空导弹,苏联的 X-59 空对地导弹；

(d)旋转弹翼式,由靠近导弹质心的旋转弹翼与装在弹身尾段的尾翼组成的气动布局形式,如美国的"麻雀3"空对空导弹,意大利的"阿斯派德"空对空导弹,美国的"海麻雀"舰对空导弹；

(e)无翼式,只在弹身尾段处装有舵面,而无弹翼的气动布局形式。这种气动布局形式多用于大攻角、高机动的导弹,如英国的 ASRAAM 空对空导弹,美国的爱国者地对空导弹等。

从操纵平衡特点来看,上述几种气动布局形式又可以归纳成两类,即一类为舵面在前(如鸭式和旋转弹翼式),其特点是$(\delta/\alpha)_b > 0$(脚注 b 表示平衡状态时)；另一类为舵面在后(如正常式、无尾式和无翼式),其特点是$(\delta/\alpha)_b < 0$。由此特点出发,同一类的导弹在舵面效率、舵面平衡偏转特性及滚动特性方面有其相似之处,这是值得我们注意的特点。

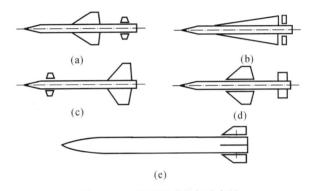

图 4-10　几种形式的气动布局

比较气动形式好坏的指标及准则很多,某些指标可以从量的方面来加以分析,某些指标则只能从质的方面作比较。例如从气动阻力、升力及铰链力矩等方面来看,在一般情况下正常式和鸭式相差不大。因此在确定气动布局时,到底采用鸭式或正常式中哪一种,往往不仅考虑气动性能的优劣,一般还需考虑导弹的稳定性、机动性和操纵性；导弹部位安排的方便性；对制导系统和发动机等工作条件的适合程度等方面的问题。下面就这些问题对几种气动布局形式予以简单分析研究。

4.2.1.3　气动布局的横滚稳定性分析

导弹以攻角 α、侧滑角 $\beta(\alpha \neq \beta)$ 飞行时,因气流不对称产生的相对于纵轴的滚动力矩称为斜吹力矩,又称为"诱导滚动力矩"。有时会因为气动布局不当而使斜吹力矩达到很大数值,其方向可能是正号也可能是负号,力矩的数值可能超过偏转横滚控制面所能提供的滚动控制力矩,因此,在选择气动布局时就应采取措施减小斜吹力矩,使导弹获得较好的横滚稳定性。

产生斜吹力矩的原因,归纳起来有下列五个方面：

(1)翼尖影响。当侧滑角 β 不等于零时,翼尖的马赫锥也将倾斜过来,如图 4-11 所示。这样一来,左右两翼尖受马赫锥影响的范围不一样,受影响范围大的,其升力减少得多,使得导弹受到一个正的滚动力矩 $M_{x①}$。

(2)翼根影响。其原因同上,由图 4-11 可知,左翼阴影部分大于右翼阴影部分,它使导弹受到一个负的滚动力矩 $M_{x②}$。

(3)左右两翼后掠效应不同。由 4-12 可知,当 Ma 相当大时(如 $Ma > 3$),后掠角能提高弹翼升力系数对攻角的导数 C_y^a，故后掠效应增大，则升力也增大，此时，得到正的滚动力矩 $M_{x③}$（见图 4-11）。当 Ma 不太大时（如 $Ma < 2$），后掠角的增加只能降低 C_y^a 之值，故此时适得相反的效果，即 $M_{x③}$ 为负值。

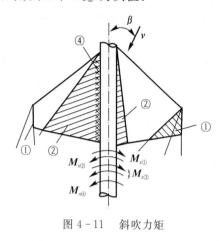

图 4-11　斜吹力矩

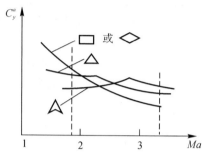

图 4-12　后掠角对升力的影响

（4）弹翼处于弹身的阴影区内，则升力要相应地减小。如图 4-11 所示的情况下，产生负的滚动力矩 $M_{x④}$。

以上四个因素中，第一项是主要的，因力臂长，第三项次之，第二、四项影响较小，因力臂很小。

（5）前翼洗流影响的不对称。这种影响所引起的 M_x 在鸭式气动布局上比较严重。下面对鸭式和正常式两种形式进行分析比较。

首先讨论正常式（见图 4-13）。弹翼后部的下洗分布如曲线所示，当侧滑角 β 还不太大时，右尾翼位于下洗最严重处，而左尾翼则位于下洗曲线的凹部，故左边升力损失不及右边大，造成一个正的斜吹力矩 M_x。

在 β 角逐渐增大后，情况就逐渐变化（见图 4-14）。右尾翼已位于弹翼后方的上洗区，作用在此翼面上的升力不但不减小，反而增加，而左尾翼则位于弹翼的下洗区，升力减小，故造成一负的斜吹力矩。

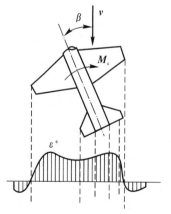

图 4-13　正常式导弹当 β 角不大时的
　　　　　下洗分布

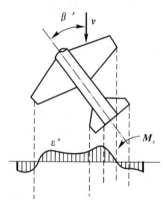

图 4-14　正常式导弹当 β 角较大时的
　　　　　下洗分布

由上可知,正常式导弹因此而产生的斜吹力矩 M_x 是随 β 的变化而变化的,其变化曲线如图 4 - 15 所示。

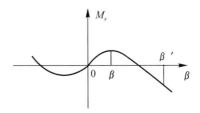

图 4 - 15　正常式导弹 M_x 随 β 角的变化曲线

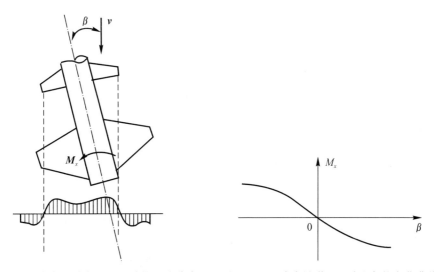

图 4 - 16　鸭式导弹当 $\beta \neq 0$ 时的下洗分布　　图 4 - 17　鸭式导弹 M_x 随 β 角的变化曲线

对于鸭式气动布局,这种情况比较严重。由图 4 - 16 可以看出,即使当 β 较小时,由于前舵面小,左右弹翼作用的下洗流方向不同,因而,产生较大的滚动力矩。β 越大,这种情况也越严重,M_x 的极性不会改变,其 M_x 与 β 的曲线关系如图 4 - 17 所示。

以上讨论中均假定攻角 α 及侧滑角 β 都不等于零,但这些因素所造成的斜吹力矩都不是很大。最严重的情况是鸭式导弹,当其升降舵转角 δ_z 及方向舵转角 δ_y 都不等于零时所产生的斜吹力矩。

为了说明简便,假设 $\beta = 0$,$\delta_z = 0$,而 $\alpha \neq 0$,$\delta_y \neq 0$。

以"+-+形"布置为例。此时,由于攻角 α 的存在,故因方向舵偏转而产生的下洗影响区,只能涉及垂直弹翼的上弹翼,因而产生一正的斜吹力矩 M_{x1};与此同时,由于 $\delta_y \neq 0$,故升降舵后因 α 存在而引起的下洗影响区只能涉及水平弹翼的右弹翼,使右弹翼受到因 $\alpha \neq 0$ 而引起的下洗,得到一个向下的升力,因而产生另一正的斜吹力矩 M_{x2}。

由上述内容可知,因 $\alpha \neq 0$,$\delta_y \neq 0$ 而引起的斜吹力矩为

$$M_x = M_{x1} + M_{x2}$$

同理可以证明,当 $\alpha = 0$,$\delta_y = 0$,而 $\beta \neq 0$,$\delta_z \neq 0$ 时也会产生斜吹力矩,当 β,δ_z 符号为正时,这样产生的力矩与前述的力矩方向相反。故当 $\alpha \neq 0$,$\delta_y \neq 0$,$\beta \neq 0$,$\delta_z \neq 0$ 时,产生的斜吹力

矩系数可表示为下式：

$$m_x = A(\alpha \delta_y - \beta \delta_z)$$

式中，A 是马赫数及翼面几何参数的函数，由实验方法得出。

上述关系式可用于 $\alpha \leqslant 8°$，$\beta \leqslant 8°$ 的情况下，当这两个角度增大时，斜吹力矩 $\boldsymbol{M}_x$ 与 α 或 β 的线性关系也渐遭破坏。

弄清楚斜吹力矩产生的主要原因后，下面进一步分析鸭式"+－+"形布局在定态飞行时由于不对称洗流在弹翼上引起的滚动力矩。

在定态飞行中作用在导弹上的诸空气动力是互相平衡的，在平衡状态下，有如下的关系：

$$\alpha = -\frac{m_z^{\delta_z}\delta_z}{m_z^{\alpha}}, \quad \alpha = K_1 \delta_z$$

$$\beta = -\frac{m_y^{\delta_y}\delta_y}{m_y^{\beta}}, \quad \beta = K_2 \delta_y$$

因为导弹是轴对称的，即在各个对称平面内的情况是一样的。故有

$$\frac{m_z^{\delta_z}}{m_z^{\alpha}} = \frac{m_y^{\delta_y}}{m_y^{\beta}}$$

即

$$K_1 = K_2 = K$$

所以

$$K_1 = \frac{\alpha}{\delta_z} = K_2 = \frac{\beta}{\delta_y}$$

即

$$\alpha \delta_y = \beta \delta_z$$

所以斜吹力矩系数 $m_x = A(\alpha \delta_y - \beta \delta_z) = 0$。

这个结论是假定斜吹力矩 $\boldsymbol{M}_x$ 与 α 或 β 成线性关系而得到的，而且未计及前述的四个产生斜吹力矩的因素，所以是近似的。

正因为"+－+"形或"X－X"形鸭式布局在定态飞行时的滚动力矩等于零，故这种气动布局还经常被采用。但当 α，β 不是平衡状态时，则仍会产生滚动力矩，而且从一种平衡飞行状态转到另一种平衡状态的过渡过程中也要产生滚动力矩。故这种形式的导弹通常有绕纵轴的振荡运动，从而增大了控制误差。因此从横滚稳定性来说，在所有气动布局中，鸭式是最不利的。由于横滚稳定性不佳，滚动力矩较大，而鸭式的舵面面积较小，因此，鸭式导弹不能用舵面差动来起副翼作用。图 4－18 所示为"X－X"形布置，鸭式舵作副翼偏转 5° 时的风洞试验结果，可以看出，在小攻角情况下，副翼完全失去控制能力。因此鸭式导弹通常在弹翼上配置副翼，这样将带来操纵系统及结构上的复杂化，这是鸭式导弹的主要缺点之一。

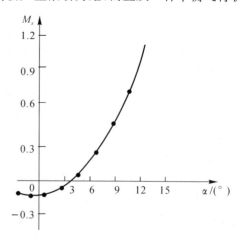

图 4－18　鸭式舵面滚动力矩特性

在分析了正常式和鸭式布局斜吹力矩产生的原因之后，我们可以联想到无尾式和旋转弹翼式。无尾式的滚动力矩与正常式相近似，但由于其舵面靠近弹翼后缘，故下洗影响更为微弱。旋转弹翼式与鸭式横滚特性类似，但由于旋转弹翼面大，而尾翼面积小，且其攻角 α 较小，故其洗流不对称的影响远远没有鸭式严重，所

以通常旋转弹翼也可作为差动舵来起副翼作用。

4.2.1.4 气动布局对机动性的影响

为了使导弹具有良好的机动性,可以从提高导弹的飞行速度、增大弹翼面积、采用良好的弹翼形状和增大导弹可以使用的攻角等方面来考虑。

导弹的速度受战术技术条件和动力装置推力的限制,也与外形设计的好坏有关。设计时尽量采用升阻比大的翼面形状自然是设计人员力求达到的指标。利用增大弹翼面积来提高导弹的机动性并不是我们所希望的。因此增加导弹攻角是提高机动性比较简便的方法。但是,增大攻角受到下列两个因素的限制:第一是俯仰力矩性能的非线性;第二是滚动力矩性能的非线性。其中俯仰力矩性能的非线性与气动布局有密切关系。下面着重研究第一个原因。

俯仰力矩系数 m_z 随攻角 α 的变化曲线如图 4-19 所示。

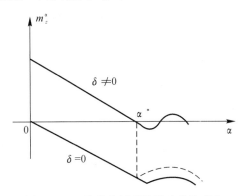

图 4-19　俯仰力矩系数随攻角的变化

由图可知,在攻角 $\alpha > \alpha^*$ 后,m_z 曲线的斜率逐渐增大,线性关系遭到破坏。在 m_z^α 变号时,静稳定性即完全消失,而自动驾驶仪都是按一定的 m_z^α 值设计的,$|m_z^\alpha|$ 值改变将导致自动驾驶仪特性变坏。因此导弹在飞行过程中不能使用非线性段的 $m_z(\alpha)$ 曲线,亦即不能在 $\alpha > \alpha^*$ 的条件下飞行。因此,把攻角 α^* 称为导弹的极限攻角。要提高 α^*,应先研究产生非线性的原因。

由空气动力学知道,弹身升力随攻角的变化是非线性的,弹身的力矩特性也是非线性的。特别是当攻角稍大时,尤为显著。当攻角小时,弹身产生的升力占全弹升力的比值较小,而当攻角增加时,弹身升力占全弹升力的比例愈来愈增加。此时尽管弹翼上的升力变化还是线性的,但整个导弹的总升力与攻角的关系已不再是线性的了。而且由于弹身头部的升力是整个弹身升力的主要部分,所以随着攻角的增加,压力中心向前移动,导致导弹静稳定性降低。

从以上观点出发,则 m_z 与 α 的线性关系和 α^* 之值与参数 $\dfrac{S_B}{S}$、$\dfrac{L'}{b_A}$ 有关。式中,S 为弹翼面积;S_B 为弹身最大横截面积;L' 为弹翼根弦前缘到弹身头部顶点长度(见图 4-20);b_A 为弹翼平均气动弦长。

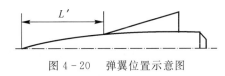

图 4-20　弹翼位置示意图

这些参数对 α^* 影响的试验数据如图 4-21 所示。

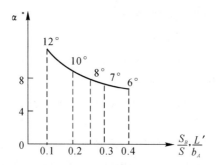

图 4 - 21　弹翼、弹身参数对极限攻角的影响

根据上述原因的分析,可得出提高 α^* 的办法:

(1) 增加静稳定性 $|m_z^\alpha|$,即气动中心后移,这样可得到较高的 α^*(见图 4 - 22)。

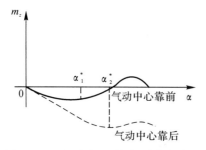

图 4 - 22　气动中心对极限攻角的影响

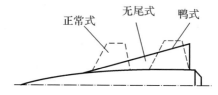

图 4 - 23　三种气动布局的极限攻角比较

(2) 减小 $\dfrac{S_B}{S}$ 或 $\dfrac{L'}{b_A}$。如图 4 - 23 所示三种气动布局中,对于无尾式气动布局,$\dfrac{S_B}{S}$ 及 $\dfrac{L'}{b_A}$ 均最小,故最有利于提高 α^*,对于鸭式气动布局,$\dfrac{L'}{b_A}$ 最大,故最不利。正常式介于两者之间。

如因需用过载较大,因而要求增加弹翼面积,则因弹翼面积增加可以导致极限攻角 α^* 的增加,最后可使可用过载增加更快些(见图 4 - 24)。

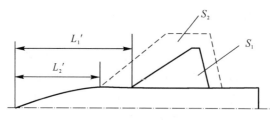

图 4 - 24　弹翼面积对极限攻角的影响

4.2.1.5　气动布局对升阻比特性的影响

所谓升阻比,就是导弹在某一飞行状态下,升力与阻力的比值,即

$$K = \frac{Y}{X} = \frac{C_y}{C_x}$$

由空气动力学中可知

$$C_x = C_{x0} + C_{xi}$$

当攻角不大时

$$C_x = C_{x0} + AC_y^2$$

式中　　C_{xi}——诱导阻力系数；

　　　　A——诱导系数。

显然，对导弹来说，总是希望在升力满足机动性要求的前提下，导弹的阻力最小，也就是说，导弹应具有最大升阻比 K_{max}。在满足什么条件下，导弹才具有最大升阻比呢？只要对 K 求极值便可获得，即

$$K = \frac{C_y}{C_x} = \frac{C_y}{C_{x0} + AC_y^2}$$

求其一阶导数，使其等于零，并解得

$$C_{x0} = AC_y^2$$

即当零升阻力 C_{x0} 等于诱导阻力 AC_y^2 时，导弹的升阻比 K 为最大。此时

$$K_{max} = \left(\frac{C_y}{C_x}\right)_{max} = \frac{C_y}{2AC_y^2} = \frac{1}{2\sqrt{AC_{x0}}}$$

相应于 K_{max} 的攻角 $a_{K_{max}}$ 为

$$C_{x0} = AC_y^2 = A(C_y^\alpha)^2 \alpha_{K_{max}}^2$$

所以

$$\alpha_{K_{max}} = \frac{\sqrt{\frac{C_{x0}}{A}}}{C_y^\alpha}$$

下面以正常式和鸭式为例来讨论不同气动布局对 K_{max} 的影响。许多文献曾研究过这一问题。为了说明结论，这里只引用如下的公式和结论：

$$\overline{K}_{max} = \frac{K_{max}}{(K_{max})_0} = \frac{1}{\sqrt{1+\omega}}$$

式中　　K_{max}——表示某一静稳定性下导弹平衡时的最大升阻比值；

　　　$(K_{max})_0$——表示当静稳定性为零时相应的最大升阻比值。

$$\omega = \frac{n}{\overline{S}_R}\left(\frac{m_z^{c_y}}{\overline{L}_t}\right)^2$$

式中　　$\overline{S}_R = \dfrac{S_R}{S}$——舵面对弹翼的相对面积；

　　　　$\overline{L}_t = \dfrac{L_t}{b_A}$——舵面压力中心与全弹质心间的距离相对弹翼平均气动弦之比；

　　　　　　n——反映不同气动布局对最大升阻比的影响系数；对正常式 $n=1.7$；对鸭式 $n=0.8$。

由上式看出，即使气动布局具有同样的 $\overline{S}_R$、$\overline{L}_t$ 和 $m_z^{c_y}$ 值，鸭式在升阻比方面仍然是略优于正常式的。图 4-25 说明了这一现象。

从这两种气动布局来看，在导弹平衡状态，由于鸭式舵面偏转角与弹翼攻角同向，而正常式则相反，所以鸭式的总升力较正常式的大，如图 4-26 所示。而总的阻力则与舵面偏转角的方向关系不大，因此鸭式的升阻比比正常式的大。另外，导弹的静稳定性愈大，则要求舵面平衡偏转角愈大，即阻力增大，因此随静稳定值的增大，升阻比的损失愈显著。

进行导弹气动外形设计时除考虑稳定性和操纵性外，还应把提高升阻比作为一个重要因

素予以考虑。

升阻比的大小与翼面数目及其在弹身周向的布置方案也有较大的关系。对于轴对称的气动外形,提高升阻比的潜力不大,效果也有限;而对于面对称布置方案,提高升阻比的潜力比较大,效果也比较显著。面对称外形的导弹一般只在对称面内进行转弯机动,因而便于在该方向上采取相应的增升措施,较之轴对称外形更容易获得较高的升阻比。

当导弹总体设计时,除合理选取气动布局和弹翼参数之外,还可以采取如下增升措施:

(1)采用非旋成体剖面的弹身,如:椭圆形剖面,当其长短轴之比为2∶1时,理论上其升力为旋成体的2倍;

(2)采用前缘弯曲的弹翼;

(3)采用翼-身融合体,改善横向流的绕流特性,提高翼身组合体的非线性升力。

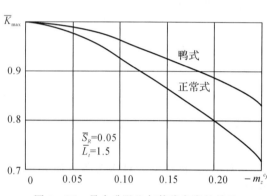

图 4-25　最大升阻比与静稳定度的关系

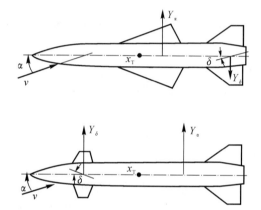

图 4-26　正常式和鸭式气动布局

4.2.1.6　气动布局的部位安排分析

这是选择气动布局的又一个重要因素。由于发动机类型及数量对气动布局有重要影响,不同类型的发动机有不同的布局特点和要求,所以弹身内部设备及舵机舱的安排困难,往往不得不采用这种或那种气动布局,现在就这方面的问题分别加以说明。

1. 对火箭发动机

当导弹采用液体火箭发动机时,鸭式的部位安排无甚困难,如图4-27所示。当采用正常式时,舵机舱常受发动机喷管的制约,对舵机的尺寸要求较严。随着舵机尺寸的小型化,若弹身直径较大,舵机安排比较容易;若弹身直径较小时,舵机的安排就比较困难。

当发动机为固体火箭发动机时,采用鸭式对保证静稳定度及承力构件的布置问题都较容易解决,如图4-28所示。其中(a)形式较简单,但质心位置移动较大,而(b)形式将固体火箭发动机移至质心附近,但由于采用了斜喷管,所以推力的轴向分量降低了。实际上这两种方案都有采用。

若改为正常式,则舵面恰好位于固体火箭发动机喷流的影响区,无法工作(见图4-29)。如将喷管位置与舵面位置错过45°,则因喷流所经之处气流受到干扰,舵面的气动性能要受到影响,操纵性及稳定性也将受到影响,故这种形式实际上很少用。

为了避免这种缺点,可将固体火箭发动机移至质心附近,采用延长尾喷管,使其由弹身内部通至尾部排出喷流,如图4-30所示。但这样一来,舵面的操纵机构将做得较复杂,特别是当舵面需差动时;另一方面是弹身容积利用很不好。

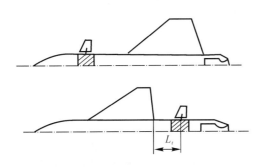

图4-27 采用液体火箭发动机时舵机的布置方案

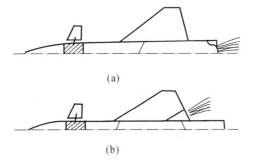

图4-28 鸭式导弹舵机的布置方案

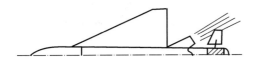

图4-29 正常式导弹舵机的布置方案

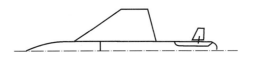

图4-30 采用长喷管时,舵机的布置方案

2.对吸气式发动机

随着导弹技术的发展,对射程和速度不断提出更远更快的要求。为此,有翼导弹越来越多地采用各种吸气式发动机作为推进装置,因此在导弹外形布局中就出现了发动机或进气道的布置问题。

以火箭发动机为动力的导弹,不存在进气道的布局问题。而采用吸气式发动机的导弹,在外形布局上有两种情况,一是一个或两个发动机外挂在弹身上,发动机(带进气道)成为弹体外形的一部分;二是发动机在弹身内,作为发动机重要部件的进气道外露在弹身表面,成为弹身外形的一部分。早期的冲压发动机导弹由冲压发动机和固体助推器简单组成,将冲压发动机挂在弹身外部,两种发动机在结构和工作过程上互不相干,这使得导弹的尺寸和发射质量较大,系统比较复杂。随着"整体式"技术的发展,导弹与吸气式发动机更多的是采用一体化布局,有关发动机进气道布置方案将在后面讲述。

3.起飞段的操纵问题

如图4-31所示,从起飞段操纵这一点来看,鸭式要方便得多,纵向操纵可由前舵来担任,滚动操纵可由弹翼上的副翼来担任。在正常式上,因联合质心位置很靠近舵面,故舵面已不能用于纵向操纵,而必须在助推器的安定面上安装舵面,并要这种舵面同时起副翼作用,那是很困难的事。因此,在这种情况下,一般在起飞段上导弹不操纵其俯仰运动,只操纵其滚动运动。

4.滚动运动的操纵

如图4-32所示,由于鸭式气动布局中前舵的下洗作用影响很大,故此种形式中一般不宜采用差动舵面来操纵滚动运动,而在弹翼上安装副翼,如导弹弹身尾部装有固体火箭发动机,则副翼操纵机构的安装就较困难。

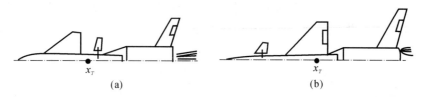

(a)   (b)

图 4-31　两种气动布局的质心位置

对正常式,无论利用差动舵面或副翼,问题的解决并无困难(见图4-33)。

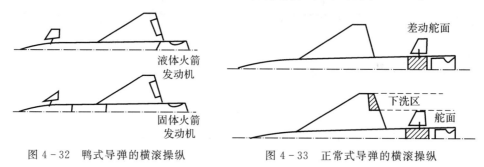

图 4-32　鸭式导弹的横滚操纵　　　　图 4-33　正常式导弹的横滚操纵

4.2.1.7　几种气动布局的综合分析

上面讨论了气动布局几个方面的特性,这里对鸭式、正常式、无尾式、旋转弹翼式和无翼式的特点作一归纳,以便于分析比较。

1.鸭式的特点

(1)舵面在弹身前部,离导弹质心距离较远,舵面效率高,故舵面面积可小些,所需的舵机功率也可小些。

(2)舵面与弹翼靠近弹身两端远离质心,便于静稳定性的调整。

(3)易于进行部位安排。

(4)舵面产生的控制力与导弹机动所需产生的法向力为同一方向对机动有利,但舵面控制时的飞行气流角为攻角与舵偏角相加$(\alpha+\delta)$,舵面易达到失速角。

(5)由于舵面翼展小,面积小,对其后翼面下洗影响小。但由于鸭式舵在翼前面,舵面产生的升力几乎被弹翼上由于舵面下洗而减少的升力相抵消,全弹升力几乎与舵面升力无关。

(6)具有较大的斜吹力矩,横向稳定性不好。一般来讲,舵面不宜用来作差动副翼,需要有单独副翼来进行滚动控制。

2.正常式的特点

(1)弹翼在舵面之前,弹翼不受舵面偏转时产生的洗流影响,气动力系数较为线性,纵向和横向稳定性较好。

(2)舵面差动可同时用作副翼,不必在弹翼上安置副翼,操纵机构和弹翼结构比较简单。

(3)舵面偏转角与弹体攻角方向相反,舵面产生控制力的方向始终与弹体攻角产生的升力方向相反,全弹的合成法向力是攻角产生的力减去舵偏角产生的力,使升力受到损失,因此其升力特性与响应特性较鸭式和旋转弹翼式布局要差。

(4)舵面处的当地有效气流角小,即$(\alpha-\delta)$,在大攻角飞行时舵面不易失速,舵面载荷与铰链力矩也相应减小。

(5)舵面位于弹翼洗流区,当采用全动舵时舵面升力被下洗掉很多,因此,舵的操纵效率比鸭式低,舵面面积比鸭式大。

(6)舵面由于装在发动机喷管的周围,其空间有限,舵机的体积和功率均受到限制。

3.无尾式的特点

无尾式布置是由正常式布局演变而来的,在弹翼后缘布置舵面。这种布局有如下特点:

(1)升阻比高。无尾式布局减少了翼面数量,从而减小了导弹的零升阻力。当翼展受到限制时,增加弦长可以获得所需的升力,使升阻比提高,弹翼结构性能也较好。

(2)操纵效率高。由于翼弦加长,可使舵面至导弹质心的距离较远,因而操纵力矩也可大些。或在保证同样的操纵力矩条件下,舵面面积可小些。

(3)具有最大的极限攻角。

(4)弹翼位置较难安排,常采用反安定面(见图 4 - 34)。这样既保证了需要的静稳定性,又可增大舵面至导弹质心之间的距离和便于弹翼与弹身承力构件的布置。如俄罗斯的 X - 59 空地导弹就采用了这种气动布局。

(5)舵面常与弹翼后缘有一定间距,这样做的目的是使铰链力矩随攻角和舵偏角的变化更趋近于线性变化,便于自动驾驶仪的工作。

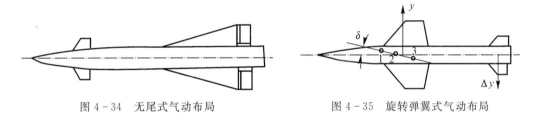

图 4 - 34 无尾式气动布局　　　　　　图 4 - 35 旋转弹翼式气动布局

4. 旋转弹翼式的特点

旋转弹翼式为弹翼可偏转控制,而尾翼是固定的布局形式。它不同于其他布局,如正常式或鸭式布局的控制,都是通过偏转舵面,使弹体绕质心转动,从而改变攻角来产生升力;而旋转弹翼式布局主要依靠弹翼偏转直接产生所需要的升力。

图 4 - 35 表示旋转弹翼式布局的受力情况,由图可见,当旋转弹翼偏转 δ 角时,就产生正的或负的俯仰力矩,由平衡条件可得下式:

$$m_z = m_z^\delta \delta + m_z^\alpha \alpha_b = 0$$

即

$$\alpha_b = -\frac{m_z^\delta}{m_z^\alpha} \delta$$

或

$$\frac{\alpha_b}{\delta} = -\left(\frac{m_z^\delta}{m_z^\alpha}\right)$$

对于静稳定的气动布局来说,$m_z^\alpha < 0$,则有:

当 $m_z^\delta > 0$ 时,$\frac{\alpha_b}{\delta} > 0$;

当 $m_z^\delta < 0$ 时,$\frac{\alpha_b}{\delta} < 0$;

当 $m_z^\delta = 0$ 时，$\frac{\alpha_b}{\delta} = 0$。

（1）三种质心位置的受力分析。旋转弹翼式布局是靠转动弹翼来进行平衡和操纵的，平衡力矩是由作用于安定面上的下洗升力产生的。由于导弹质心相对于压力中心的位置不同，满足平衡的条件也是不同的。下面按三种不同的质心位置来分析平衡条件。

1）质心位于升力 Y 作用点较前的位置 1。此时升力 Y 对质心的力矩较大，为了平衡 Y 对质心产生的纵向力矩，作用在尾部安定面上的下洗升力 ΔY 不足以平衡这个力矩，故对质心 1 产生一个俯冲力矩，使弹身攻角 α 变成负值，从而来实现气动力矩平衡。此时的平衡攻角 $\alpha = \alpha_b$ 已为负值，即 $\alpha_b < 0$。

由平衡条件可得

$$\frac{\alpha_b}{\delta} = -\left(\frac{m_z^\delta}{m_z^\alpha}\right)$$

又因为 $\frac{\alpha_b}{\delta} < 0$；

$$\left(\frac{m_z^\delta}{m_z^\alpha}\right) > 0$$

但 $m_z^\alpha < 0$，故必须要求 $m_z^\delta < 0$。所以当质心位置较前时，为满足平衡条件，m_z^δ 必须是负值。

2）质心位于升力作用点稍前的位置 2。此时尾部安定面上下洗升力 ΔY 对质心的力矩与升力 Y 对质心的力矩相平衡，故不必有攻角即可达到平衡，即 $\alpha_b = 0$。

由平衡条件可知，为满足平衡要求

$$m_z^\delta = 0$$

3）质心位于升力 Y 作用点之后的位置 3。此时为保持平衡，必须使平衡攻角为正值，即 $\alpha_b > 0$。

根据平衡条件，必须有 $m_z^\delta > 0$。

由上述分析可知，不同的质心位置会对 m_z^δ 提出不同的要求，同样移动旋转弹翼的位置或改变尾部安定面的大小，也可得到同样的效果。在上述三种质心位置中，究竟哪一种最好呢？

第一种情况 $\alpha_b < 0$，使升力下降，此是不利的。

第二种情况 $\alpha_b = 0$，故其弹身不能用以产生升力，而且由于安定面的升力要比弹翼升力小些，故也不可取。

第三种情况质心位置最有利，是旋转弹翼式布局常用的配置情况。一般可取

$$\frac{\alpha_b}{\delta} = 0.15 \sim 0.2$$

由此可知，对于旋转弹翼式布局，其质心宜位于翼身组合体的压力中心之后。

（2）旋转弹翼式的特点。

1）动态特性好，系统响应快，过渡过程振荡小。图 4-36 显示了旋转弹翼式控制、鸭式控制和正常式控制的响应特性，从中看出旋转弹翼式的响应特性是最快的。

当舵面偏角由 0 增至预定值 δ 时，攻角 α 尚未立即达到平衡值，故其相应的过载 n_y 也不是马上达到最大值，而要经过一定时间，但在过载 n_y 达到最大值后，由于惯性，还要继续增加，故有如图 4-36 所示的波动情况。

旋转弹翼式布局的弹翼既是导弹的主升力面又是控制面,弹翼偏转角 δ 就是产生过载 n_y 的直接因素,而且弹身的需用攻角不大(约 3°),故快速性好,且波动的衰减也比较快;至于其他的气动布局如正常式,先由舵面偏转角 δ 产生控制力改变弹体姿态产生攻角,再使弹体产生所需的法向力,因此平衡攻角的产生需要一定的过渡时间,且波动较大,衰减也要慢些,由此可见,旋转弹翼式对控制信号的响应最为迅速。

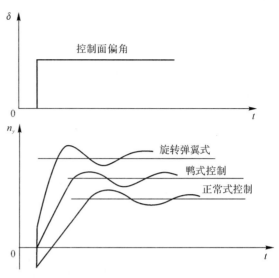

图 4 - 36 不同气动布局响应特性的比较

2)弹身攻角可保持较小的值(≈ 3°),而其他形式的弹身攻角可达 10°～15°(或更大些),这个条件有利于吸气式发动机进气道的设计,也便于采用自动寻的制导导弹的布局设计。

3)因为弹身攻角小,斜吹力矩 $\boldsymbol{M}_x$ 也要小些,可利用弹翼的差动作副翼。

4)过载波动可以减小,因为

$$n_y = \frac{Y}{G} = \frac{(C_y^a \alpha + C_y^\delta \delta)qS}{G}$$

对于旋转弹翼,因其第一项较小,故因弹身波动而引起的过载波动只通过 δ 来影响。

5)弹翼位置较难配置,操稳特性不易调整。由前面分析可知,翼身组合体的压心均需在质心的前面,这样就因主动段时质心靠后,而使导弹静稳定度减小甚至出现静不稳定。为使弹体达到一定静稳定性要求,则要求弹翼又不能太靠前,这样又使得被动段时质心前移,有可能移到弹翼压心的前面,而出现反操纵,通常要用自动驾驶仪引入人工稳定。

6)弹翼靠近弹体质心,操纵力臂短,故弹翼面积大,铰链力矩大,需要大功率的舵机,例如液压舵机。

7)迎风阻力大,且空气动力存在明显的非线性,给控制系统设计带来高的要求。

8)当弹翼偏转时,弹身与弹翼间有间隙,这会使升力稍为降低。

5. 无翼式布局

无翼式布局的导弹具有细长弹身和"X"字形舵面,而无弹翼。这种气动布局形式产生升力的主要部件是弹身,为了区别只有弹身和稳定尾翼的导弹,有人又称该无翼式为无翼尾舵式。通过大量研究表明,这种布局有以下特点:

(1)导弹最大使用攻角可由通常的 10°～15°提高到 30°;最大使用舵偏角可由 20°增加到 30°。因此,导弹具有大的机动过载和舵面效率。

(2)具有需要的过载特性。利用无翼式布局通过增大使用攻角提高导弹的机动过载;同时利用在小攻角时有较小的升力特点,可以限制可用过载,从而较好地解决了高低空可用过载不同要求的矛盾。

(3)大大改善了非线性气动力特性。采用大攻角飞行,最大的问题是产生非对称的侧向力,而无翼式布局由于取消了弹翼和相应减小了舵面,从而大大改善了非对称气动力特性。

（4）具有较高的舵面效率和需要的纵向静稳定性。这种布局舵面前无弹翼干扰,故舵面效率较高。由于在攻角增加时,弹身升力呈非线性增加,而弹身的压力中心接近弹身的几何中心,通常在质心之前,故当攻角增加时,静稳定性相应减小,使机动过载大幅度增大。因而这种布局也能较好地解决高低空机动过载的矛盾。

（5）具有较轻的质量和较小的气动阻力。由于减少了主翼面,导弹的结构质量大大降低,零升阻力也相应减小。

（6）结构简单,操作方便,使用性能好。由于外形简单,所以结构设计、生产工艺、操作使用都较方便,外加导弹展向尺寸小,给发射系统带来方便。

无翼式布局的导弹由于以上特点,近年来越来越被国内外重视和采用。例如具有反导能力的美国"爱国者"防空导弹和有的近程弹道导弹末级,均采用了这种气动布局。

4.2.1.8　导弹助推器和多级导弹的布置方案分析

导弹助推器在弹上的布置通常有并联、串联和整体式三种形式,如图 4-37 所示。

从气动阻力、组合装配、运输、发射及安装调整等工艺方面来看,串联式较并联式有利。如从空中载机上发射,由于串联式高度小,也便于悬挂。串联式布局的缺点是必须分别设计和研制每一级,增加了研制成本和周期;飞行器长细比大,抗弯曲刚度差,横向载荷大;飞行器长度尺寸大,使发射准备和勤务工作复杂化。对于二级有翼导弹来说,由于沉重的助推器置于后部,使整个导弹的质心后移,这样为了保持导弹在助推段具有一定的静稳定性,必须在助推器上安装较大的安定面,使整个导弹的压力中心也向后移动。同时,在助推器抛掉后,导弹的质心产生突然的前移,还会引起静稳定度的变化,使弹体产生波动。

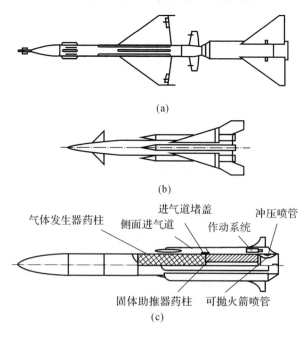

图 4-37　助推器的布置方案

(a)串联式；　(b)并联式；　(c)整体式

　　早期的以冲压发动机为动力的导弹使用串联式或并联式外装助推器。这会引起导弹外形尺寸、质量和气动阻力可观的增加,并造成总体布局上的困难;在助推段结束后被抛掉的笨重助推器外壳,有可能干扰导弹的姿态、危害发射阵地等。对助推器和冲压发动机进行"整体化"设计而形成的组合发动机,称为整体式火箭冲压发动机。这种"整体式"技术,大大提高了容积利用率,有利于使用冲压发动机的导弹的小型化。

　　助推器和冲压发动机的整体式布局方案是将助推器与冲压发动机共用同一燃烧室,把助推器的固体推进剂放置在冲压发动机的共用燃烧室中,组合发动机本体直接成为弹体的后半段。由于工作压力不同,助推器和冲压发动机有各自的喷管,嵌套安装。为了实现助推级向主级工作的转换,"转级控制装置"感受助推发动机熄火信号,使"助推喷管释放机构"迅速抛掉助推器喷管及堵盖,露出冲压发动机的喷管,使主级发动机点火启动。工作转换过程大约在300 ms内迅速、准确、可靠地依次完成。这种整体式布局方案由于系统复杂,多用于小型或中型的空空和地空导弹。

　　助推器和冲压发动机的另一种整体式布局方案是将固体助推器连同其壳体"塞进"冲压发动机的共用燃烧室中。这种方案用在发射质量大和发动机工作时间长的地地导弹和空地导弹上。使用塞入式固体推进剂助推器有如下优点:可以在专门的试验台上,对助推器和冲压发动机分开单独进行研制;可使用质量较小的带有气膜冷却的燃烧室,发动机工作时间能得到最大限度的延长;不同射程带有不同固体推进剂助推器的不同用途导弹,都可以使用同一种冲压发动机,如 ASM - MSS 双用途导弹。

　　在选用助推器安排形式时,究竟采用哪一种形式,应根据导弹的气动性能、飞行性能及使用要求来确定,还需考虑技术掌握的程度和使用上的经验。

4.2.1.9　发动机进气道布置方案分析

　　随着吸气式推进系统的发展,导弹与动力装置的一体化布局是当前有翼导弹研制的重要方向,此时,进气道不仅是动力装置的一个部件,同时也是导弹弹体的组成部分。

　　进气道(或发动机)的布局形式对全弹的气动特性和发动机的工作都有很大影响。一方面进气道外置增加了导弹的阻力,对弹身、翼面产生纵横向气动干扰,另一方面发动机对进气道的流态较为敏感,发动机的内部参数和性能指标随着进气道实际进入发动机的空气流量而变化。在导弹模型油流实验中,发现进气道底部有侧向流产生(见图 4 - 38),底部有两条尾橇涡。该涡的产生,一方面是来流提供了旋涡的轴向速度,另一方面是进气道底部收缩引起横流,出现旋涡的切向速度。尾橇涡的强度还与导弹的攻角、侧滑角有关。尾橇涡后的

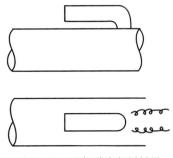

图 4 - 38　进气道底部尾橇涡

翼面会引起下洗,不对称的下洗会引起导弹的滚转。因此,在进气道(或发动机)布局中应尽可能减少有害干扰。

　　1. 常用进气道类型

　　(1)亚声速进气道。亚声速远程导弹所用的推进装置主要是涡喷、涡扇发动机,其进气系统通常采用"S"形进气道,进气道在导弹上大多采用腹部布局,其外形通常有如下三种:

1）外露式。为保证进气道的流量和避开弹体附面层的影响，要求进气口离开弹体表面一定距离，进气道与弹体之间有较大空隙，如图 4-39 所示。这种类型的进气道通常是直接安装在弹上并对其外露部分进行适当的整流。这种进气道设计方便，但增大了弹体的结构高度，同时对弹体气动干扰较大。

图 4-39　外露亚声速进气道示意图

2）半嵌入式。半嵌入式进气道内形设计必须与导弹外形设计相配合。因进气口部分地或全部地浸没在弹体附面层内，附面层的流动状态直接影响着进气道内流特性的品质，所以增大了进气道内形设计难度，但降低了弹体结构高度，对导弹气动干扰小。

3）嵌入式。嵌入式进气道的进气口就在弹体表面上，如图 4-40 所示，这种进气道气动干扰小，稳定性好。

（2）超声速进气道。超声速进气道按在设计工作状态下，超声速滞止到亚声速过程相对于进气道进口截面进行分类，可分为 3 种：若超声速气流在进口截面之外滞止为亚声速，称为外压式进气道；若滞止过

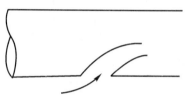

图 4-40　嵌入式进气道

程在进气道以内进行，称为内压式进气道；若滞止过程跨于进口截面内外，则称为混合式进气道。这 3 种类型的进气道如图 4-41 所示。

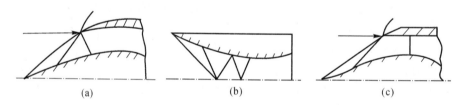

(a)　　　　　　　　　(b)　　　　　　　　　(c)

图 4-41　3 种超声速进气道类型
(a)外压式；　(b)内压式；　(c)混合式

超声速进气道还可按压缩表面的几何形状分类。根据进气道压缩表面的几何形状，超声速进气道还可分为平面式和空间式两类，常称为二元和轴对称式，如图 4-42 所示。

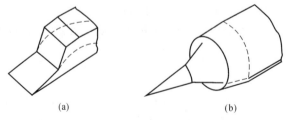

(a)　　　　　　　　　　　　　(b)

图 4-42　典型的超声速进气道
(a)平面式；　(b)轴对称式

目前发展的超声速有翼导弹,多数采用整体式火箭冲压发动机。超声速导弹所用的冲压发动机进气道,以往多数属于轴对称式,如早期美国的"黄铜骑士"导弹、俄罗斯的"SA-6"导弹、英国的"海标枪"导弹等。近年来,法国研制成功的 ASMP 导弹以及欧洲的"流星"空对空导弹均采用了二元进气道。

进气道在导弹弹体上的布局位置分类,超声速进气道通常分为如下三种类型。

1)单进气道。单进气道布局有下列几种形式:布置在弹身尾部上方的单进气道;布置在弹身尾部下方的单进气道(腹部进气道);布置在弹身前下方的颏下进气道;布置在弹身头部的中心锥式进气道(头部进气道)等,各种形式进气道的优、缺点各不相同,主要表现在进气条件、外部气动性能和生产的难易程度等方面,需根据所设计导弹的特点加以选择。

2)双进气道。双进气道布局多采用弹身两侧和弹身两下侧布置形式。从发动机进气条件来说,后者好一些;从减少外形阻力来说,前者好一些。

3)四管(个)进气道。整体式固体火箭冲压发动机多采用四管进气道形式,进气道剖面形状有圆形和长方形两种。四管进气道可采用十字形布局和 X 形布局两种形式,为减小阻力系数,在进气道上安装小展弦比的弹翼。

进气道在导弹弹体上的布局如图 4-43 所示。

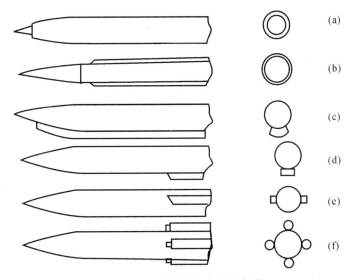

图 4-43 不同进气方案的进气道

2.进气道类型和布局的选择

可供整体式冲压发动机选用的进气道类型一般有轴对称和二元进气道,有时也选用如图 4-43 所示的类型。进气道类型的选择主要取决于各类进气道的速度特性和攻角、侧滑特性,而布局位置主要取决于导弹总体布局要求、装载方式、转弯控制方式等。

英美两国于 20 世纪 50 年代分别研制成功的"海标枪""黄铜骑士"导弹,采用的都是轴对称单锥进气道,它配置在导弹头部或在外挂式冲压发动机的头部,这样进气道与弹体之间的气动干扰很小,进气道的气动设计比较简单。这种头部进气的轴对称单锥进气道在攻角 $\alpha < 6°$ 的条件下气动性能较好,但当 $\alpha \geqslant 8°$ 时,性能迅速恶化。

如果弹身头部需要安放雷达或红外导引装置,就难以采用头部进气道。对于射程较小的小型空空或空地导弹,要求在制导转接处和末制导控制期间,以大攻角飞行以获得需要的机动性,在这种情况下,可选择尽可能靠前的两个位于 45°腹侧(弹身两下侧布置形式)的二元进气道,这样可使进气道少受弹体的影响,导弹可借助发动机气动力获得较大攻角,实现高的机动性。这样布置的二元进气道本身也具有较好的攻角特性。当导弹所要求的攻角和侧滑角较小时,可选择 2 个或 4 个旁置的轴对称进气道。

研究表明,颏下进气道(布置在弹身前下方)和两侧进气道具有良好的正攻角特性,随着攻角的增大,流量系数和临界总压恢复系数不仅不减少,反而有所增加。与轴对称进气道相比,二元进气道具有较好的攻角特性。目前以先进的整体式冲压发动机为动力的导弹,不少选用二元进气道,例如,法国的 ASMP 空地导弹就选用位于弹体两侧的二元进气道。

4.2.2　导弹外形几何参数的选择

前面在选择导弹主要设计参数 $\overline{P}, p_0$ 时,已经使用了 $C_y(Ma, \alpha), m_z(Ma, \alpha), C_x(Ma, \alpha)$ 等一系列的数据,而在本节中将讨论如何选择外形几何参数。有了几何参数才能得到气动数据,这就是说,几何参数选择工作也是反复进行、逐次近似的,而且这部分工作对于导弹的气动特性有着决定性的影响。

外形几何参数选择是外形设计中的重要内容,现在分别讨论弹翼、弹身和舵面(包括旋转弹翼)几何参数的选择原理。

4.2.2.1　翼面几何参数的选择与确定

表征弹翼的几何参数是由平面形状参数和剖面形状参数组成的。

平面形状参数如图 4-44 所示,包括展弦比 λ;尖削比(或称梢根比,梯形比)η;后掠角 χ_0 的下标表示是多大百分比弦线。

$$\lambda = \frac{l}{b_{av}} = \frac{l^2}{S}$$

$$\eta = \frac{b_k}{b_0}$$

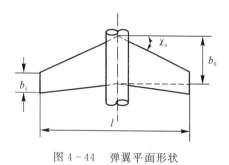

图 4-44　弹翼平面形状

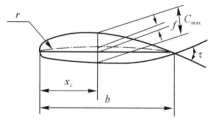

图 4-45　弹翼剖面形状

剖面形状参数如图 4-45 所示,包括翼型;相对厚度 $\overline{c} = \dfrac{c_{max}}{b}$;最大厚度的相对位置 $\overline{x}_c = \dfrac{x_c}{b}$;弯度 f;前缘半径 r;后缘角 τ。

弹翼几何参数的选择原则是,既要使气动性能好,又要能满足结构特性和部位安排的要求。也就是说,既要能产生必要的过载,又要使结构质量为最小。

1.展弦比 λ 的选择

（1）展弦比对升力特性的影响。展弦比对翼面升力特性的影响 如图 4 - 46 和图 4 - 47 所示。

由图可见,增大展弦比 λ,会使翼面升力线斜率增加。在低速时(如 $Ma < 0.6$)这种影响越明显,而在高速时,展弦比 λ 对升力的影响就比较小,且随马赫数的增加,越来越不明显,这是由于小展弦比"翼端效应"作用所引起的。当展弦比 λ 减小时,弹翼的"翼端效应"增大,上下翼面压力的沟通严重,压差减小,所以 C_y^α 减小。在亚声速情况下,这一效应遍及整个翼面,超声速时仅限于翼端前缘发出的马赫锥内。因此超声速流中展弦比对 C_y^α 的影响随速度的增加而减小,其影响程度与亚声速流相比变得很微弱。

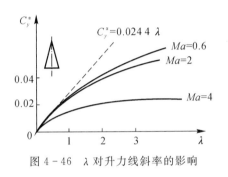

图 4 - 46 λ 对升力线斜率的影响

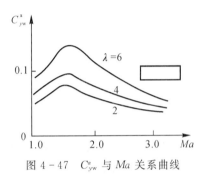

图 4 - 47 C_{yw}^α 与 Ma 关系曲线

（2）展弦比对阻力特性的影响。对一定根弦长度,展弦比增加会使翼展增加,这往往会受到使用上的限制。而对于一定的翼展,展弦比增加会使平均几何弦长减小,从而使摩擦阻力有所增加;同样 λ 增加,也会使波阻增加,特别是低马赫数时更为明显,如图 4 - 48 和图 4 - 49 所示。

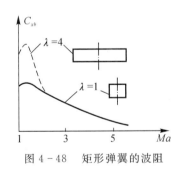

图 4 - 48 矩形弹翼的波阻

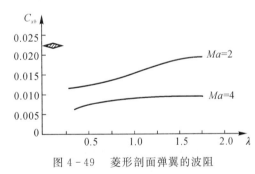

图 4 - 49 菱形剖面弹翼的波阻

（3）展弦比的综合影响。由上述分析可以看出,随着 λ 增加,升力性能有所提高,阻力系数（主要是零升阻力）也有所增加。另外,弹翼展弦比的表达式为

$$\lambda = \frac{l^2}{S}$$

由上式看出,增大展弦比意味着翼展的加长,这在实际使用中,会受到发射装置的制约,翼展大小是受到限制的。因此存在着一个性能折中,即 λ 选择既要照顾升力特性、阻力特性,又要满足实际使用的需要。为了求得最佳展弦比,定义下列升阻力函数 F:

$$F = F_1 + F_2 \quad 升阻力函数$$

式中　$F_1 = \dfrac{C_{x0}}{(C_{x0})_{\max}}$ ——标准阻力系数;

$F_2 = \dfrac{1/C_y^{\alpha}}{1/(C_y^{\alpha})_{\max}}$ ——标准升力系数。

按照上式,如果在展弦比允许的范围内,把 F 绘制成如图 4-50 所示的图线,则由升阻力函数的最小值就确定了所要求的展弦比。这个展弦比对应于最小的阻力函数 F_1,而使升力函数 F_2 达到了最大值。为方便起见,图 4-50 中的横坐标为 $b/b_{\max}$。

从图 4-50 看出,最佳平均几何弦长对应于 A 点。

$$b = \left(\frac{b}{b_{\max}}\right)_A b_{\max}$$

因此,展弦比用以下各式确定(对三角翼):

$$b_0 = \frac{3}{2}b_{av}$$

$$l = \frac{2S}{b_0}$$

$$\lambda = \frac{l^2}{S}$$

由于弹翼翼展通常受到限制,升阻力函数 F 在 A 点左右均很平坦,故选择 B 点为 $b/b_{\max}$ 的最佳值。因为 F 在这个区域以内变化很小,B 点处相当于增大翼弦减小翼展,亦即 B 点处对应的弦长要比 A 点长些。

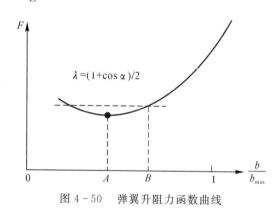

图 4-50　弹翼升阻力函数曲线

展弦比的取值一般为:

正常式或鸭式:1.2;

无尾式:0.6;

旋转弹翼式:2~4;

亚声速飞行器:4~6;

亚声速反坦克弹:2。

2. 后掠角 χ 的选择

翼面后掠角主要对阻力特性有影响。采用后掠翼的主要作用有两个,一是提高弹翼的临界马赫数,以延缓激波的出现,使阻力系数随马赫数提高而变化平缓;二是降低阻力系数的峰值,两者的综合影响如图 4-51 所示。

为此,大多数高亚声速和低超声速导弹,均采用大后掠角弹翼,速度再提高后,延缓激波出现已对降低波阻无实际意义,故高速导弹不需要采用大后掠弹翼。

由图 4-52 可见,χ 增加使压力中心后移。同时当后掠角增加时,弹翼所受扭矩也就增大,近似地说,弹翼质量与 $\dfrac{1}{(\cos\chi)^{1.5}}$ 成正比。当 $Ma < 1.5$ 时,一般采用梯形后掠弹翼;当 $Ma > 1.5$ 时,采用平直弹翼或三角弹翼,或平直弹翼与三角弹翼之间的弹翼。

对于弹翼的后缘,为了使副翼的转轴垂直于导弹的纵轴,往往将后缘做成前掠的(见图 4 - 53)。同时,为了保证一定的刚度,对于弹翼翼尖弦长 b_k,不能取得太小,否则只能把副翼向弹翼翼根靠近,就会降低副翼效率(见图 4 - 54)。

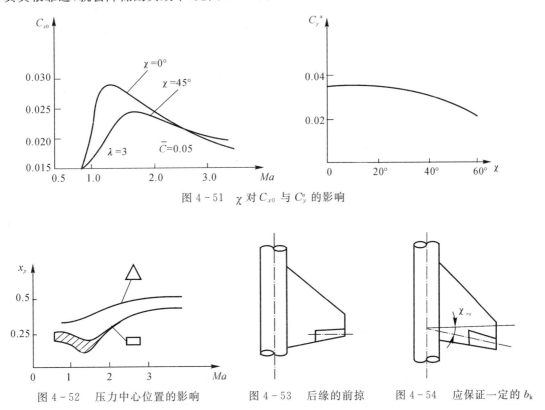

图 4 - 51 χ 对 C_{x0} 与 C_y^a 的影响

图 4 - 52 压力中心位置的影响 图 4 - 53 后缘的前掠 图 4 - 54 应保证一定的 b_k

3. 尖削比(梢根比)η 的选择

在其他几何参数不变的情况下,弹翼尖削比 η 对空气动力特性的影响较小。但三角翼($\eta = 0$)的升阻比要较矩形翼($\eta = 1$)稍高些。η 对弹翼质量的影响却较大,η 减小时气动载荷集中在弹翼根部,且在 $\bar{c}$ 相同的情况下,随着 b_0 的增加,使弹翼根部的厚度 c_0 也增大,这对弹翼承载是有利的,故可使弹翼质量减小。因此,一般都选取较小的 η 值。由于 η 的变化范围很大,三角翼的 $\eta = 0$,矩形翼的 $\eta = 1$,且三角翼的升阻比大于矩形翼。但为了保证弹翼翼尖有一定的结构刚度,并有利于部位安排,一般并不采用三角弹翼,而采用小尖削比的梯形弹翼。

4. 相对厚度 $\bar{c}$ 的选择

弹翼阻力与相对厚度 $\bar{c}$ 密切相关。随着相对厚度 $\bar{c}$ 的增加,阻力增大。相对厚度对阻力的影响在高速时要比低速时严重,低速时,$\bar{c}$ 值增加主要影响弹翼的分离区,使压差阻力提高;而高速时,$\bar{c}$ 值的增加,使临界马赫数降低,激波出现较早,波阻增加。波阻与相对厚度 $\bar{c}$ 的二次方成正比,因此,高速导弹的翼面在结构强度及刚度允许情况下,$\bar{c}$ 值应尽量小,而低速导弹翼面的相对厚度可大些。

通常,当为超声速弹翼时,$\bar{c} = 0.02 \sim 0.05$,当为亚声速弹翼时,$\bar{c} = 0.08 \sim 0.12$。

5.翼型的选择

翼面上的压力主要与自由气流方向和翼表面间的夹角有关,故超声速与亚声速的翼剖面形状差别很大。翼剖面形状如图 4-55 所示。

常用的超声速翼型有:

(a)菱形;

(b)六边形;

(c)双弧形;

(d)钝后缘形。

常用的亚声速翼型有:

(e)不对称双弧翼型($\bar{f}\neq 0$);

(f)对称双弧翼型($\bar{f}=0$);

(g)层流翼型。

超声速翼型的特点是外形简单,具有尖前缘,有利于减弱前缘激波。在超声速的四种翼型中,菱形波阻最小,但结构工艺与刚度要差些,尤其后

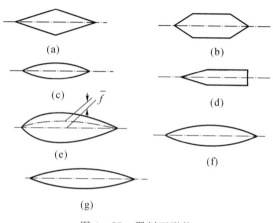

图 4-55 翼剖面形状

缘的刚度更差;六角形是从结构强度和刚度出发对菱形剖面的改进,但其波阻稍大于菱形;双弧形从阻力观点与质量角度看,均与六角形相近,但加工比较复杂;钝后缘形用于强度、刚度有特殊要求的小弹翼上。如少数导弹,特别是整体结构的导弹,有的采用带有适当钝后缘的翼型,用以降低阻力损失。

亚声速翼型的特点是具有一定的流线型,前缘圆滑,利于产生前缘吸力和减小阻力。在亚声速的三种翼型中,不对称双弧翼型,其最大厚度在 $25\%\sim40\%$ 弦长处,气动特性较好,结构布局比较容易实现;对称双弧翼型,最大厚度位于 $40\%\sim50\%$ 翼弦处,该翼型有较高的临界马赫数,阻力较小,最大升力系数值也不太大;层流翼型,最大厚度位于 $50\%\sim60\%$ 翼弦处,目的是使气流层流化。但在翼型很薄时,最大厚度位置即使后移,也很难实现翼型层流化。该翼型只有在升力系数较小时,才能使阻力系数较小。

近代研制的超临界翼型,具有较好的跨声速特性,其前缘比较饱满,上表面的压力分布平缓,下表面有前压加载,后缘有反弯度存在,这一切均有延缓激波的出现,提高升阻比的效果。

此外,构造形式对翼型的选择也有影响,若为单梁式或单接头,则用菱形翼型;若为实心结构,也用菱形翼型;若为双梁式或多梁式,则用六边形;若为一般构造形式,则用双弧形。

6.弹翼平面形状的选择

弹翼的平面形状很多,常见的有平直翼、梯形翼、后掠翼、三角翼、切尖三角翼、拱形翼、S形翼和边条翼等,如图 4-56 所示。

飞行速度大小是选择弹翼外形的主要依据。由前面讨论可知,低速飞行的导弹宜采用大展弦比无后掠的弹翼,其升力大而阻力小;跨声速飞行宜采用后掠翼,后掠角可以延缓临界马赫数的出现,改善导弹的跨声速特性,降低波阻,一般常用的后掠角范围在 $30°\sim65°$ 之间;超声速导弹大多采用三角形或切尖三角形的弹翼,与矩形翼相比,其根弦长,相对厚度小,波阻小,升阻比大。从结构观点而言,三角翼的内部容积较大,在翼内布置管、线等比较容易;另外,由

于根部绝对厚度大,从而使作用在翼梁缘条和弹翼蒙皮上的法向应力减小,可减小弯矩和受力件的横截面积。切尖三角翼、拱形翼、S 形翼都由三角翼变形而来。切尖三角翼主要是为了改善三角翼的工艺性而设计的。拱形翼和 S 形翼纯粹是为了改善导弹的空气动力特性而设计的,但在工艺方面带来一些不利的影响,因此对一次性使用的导弹一般不用。综上所述可知,弹翼的升力和阻力特性是主要参数,要在阻力最小的情况下获得最大的升力。实现这个要求通常是有矛盾的。因此,必须寻找一个最优的或折中的弹翼平面形状参数。

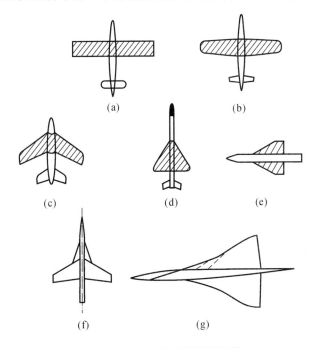

图 4 - 56　常见的弹翼平面形状

(a)平直翼; (b)梯形翼; (c)后掠翼; (d)三角翼; (e)切尖三角翼; (f)拱形翼; (g)S 形翼

在近代的飞行器上采用了边条翼,它具有良好的跨声速气动特性。边条翼是以中等后掠角和展弦比的翼面为基础的,翼根部区域的前缘向前延伸,形成一个后掠角很大(大于70°)的细长前翼,这种翼面的延伸部分成为"边条"。边条翼的外翼后掠角小,在超声速情况下,波阻大,但内翼(即边条)后掠角大,相对厚度小,它的减阻作用足以弥补外翼波阻大的不足,同时随马赫数的变化,边条翼的焦点位置变化很小。综合起来,边条翼的超声速阻力并不大,能保证其良好的超声速气动特性。

在选择弹翼平面形状参数 λ, x, η 时,还必须考虑到其他的因素,例如:为使弹翼不致遮挡战斗部爆炸产物的飞散效果,故在靠近弹身安装战斗部的弹翼根部前缘部分,应当削去一块(见图 4 - 57);若为图 4 - 58 所示结构,翼身连接的主接头在两舱段相连处(即在分

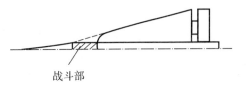

战斗部

图 4 - 57　切去弹翼根部前缘部分

离面处),而必须要求附加前接头能在两燃料箱之间的空隙处。这样,就要求根部弦长 b_0 不能太长,否则会使附加接头难装。

如果翼身接头位置已定为 A(不能采用 A' 点(见图 4-59),则最好采用平直弹翼。

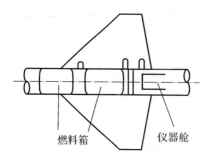

图 4-58 弹翼弹身连接接头的影响

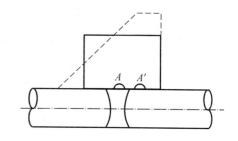

图 4-59 采用平直弹翼的原因

4.2.2.2 舵面几何参数的选择与确定

舵面的功用是使导弹具有一定的操纵能力,以便控制导弹按一定轨迹飞行,减少或消除外界干扰因素的影响,以达到命中精度的要求。

选择舵面几何参数时应考虑舵面的形式、舵面处的流场、舵面效率、铰链力矩以及确定舵面尺寸的原则等。舵面设计应以导弹的全部飞行状态为依据,进行理论分析计算和作详细的风洞试验校核等。下面就舵面参数选择问题作一综述。

1. 舵面的形式和特点

舵面有前舵(鸭式)、尾舵(正常式)、后缘舵和翼尖舵等,其主要特点如下:

鸭舵布置在弹翼之前,它的特点是效率高、响应快、操纵特性不受其他部件的影响。但是,舵面产生一个洗流场,会引起较大的斜吹力矩。

尾舵布置在弹体尾部,舵面处在弹身和翼面的尾流区内,工作流场比较复杂。目前近区下洗的应用受到重视,当尾涡未完全卷起时,下洗流场虽不稳定,但下洗小,舵面可获得较高的效率。从设计紧凑和减小载荷的观点出发,翼舵靠近也有好处。这种舵面形式目前获得了应用。

后缘舵是指舵面在翼面的后缘处,可用作副翼及其他舵面。它的特点是结构紧凑、操纵简便,但效率较低。

舵面布局的基本要求:

(1)操纵效率稳定可靠、变化范围适度;

(2)舵面压力中心位置变化单调及量值小;

(3)铰链力矩方向一致及量值适当。

2. 舵面的流场影响

当考虑舵面的流场影响时着重分析舵、翼面相对位置和间隙的影响。

(1)舵、翼面相对位置的影响。鸭舵不受紊乱流场影响,但是鸭舵产生的洗流场尾涡在舵面平均弦长 3~5 倍后才完全卷起。在不同的飞行攻角下,鸭舵偏转不对称,洗流对翼面升力有影响。正常式尾舵的效率在近区下洗时比远区下洗的影响要小一些。后缘副翼的效率主要取决于舵面压力中心位置和舵干扰影响引起的翼面压力中心的变化。

(2)间隙的影响。转动舵面与非转动部分之间存在间隙,其值的大小与舵面偏转角度有关。当间隙不大时,例如间隙只有当地附面层厚度之半时,间隙系数可取 0.95 左右。当间隙较大,超过附面层厚度,且舵根弦平均厚度与间隙可比拟时,间隙的影响不能用一个系数来考虑,应该用两个不同部件的相互干扰流场来分析。尤其是确定铰链力矩时,干扰洗流对压力中心的影响十分明显,不应忽略。

后缘舵的前缘一般都有间隙,当在亚声速飞行时,间隙能提高舵面效率,这种翼面间隙法在近代升力面设计中得到了很好的应用。后缘舵间隙的特点是间隙大小比较固定,侧向间隙影响区小。

3.舵面效率及铰链力矩

舵面效率是指单位舵偏角所能产生的攻角,它反映在舵偏角与平衡攻角的比值上。对不同气动布局形式和不同飞行状态的导弹,其比值也不相同。鸭舵偏角与攻角方向相同,舵面的有效攻角为 $\delta+\alpha$,因此比值要小一些,正常式尾舵则与此相反。必须指出,舵面效率不是越高越好,而是要选择一个适度范围,对导弹运动的影响不要过于敏感。但是,比值也不能太小,否则操纵过于迟缓,这对精确制导的导弹是不允许的。

在设计中,通常要求铰链力矩方向一致、大小适中并具有与舵偏角成线性变化的关系,这一要求对亚声速巡航导弹来说是比较容易实现的。对于飞行速度范围较宽的导弹,实现上述要求存在很大困难。亚声速时气动面压心在 1/4 弦线附近,超声速时压心在弦长的 35% ~ 50% 之间变化,就是说,一个经过亚、跨、超声速飞行的导弹,舵面压心变化很大,因此在照顾几种状态情况下,铰链力矩设计存在一个优选问题。

为了减少舵面的压心随速度变化,目前最常用的方法是在舵面平面形状上下功夫。基本方案有三种,一是采用前缘折转的新月形舵;二是采用前缘内外翼外形舵;三是采用开缝式舵。这三种舵可以使压心变化范围限制在 40% ~ 50% 根弦。内外翼外形舵具有舵面小而紧凑的特点,比较容易实现,法国的响尾蛇导弹就是采用这种形式的。

为了控制铰链力矩的最大值,可以通过选择铰链轴的办法来实现,由于动压与速度二次方成比例,因此主要选择的设计情况是超声速下压心最靠后的状态,其他状态只需进行校核。

4.舵面几何参数的确定

(1)前舵和尾舵尺寸的确定。前舵和尾舵尺寸确定的条件是可用过载 n_{ya} 和舵面极限偏转角。可用过载可从导弹机动飞行所需的最大需用过载 n_{yn} 关系式求得,即 $n_{ya} \geqslant n_{yn}$。舵面极限偏转角通常要求不大于 20°。因为当舵面偏转角过大时,不仅诱导阻力要增大,还使力矩呈非线性。

计算舵面面积 S_R 可按下列几个步骤进行:

1)分析确定弹道上可作为设计情况的特征点,并计算出在该点上的需用过载 n_{yn};

2)算出相应的平衡攻角 α_b: $\alpha_b \approx \dfrac{n_{ya}mg}{C_y^{\alpha}qS}$;

3)定出舵面最大偏转角,一般 $\delta_{max} \not> 20°$;

4)确定出舵面的 m_z^{δ}: $m_z^{\delta} = -\dfrac{\alpha_b}{\delta_{ef}}m_z^{\alpha}$;

式中,δ_{ef} 为舵面有效偏转角,$\delta_{ef} = \delta_{max} - 2°$;

5)由 m_z^{δ} 式初算出舵面面积 S_R。

即由

$$m_z^{\delta} = \frac{S_R}{S}C_y^{\delta}k_R\frac{x_G - x_{pR}}{b_A}$$

求得

$$S_R = \frac{S m_z^\delta}{C_y^\delta k_R \dfrac{x_G - x_{pR}}{b_A}}$$

式中 S_R——舵面面积；

S——参考面积；

k_R——修正系数；

x_G——质心位置；

x_{pR}——舵面压心位置。

6）比较各特征点上所需要的 S_R，取其最大值。

由于 m_z^α 与 S_R 有关，故上述计算只能逐次近似地进行，即由 $S_R \rightarrow m_z^\alpha \rightarrow m_z^\delta \rightarrow S_R$。或选择 S_R 与导弹的部位安排同时进行，一面选择 S_R，一面改变弹翼的位置，以获得适当的 S_R。

根据统计，地空、空空导弹，可取舵面面积 S_R 为弹翼面积 S 的 $5\% \sim 8\%$；反坦克导弹的舵面面积为弹翼面积的 $4\% \sim 10\%$。

（2）副翼尺寸的选定。选定副翼尺寸应考虑满足下列条件：

1）要能平衡斜吹力矩；

2）要能平衡固定翼面安装误差而引起的滚转力矩及推力偏心力矩；

3）要有 $2°$ 贮备，以稳定导弹；

4）要有足够的刚度，不允许发生副翼反效现象。

由于斜吹力矩目前还只能用风洞试验来确定，故靠计算来确定副翼面积（S_a）不可靠，由统计资料可粗略地取

$$\frac{S_a}{S} = 0.03 \quad （正常式）$$

$$\frac{S_a}{S} = 0.06 \quad （鸭式）$$

副翼最大偏转角可取为 $\pm 15°$。在"×"或"+"字形布局的弹翼上如只装一对副翼，则另一对弹翼上受载要轻些，而装副翼的这一对弹翼受载大。若装两对副翼可使构造受力均匀些，但构造要复杂些。

在正常式布局中用差动式舵面较多，此时舵面面积及副翼面积应如此选择，使其在联合作用时仍能保证单独副翼在工作时所应起的作用。

（3）飞航导弹垂直舵面面积 S_R 的选择。垂直舵面面积的选定，应保证导弹有必要的航向静稳定性及横向自振频率。

1）航向静稳定性 m_y^β：

$$m_y^\beta = -C_{zB}^\beta \frac{S_B}{S} \frac{x_G - x_{pB}}{L_B} - C_{zR}^\beta k_R \frac{S_R}{S} \frac{x_G - x_{pR}}{L_B} < 0$$

式中 L_B——弹身长度；

x_{pB}——弹身压心位置。

由于 $C_{zB}^\beta < 0$，$x_G - x_{pB} > 0$，故上式中第一项为正，但 $m_y^\beta < 0$，故第二项为负值，即 $C_{zR}^\beta < 0$，在计算时，可取

$$C_{zB}^\beta = -C_{yB}^\alpha$$

$$C_{zR}^{\beta} = -C_{yR}^{\alpha}(K_{a\,a})_{R}$$

式中，$(K_{a\,a})_{R}$ 为 $\alpha\alpha$ 状态下的干扰系数。

当 m_{y}^{β} 已知时，即可由上式算出 S_{R}，通常 m_{y}^{β} 可用统计值来定。

试验指出，要获得良好的气动性能，m_{y}^{β} 与 m_{x}^{β} 一定要适当配合起来，m_{y}^{β} 主要取决于垂直尾翼，而 m_{x}^{β} 主要取决于上反角及后掠角。

图 4-60 中，曲线以上为适用区，阴影线部分为现代超声速飞机的统计范围。

由图可知，m_{x}^{β} 受 C_{y} 的影响较大，而 m_{y}^{β} 受 C_{y} 限制不大。

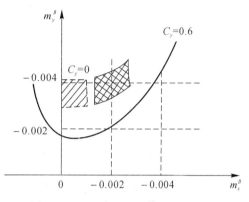

图 4-60　m_{y}^{β} 与 m_{x}^{β} 比值的可用范围

2）全弹所产生的静稳定力矩要大于弹身力矩的 50%，即要求

$$\left| \frac{m_{y}^{\beta}}{m_{yB}^{\beta}} \right| \geqslant 1.5$$

3）横向自振频率 $f \leqslant 1.5 \sim 2.0$ Hz，f 可由下式定出：

$$f = \frac{1}{2\pi} \sqrt{\frac{57.3 m_{y}^{\beta} q S L_{B}}{J_{z}}}$$

4.2.2.3　弹身外形及其几何参数的选择

弹身的功用是装载有效载荷、各种设备及推进装置等，并将弹体各部分连接在一起，因此必须具有一定的容积。弹身是一个阻力部件，随着飞行速度的提高，弹身日趋细长化。弹身对升力和力矩的作用也不可忽视。通常，弹身由头部、中部和尾部组成，故弹身外形设计，就是指头部、中部和尾部的外形选择和几何参数确定。

1. 弹身外形的选择

（1）头部外形。有翼导弹的头部外形通常有圆锥形、抛物线形、尖拱形、半球形和球头截锥形等数种，其外形如图 4-61 所示。

弹道导弹常用的头部外形有单锥形、组合锥形、曲线母线形和锥 — 柱 — 裙形等，如图 4-62 所示。

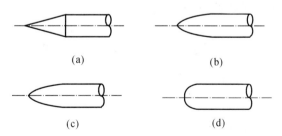

图 4-61　有翼导弹的几种头部外形示意图

（a）锥形；（b）抛物线形；（c）尖拱形；（d）半球形

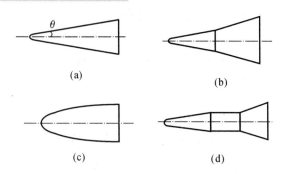

图 4 - 62　弹道导弹常用的头部外形

(a) 单锥形；(b) 组合锥形；(c) 曲线母线形；(d) 锥 — 柱 — 裙形

为分析头部特性,设置直角坐标系 r-x,取头部外形理论顶点为坐标原点。x 轴为导弹纵轴,逆航向为正,r 轴过弹体纵剖面,则常用的头部外形母线方程有以下几种。

1) 锥形:外形为半顶角 β_0 的圆锥(见图 4 - 63)。

$$\begin{cases} r = Kx \\ \tan \beta_0 = K \end{cases}$$

式中,K 为系数。

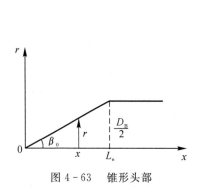

图 4 - 63　锥形头部

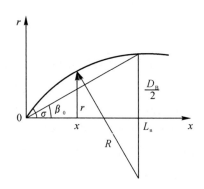

图 4 - 64　切面蛋形头部

2) 圆弧形(蛋形、尖拱形):外形母线是圆弧曲线的一部分。当母线在与弹身圆柱相连处的斜率等于零时称为切面蛋形,反之称为割面蛋形。

切面蛋形(见图 4 - 64)的母线方程为

$$\begin{cases} r = R\left[\sqrt{1 - \left(\dfrac{L_n - x}{R}\right)^2} - 1\right] + \dfrac{D_B}{2} \\ \tan \beta = \dfrac{L_n - x}{R + r - \dfrac{D}{2}} \end{cases}$$

式中　D_B——头部母线与弹身连接处直径；

　　　R——头部母线圆弧半径；

　　　L_n——头部总长度。

显然,切面蛋形头部半顶角 σ 与锥形头部半顶角 β_0 应满足下列关系:

$$\sigma = 2\arctan\left(\frac{D_B}{2L_n}\right) = 2\beta_0$$

即切面蛋形头部的顶角是同样长细比圆锥顶角的 2 倍。

3）抛物线形：头部母线为二次抛物线。同样可以分成切面抛物线和割面抛物线两种。

切面抛物线母线方程

$$\begin{cases} r = \dfrac{x}{2\lambda_n}\left(2 - \dfrac{x}{L_n}\right) \\ \tan\beta = \dfrac{1}{\lambda_n}(L_n - x) \end{cases}$$

式中，$\lambda_n = L_n/D_B$ 为头部长细比。

显然，当头部长细比相同时，割面抛物线较切面抛物线更加尖锐。

4）最小波阻形（原始卵形）：最小波阻形相应于给定的头部长细比具有最小波阻的特性，外形母线方程为

$$r^2 = \frac{D_B^2}{\pi\left[t\sqrt{1-t^2} + \arccos(-t)\right]}$$

式中

$$t = 2\left(\frac{x}{L_n}\right) - 1$$

5）指数曲线：头部母线为指数曲线，母线方程为

$$r = \frac{D_B}{2}\left(\frac{x}{L_n}\right)^n \quad 或 \quad \bar{r} = (\bar{x})^n$$

式中

$$\bar{r} = \frac{头部任一位置处半径}{头部最大半径}$$

$$\bar{x} = \frac{距头部理论顶点距离\ x}{头部总长度\ L_n}$$

n 为指数，一般可取 $0.60 \sim 0.75$ 之间，通常采用的指数母线头部具有钝顶特性，即 $\beta_0 = 90°$。

6）其他特定头部母线：除上述几种典型的头部母线曲线外，还有几种以其发明者命名的头部外形，其母线方程为

$$\bar{r} = \frac{1}{\sqrt{\pi}}\sqrt{\varphi - \frac{1}{2}\sin 2\varphi + c\sin 3\varphi}$$

式中

$$\varphi = \arccos(1 - 2\bar{x})$$

当 $c = 0$ 时称为冯·卡门形头部；$c = 1/3$ 时称为 L—V—哈克形头部（见图 4-65）。

图 4-65(a) 指数曲线，$r_1 = r_b\left(\dfrac{x_1}{L_n}\right)^n$；

图 4-65(b) 抛物线系列，$r_1 = r_b\dfrac{\left[2(x_1/L_n) - K(x_1/L_n)^2\right]}{2-K}$；

图 4-65(c) 哈克系列、正切尖拱和冯·卡门形头部。

选择头部外形，要综合考虑空气动力性能（主要是阻力）、容积、结构、有效载荷及制导系统要求。对弹道导弹来说，战斗部的类型和威力大小决定了头部形状，而对有翼导弹来说，制导系统往往成了决定因素。各种头部外形性能具有不同的特点。

从空气动力性能看，当头部长度与弹身直径比一定时，在不同马赫数时，锥形头部阻力最

小,抛物线头部次之,而半球形头部阻力最大。

从容积和结构要求看,半球形、球头截锥形和曲线母线头部较好,抛物线形和尖拱形头部一般,而锥形头部较差。

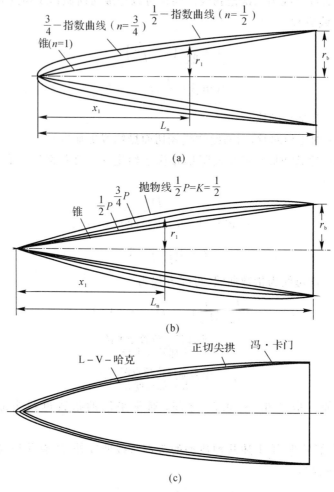

图 4-65　长细比等于 3 的头部剖面

从制导系统要求看,半球形与球头截锥形头部比较适合红外导引头或电视导引头工作要求,抛物线头部与尖拱形头部较适用于雷达导引头工作要求。有些导弹头部的抛物线方程直接由雷达波要求导出。

为此,头部外形要根据具体要求,综合确定。

应当指出,超声速导弹设计中,头部的尖点是不存在的,一般给出一段相切的圆弧,这个圆弧的半径不能过大,当其直径小于头部最大直径的 0.1 倍时,对波阻影响很小,可以略去不计。低亚声速导弹的头部,为了得到吸力,有时设计成卵形或具有较大的圆弧面。半球形头部前端加针状物可以改变激波状况,减小阻力。中远程弹道导弹或运载火箭的头部外形为了满足防热特性的要求,都不作尖头,而总是采用半球形钝头的外形,其半球钝头的直径与弹体直径之比一般应不大于 $0.05\sim0.10$ 为宜,即 $D_n/D_B=0.05\sim0.10$。

(2)尾部外形。尾部形状通常有平直圆柱形、锥台形和抛物线形三种,为满足特殊需要,也有倒锥形尾部等,其外形如图 4-66 所示。

尾部外形选择主要考虑内部设备的安排和阻力特性,在满足设备安排的前提下,尽可能选用阻力小,加工简单的尾部外形,如锥台形尾部。

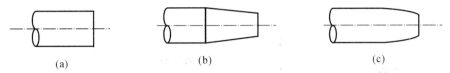

图 4-66 几种尾部外形示意图

(a)平直圆柱形; (b)锥台形; (c)抛物线形

(3)中段外形。弹身中段常采用圆柱形,其优点是阻力小,容积大,且制造方便。但有的有翼导弹弹身中段采用台锥形和非圆截面,以提高升阻比和减小弹身压心的变化量。

弹身直径越大阻力越大,因此设计时要尽量减小弹身直径。必要时可增加腹鳍和局部鼓包以缩小弹体的最大直径。

2.弹身几何参数确定

弹身几何参数有(见图 4-67):

弹身长细比(长径比)$\lambda_B = \dfrac{L_B}{D_B}$,$L_B$ 为弹身长度,D_B 为弹身直径;

头部长细比 $\lambda_n = \dfrac{L_n}{D_B}$,$L_n$ 为头部长度;

尾部长细比 $\lambda_t = \dfrac{L_t}{D_B}$,$L_t$ 为尾部长度;

尾部收缩比 $\eta_t = \dfrac{D_b}{D_B}$,$D_b$ 为尾部直径。

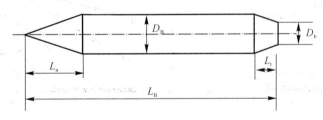

图 4-67 弹身的几何参数

(1)头部长细比 λ_n 的确定。头部长细比 λ_n 对头部波阻影响较大,由图 4-68 所示头部阻力系数(波阻系数)曲线可见:λ_n 越大,阻力系数越小,当 $\lambda_n > 5$ 时,这种减小就不明显了;头部顶端越尖,在同一马赫数下,头部激波强度也越弱,故头部阻力系数也越小。

考虑到 λ_n 增加,会引起头部容积的减小,不利于头部设备的安置,因此在超声速飞行条件下,通常取 $\lambda_n = 3 \sim 5$。

弹道导弹的头部阻力系数 C_x 的大小在很大程度上取决于头部钝度或头部锥角 β_0 以及头部长细比 λ_n。随着头部钝度或头部锥角的增加,加剧了弹体对迎面绕流的扰动,使绕流在头部区域加速、升温、增压,空气黏性亦被改变,因而引起阻力的急剧增长。带半球形头部柱体的阻力系数从 $Ma = 0.7$ 时即开始急剧增长(见图 4-69)。对钝锥体头部,如果头部前端钝度半径比底部半径的 1/4 还小,则阻力增加不大,但当前端钝度半径继续增大时,头部阻力明显增加(见图 4-70)。而尖锥、尖拱或曲线母线形头部柱体的阻力则较之钝头柱体的阻力小得多,且在跨声速和小长细比时,曲线母线头部较之锥形头部在阻力值上更呈现出优越性(见图 4-71)。

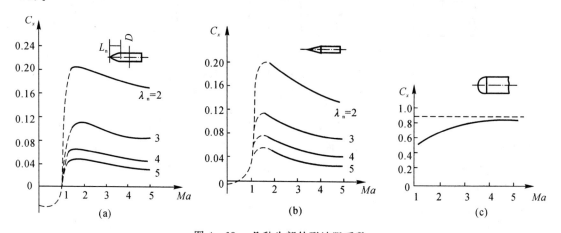

图 4-68　几种头部外形波阻系数

(a) 抛物线头部阻力系数;　(b) 锥形头部阻力系数;　(c) 半球形头部阻力系数

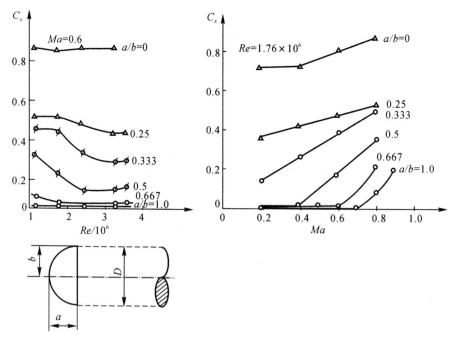

图 4-69　柱形物体头部钝度对阻力的影响($\alpha = 0$)随 Ma 数和 Re 数的变化关系

对弹道导弹来说,头部装置战斗部,其 λ_n 选择与战斗部的类型、威力大小和几何尺寸等密切相关。当战斗部容积 V_n 一定时,λ_n 增大则头部半顶角 β_0 减小,因而头部波阻减小。但 λ_n 太大则由于战斗部变得更加细长,将导致其爆炸效果变坏、威力下降,所以二者必须兼顾。根据总体设计理论和实际应用经验分析,对近程弹道导弹,由于弹道较低,气动阻力损失大,故 λ_n

可选得较大,而对中远程导弹及运载火箭,由于其弹道很高,阻力损失不占主要部分,故 λ_n 选得较小。通常的选择范围是:

近程弹道导弹: $\lambda_n = 2 \sim 3$;

中远程弹道导弹及运载火箭: $\lambda_n = 1.5 \sim 2$。

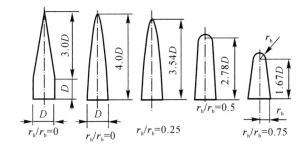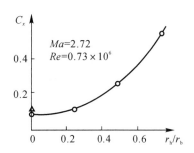

图 4-70　超声速条件下,阻力($\alpha = 0$)与旋成体头部钝度值的关系

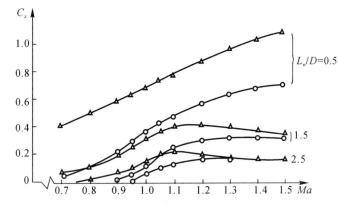

图 4-71　带锥形和卵形头部圆柱体的波阻系数随 Ma 的变化关系($\alpha = 0$)

△— 带锥形头部的圆柱体;　○— 带卵形头部的圆柱体;　L_n— 头部长度;　D— 圆柱体直径

　　头部气动特性还与头部母线方程类型及头部半顶角 β_0 有密切的关系。在头部外形母线的选择上,主要依据尽量增加静稳定度和减小气动载荷的原则。对近程导弹多采用曲线母线;对中远程导弹,考虑到弹头再入大气层时要求阻力小,更侧重于减小弹头尖端的气动加热。因此采用的最佳方案是小钝头锥形。一般取端头半径与弹头底部直径之比不超过 0.1,而锥体的半锥角 $\beta_0 = 8° \sim 15°$。对于运载火箭,由于受卫星尺寸的要求,其头部整流罩通常为大钝锥,半锥角取 $15° \sim 30°$。

　　为了保证弹道导弹头部在分离后再入的稳定性,必须将头部设计成静稳定的。头部的稳定部件通常采用稳定裙,稳定裙外形可以是头部母线的延续,也可以在头部后段接一段截锥体。保证飞行稳定的头部静稳定度通常在 $15\% \sim 30\%$ 之间选取。

　　(2)尾部长细比 λ_t 和收缩比 η_t 的确定。尾部 λ_t 和 η_t 的确定,也是在设备安置允许的条件下,按阻力最小的要求来确定的。

　　随着 λ_t 和 η_t 的增加,尾部收缩越小,气流分离和膨胀波强度越弱,尾部阻力就越小。同样 η_t 的增加,其尾部阻力也相应减小,其阻力系数随马赫数的变化曲线,如图 4-72 所示。

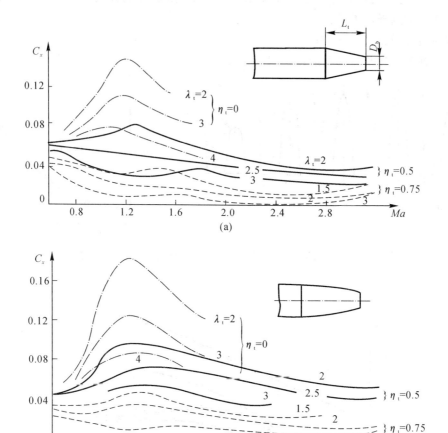

图 4-72 锥形与抛物线尾部阻力系数

(a)锥形尾部阻力系数; (b)抛物线形尾部阻力系数

但随着 λ_t 和 η_t 的增加,底部阻力也增加。由于底部阻力系数

$$(C_{xd})_{\eta_t<1} = -(\bar{C}_{xd})K_\eta \frac{S_b}{S_B}$$

式中　$\bar{C}_{xd}$——尾部无收缩时的底部阻力系数;

　　　K_η——收缩系数;

　　　S_b——弹身底部面积;

　　　S_B——弹身最大截面积(参考面积)。

$-\bar{C}_{xd}$,K_η 变化曲线如图 4-73 所示。由图可见,当 λ_t 和 η_t 增加时,K_η 都随着增加,因而阻力系数也相应增加。

由此可见,当采用收缩尾部时,增加了一部分尾部阻力,但减少了一部分底阻,同时尾部收缩又引来了产生负升力和负力矩,所以,如何采用收缩尾部参数,要综合考虑各方面因素。实际上,往往是根据结构上的安排要求,一般取尾部收缩角 8°为宜。依现有导弹统计,有翼导弹通常是 $\lambda_t \leqslant 2 \sim 3$,$\eta_t = 0.4 \sim 1$。

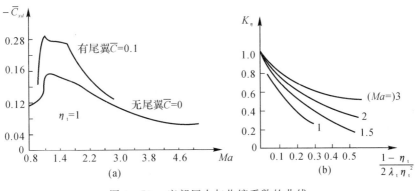

图 4 - 73 底部压力与收缩系数的曲线

（3）弹身长细比 λ_B 的确定。弹身 λ_B 越大，其波阻系数 C_{xb} 越小，而摩擦阻力系数 C_{xf} 越大，故从合成阻力角度看，一定有一个最优 λ_{BOPT}，此时对应的阻力最小。弹身阻力 C_{xb} 和 C_{xf} 随 λ_B 变化曲线如图 4 - 74 所示。

一般在某一特定马赫数下，有一个最优长细比 λ_{BOPT}，对应着 $(C_{xf}+C_{xb})_{min}$，随着 Ma 增加，λ_{BOPT} 也有所增加，通常 $\lambda_{BOPT}=20\sim30$。而实际上，当 λ_B 增加时，对弹身的强度、刚度、质量和使用性能都是不利的。因此，确定 λ_B 时，气动阻力只是一个方面，更要考虑弹身内各种设备的安装及某些结构的需要。在实际应用中可取：

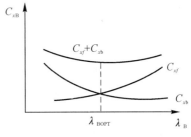

图 4 - 74 弹身阻力随 λ_B 变化曲线

地空导弹 $\lambda_B=12\sim20$；

空空导弹 $\lambda_B=12\sim17$；

飞航导弹 $\lambda_B=9\sim15$；

反坦克导弹 $\lambda_B=6\sim12$。

（4）弹身直径 D_B 的确定。弹身直径 D_B 一般是从保证弹身的最小容积 W_B 来考虑的。也可根据以下几个主要因素之一来确定：战斗部直径，导引头直径，发动机直径，气动性能要求，系列化和标准化要求。从中选取要求最大的一个因素，作为弹身直径。

如要保证最小容积 W_B，则先按下列方法来计算：

$$W_B=\frac{m_{战斗部}}{\gamma_{战斗部}}+\frac{m_{仪器设备}}{\gamma_{仪器设备}}+\frac{m_{发动机}}{\gamma_{发动机}}+\frac{m_{贮箱和油}}{\gamma_{贮箱和油}}=\left(\frac{K_{战斗部}}{\gamma_{战斗部}}+\frac{K_{仪器设备}}{\gamma_{仪器设备}}+\frac{K_{发动机}}{\gamma_{发动机}}+\frac{K_{贮箱和油}}{\gamma_{贮箱和油}}\right)m_2$$

式中　　$K_战,K_仪,K_发,K_贮$——各部分相对质量因数，可由质量分析来确定；

　　　　$\gamma_战,\gamma_仪,\gamma_发,\gamma_贮$——各部分密度，可由统计资料来确定；

　　　　m_2——起飞质量，由导弹主要参数选择来确定。

然后按下面的半经验公式，来确定弹身直径 D_B。

对于尖头　　　　　　　　　$D_B=1.08\sqrt{\dfrac{W_B}{\lambda_B-2.5}}$

对于钝头　　　　　　　　　$D_B=1.08\sqrt{\dfrac{W_B}{\lambda_B-1.3}}$

4.3　部位安排与质心定位

部位安排与质心定位是总体设计中一项繁杂、细致而重要的工作。

质心定位的作用是保证导弹在飞行过程中有必要和适度的稳定性和操纵性，保证导弹具有足够的机动性。

部位安排的任务是将弹上各承载面及弹内各分系统部件、组件等进行合理地布置，使其满足总体设计的各项要求。

部位安排和质心定位二者是紧密联系而不可分的，部位安排是质心定位的依据，而质心定位是部位安排的结果。

对不同类型的导弹，部位安排没有一个绝对通用的方式，但考虑的原则是共同的：在部位安排过程中，应尽量使整个导弹具有合理的质心和压力中心位置，保证导弹在飞行过程中具有良好的稳定性与操纵性。

部位安排工作的主要任务是：

(1) 确定弹体上各承载面(弹翼、舵面等)相对弹身的位置，从而决定了导弹的焦点位置 x_G。

(2) 确定弹上所有载重的布置，从而决定了导弹的质心位置 x_T。

(3) 协调并确定导弹各部件的结构承力形式、传力路线、工艺方法；确定分离面、主要接头形式与位置、舱口数量与位置、电缆管路敷设等。

完成以上任务必须满足下列要求：

(1) 保证导弹整个飞行过程中，满足导弹总体对稳定性和操纵性的要求。

(2) 保证弹上各种设备及装置具有良好的工作条件，以保证它们良好的工作性能。

(3) 保证导弹在作战使用中的快速性，使用维护方便。

(4) 使导弹结构简单、紧凑、质量轻、工艺性好。

这一阶段的工作成果应有：

(1) 绘制出导弹的三面图。

(2) 绘制出导弹的部位安排图。

部位安排与导弹外形设计是同时进行的，是一项复杂的综合性很强的工作，在导弹设计过程中，因受各种条件的制约，要与各方面反复协调、综合平衡、不断调整，才能将导弹外形与各部分位置确定下来，才能设计出导弹的三面图及部位安排图。

4.3.1　稳定性与操纵效率

导弹稳定性、机动性和操纵性历来是导弹设计所追求的重要性能，气动布局设计、部位安排及质心定位的目的就是要达到预定的指标要求。

4.3.1.1　稳定性与操纵性的概念及指标

早期的导弹通常设计成静稳定的，所谓静稳定性是指处于平衡飞行状态的导弹，在受到外界扰动后一般会偏离其原来的飞行状态，在干扰消失的初始瞬间，导弹若具有恢复到原来飞行状态的趋势，则称其具有静稳定性。

纵向静稳定性通常用以下静稳定指标来表示：

$$m_z^a = C_y^a \frac{x_G - x_p}{b_A} < 0$$

或

$$m_z^c = \frac{x_G - x_p}{b_A} < 0$$

由上式可知，要使导弹具有纵向静稳定性，必须保证导弹质心位于压力中心之前，这亦是部位安排的一个中心问题。

操纵性是指导弹弹体对操纵舵面的响应特性，即舵面偏转单位角度引起弹体运动参数变化的大小及其响应速度。通常可用单位舵偏角产生的力矩大小来表示，如 m_z^δ。

部位安排还要满足操纵性的要求，即满足机动过载的要求。操纵力的产生过程基本上就是相应操纵机构的操纵过程，无疑，操纵性好，法向操纵力就产生得快，机动性就好。

4.3.1.2　操稳比(δ/α)指标

在总体布局设计中，操稳比(δ/α)也是一个重要指标。该比值选得过小，会出现操纵过于灵敏的现象，一个小的舵面偏转误差会引起较大的姿态扰动；若比值选得过大，会出现操纵迟滞的现象。

对操稳比的要求取决于：

1）飞行高度和速度的变化范围；

2）导弹是否具有静稳定性，飞行过程中静稳定度的变化大小；

3）弹体结构的要求；

4）导弹控制系统类型及其要求等。

选择适当操稳比(δ/α)的方法之一，就是根据 m_z^a 与 m_z^δ 的比例，利用导弹的设计经验，可以得到 m_z^a/m_z^δ 的参考范围。表 4 - 2 列出不同布局形式导弹的操稳比，可以作为初步设计时参考。

在任何飞行条件下，任何飞行时间都保持表中的比例数值，显然是不可能的，实际上只能要求接近表中数值。

表 4 - 2　不同布局形式导弹的操稳比

飞行器类型	$(\delta/\alpha)_b = -m_z^a/m_z^\delta$
正常式	$-1.0 \sim -1.5$
鸭式	$0.8 \sim 1.2$
无尾式	$-1.2 \sim -2.0$
旋转弹翼式	$4 \sim 10$
$(\delta/\alpha)_b$ — 平衡时升降舵偏角与攻角之比	

4.3.1.3　确定导弹静稳定度需要考虑的因素

导弹的静稳定性与机动性是相互制约的，静稳定度愈大，机动性愈差；静稳定度小，过渡过程时间长，使控制回路动态误差增大，甚至发散而无法控制。因此在选择静稳定度值时，既不是愈大愈好，也不是愈小愈好，而是有一个约束范围。

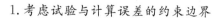

1.考虑试验与计算误差的约束边界

由于导弹质心位置 x_G 和焦点位置 x_p 的计算误差，通常在确定静稳定度时要留一定余量。压力中心位置误差可取

$$\Delta x_p \approx 0.005L_B \sim 0.01L_B$$

同样，质心误差可取
$$\Delta x_G \approx 0.005L_B$$

式中，L_B 为导弹弹身长度。

为综合平衡这些误差，并留有一定余量，可参考以下数据：

$$x_p - x_G \geqslant 0.02L_B$$

即
$$m_z^\alpha \leqslant C_y^\alpha \left(\frac{-0.02L_B}{b_A} \right)$$

2.考虑导弹角振荡频率的约束边界

设舵偏角瞬时地由 0 至 δ，则 α 的变化会有滞后作用，如图 4-75 所示。导弹这种绕其质心的角振荡频率与静稳定度 m_z^α 有关，m_z^α 越大，作用在导弹上的力矩也愈大，角加速度愈大，角频率越高；此外导弹转动的快慢与导弹的转动惯量也有关。由"导弹飞行力学"知识可知：若不计阻尼力矩，导弹角自振频率 f 可表示为

$$f = \frac{1}{2\pi} \sqrt{\frac{-57.3 m_z^\alpha q S b_A}{J_z}}$$

或
$$m_z^\alpha = -\frac{0.689 f^2 J_z}{q S b_A}$$

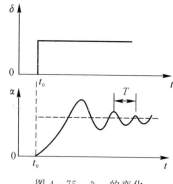

图 4-75 δ, α 的变化

利用上式求 m_z^α 时，角振荡频率 f 是受限制的，限制 f 的主要原因是控制系统通频带 f_c 的要求，通常通频带 f_c 要求高于角振荡频率 f 值的 $5 \sim 10$ 倍，即 $f_c = (5 \sim 10)f$。因此，若角振荡频率取值大，势必通频带大，这将使控制系统复杂，给设计工作带来困难；但角振荡频率也不能太小，否则会引起过渡过程时间的增加，造成控制系统的动态误差增大，甚至发生共振现象。

另外，导弹弹体的结构频率 f_g 通常高于通频带 f_c 值的 1.5 倍以上，即 $f_g \geqslant 1.5 f_c$，则 $f_g \geqslant (7.5 \sim 15)f$。弹体的结构频率与弹体的刚度有关，弹体刚度愈好，结构质量愈大，因此，限制了弹体结构的固有频率值，从而也限制了角振荡频率的最大值。

即
$$m_z^\alpha \ll \frac{-0.689 f_c^2 J_z}{q S b_A}$$

下列数据可供导弹初步方案设计时，确定静稳定度和角振荡频率时参考。

地空导弹：

$H < 4 \sim 5$ km，$f \geqslant 3 \sim 4$ Hz；

$H = 20 \sim 25$ km，$f \geqslant 1.2 \sim 1.5$ Hz。

空空导弹：

$H = 20 \sim 25$ km，$f \geqslant 1.6 \sim 1.8$ Hz。

飞航导弹：

$f < 1.5 \sim 2.0$ Hz。

3. 导弹机动性要求的约束边界

导弹的机动性是指导弹迅速改变飞行状态(飞行速度的大小和方向) 的能力,通常用单位舵偏角所产生的过载大小来衡量。

$$\frac{n_y}{\delta} = \frac{-(C_y^\alpha qS + P)m_z^\delta}{mg\,m_z^\alpha} \qquad (4-1)$$

由式(4-1) 可以看出,导弹的机动性与导弹的静稳定度是相互矛盾的。若 $|m_z^\alpha|$ 值增加,n_y/δ 就减小。因此,由机动性要求便限制了静稳定度的大小。由于高空空气密度小,速压远小于低空,是实现机动性要求的严重情况,故静稳定度应满足:

$$|m_z^\alpha| \leqslant \left|\frac{(C_y^\alpha qS + P)m_z^\delta}{mg\,\dfrac{n_y}{\delta}_{\max}}\right|_{\text{高空}}$$

式中　　n_y——导弹高空需用过载;

$\delta_{\max}$——导弹允许的最大舵偏角。

4. 极限攻角 α^* 的约束边界

在高空,导弹机动性小,为保证机动性,应使 $|m_z^\alpha|$ 适当减小,此时会使极限攻角 α^* 相应减小,另外由于 $|m_z^\alpha|$ 减小之后,所需平衡攻角 α_b 却要增加,因此,应使 $\alpha_b < \alpha^*$。

$$\frac{\alpha_{b\max}}{\delta_{\max}} = -\frac{m_z^\delta}{m_z^\alpha}$$

$$\alpha_{b\max} = \frac{-m_z^\delta \delta_{\max}}{m_z^\alpha} < \alpha^*$$

$$|m_z^\alpha| \geqslant \left|\frac{-m_z^\delta \delta_{\max}}{\alpha^*}\right|_{\text{高空}}$$

5. 考虑舵机力矩 M_P 的约束边界

随着静稳定度的增加,为得到同样大小的过载 n_y,舵偏角就需加大,相应的铰链力矩也增大。如果设计中选用了现有舵机,则需考虑舵机力矩对静稳定度的限制:

$$M_P \geqslant (m_{hm}^\alpha \alpha + m_{hm}^\delta \delta)qS_R b_A$$

式中,$m_{hm}^\alpha, m_{hm}^\delta$ 为铰链力矩系数对 α, δ 的导数。

利用式(4-1),对上式整理后得

$$M_P \geqslant -\left(m_{hm}^\delta - m_{hm}^\alpha \frac{m_z^\delta}{m_z^\alpha}\right)\frac{n_y G qS_R b_A m_z^\alpha}{(C_y^\alpha qS + P)m_z^\delta}$$

由于低空过载大,速压大,故一般危险情况在低空。

4.3.1.4　放宽静稳定度设计

上述经典方法是把导弹气动布局设计成具有足够的静稳定性,但是导弹的稳定性和操纵性是随着飞行状态不断变化的。导弹在飞行过程中,速度由亚声速加速到超声速,甚至达到高超声速,压力中心位置有较大变化;而随着推进剂的消耗,其质心位置也发生相应的变化,这些变化将导致导弹稳定性随飞行过程而改变。显然,传统的静稳定导弹设计,对导弹总体布局提出了苛刻的要求,这就限制了导弹性能的提高和气动效率的改进。

近年来,随着系统工程、自动控制与计算技术的飞速发展,促使导弹设计思想与设计方法发生了很大变化。放宽静稳定度设计的含义是导弹允许设计成静不稳定、中立稳定或静稳定,也允许把导弹设计成起飞时呈静不稳定,中间飞行接近中立稳定,末段飞行是静稳定的。当导弹呈静不稳定或中立稳定时,必须由自动驾驶仪进行人工稳定,使弹体驾驶仪系统稳定。已采用的综合稳定回路设计技术,可以放宽对静稳定度的要求,可以实现中立稳定甚至小的静不稳定的导弹总体布局设计。

采用放宽静稳定度设计后,可使导弹升力加大,升阻比提高,导弹质量减轻,从而提高了导弹的机动性;但同时,又带来了导弹自身动态稳定性的变差。为保证导弹飞行过程的稳定性,已经采用飞行稳定控制回路(自动驾驶仪)中自适应的增稳措施来解决。

研究结果表明,导弹飞行稳定控制回路允许的最大静不稳定度,与综合稳定回路的频带宽度成正比,与导弹的长度成正比,与速度和飞行高度成反比。静不稳定导弹的稳定控制回路作用,不但改善了导弹系统的动态品质,而且使静不稳定导弹在稳定控制回路参与下,变成了飞行稳定的等效稳定导弹系统。

为满足总体参数和系统设计要求,对于静不稳定导弹的稳定回路设计,通常要求满足以下条件:

1)导弹的动力系数满足

$$|a_2(\alpha)|_{\max} < -\frac{a_3 a_4}{a_5}$$

2)尽可能提高舵效率 a_3;

3)稳定回路具有足够的频带宽度;

4)尽量约束质心变化范围。

4.3.1.5 调整稳定性和操纵性的措施

进行导弹总体布局设计时,要求导弹具有适度的稳定性和操纵性。保证导弹的稳定性,实质上是安排导弹质心位置和压力中心位置之间的相互关系,保证质心和压力中心的差值在一定的合理范围内;保证导弹的操纵性,实质上是安排导弹质心位置和操纵合力中心之间的相互关系,保证质心和操纵合力中心的差值在某一合理的范围内。实施的方法通常是改变导弹的气动布局或调整部位安排,改变质心位置。具体办法:

1)移动弹翼位置。它是最有效的办法,因为导弹大部分升力是由弹翼产生的。

2)改变尾翼的位置和面积。

3)改变舵面的位置和面积。

4)增设反安定面,调整其位置与面积。

5)改变导弹内部设备与装置的位置。

6)利用配重调整质心,这是最不利的办法。在一般情况下,可以兼用上述几种措施。

4.3.2 部位安排设计

4.3.2.1 保证各系统及设备具有良好的工作条件

进行部位安排时必须考虑弹上各种系统及设备的特殊要求,以保证它们获得良好的工作环境,可靠而正常地工作。

1.战斗部

战斗部属危险部件,又是全弹中质量较大的设备,为便于使用维护与最大可能地发挥战斗部的杀伤威力,要求战斗部独立形成一个舱段,并保证安装、拆卸方便;要求战斗部外壳尽可能就是舱体的外壳,其外部不应有较强的构件(如弹翼、尾翼等),以免影响爆破效果。

战斗部在安排上有三种形式:位于头部,也有位于中部的,个别的位于尾部。对付空中目标的导弹,战斗部多数采用杀伤式(如破片式、连续杆式、多聚能式等),故战斗部较多位于中部,将头部位置留给导引头。对付装甲目标和地面有防护目标的导弹,安排战斗部时需要考虑战斗部前方舱段的环境。例如聚能破甲战斗部为了保证破甲时,金属流对目标的有效杀伤或使战斗部穿入目标内爆炸,多数战斗部位于头部,或者战斗部前方的舱段应给聚能射流预留一个通道。对付地面目标的杀伤战斗部,若采用触发引信,为了减小杀伤破片被地面土壤吸收,提高杀伤效应,战斗部有时放在尾部。

2. 近炸引信

近炸引信应尽量靠近战斗部,以免电路损耗增大,影响战斗部起爆。为保证其可靠性,应远离振源。对红外近炸引信,应尽量安置在导弹头部或开有窗口的弹身舱段;对无线电近炸引信,天线可安置在前弹身舱段的内表面或外表面,需保证天线在任何飞行情况下,无线电波不受弹体的阻挡,同时避免高温气流的影响,以免使收发信号发生畸变。

触发引信应安置在较强结构之处,如弹身前段的加强框、弹翼或鸭式布局舵面的前缘等处。

3. 导引头

由于雷达型或光学型导引头,都要求其天线或位标器正前方具有开阔的视野,以便于在大范围内对目标进行搜索、捕获和跟踪,弹身头部是满足这一要求的最佳部位。所以通常将导引头相关的组件包装成一个整体,安装在弹身头部,外加天线罩(整流罩)加以保护,并改善气动性能。

4. 控制设备

控制设备中的敏感部件在弹上的安装部位有一定要求,如惯性器件,为了准确感受导弹质心位置的运动参数,最好将它们安排在导弹质心附近,并远离振动源。速率陀螺能敏感弹体的弹性振动,因此,尽可能把它安排在离节点较远的波峰处,如图4-76所示,避免或减小由于弹体弹性振动引起的角速度信号失真和避免严重情况下引起的共振。安排这些敏感部件时,不仅应进行弹性体的振动特性计算,还应进行振动特性及共振特性试验。

5. 舵机及操纵系统

舵机为控制导弹舵面或副翼偏转的伺服机构,应尽可能靠近操纵面(舵面或副翼),这样可以简化操纵机构和减小操纵拉杆的长度,提高控制准确度。舵机安装位置应便于调整和检测,拉杆应有调节螺栓。活动间隙不仅会造成操纵面的偏转误差,而且容易引起舵系统的激烈振动,因此对活动间隙必须检查和调整。对操纵面的零位和极限偏角,也需要检查与调整,避免造成上下舵面偏转不对称和传动比的非线性等。

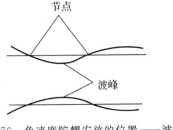

图4-76 角速度陀螺安放的位置——波峰

6.发动机

如果采用液体火箭发动机,由于它的燃料是通过输送系统送至发动机内的,因此它的燃料箱可以较灵活安排,一般安排在导弹质心附近,使质心变化小,而发动机本身一般都安置在导弹的尾部。

如果采用固体火箭发动机,则有两种可能布置方案,如图4-77所示。第一种是将固体火箭发动机安装在导弹尾部,这种布置方案对发动机十分有利,喷管喉径部分可安装舵机和舵面。缺点是导弹的质心变化幅度过大,有可能在导弹初始飞行段出现不稳定情况,而在飞行末段,导弹静稳定性变大,操纵、机动性能降低,影响导弹的命中精度。第二种是将固体火

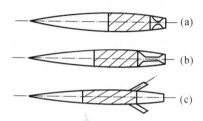

图4-77 固体火箭发动机安置方案

箭发动机置于弹身中间,这种布置方案的优点是全弹质心变化幅度小,不影响导弹的稳定性和机动性。缺点是给尾喷管的安排带来困难。解决的方法:一是采用长尾喷管,即在发动机燃烧室尾部连接中央延长喷管直至弹体尾部,使燃气流从弹身尾部排出,以减小弹体底部阻力。由于燃烧室的燃气温度高达2 000 K,长喷管必须采取隔热措施。长喷管方案的另一个缺点是空间利用率低。为了利用长喷管周围的空间,要求将设备设计成特殊的形状。二是采用斜喷管,斜喷管的倾斜角一般为12°~18°,应使喷管轴线尽可能通过导弹质心,但不免会产生推力偏心与推力损失。另外还应考虑避免高温燃气对尾舵及弹体的影响。为此可将喷管与舵面叉开安排,且舱体上应有隔热措施。

如果采用整体式火箭冲压发动机,发动机一般放于尾部,进气道的布置则有数种可能的安排方案,如图4-78所示。

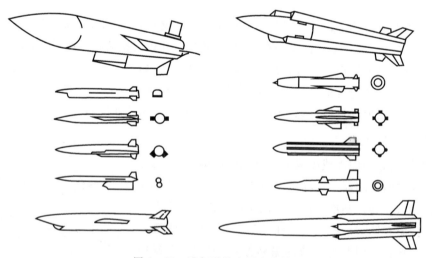

图4-78 进气道的布局和安排

7.能源装置

导弹上能源由电源和液压源组成,两者可以分开,也可以合并成一个整体,形成电液伺服

装置。舵系统是弹上消耗能源最多的设备,能源的安装位置应紧靠舵系统。电源应安置在各用电设备的中央,有利于电源的稳定工作和电缆连接。

4.3.2.2 保证导弹质量小

1)在保证导弹性能前提下,尽可能选择质量尺寸小的设备与部件。

2)导弹内部安排要紧凑,不要有多余的空间。相关的部件应尽量靠近,所有管路、电缆应尽可能短。有些相关的设备尽可能设计成整体,再装入弹内,以便有效利用空间与使用维护方便。如制导舱和控制舱,可以设计成舱体兼作设备的壳体,避免重复包装,可充分利用空间,减小质量。

3)在保证工艺、使用要求的前提下,应使分离面数量最少,舱体的口盖数量最少。因为分离面多、口盖多必然会增加连接与加强的元件,导致质量增加。

4)尽可能发挥部件与元件的综合受力作用,减少元件数量。例如连接舱体的加强框又可用于固定弹内设备;有时框上还设计有吊挂接头或发射用的导向块。这样一件多用,有利于减轻质量。

5)为减小阻力,应避免与减少外表面的凸出物。但这不是绝对的。在某些情况下,管路、电缆放在弹身外也有可能会使总质量减小,或工艺性好、使用方便,这时管路、电缆放在弹身外面是合理的。对于这类问题应作具体分析比较。

4.3.2.3 保证导弹具有良好的工艺性,使用维护方便

1)要有足够数量的分离面,尽量采用统一的连接形式,舱体分离面的连接形式对全弹的刚度和自振频率影响很大。轴向连接(见图4-79)是强连接,径向卡块连接(见图4-80)的尺寸较小,连接刚度好。

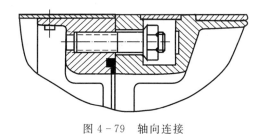

图 4-79　轴向连接

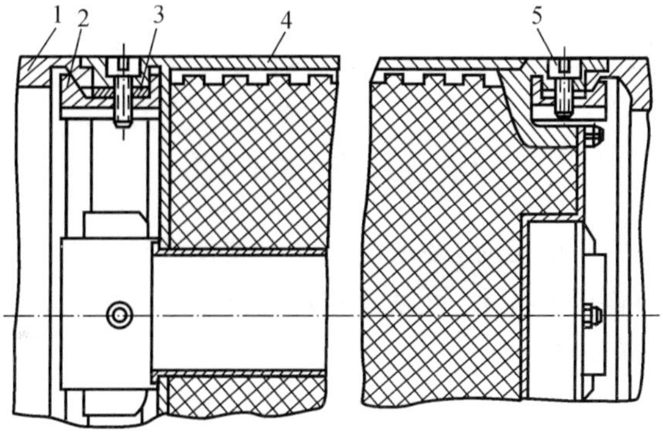

图 4-80　径向卡块连接

1—舱体；2—卡块；3—弹簧片；4—舱体；5—螺钉

2)功用相似的同类设备或环境要求相同的设备尽可能安排在同一个舱段内。这种集中安排方式便于该系统的检测、调整、更换和保证其环境条件。如自动驾驶仪、舵系统、液压能源等应安排在一起,通常称为控制舱。

3)需要拆卸的部件与设备,在部位安排时应保证其拆卸方便和留有必要的装配空间,并在拆卸时不影响其他设备而能单独进行,同时拆卸时不应损伤结构。对于拆卸频繁的设备应尽可能安放在舱口附近。

4)弹上应开必要的口盖,用于连接测试插头,进行检测、调试及维修等操作。

5)保证互换性。这是成批生产所必需的,在单件试制过程中,虽不要求那么高,但在设计中也应考虑实现互换的可能性,如调整弹翼的安装角等问题。

4.3.3　放宽稳定度设计与对导弹总体设计的影响

上述经典方法是把导弹气动布局设计成具有足够的静稳定性,但是导弹的稳定性和操纵性是随着飞行状态不断变化的。导弹在飞行过程中,速度由亚声速加速到超声速,甚至达到高超声速,压力中心位置有较大变化;而随着推进剂的消耗,其质心位置也发生相应的变化,这些变化将导致导弹稳定性随飞行过程而改变。显然,传统的静稳定导弹设计,对导弹总体布局提出了苛刻的要求,这就限制了导弹性能的提高和气动效率的改进。

近年来,随着系统工程、自动控制与计算技术的飞速发展,促使导弹设计思想与设计方法发生了很大变化。放宽静稳定度设计的含义是导弹允许设计成静不稳定、中立稳定或静稳定,也允许把导弹设计成起飞时呈静不稳定,中间飞行接近中立稳定,末段飞行是静稳定的。

导弹在飞行中,当舵面偏转角等于零时,导弹的压力中心在质心之前,即 $\Delta x = x_p - x_G$ 呈负值,称为静不稳定。在静不稳定情况下,当导弹受到外力干扰时,姿态角发生变化,干扰去掉后导弹在无控情况下,不能恢复到原来的状态,如图 4-81 所示。在舵面偏转角等于零的条件下,导弹的压力中心和质心重合,即 $\Delta x = 0$,称为中立稳定。这种导弹在受到外力干扰时,和静不稳定导弹类似,同样不能恢复到原来的状态。

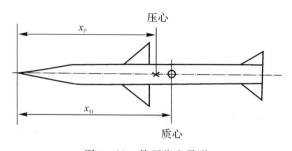

图 4-81　静不稳定导弹

当导弹呈静不稳定或中立稳定时,必须由自动驾驶仪进行人工稳定,使弹体驾驶仪系统稳定。已采用的综合稳定回路设计技术,可以放宽对静稳定度的要求,可以实现中立稳定甚至小的静不稳定的导弹总体布局设计。

静不稳定导弹进行人工稳定的现象,好像杂技演员表演走钢丝一样,每时每刻演员处于静不稳定或中立稳定状态,但是训练有素的杂技演员在平衡控制下仍能行走自如。理论上,允许导弹呈静不稳定的范围很宽,但是有一个极限,如图 4-82 所示。对于旋转弹翼布局的导弹,当全弹压力中心前移到和舵面操纵力的合力中心重合时,驾驶仪就无法进行人工稳定了,这就是理论上的极限。

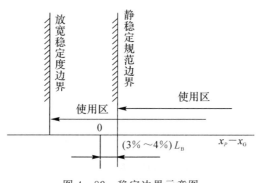

图 4-82 稳定边界示意图

4.3.3.1 弹体特性

弹体运动方程组

$$
\left.
\begin{aligned}
&\ddot{\vartheta} + a_1 \dot{\vartheta} + a_2 \alpha + a_3 \delta_z = 0 \\
&\dot{\theta} - a_4 \alpha - a_5 \delta_z = 0 \\
&\vartheta - \theta - \alpha = 0 \\
&\ddot{q}_1 + 2\xi_1 \omega_1 \dot{q}_1 + \omega_1^2 q_1 = D_{11} \dot{\vartheta} + D_{21} \alpha + D_{31} \delta_z \\
&\vartheta_A = \vartheta - w'_1(x_A) q_1 \\
&n_A = [v\dot{\theta} + \ddot{\vartheta} x_A + \ddot{q}_1 w_1(x_A)]/g
\end{aligned}
\right\}
\qquad (4-2)
$$

其中

$$
D_{11} = \frac{57.3}{vM_1} \int_{L_B} qS \frac{\partial C_y^\alpha}{\partial x} x w_1(x) \mathrm{d}x
$$

$$
D_{21} = \frac{57.3}{M_1} \int_{L_B} qS \frac{\partial C_y^\alpha}{\partial x} w_1(x) \mathrm{d}x
$$

$$
D_{31} = \frac{57.3 C_y^\delta qS w_1(x_{cpT})}{M_1}
$$

式中 ϑ_A —— 驾驶仪陀螺处的转角;

       n_A —— 驾驶仪线加速度计处的过载;

       x_A —— 阻尼陀螺安装位置;

       x_{cpT} —— 舵面压心位置;

       L_B —— 全弹长度;

   $w'_1(x_A)$ —— 阻尼陀螺安装位置参数;

       M_1 —— 一阶振型广义质量。

$$
M_1 = \int_{L_B} m(x) w_1^2(x) \mathrm{d}x
$$

上述弹体运动方程组中,前三个方程是短周期运动的刚体运动方程,后三个方程是以一阶振型为自由度的弹性弹体运动方程。导弹外形设计采用放宽稳定度设计准则后,方程组的形式和静稳定规范设计时完全一样,但是动力系数 a_2 和 D_{21} 有明显的变化,弹体特性有很大的不同。动力系数 a_2 的表达式为

$$a_2 = \frac{C_y^\alpha (x_p - x_G) q S}{J_z} \tag{4-3}$$

导弹呈静稳定 $a_2 < 0$,中立稳定 $a_2 = 0$,静不稳定 $a_2 > 0$,放宽稳定度设计对刚体弹体稳定性和传递函数表达式的影响为:

1) $a_2 + a_1 a_4 > 0$,即 $a_2 > -a_1 a_4$

$$W_{\delta_z}^\vartheta (s) = \frac{K_d (T_{1d} s + 1)}{T_d^2 s^2 + 2\xi_d T_d s + 1} \tag{4-4}$$

因为 $a_1 a_4$ 在工程上相对于 a_2 来说是一个正值小量,所以上述条件的含义是,弹体可以是静稳定、中立稳定或有少量的静不稳定,然而弹体系统仍是稳定的,传递函数表明了弹体属于振荡环节。

2) $a_2 + a_1 a_4 = 0$,即 $a_2 = -a_1 a_4$

$$W_{\delta_z}^\vartheta (s) = \frac{T'_{1d} s + 1}{T'_{1d} (T''_d s + 1)} \tag{4-5}$$

表明弹体处于中立稳定状态,弹体系统是不稳定的,传递函数是积分环节。

3) $a_2 + a_1 a_4 < 0$,即 $a_2 < -a_1 a_4$

$$W_{\delta_z}^\vartheta (s) = \frac{-K_d (T_{1d} s + 1)}{T_d^2 s^2 + 2\xi_d T_d s - 1} \tag{4-6}$$

表明弹体处于静不稳定状态,弹体系统是不稳定的。弹体放大系数的表达式为

$$K_d = (-a_3 a_4 + a_2 a_5)/(a_1 a_4 + a_2) \tag{4-7}$$

旋转弹翼控制或鸭式控制布局导弹的弹体放大系数随 a_2 的变化如图 4-83 所示。正常式布局导弹弹体放大系数随 a_2 的变化如图 4-84 所示。

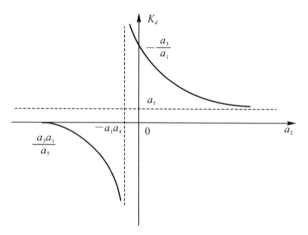

图 4-83　弹体放大系数与 a_2 的关系(旋转弹翼控制或鸭式控制)

放宽稳定度设计准则下刚体弹体特性可分为三种情况。

1. $a_2 > a_1 a_4$

弹体系统稳定,弹体放大系数随 a_2 减小而增大,弹体的瞬变过程呈振荡型,在外界扰动去

掉后,振荡不断衰减,最后收敛为稳态值。

2. $a_2 = -a_1 a_4$

弹体系统不稳定,弹体放大系数非常大,在 a_2 逐渐减小下,K_d 的极性有突变现象。旋转弹翼控制布局的 K_d 由正突变为负,正常式布局的放大系数由负突变为正。

3. $a_2 < -a_1 a_4$

弹体系统不稳定,弹体放大系数的大小随静不稳定度增大而减小,放大系数的正负号正好是静稳定弹体的反号。

弹性弹体运动方程中对弹体性能影响最大的是动力系数 D_{31} 和阻尼陀螺安装位置参数 $w'_1(x_A)$。弹体静稳定度的变化主要影响弹性体动力系数 D_{21},因此放宽稳定度设计对弹性弹体的影响不大。

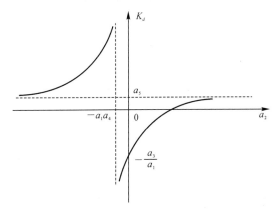

图 4-84 弹体放大系数与 a_2 的关系(正常式布局尾翼控制)

4.3.3.2 人工稳定原理与稳定条件

1. 旋转弹翼控制或鸭式控制布局

为了简化讨论的问题,引入简化了的自动驾驶仪阻尼回路。

令
$$\left.\begin{array}{l} \delta = \delta_g - \delta_\vartheta \\ \delta_\vartheta = K_\vartheta^\delta \dot{\vartheta} \\ \delta = \delta_g - K_\vartheta^\delta \dot{\vartheta} \end{array}\right\} \tag{4-8}$$

式中　δ_g——指令舵偏角;

　　　δ_ϑ——阻尼舵偏角;

　　　K_ϑ^δ——阻尼反馈放大系数。

将上述公式代入刚体弹体运动方程组得

$$\left.\begin{array}{l} \ddot{\vartheta} = -(a_1 - a_3 K_\vartheta^\delta)\dot{\vartheta} - a_2 \alpha - a_3 \delta_g \\ \dot{\alpha} = (1 + a_5 K_\vartheta^\delta)\dot{\vartheta} - a_4 \alpha - a_5 \delta_g \end{array}\right\} \tag{4-9}$$

由此得到导弹驾驶仪系统的稳定条件为

$$\left.\begin{array}{l} -(a_1 + a_4 - a_3 K_\vartheta^\delta) < 0 \\ (a_1 - a_3 K_\vartheta^\delta)a_4 + (1 + a_5 K_\vartheta^\delta)a_2 > 0 \end{array}\right\} \tag{4-10}$$

因为 $a_1, a_4, K_\vartheta^\delta$ 均是正值,a_3 是负值,所以条件 $-(a_1 + a_4 - a_3 K_\vartheta^\delta) < 0$ 是完全能满足的,

问题是第二个条件在什么情况下能够满足。该条件经变换后得

$$K_{\vartheta}^{\delta} > - \frac{a_2 + a_1 a_4}{a_2 a_5 - a_3 a_4}$$

即

$$K_{\vartheta}^{\delta} > - \frac{1}{K_d} \tag{4-11}$$

另外从阻尼回路的传递函数表达式同样可以推导出式(4-11),满足这条件,导弹驾驶仪系统是稳定的。

静不稳定弹体加简化的驾驶仪阻尼回路框图表示在图4-85中,传递函数表示在式(4-12)中。

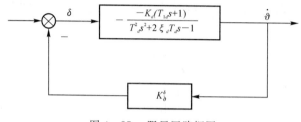

图4-85　阻尼回路框图

$$W(s) = \frac{-K_d(T_{1d}s+1)}{T_d^2 s^2 + (2\xi_d T_d - K_{\vartheta}^{\delta} K_d T_{1d})s + (-K_{\vartheta}^{\delta} K_d - 1)} \tag{4-12}$$

导弹驾驶仪系统稳定的必要条件是分母项$(-K_{\vartheta}^{\delta}K_d-1)>0$,即$K_{\vartheta}^{\delta}>-1/K_d$,该稳定条件和式(4-11)完全一样。

假如$-K_d=0$,要满足系统稳定的必要条件就变为$K_{\vartheta}^{\delta}\to\infty$,这样的反馈系数在工程上是无法实现的。

$-K_d=0$状态的物理含义是什么呢? 由K_d的表达式得$a_3a_4-a_2a_5=0$,代入气动系数得

$$\frac{-c_y^{\delta}(x_{cpT}-x_G)qS}{J_z}\frac{c_y^a qS}{mv} = \frac{-c_y^a(x_p-x_G)qS}{J_z}\frac{c_y^{\delta}qS}{mv} \tag{4-13}$$

经过整理后得

$$x_{cpT} = x_p$$

意味着全弹压力中心x_p和舵偏压力中心x_{cpT}重合。这里的舵偏压力中心指舵面偏转时,舵面部分的升力和对尾翼的下洗力的合力中心。这种状态的静不稳定弹体不能用自动驾驶仪来进行人工稳定,当然静不稳定度更大的弹体,同样是不能用驾驶仪来进行人工稳定的。

2. 尾翼控制正常式布局

尾翼控制导弹舵面位于尾部,在全弹质心的后面。正值舵面转角产生正的舵面升力,负值旋转力矩,为了使阻尼回路实现负反馈,令$\delta=\delta_g+K_{\vartheta}^{\delta}\vartheta$,将这表达式代入刚体弹体运动方程组,得导弹驾驶仪系统的稳定条件为

$$\left.\begin{array}{l}-(a_1+a_4+a_3K_{\vartheta}^{\delta})<0 \\ (a_1+a_3K_{\vartheta}^{\delta})a_4+(1-a_5K_{\vartheta}^{\delta})a_2>0\end{array}\right\} \tag{4-14}$$

因为$a_1,a_4,K_{\vartheta}^{\delta}$和$a_3$都是正值,所以第一个条件是完全满足的。由第二个条件可得类似的下式:

$$K_{\vartheta}^{\delta} > 1/K_d \tag{4-15}$$

上述公式和旋转弹翼控制导弹的系统稳定条件相比较,仅差一个负号。弹体呈静不稳定

的正常式布局导弹,放大系数始终大于零,物理含义是正值舵偏角产生稳态的正值角速度和正过载。当静不稳定度增大时,放大系数逐渐减小并趋向于 a_5 值,因为 $a_5 > 0$,所以理论上自动驾驶仪的阻尼回路总能实现系数 $K_9^\beta > 1/K_d$,这样导弹驾驶仪系统在理论上就不存在稳定极限边界。但是 a_5 是一个正值小量,当 $K_d \rightarrow a_5$ 时 K_9^β 变得很大,考虑到其他因素的影响(如弹性弹体的影响,舵面最大偏转角的限制,气动上存在着最大极限攻角,外界扰动的影响等),实际上导弹驾驶仪系统仍然存在着稳定边界,仍不允许弹体的静不稳定度太大。

4.3.3.3 静不稳定导弹的飞行特点

地空导弹发射时由于导弹速度小以及导引头还没有抓住目标,故不能对导弹进行控制飞行,消除误差。导弹在全程飞行中可以分为自动稳定飞行和控制飞行。

1. 静不稳定导弹自动稳定飞行中的主要特点

导弹离架受扰动后会使弹体有发散趋势,必须在驾驶仪人工阻尼下,导弹才能稳定飞行。飞行中参数如攻角、舵偏角、角速度等不趋向于零。

对于旋转弹翼控制布局来说,舵面偏转的升力合力中心和全弹压力中心均在导弹质心的前面,因此平衡状态下,攻角和舵偏角的极性只能是反号。飞行试验遥测结果中,如果攻角和舵偏角的正负号相反,就可以判断出压力中心在质心的前面,导弹属于静不稳定,如果攻角与舵偏角的极性相同,则导弹属于静稳定。

正常式布局导弹舵面在质心的后面,舵偏产生的升力的合力中心在质心的后面。静不稳定状态下,全弹压力中心在质心的前面,故要使导弹成为平衡状态,攻角和舵偏角的正负号极性只能够相同。

某地空导弹在自动稳定飞行段有三个设计特征点。离架扰动点 $t = 0.5$ s,跨声速飞行特征点 $Ma = 0.95$,最大速度点,即稳定飞行段末点,$t = 3$ s,$Ma = 1.5$。

导弹离架时不管气动上稳定与否,均受到向下的角速度干扰。负角速度产生的原因是,导弹在发射臂上滑动时,导弹质心向发射臂的外端运动,发射架不可能做成绝对刚性,存在着弹性变形,由于结构变形会产生向下的转动角速度。导弹离架后,由于重力的影响也会下沉和低头。若采用箱式不同时离轨发射,当前吊挂点离架后,导弹在重力的作用下会绕后吊挂点转动,产生负角速度。大约在 0.5 s 时离架扰动的参数达最大。该设计点的特点是,导弹的静不稳定度最大,飞行速度很小,Ma 为 0.3 左右,导弹受到很大的角速度离架扰动。由于负值扰动角速度的影响,攻角呈负值,弹体上产生了负方向的发散力矩,导弹依靠人工稳定,快速产生正值舵偏角和正值操纵力矩,与负值发散力矩相平衡,使导弹稳定飞行。飞行试验中测量到的舵偏角比较大,因此在气动外形和自动驾驶仪设计中,应该特别注意不要使舵面偏转角超过机械极限偏转角。

跨声速飞行特征点。该特征点上导弹的静不稳定度比较大,略小于离架扰动点的静不稳定度。跨声速飞行时作用在导弹上的升力和压力中心变化剧烈。从飞行试验结果可以看出,这瞬时弹上攻角、舵偏角、角速度等参数均有突然变化。但参数的变化量比离架扰动点的变化量小得多,从目视看,飞行平稳。亚跨声速下舵面上的压力中心在转轴之前,舵系统处于反操纵铰链力矩作用下,因为该特征点的动压头比离架扰动点的大得多,所以是最大的反操纵力矩设计特征点。设计舵系统时应仔细考虑。

自动稳定飞行段末点。其特点是速度最大,静不稳定度最小,已接近中立稳定,动压头最大。驾驶仪的回路稳定性往往最差,最容易发生系统不稳定现象。假如设计不合理,就可能发生导弹在地面试验或低速飞行下舵系统能够稳定工作,不发生自振现象,而当飞行速度达到某一值时,舵系统和自动驾驶仪会发生自振现象,导致系统不稳定和飞行试验失败,静不稳定导弹自动稳定飞行段参数的变化如图4-86所示。

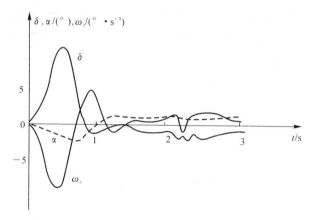

图4-86 自动稳定飞行静不稳定导弹参数变化

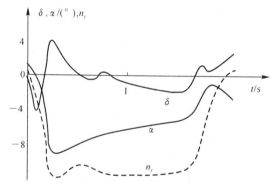

图4-87 中立稳定起控导弹的参数变化

2.静不稳定导弹控制飞行特点

中立稳定状态起控,随后弹体逐渐变为静稳定状态的控制飞行,参数变化如图4-87所示。图4-87中加指令的起控瞬时,作为时间零点,起控点速度为$Ma=1.5$,加方波指令,导弹处于主动段飞行状态,速度越来越大,由于发动机装药的燃烧,全弹质心逐渐前移,故弹体稳定性越来越好,弹体由中立稳定逐渐变化为静稳定。

从图4-87可以看出,静不稳定或中立稳定弹体像静稳定弹体一样,能够进行控制飞行,当过渡过程结束时,导弹处于稳态情况下,参数变化平稳。

导弹驾驶仪系统的放大系数,(即单位指令电压下导弹输出的机动过载)能够满足控制系统大回路对驾驶仪的设计要求。不管导弹呈静稳定、中立稳定或静不稳定,弹体放大系数是正或负,导弹驾驶仪系统放大系数的极性可以确保始终不变,并且满足对放大系数的设计要求。

旋转弹翼控制布局静不稳定导弹的弹体放大系数K_d为负值,稳态情况下舵偏角和攻角的正负号相反,过载的极性和攻角一致,和舵偏角极性相反。当指令电压为正值时,攻角和过载为正,舵偏角为负,当指令电压为负值时,攻角和过载为负,舵偏角为正。而静稳定弹体状态下,弹体放大系数为正,过载、攻角、舵偏角的极性相同,而且和指令电压的极性相一致。

静不稳定弹体加指令下的过渡过程参数变化剧烈,正负号及大小的变化幅度很大,比静稳定弹体加指令后的过渡过程中的参数变化剧烈得多。而且驾驶仪的反应时间增长,时间常数增加。由于舵偏角的极性与攻角相反,故舵偏角产生的升力会抵消掉一部分攻角产生的升力,会使导弹的可用过载减小。这些都对导弹的性能产生不利的影响,所以对旋转弹翼控制布局的导弹来说,虽然静不稳定状态下可以进行控制飞行,但是不利的因素也非常突出,在设计中应尽量避免采用这种设计状态。对正常式布局的导弹来说,静不稳定弹体状态下,驾驶仪的反应时间会缩短,舵偏角和攻角极性相同,使可用过载增大,总体性能提高。故适宜于采用这种控制形式。

4.3.3.4　放宽稳定度设计对气动外形设计的影响

1.放宽稳定度设计对滚动控制的影响

导弹的滚动控制通常采用角度稳定或角速度稳定。导弹能够进行滚动控制的必要条件是操纵力矩大于干扰力矩。放宽稳定度设计意味着导弹的稳定性降低,允许尾翼的面积和翼展减小,使操纵力矩增大,同时又能减小诱导干扰力矩,从而有利于滚动控制。另一方面,导弹的静稳定度减小会提高调整比和攻角,在大攻角和大舵偏角条件下,差动副翼效率比小攻角状态的小得多,不利于滚动控制。

旋转弹翼控制"×-×"形布局静不稳定导弹的力矩特性曲线如图 4-88 所示,从曲线可以看出,对应于某一舵偏角气动上存在三个平衡攻角,图中有三个平衡点 A,B,C 点,可能会出现这种飞行状态,俯仰方向在 C 点成平衡,偏航方向在 B 点成平衡。这种状态下,俯仰方向的调整比为正,偏航方向的调整比为负,两个方向的调整比不相等时会引起诱导滚动干扰力矩。

放宽稳定度设计给滚动控制带来了一些新问题。静不稳定弹体下进行不对称的控制飞行,在某些组合状态下,诱导滚动干扰力矩比较大,故在导弹外形设计中应仔细考虑这一问题。

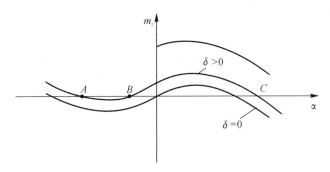

图 4-88　旋转弹翼控制"×-×"形布局力矩特性曲线

2.对旋转弹翼控制"+-×"形布局的影响

旋转弹翼控制"+-×"形布局导弹的力矩特性曲线如图 4-89 所示,由图中曲线可以看出,小攻角下力矩系数和攻角成线性关系,适合于控制飞行。当攻角大于极限攻角 α^* 时,导弹由静稳定变成动不稳定 $\mathrm{d}m_z/\mathrm{d}\alpha > 0$,气动平衡攻角跳到 α_B。这种状态意味着俯仰和偏航方向都已失稳,系统呈不稳定,同时产生非常大的诱导滚动干扰力矩,又引起了滚动控制失效。这种布局下,由于极限攻角 α^* 较小,故不宜采用放宽稳定度设计。

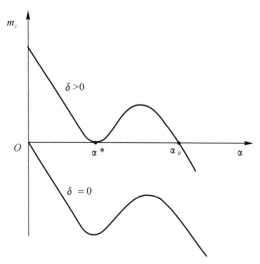

图 4-89　旋转弹翼控制"十-×"形布局力矩特性曲线

3.对旋转弹翼控制"×-×"形布局的影响

力矩特性曲线见图 4-88 所示,小攻角下尾翼位于主翼的下洗流内,非线性严重,随攻角增大下洗减小,尾翼升力增加,压力中心后移,弹体稳定性增加。这种布局可贵的是气动极限攻角很大。放宽稳定度设计后,允许把稳定尾翼做得较小,可以一直小到满足滚动控制要求。还可以按照武器系统对导弹的设计要求,把导弹设计成满载状态时弹体呈静不稳定,空载时具有适量的静稳定度,这样设计的导弹在控制飞行时能产生很大的可用过载。由于尾翼小、阻力小、结构质量小、部位安排合理,因而提高了导弹的性能,提高了飞行速度和斜距。因此适宜采用,应注意的一点是这种布局的导弹不适宜在静不稳定状态下作控制飞行。

4.对尾翼控制正常式布局的影响

采用放宽稳定度设计后,正常式布局的导弹除了可以把尾翼做得比较小外,另一突出的优点是舵偏角和攻角的极性由异号变为同号,使全弹的平衡升力系数提高,可用过载增大,诱导阻力减小,速度增加。这种布局的气动极限攻角较大,因此既适宜于自动稳定飞行,又适宜于控制飞行。

尾翼控制布局的弹翼是主升力面,面积较大。在大机动过载大攻角下,会产生大的诱导滚动干扰力矩。尾翼的面积较小,又处于下洗区内,副翼操纵效率不高。设计得不合理,有可能发生副翼操纵效率不够,滚动不能控制的现象。

正常式布局中的边条翼弹翼方案,由于翼展很小,使得诱导滚动干扰力矩较小,有利于滚动方向的控制。采用放宽稳定度设计准则后,这种布局有希望得到良好的气动特性和控制特性。

4.3.3.5　放宽稳定度设计对小回路系统设计的影响

静不稳定导弹的人工稳定由驾驶仪中的阻尼回路来实现。在自动稳定飞行下,阻尼回路可采用角速度稳定方案或角度稳定方案,后者的散布较小。在控制飞行状态下,阻尼回路只能采用角速度稳定方案来实现系统的人工稳定。

放宽稳定度设计给导弹驾驶仪系统的设计带来了一些必须研究的问题,下面介绍导弹驾驶仪系统的主要设计特点。

1. 放宽稳定度设计对阻尼回路增益的影响

静不稳定导弹设计中,阻尼回路的功用是实现导弹驾驶仪系统的人工稳定,并满足动态品质等设计要求。阻尼回路设计中通常采用的办法是增大负反馈的增益,即增加人工阻尼,以及选择合理的校正网络参数,来提高系统的稳定余度。至于舵系统和敏感元件的设计特点则和静稳定弹体的相同。

在一定范围内增大负反馈的增益,可以增加系统的稳定性,有利于系统的人工稳定。但是增加负反馈增益会带来一些不利的影响。在干扰相同情况下,阻尼舵偏角会增加,从而要求增加机械极限舵偏角的大小,给结构设计带来麻烦。弹性弹体对系统的影响由角速度陀螺敏感弹性体振动运动角速度引起,因此弹性弹体振动的影响会随着反馈增益的增加而增大。若参数选择不合理,可能会使系统发散。增益过大也容易引起回路工作不稳定。合理选择反馈增益的大小和校正网络的形式和参数,是驾驶仪设计中的主要内容之一。设计中可通过半实物模拟试验来确定阻尼反馈放大系数的大小,据经验 $K_{\dot{\vartheta}}^{\delta}=4\sim10(°)/(°/s)$。

2. 放宽稳定度设计对舵机类型选择的影响

静不稳定导弹和静稳定导弹相比,舵偏角增加了一个功用,当攻角产生发散气动力矩时,要求舵偏角产生操纵气动力矩来平衡,为了快速达到平衡,要求舵面偏转的速度比攻角变化的速度快。在过渡过程中,速度矢量的变化率 $\dot{\theta}$ 和弹体运动角速度 $\dot{\vartheta}$ 比较是一个小量,攻角变化率等于弹体运动角速度减去速度矢量的变化率,故攻角变化率主要由弹体运动的角速度确定。在静不稳定导弹传递函数表达式中,攻角变化率与弹体时间常数有关,时间常数又取决于动力系数 a_2,计算公式为

$$\left.\begin{array}{l} T_d = 1/\sqrt{-a_2} \\ a_2 = -m_z^\alpha qSL_B/J_z \end{array}\right\} \qquad (4-16)$$

由式(4-16)可知时间常数随稳定性增加和飞行动压头增加而减小,从而攻角变化率增大。对于自动稳定飞行段来说,跨声速特征点和自动稳定段末点的攻角变化率比较大。

地空导弹通常采用三种舵机,液压、电动和气压式。气压式舵机因为不能承受舵面的反操纵气动力矩,故不能使用。液压操纵系统的快速性好,空载下舵面偏转速度达 $300°/s\sim400°/s$,还能够承受反操纵力矩,满足了设计要求。电动舵机速度的变化范围大,为每秒几十度到几百度,低速的电动舵机不允许使用,高速电动舵机可以使用。

3. 攻角限制与过载限制器

导弹的飞行攻角和舵偏角均存在设计稳定边界,机动过载也有最大值,过载太大会引起结构破坏。中立稳定导弹的舵偏效率很高,弹体放大系数很大,小舵偏角会产生攻角和大过载。这种状态下,舵面转角不可能超过稳定边界,攻角和过载容易超过极限值,采取的办法是在导弹上安装攻角限制器或过载限制器。攻角限制器能够直接限制攻角的大小,使气动上不失速,同时也限制了过载,飞机设计中通常采用攻角限制器,由于导弹的尺寸较小,导弹头部难以安装攻角传感器,故不宜使用。过载限制器能够直接限制弹体的最大过载,同时也限制了攻角,使气动上不失速。自动驾驶仪的加速度回路内安装有加速度计,利用这种敏感元件并在后面安装合适的网络,做成过载限制器。在弹上安装这些装置既不影响气动外形,也不影响质量和

尺寸,故适宜于导弹使用。

4.放宽稳定度设计对校正网络的影响

中低空防空导弹的动力装置通常使用单级固体火箭发动机。旋转弹翼控制布局下,通常把发动机放在导弹的后部。满载状态下导弹质心位置较后,燃料烧完后质心前移明显,有的导弹达 400 mm。在放宽稳定度设计下,可以把导弹设计成起飞时呈静不稳定,随燃料燃烧,不稳定度逐渐减小,当燃料全部烧完时,导弹呈静稳定。在全程飞行中,导弹经历了静不稳定、中立稳定和静稳定,故弹体放大系数的变化范围比静稳定设计要宽得多。静稳定设计规范下,中低空防空导弹可以设计成常系数的自动驾驶仪,在采用放宽稳定度设计方法后,由于弹体放大系数变化范围宽,驾驶仪就必须采用变系数校正网络。弹体呈静不稳定时采用高增益的负反馈,呈静稳定时采用较小增益的负反馈。

在静稳定设计准则下,可以安置动压传感器来进行动压头修正或者采用自适应驾驶仪来补偿速度和高度对弹体放大系数的影响。

在放宽稳定度设计准则下,静稳定度对弹体放大系数的影响最大。动压修正或自适应措施对静稳定度的影响均无效,故不宜采用这些措施。决定静稳定度大小的两个因素是质心和压心位置,它们均与飞行时间有关。另外,影响弹体放大系数的另一因素动压头,也与时间有关,故可以在导弹内部安装时间机构来实现变系数。按时间先后采用分挡式的变系数装置,属于最简单的技术措施。先进的办法是弹上采用计算机进行控制。

5.放宽稳定度设计对自振频率的要求

驾驶仪内的阻尼陀螺的通频带较宽,弹性弹体振动角速度会被陀螺感受,弹性弹体对驾驶仪的稳定工作起着不利的影响。按照放宽稳定度设计的要求,自动驾驶仪必须采用高增益负反馈,从而就增强了弹性弹体对阻尼回路的不利影响。

弹体固有振动频率越高,弹性体振动频率与刚体振荡频率相差越大,则弹性体对驾驶仪的影响就越小。弹体固有振动频率取决于结构刚度和质量分布,增加舱体的壁厚会提高刚度和增大固有振动频率,但是结构质量会随之增大,故一般不采用此办法。舱体间的连接形式对固有振动频率有明显的影响,径向螺钉连接属于弱连接,刚度差频率低,轴向连接属于强连接,刚度好频率高。

中低空导弹的机动性好、直径小、结构强、固有振动频率高,自动驾驶仪设计中一般只需考虑一阶振动频率。舵系统如果存在自振现象,设计中应使全弹固有振动频率、舵系统自振频率、舵面结构振动频率均相互避开。

减小弹性体对驾驶仪不利影响的办法之一是选择合理的校正网络参数,把校正网络设计成高频滤波或单频滤波,把弹性体的振动反馈量衰减掉。另外,为了减小弹性体对驾驶仪的影响,可以把阻尼陀螺安放在一阶振型的波腹处,来减小敏感弹性体角速度的大小。

4.3.4 导弹的三面图与部位安排图

导弹总体布局是在不断协调、计算及试验校核的过程中形成的,需要许多专业人员与各个科研、试制部门的共同协作,反复多次才能完成。总体布局的结果可以用数学方法描述,也可用图形或文字表示。随着计算机技术的发展以及交互计算机图形学的出现,现在基本上已利用计算机及其软件来进行导弹外形设计及部位安排了。

4.3.4.1 导弹外形三面图

三面图是表征导弹外形和几何参数的图形,包括外形平面图与三维图。外形设计的结果应充分体现在气动外形三面图中。三面图的形成有一个从近似到定形的过程,在初步确定导弹的主要尺寸和参数后,画出导弹的初步三面图,在完成质心定位、气动计算、稳定性与操纵性计算和风洞试验后,形成正式三面图。

在三面图中应表示出导弹的气动布局、质心变化、外形几何参数以及外形尺寸,标出构成导弹外形的各部分相对位置,舵面、副翼的转轴位置。用数学方程式或坐标图给出弹体头部、尾部及进气道内形面的有关数据。如图 4-90 所示为某导弹三面图的示意图。有了三面图之后,便可根据它制作风洞试验模型,进行风洞试验,并进行详细的气动分析、气动计算、制导系统回路分析、模拟试验等。

4.3.4.2 导弹部位安排图

部位安排的结果,具体反映在导弹的部位安排图上。导弹的研制过程,也是部位安排图的细化、完善、检验的过程。在方案设计的初期,图纸反映的是导弹的布局设想,弹上设备通常用方块表示。随着设计工作的深入和反复协调结果,弹内设备及部件应采用实际的实物模型。

部位安排图应表示出导弹气动布局,即表示弹翼、尾翼、舵面相对弹身的位置;发动机、助推器的布置方案;弹上所有设备的安装位置和连接关系;导弹舱段的划分情况和分离面的位置;此外还应考虑使用运输中所需吊挂接头、发射定向钮、运输支承点的位置等等。由此确定导弹的质心变化,以满足适度的稳定性、操纵性要求。

绘制部位安排图时,弹内设备之间应留有足够的间隙,以便于安装与拆卸,并在振动环境下不致发生摩擦和碰撞。电缆、管路等往往难于在部位安排图上表示,但需要留出必要的边缘空间。为解决弹体和分系统、电缆、管路、大口盖和舱口等的安装、协调问题,可配合制作比例尺寸为1:1的样弹(弹内设备一般为实物)进行。

部位安排图通常不直接用于生产,它是质心定位、转动惯量计算、外载荷计算、弹体结构设计、弹上设备安装与协调、工艺装备和地面设备的协调等的主要依据。它与三面图是相辅相成的,也是绘制导弹总图、水平测量图、支承吊挂图、标志图等的主要依据。

部位安排是一项涉及面广,影响因素多的综合性工作,因此,即使在相同原则指导下进行此项工作,各类导弹的部位安排形式也差异很大。图 4-91 为某导弹的部位安排示意图。

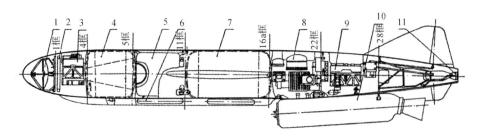

图 4-91 某导弹的部位安排示意图

1—末制导雷达天线; 2—环形气瓶; 3—雷达发射机; 4—燃烧剂箱; 5—战斗部; 6—柱形气瓶; 7—氧化剂箱; 8—自动驾驶仪; 9—雷达接收机; 10—固体火箭发动机; 11—推力室

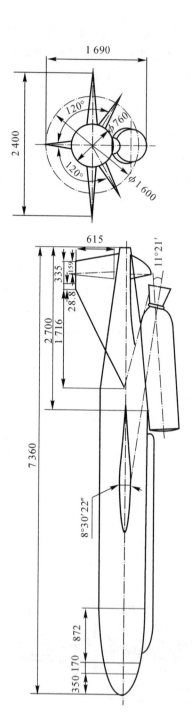

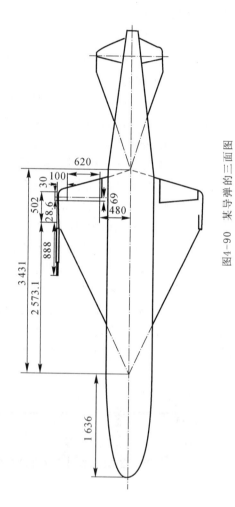

图4-90　某导弹的三面图

4.3.5 质心位置计算及转动惯量计算

三面图和部位安排图完成之后,即可计算在运输、发射、飞行等各种状态下导弹的质量、质心位置和转动惯量。计算的结果用作弹道计算、气动特性计算、载荷计算、导弹稳定性和操纵性计算、导弹结构设计、发射装置和运输装填设备设计等的依据。设计过程中,质量、质心位置和转动惯量的计算要反复进行多次。最后以导弹实际称重和质心、转动惯量实际测量值为准。

4.3.5.1 坐标系

为了计算方便,一般选取弹身外形的理论顶点作为坐标原点的弹体坐标系,x 轴与导弹纵轴重合,指向弹体尾部为正,y 轴在垂直对称面内,向上为正,z 轴在弹体水平面内,顺航向向左为正。按此坐标系计算导弹的质心。

计算转动惯量的坐标系原点选在瞬时质心上,坐标轴指向与弹体坐标轴平行。但是,在计算转动惯量过程中,也要使用弹体坐标系。

4.3.5.2 质心位置计算

质心位置计算的基本依据是部位安排图。随着部位安排的改变,质心位置计算也需重复进行,并随着弹内设备质量的不断落实,逐渐逼近,最后精确定位计算结果。

在进行质心计算时,为便于检查和调整质心,宜将不变质量与可变质量(如燃料等)分开计算,计算时可采用表 4-3 和表 4-4 形式进行计算。

表 4-3 不变质量部分计算

类别	名称	质量/kg	质心/mm			静矩/(kg·mm)		
			x	y	z	mx	my	mz
不变质量	弹身							
	弹翼							
	……	……	……	……	……	……	……	……
	合计	$\sum m_i$	$\sum x_i$	$\sum y_i$	$\sum z_i$	$\sum m_i x_i$	$\sum m_i y_i$	$\sum m_i z_i$

导弹空载质量: $\sum m_i$

导弹空载质心: $x_G = \dfrac{\sum m_i x_i}{\sum m_i}$; $y_G = \dfrac{\sum m_i y_i}{\sum m_i}$; $z_G = \dfrac{\sum m_i z_i}{\sum m_i}$

表 4-4 可变质量部分计算

类别	名称	质量/kg	质心/mm			静矩/(kg·mm)		
			x	y	z	mx	my	mz
消耗质量	冷气							
	氧化剂							
	……							
	合计	$\sum m_i$				$\sum m_i x_i$	$\sum m_i y_i$	$\sum m_i z_i$

导弹满载质量：$\sum m_i$（包括空载质量）

导弹满载质心：$x_G = \dfrac{\sum m_i x_i}{\sum m_i}$；　$y_G = \dfrac{\sum m_i y_i}{\sum m_i}$；　$z_G = \dfrac{\sum m_i z_i}{\sum m_i}$

上式中 $\sum m_i x_i$，$\sum m_i y_i$，$\sum m_i z_i$ 应包括空载计算中全部静矩。

通常在进行质心计算时，需要给出不同的计算状态，如一级状态质心变化或二级状态的质心变化。还需要给出计算步长，即推进剂消耗某一定值计算一个点，直至推进剂消耗完毕。

4.3.5.3　转动惯量计算

转动惯量是导弹的重要结构参数，其值的大小直接影响导弹的动力学特性。通常需要算出绕导弹质心对三轴的转动惯量 J_x，J_y 和 J_z。

计算转动惯量时，需利用上述质量和质心的数据。转动惯量的计算公式为

$$J_z = \sum J_i - m x_G^2$$

式中　J_z——导弹绕通过其质心 Z 轴的转动惯量；

J_i——导弹内各设备对理论顶点的转动惯量，其表达式为

$$J_i = J_{i0} + m_i x_i^2$$

J_{i0}——i 设备绕本身质心的 J_z；

x_i——i 设备质心离理论顶点的 x 坐标；

m——导弹的质量；

x_G——导弹的质心坐标。

当上述公式用空载质量、质心坐标计算时，则求得空载之转动惯量；当采用满载质量与质心坐标计算时，则可求得相应满载时的转动惯量。

相对于其他坐标轴（x，y）的转动惯量亦用相同方法求得。

目前的 CAD 软件均可测得设备的质心及转动惯量，但质心及转动惯量随时间的变化曲线仍需按上述公式求得。应当指出，液体推进剂自身的转动惯量与固体的计算方法有所不同，需要加以修正。

思考题与习题

1.试述构形设计的基本内容及其主要要求。

2.试述平面形（"一"字形）布局的优、缺点。为什么倾斜转弯技术（BTT）又成为现代有翼导弹技术发展的新热点？

3.试述"X"或"十"字形布局的优、缺点。为什么它是目前占统治地位的一种布局形式？

4.按翼面沿弹身纵向的配置形式，常见的导弹气动布局的形式有哪几类？试述其各自的基本特点。

5.试从升阻比特性、极限攻角、部位安排和起飞段的操纵等几个方面比较正常式与鸭式的优、缺点。

6.试述斜吹力矩产生的物理原因是什么？鸭式布局的斜吹力矩为什么比正常式布局的严

重？可为什么鸭式布局仍得到广泛的应用？为减小鸭式布局的斜吹力矩,改善其横滚特性,可采取哪些措施？

7.试述无尾式布局的优、缺点。为什么这种布局的弹翼位置不好安排？如何解决？这种布局适用于何种导弹？

8.试述旋转弹翼式的优、缺点。为什么这种布局的过载波动小,允许质心位置的变化范围大,快速性好？它适用于何种导弹？

9.试述无翼式气动布局的基本特点。它用以控制导弹质心运动的法向力从何而来？为什么早期的空空、地空导弹从未出现过这种布局？它的出现与发展的技术基础是什么？

10.助推器有哪几种安排形式？并分析其主要的,特别是在分离特性和产生干扰力矩方面的优、缺点。确定其安定面面积和选择其几何参数时,有哪些基本的考虑？

11.试述亚声速和超声速翼型的基本特点。试从气动阻力,强、刚度,工艺性等方面比较三种超声速翼型的优、缺点。

12.弹翼主要的几何参数有哪些？对超声速导弹最关键的几何参数是哪个？它影响导弹的哪些性能？选择时所要解决的主要矛盾是什么？超声速导弹的弹翼,为什么要选用小展弦比？

13.为确定弹翼的平面形状,需要哪些参数？如弹翼的展弦比 $\lambda=1.22$,根梢比 $\eta=6.85$,前缘后掠角 $\chi_0=65°$,$S=2.3\ \mathrm{m}^2$,试画出其平面形状。如弹径 $D=500\ \mathrm{mm}$,试求其外露面积值及其几何参数。

14.对跨、低超和超声速导弹,为确定其后掠角时有哪些考虑？为什么？

15.试述确定舵面面积时,应满足的基本条件及其计算步骤。计算时,为什么需要通过迭代调整弹翼位置,才能得到最终的计算结果？

16.弹身的几何参数通常有哪些？试述选择弹身及其头部、尾部长细比 λ_n,λ_t,η_t 时的主要考虑。

17.试述适合高超声速飞行的弹身、舵面及其剖面形状是哪种外形？为什么？

18.部位安排的任务及其基本要求是什么？它与气动布局、外形设计有无关系？试举例说明。

19.保证静稳定性的物理本质是什么？说明静稳定性与操纵性、机动性之间的关系。

20.对自身具有静稳定性的导弹,设计时为确定导弹的静稳定度有哪些考虑？何谓放宽静稳定度设计？静不稳定导弹的飞行特点是什么？放宽静稳定度有哪些优点和问题？

21.为改变导弹的静稳定度,可采取哪些方法？其中哪个方法最有效？采取这种方法时应注意什么问题？

22.为保证战斗部(含引信)和弹上制导设备的工作条件,部位安排时应注意哪些问题？

第5章 总体设计计算

导弹武器研制过程中,总体设计计算是一项重要的、必不可少的工作。通过总体设计计算及对计算结果的分析研究,辅以必要的各种试验,论证战术技术指标要求实现的可能性,筛选出导弹武器及各组成部分采用的具体方案,协调各部分之间的参数和为提出技术要求提供依据。这是一项涉及面广、专业繁多的工作,往往需要经过多次修改、反复,逐步细化、完善。

本章对总体设计中所需要计算的内容进行介绍,包括气动计算、固体火箭发动机计算、弹道计算、制导精度计算、杀伤概率计算等。

5.1 飞行性能参数计算

导弹的飞行性能参数主要包括导弹速度、最大作战斜距、最小作战斜距、最大作战高度、最小作战高度和导弹机动性等。

5.1.1 导弹速度

导弹速度主要包括特征点速度、平均速度和速度特性。对于中低空导弹,特征点主要指离轨点、起控点、最大速度点和命中点。采用复合制导体制的导弹,还要增加中制导和末制导的交班点。

武器系统对导弹的战术技术指标中,虽然通常没有速度这一项目,但是速度本身是导弹总体性能的一个重要参数。导弹最大作战斜距、机动性等都和速度紧密相关。在相同条件下,速度大则最大远界斜距远、机动性好。

导弹全程飞行可分为滑轨段与飞行段。

导弹在滑轨段的速度计算公式为

$$m \frac{\mathrm{d}v}{\mathrm{d}t} = P - mg\sin\theta - fmg\cos\theta \tag{5-1}$$

式中 f——摩擦因数(钢对钢 $f = 0.15$);

θ——弹道倾角,这里指发射架的高低角。

对式(5-1)进行数值积分,就可以求出导弹的速度。

离轨速度与导弹稳定性、散布、发射方式、是否同时离轨、陆上发射还是海上发射等因素有关。为减小下沉和散布,使导弹稳定飞行,导弹应具有一定的离轨速度。离轨速度小时,下沉和散布较大,随着离轨速度增大,下沉和散布减小,在速度大于某值后,即使再增大速度,对下沉和散布的影响就不大了。在推力与加速度不变的条件下,速度和时间成一次方关系,而导轨长度和时间成二次方关系,这意味着为使离轨速度增加一倍,导轨长度就应增长三倍。从自动稳定飞行段导弹的性能要求出发,希望离轨速度大一些,从减小发射架的尺寸和复杂性出发,希望离轨速度小一些,在设计中,应根据具体情况综合平衡后确定。一般情况下,离轨速度应尽可能定得小一些,在陆上倾斜发射时,离轨速度 11 m/s 就足够了。在海上倾斜发射时,由于舰艇摇摆的影响,离轨速度应大一些,大于 20 m/s 为宜。对于箱式发射,若采用单轨不同时离轨发射,导轨长度通常设计成和弹身长度差不多,导弹的离轨速度将更大一些。

导弹在飞行中速度的计算公式为

$$m \frac{\mathrm{d}v}{\mathrm{d}t} = P\cos \alpha - X - mg\sin \theta \qquad (5-2)$$

式中　　X—— 气动阻力;

　　　　α—— 攻角。

当作用在导弹上的各种力,如推力、气动阻力、重力的大小以及飞行条件已知时,即可求出导弹在飞行中的速度。

最大速度是指导弹在全部作战空域内,所有弹道上飞行速度的最大值。最大速度和平均速度一样,都反映了导弹运动的快慢。最大速度大不等于飞行斜距远,飞行斜距除了和最大速度有关外,还与其他因素有关,飞行时间的长短,命中点速度的大小,都会对飞行斜距起直接的影响。

导弹最大速度与发动机推力的变化规律、最大作战斜距、最大作战高度、结构的防热设计等因素有关。提高导弹最大速度的优点是能够增大导弹的平均速度和减小飞行时间,从而有利于雷达的作用距离。中低空防空导弹的最大速度不宜定得太高,若飞行速度超过 $Ma>3$,飞行时间又长,会产生热强度问题。对旋转弹翼布局的导弹,$Ma>2.5$,舵面偏转时下洗力很小,使操纵效率 m_z^δ 大幅度减小,甚至会出现反号,引起导弹不稳定,这是不允许的。最大速度太大的另一缺点是阻力损失大,使最大飞行斜距减小。既减小最大速度又增加最大作战斜距的办法是,动力装置由单推力发动机改成双推力发动机。

采用单推力发动机的导弹,最大速度可按下式进行估算:

$$v = \xi I_s \ln \left(\frac{m_0}{m_0 - m_F} \right) - gt\sin \theta \qquad (5-3)$$

式中　　I_s—— 发动机比冲;

　　　　m_0—— 导弹发射质量;

　　　　m_F—— 推进剂质量;

　　　　t—— 发动机工作时间;

　　　　θ—— 发射角;

　　　　ξ—— 阻力修正系数。$\xi = \dfrac{P - X_A}{P}$,X_A 为时间 t 内的平均阻力(经验数据 $\xi = 0.9 \sim 0.95$)。

导弹平均速度与拦截方式、目标速度、目标高度等因素有关。对于尾追攻击方式,导弹的平均速度必须大于目标速度。对于迎头拦截方式,导弹的平均速度允许小于目标速度,特别是拦截高空目标,导弹的平均速度往往比目标速度低。如某防空导弹,目标速度为 900 m/s,导弹的平均速度仅 750 m/s。挂有炸弹的飞机,在低空飞行时,飞行马赫数不超过 1.2,导弹的平均速度常设计成 $(1.2\sim1.8)Ma$,故拦截低空目标时,导弹平均速度通常比目标速度大。

导弹平均速度的计算公式为

$$v_{av} = D_{rm}/t_{max} \qquad (5-4)$$

式中　　v_{av}—— 导弹的平均速度;

D_{rm}——导弹在命中点的斜距。

速度随时间的变化规律称为速度特性。中低空导弹的速度常采用三种变化规律,如图 5-1 所示。图中曲线 A 表示无巡航飞行段的速度特性,这种导弹主要采用被动段飞行攻击目标。图中曲线 B 表示有巡航飞行段的速度特性,导弹作巡航飞行时,速度变化平缓,发动机推力与气动阻力接近或略大一些,这种导弹的最大速度小,需用过载小,平均速度小,飞行斜距远,总体性能较好。但是发动机较复杂,必须采用双推力发动机。图中曲线 C 表示二次脉冲点火发动机的速度特性,导弹起飞后

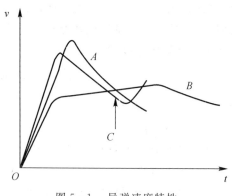

图 5-1　导弹速度特性

3 s 内发动机工作,而后导弹以被动段飞行,到遭遇目标前 1.5 s 时,发动机第二次点火,导弹以主动段飞行状态攻击目标。这种导弹方案增大了遭遇点附近导弹的可用过载,减小了需用过载,还能增加飞行斜距。

5.1.2　最小近界斜距

地空导弹的杀伤区是武器系统的综合性能指标,它受很多条件限制,不仅与武器系统本身——弹、站、架的性能有关,而且还与导引方法、导弹使用方法(单射还是连射)、杀伤概率等有关。

采用单一制导体制的地空导弹,按其飞行特点可以把整个弹道分为三段:自动稳定飞行、引入飞行和导引飞行。自动稳定飞行是指导弹离开发射架到开始控制,这一段弹道的特点是对导弹仅进行稳定而不进行控制,按发射架赋予的初始瞄准方向作近似于直线的飞行。为了提高自动稳定飞行段的精度,减少散布,可采用驾驶仪阻尼回路工作方案使导弹作简单的直线飞行。引入段是制导过程的第一阶段,从开始控制到平衡地纳入理论弹道附近(线偏差小于规定值),线偏差的规定值是由对导弹制导精度的要求来确定的。引入段弹道的特点是导弹作大机动飞行,视线变化率很大,经过一段时间后,视线变化率逐渐减小,摆动逐渐减小,纳入理论弹道。这一飞行段,在飞行力学上叫过渡段,在控制上把这一过程叫过渡过程,引入质量主要取决于初始误差和制导系统的性能,引入的好坏常用引入距离来衡量,引入距离越短越好。

由于自动稳定飞行段和引入段的弹道特性决定了导弹不可能在这两段弹道上与目标遭遇,这就意味着杀伤区的近界一定要大于自动稳定段和引入段的距离之和。计算中,最小飞行斜距取决于导弹允许的最小飞行时间,总飞行时间等于起控时间加控制时间。假如导弹在起控点的弹道散布很小,只需要很短的时间就可以消除散布,引入距离小,从而近界斜距就小。若导弹在起控点存在一定数值的散布,则控制时间等于控制刚度乘上系统的时间常数。对于旋转弹翼布局的中低空导弹来说,系统时间常数约为 0.45 s,控制刚度一般应大于 10,近界弹道允许减小到 6,则最小控制时间为 2.7 s。起控时间与许多因素有关,其中最主要的是起控点的允许速度,起控速度的要求取决于气动布局、稳定性、机动性要求等因素。旋转弹翼控制"+－×"形布局的导弹,由于主动段飞行时导弹的操纵性好,大攻角下的稳定性差,故舵偏角的稳定边界值小,从而要求起控点的速度很大。而"×－×"布局的旋转弹翼导弹,由于大攻角

下稳定性良好,起控速度允许减小到亚声速。另外导弹的机动性要求高,则要求起控速度大,反之导弹机动性要求低,则起控速度允许小。

5.1.3　最大远界斜距

导弹的最大远界斜距是总体性能中最主要的参数之一,它与发动机总冲、推力形式、导弹气动外形、目标特性、导引方法、雷达和导引头的作用距离等因素有关。下面分析中,假设雷达与导引头的作用距离足够大,能够满足系统的战术技术指标要求。

导弹的最大飞行路程等于总飞行时间和平均速度的乘积。导弹的飞行时间和平均速度又主要取决于发动机的总冲、工作时间以及导弹命中点的速度。发动机的总冲越大,导弹的飞行时间就越长,使远界斜距增大。故发动机多装燃料是增大远界斜距最直接、最常用的办法。相同燃料条件下,采用双推力发动机的最大飞行斜距要比单推力发动机的大一些。

导弹命中点的速度与目标特性、导弹气动外形等因素有关,对最大远界斜距也有一定的影响。如果导弹总体设计合理,则允许减小导弹命中点的速度,使飞行时间增长,远界斜距增大。

攻击等速直线飞行的目标,在迎击条件下,导弹速度和目标速度的比值无严格的限制。导弹速度即使小于目标速度,同样可以击中目标。如阿斯派德导弹攻击直线飞行的目标时,就允许导弹速度小于目标速度,弹速小到 0.7 倍目标速度下,仍认为能够有效地命中目标。

导弹若攻击机动目标,命中点的导弹速度一定要大于目标速度,否则会使导弹弹道的需用过载急剧增大,引起导弹速度快速下降和拦截不到目标。据经验,弹、目速度比应不小于1.2～1.3。

远界斜距 D_{rm} 的计算公式为

$$D_{rm} = \sqrt{x_m^2 + y_m^2 + z_m^2} \tag{5-5}$$

式(5-5)中的全部参数均是命中点的,斜距是命中点到发射点的直线距离。

确定最大远界斜距的步骤如下:

1)选择动力装置和导弹气动外形,确定导弹的速度特性,并计算分析得出命中点导弹的最小末速度;

2)计算各种目标运动参数的导引弹道族,确定不同高度下的动力航程;

3)研究每条弹道需用过载的大小及其沿弹道的变化特性,并将它们与导弹可用过载进行比较,求出最大远界斜距和高度。

5.1.4　机动性

机动过载在工程上有两种计算方法,放大系数法和气动系数法。放大系数法计及气动阻尼力矩,精度更高一些。若弹体的动力系数和放大系数已经知道,采用放大系数法来计算过载,既方便精度又高,不具备上述条件下,用手工进行计算,气动系数法较方便。两种方法的计算公式为

放大系数法

$$n_y = \frac{K_m v \delta}{57.3g} \tag{5-6}$$

气动系数法

$$n_y = \frac{\left(C_y^\alpha \dfrac{\alpha}{\delta} + C_y^\delta\right)\delta qS + P\alpha}{mg} \tag{5-7}$$

式中　　n_y——y 方向的机动过载；

　　　　K_m——弹体放大系数；

　　　　C_y^α——全弹升力系数斜率；

　　　　C_y^δ——升力系数对舵偏角的导数；

　　　　q——动压；

　　　　S——参考面积；

　　　　$\dfrac{\alpha}{\delta}$——调整比。

　　用上述公式计算导弹的可用过载时，还需要考虑舵偏角、过载、攻角三个量之间的关系，它们之中只允许一个量达到限制值，其余两个量要小于限制值。所以工程计算时，对每种方法又有三组计算公式。

1)$\delta = \delta_{\max}$

$$\left.\begin{aligned} n_y &= \frac{K_m v\delta}{57.3g} \quad \text{或} \quad n_y = \frac{\left(C_y^\alpha \dfrac{\alpha}{\delta} + C_y^\delta\right)\delta qS + P\alpha}{mg} \\ \alpha &= \left(\frac{\alpha}{\delta}\right)\delta_{\max} \end{aligned}\right\} \tag{5-8}$$

2)$n_y = n_{y\max}$

$$\left.\begin{aligned} \delta &= \frac{57.3 g n_{y\max}}{K_m v} \quad \text{或} \quad \delta = \frac{n_{y\max} mg - P\alpha}{\left(C_y^\alpha \dfrac{\alpha}{\delta} + C_y^\delta\right)qS} \\ \alpha &= \left(\frac{\alpha}{\delta}\right)\delta \end{aligned}\right\} \tag{5-9}$$

3)$\alpha = \alpha_{\max}$

$$\left.\begin{aligned} n_y &= \frac{K_m v\delta}{57.3g} \quad \text{或} \quad n_y = \frac{\left(C_y^\alpha \dfrac{\alpha}{\delta} + C_y^\delta\right)\delta qS + P\alpha_{\max}}{mg} \\ \delta &= \alpha_{\max}\Big/\left(\frac{\alpha}{\delta}\right) \end{aligned}\right\} \tag{5-10}$$

　　舵机的最大机械偏转角由三部分组成：最大指令舵偏角、阻尼舵偏角和副翼偏转角。最大指令舵偏角和自动驾驶仪中限幅放大器的限幅值相对应，用于计算导弹的可用过载。对于中立稳定的导弹以及极限攻角很小的"+-×"形布局导弹，需要考虑最大极限攻角的问题。自动驾驶仪通常设置过载限制器，其功用是限制最大过载，满足强度设计要求，减小结构质量。

　　导弹机动性通常用四种形式来表示。

　　1)最大可用过载。通常用于导弹广告说明书中，国外导弹的最大过载值，未加以特别说明，通常指弹体方向的，如阿斯派德导弹最大可用过载为 35。国内研制的导弹，最大可用过载通常指翼面方向。"+"字形翼配置布局的导弹，按几何关系，弹体方向的可用过载是翼面方向的 $\sqrt{2}$ 倍。

　　2)特征点过载。指命中点、最大速度点、起控点的可用过载，通常用于导弹性能分析一类的技术文件中。

3)可用过载随 Ma 和高度的变化曲线如图 5－2 所示。在已知 Ma 和高度条件下，使用这曲线族即可查出过载，因此这曲线族表示了全空域任何弹道上导弹的机动性。

4)可用过载随时间的变化曲线是针对某典型弹道的，这曲线适用于分析特定弹道的机动性，如图 5－3 所示。

导弹的可用过载必须大于或等于需用过载，导弹总体设计时，不能仅着眼于提高导弹的机动性，还应该设法减小导弹的需用过载。

需用过载与下列因素有关，理论弹道过载、目标机动、目标起伏误差、初始散布误差、控制系统零位、外形误差、质心偏差等。对于近界弹道来说，初始散布误差和目标机动是影响导弹需用过载的主要因素。对于远界弹道来说，目标机动和导弹目标的速度比是影响导弹需用过载的主要因素。

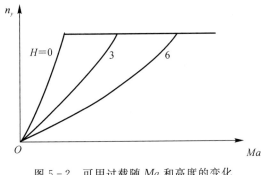

图 5－2　可用过载随 Ma 和高度的变化

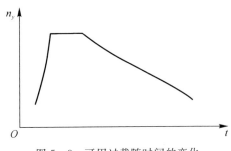

图 5－3　可用过载随时间的变化

5.2　气动特性计算

导弹气动特性是弹道计算、弹体动态特性分析、控制参数选择和结构强度设计的原始依据，气动特性的优劣又直接影响导弹的飞行性能。因此，导弹的气动特性对导弹设计及使用具有重大意义。

导弹的气动特性取决于它的气动外形及使用条件，确定导弹气动特性的途径很多，最常用的方法有理论计算、风洞实验(或其他地面模拟实验)和飞行试验。导弹在不同的研制阶段，对气动特性的精度要求也不同。一般，在方案论证和初步设计阶段，多以工程计算为主并辅以一些数值计算，提供初步的气动数据，供导弹设计使用；在初步设计以后，为取得准确的导弹气动特性，要进行大量的数值计算和风洞实验，以供导弹详细设计和飞行试验使用；导弹定型阶段，对理论计算、风洞实验和飞行试验取得的气动数据要进行综合分析比较，必要时还要进行精确的数值计算和大尺寸风洞实验，最后确定一套供定型弹使用的气动数据。

本节介绍气动特性的工程估算方法，工程方法是早期飞机和导弹气动计算的主要方法，它采用部件组合的方法，将导弹分成头部、弹身、弹翼、舵面等部件，分别计算分部件的气动力，然后考虑翼-身和舵-身组合体的影响得到全弹的气动力。气动特性计算中需要采用统一的参考面积 S_B 及参考长度 L_B。考虑到弹身直径与长度在导弹弹体设计中是比较稳定的参数，故气动特性估算中，习惯用弹身圆柱段截面积作为参考面积，用弹身总长度作为参考长度。

气动力系数计算时,通常规定气动力系数以弹体坐标系 oy_1 轴给出的称为法向力系数 C_N 和 ox_1 轴给出的称为轴向力系数 C_A。与之对应的以速度坐标系给出的称为升力系数 C_y 和阻力系数 C_x。弹体系与速度坐标系的关系如图 5-4 所示,系数间相互转换关系为

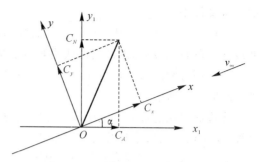

$$C_N = C_y \cos \alpha + C_x \sin \alpha$$

$$C_A = C_x \cos \alpha - C_y \sin \alpha$$

$$C_y = C_N \cos \alpha - C_A \sin \alpha$$

$$C_x = C_A \cos \alpha + C_N \sin \alpha$$

图 5-4　弹体坐标系与速度坐标系的关系($\beta = 0°$ 时)

5.2.1　升力系数计算

5.2.1.1　翼(舵)升力系数

1. 单独翼(舵)的升力系数

$$C_{yW} = C_{yW}^{\alpha} \cdot \alpha \qquad (5-11)$$

式中,C_{yW}^{α} 为单独翼(舵)的法向力系数斜率。

C_{yW}^{α} 值取决于气流马赫数及翼(舵)面几何参数:展弦比 λ、根梢比 η、翼线中线后掠角 $\chi_{0.5}$ 及翼剖面平均相对厚度 $\bar{c}$ 等。

$$\frac{C_{yW}^{\alpha}}{\lambda} = f(\lambda B_W, \lambda \tan \chi_{0.5}, \lambda \sqrt[3]{\bar{c}}) \qquad (5-12)$$

式中,$B_W = \begin{cases} \sqrt{Ma^2 - 1} & Ma > 1 \\ \sqrt{1 - Ma^2} & Ma < 1 \end{cases}$

由参数 $\lambda B_W, \lambda \tan \chi_{0.5}, \lambda \sqrt[3]{\bar{c}}$ 查表(参见文献 6)得到 $\dfrac{C_{yW}^{\alpha}}{\lambda}$;在超声速时,当 $\lambda B_W > 14$ 时,可取以下计算式

$$\frac{C_{yW}^{\alpha}}{\lambda} = \frac{4}{57.3 \lambda B_W} \qquad (5-13)$$

2. 翼-身组合体升力系数

通常,翼-身组合体的升力系数不等于单独弹翼和单独弹身升力系数的代数和,还必须计及弹翼和弹身之间的相互影响。在计算翼身干扰因子时,存在三种弹翼与弹身的组合状态:

"$\alpha\alpha$"状态,此时弹身和弹翼的攻角相等,即 $\alpha_B = \alpha_W = \alpha$;

"$\varphi 0$"状态,此时弹身攻角等于零,弹翼相对弹身轴线有一个安装角,即 $\alpha_B = 0, \alpha_W = \varphi_W$;

一般情况,弹身有攻角,弹翼相对弹身轴线又有一个安装角,$\alpha_B = \alpha, \alpha_W = \alpha + \varphi_W$。

(1)$\alpha\alpha$ 情况翼-身组合体的升力系数

$$C_{yWB} = K_{WB} C_{yW}^{\alpha} \cdot \alpha \frac{S_W}{S_B} \qquad (5-14)$$

式中　K_{WB}——翼-身组合体的干扰因子;

$$K_{WB} = \left[1 + \frac{D_B}{L_{CW}} \left(1.2 - \frac{0.2}{\eta_w} \right) \right]^2 \tag{5-15}$$

η_w——外露翼根梢比；

D_B——弹体直径；

S_w——外露翼面积；

S_B——参考面积。

（2）φ_0 情况翼-身组合体的升力系数

$$C_{yWB} = K_{W(B)} C_{yW}^{\alpha} \cdot \varphi_w \frac{S_w}{S_B} \tag{5-16}$$

$K_{W(B)}$——φ_0 情况翼-身组合体的干扰因子；

$$K_{W(B)} = \frac{1}{5} \left\{ 1 + \left[2 + \frac{D_B}{L_{CW}} \left(1.2 - \frac{0.2}{\eta_w} \right) \right]^2 \right\} \tag{5-17}$$

式中　φ_w——弹翼相对弹身轴线的安装角。

η_w——外露翼根梢比；

D_B——弹体直径；

L_{CW}——毛弹翼展长。

（3）一般情况时翼-身组合体的升力系数

$$C_{yWB} = C_{yW}^{\alpha} (K_{WB} \alpha + K_{W(B)} \cdot \varphi_w) \frac{S_w}{S_B} \tag{5-18}$$

式（5-18）适合于弹翼以某一安装角固定不动的情况。如果当弹翼相对于弹身偏转时形成缝隙，则必须考虑缝隙的影响。因此式（5-18）变为

$$C_{yWB} = C_{yW}^{\alpha} (K_{WB} \alpha + k_g K_{W(B)} \cdot \varphi_w) \frac{S_w}{S_B} \tag{5-19}$$

式中，k_g 为缝隙修正系数，$Ma \leqslant 1$ 时，$k_g = 0.8$；$Ma > 1$ 时，$k_g = 0.85$。

在这种情况下，式（5-19）中应当用 δ（舵偏角）代替 φ_w。

3.前翼（舵）对尾翼下洗角计算

前翼（舵）对尾翼的干扰主要是洗流干扰。当前翼（舵）对迎面来流有正攻角、正舵偏角时，空气在前翼-身组合段上作用有向上的升力、控制力。前翼-身组合段对空气有向下的反作用力，使流经前翼-身组合段后的来流改变了方向；尾翼的迎面气流有了向下的附加气流速度，此现象称为前翼（舵）对尾翼的洗流干扰，简称下洗。尾翼处于非均匀的攻角来流中，尾翼处各点下洗角是不同的。工程计算时常用尾翼平均气动弦中点处的下洗角来代表尾翼的下洗角。

（1）大展弦比机翼对尾翼的下洗。对大展弦比机翼，涡面尚未完全卷成集中涡的情况：

单独翼引起的下洗 ε 计算：

$$\varepsilon = \varepsilon^{\alpha} \alpha \tag{5-20}$$

亚声速范围，$\varepsilon_{h=0}^{\alpha} = k_\varepsilon \dfrac{C_{yW}^{\alpha}}{\lambda}$，取 $k_\varepsilon = 36.7$。

超声速范围，$\varepsilon_{h=0}^{\alpha} = f\left(\dfrac{v_x}{b_0}, \lambda \sqrt{Ma^2 - 1} \right)$ 查曲线得到（参见文献 13）。

式中　v_x——前翼平均气动力弦后缘到平尾平均气动力弦前缘之间的纵向距离；

b_0——翼根弦长。

尾翼翼面离弹翼涡面的距离 h 可按下式计算：

$$h = H + \frac{b_{AKW}}{2}\frac{\varphi_w}{57.3} - v_x\frac{\alpha}{57.3} \tag{5-21}$$

式中　H——平尾离弹身轴线的高度；

　　　b_{AKW}——外露弹翼平均气动力弦长。

以上超声速情况是针对后掠角为 0 的三角形机翼建立的，对于根稍比为无穷大、后缘具有不大的后掠角（不大于 $\pm20°$）的机翼，也可采取这些曲线。

梯形机翼（$1 < \eta < \infty$）所产生的气流下洗值：

$$\varepsilon^\alpha_{h=0(梯形)} = \varepsilon^\alpha_{h=0(三角形)}A \tag{5-22}$$

$A = f(\lambda\sqrt{Ma^2-1}, \eta)$，查曲线得到[13]。

以上是尾翼处在弹翼尾涡面内即 $h=0$ 时的下洗角计算模型，若尾翼远离涡面，处在涡面的上方或下方，则气流的下洗角为

$$\varepsilon^\alpha_{h\neq0} = \varepsilon^\alpha_{h=0} - B_\varepsilon\frac{|h|}{b_0} \tag{5-23}$$

式中，B_ε 为下洗高度因子，$B_\varepsilon = f(\eta, \lambda\sqrt{Ma^2-1})$，查曲线得到[13]。

翼身组合体的下洗计算：

$\alpha\alpha$ 情况：

$$\varepsilon^\alpha_{yi-sh} = K_{WB}\frac{S_B}{S_{CW}}\frac{C^\alpha_{yWB}}{C^\alpha_{yCW}}\varepsilon^\alpha_{h\neq0(毛机翼)} \tag{5-24}$$

$\varphi0$ 情况：

$$\begin{cases} \varepsilon^\varphi_{yi-sh} = K_{W(B)}\dfrac{S_B}{S_{CW}}\dfrac{C^\alpha_{yWB}}{C^\alpha_{yCW}}\dfrac{\varepsilon^\alpha_{h\neq0}}{1-\dfrac{D_B}{L_{CW}}} & \dfrac{D}{2} \leqslant |z| \leqslant \dfrac{L_{CW}}{2} \\[4mm] \varepsilon^\varphi_{yi-sh} = 0 & |z| < \dfrac{D_B}{2} \end{cases} \tag{5-25}$$

一般情况：

$$\varepsilon_{yi-sh} = \varepsilon^\alpha_{yi-sh}\alpha + \varepsilon^\varphi_{yi-sh}\varphi_w \tag{5-26}$$

式中　ε_{yi-sh}——翼身组合体的下洗角；

　　　S_{CW}——毛弹翼面积；

　　　C^α_{yWB}——外露翼的升力系数斜率；

　　　C^α_{yCW}——毛弹翼的升力系数斜率。

（2）细长翼身组合体对尾翼的下洗。对于具有细长翼身组合体，特别是鸭式气动布局的飞行器，洗流干扰的性质一般属远区下洗。远区洗流场的特点是从前翼（舵）后缘拖出的自由涡已完全卷成，形成集中涡。

采用级数展开的远区下洗计算公式（适用于各种气动布局）为

$$\varepsilon = \frac{-4.6\times57.3}{\pi^2\lambda_{CW}}\frac{L_{CW}}{L_{CT}}C^\alpha_{yW}\frac{(K_{W(B)}\alpha + K_{W(B)}k_g\delta)}{K_{T(B)}}\times[(f_1-f_3)\sin\psi\sin\phi +$$
$$(f'_1-f'_3)\cos\psi\sin\phi - (f_2-f_4)\sin\psi\cos\phi - (f'_2-f'_4)\cos\psi\cos\phi]k_\varepsilon \tag{5-27}$$

式中　k_ε——下洗修正系数，取 $0.5 \sim 1.0$，$Ma > 1$，$k_\varepsilon = 1$，$Ma \leqslant 1$，$k_\varepsilon = 0.5$；

ϕ——前翼滚转姿态角($\phi = 90°$ 为"+"字前翼，$\phi = 45°$ 为"×"字)；

ψ——尾翼滚转姿态角；

L_{CW}——前翼毛机翼展长；

L_{CT}——尾翼毛机翼展长；

λ_{CW}——前翼毛机翼展弦比。

当 $\delta = 0°$，$\varepsilon^a \approx \varepsilon/\alpha$；

当 $\alpha = 0°$ 时，$\varepsilon^\delta \approx \varepsilon/\delta$。式中

$$f_i = -\bar{b}_{\mathrm{I}i} + \frac{\bar{b}_{\mathrm{I}i}}{|\bar{b}_{\mathrm{I}i}|} \sqrt{\frac{1}{2}\left[\sqrt{(1 - \bar{b}_{\mathrm{I}i}^2 + \bar{h}_{\mathrm{I}i}^2)^2 + 4\bar{b}_{\mathrm{I}i}^2 \bar{h}_{\mathrm{I}i}^2} - (1 - \bar{b}_{\mathrm{I}i}^2 + \bar{h}_{\mathrm{I}i}^2)\right]}$$

$$f'_i = -\bar{b}_{\mathrm{II}i} + \frac{\bar{b}_{\mathrm{II}i}}{|\bar{b}_{\mathrm{II}i}|} \sqrt{\frac{1}{2}\left[\sqrt{(1 - \bar{b}_{\mathrm{II}i}^2 + \bar{h}_{\mathrm{II}i}^2)^2 + 4\bar{b}_{\mathrm{II}i}^2 \bar{h}_{\mathrm{II}i}^2} - (1 - \bar{b}_{\mathrm{II}i}^2 + \bar{h}_{\mathrm{II}i}^2)\right]}$$

$$\bar{h}_{\mathrm{I}i} = (\bar{y}_i \sin\psi - \bar{z}_i \cos\psi) L_W/L_T = -\bar{b}_{\mathrm{I}i}$$

$$\bar{b}_{\mathrm{II}i} = (\bar{y}_i \cos\psi + \bar{z}_i \sin\psi) L_W/L_T = \bar{h}_{\mathrm{II}i}$$

$$\bar{y}_i = \bar{y}'_i + \bar{x}_1 \tan\alpha \quad \bar{y}'_i = \frac{y'_i}{L_W/2}(i = 1,2,3,4)$$

$$\bar{z}_i = \bar{z}'_i \quad \bar{z}_i = \frac{z_i}{L_W/2}(i = 1,2,3,4)$$

$$\bar{x}_1 = \frac{x_1}{L_W/2}$$

$$\bar{y}'_1 = \frac{\pi}{4}\left[\cos\phi - (1 + \cos^2\phi)\right]T - \bar{b}_h \sin\phi \sin\delta$$

$$\bar{z}'_1 = \frac{\pi}{4}\left[\sin\phi - (\sin\phi\cos\phi)\right]T + \bar{b}_h \cos\phi \sin\delta$$

$$\bar{y}'_2 = \frac{\pi}{4}\left[\sin\phi - (1 + \sin^2\phi)\right]T - \bar{b}_h \cos\phi \sin\delta$$

$$\bar{z}'_2 = -\frac{\pi}{4}\left[\cos\phi - (\sin\phi\cos\phi)\right]T - \bar{b}_h \sin\phi \sin\delta$$

$$\bar{y}'_3 = -\frac{\pi}{4}\left[\cos\phi + (1 + \cos^2\phi)\right]T - \bar{b}_h \sin\phi \sin\delta$$

$$\bar{z}'_3 = -\frac{\pi}{4}\left[\sin\phi + (\sin\phi\cos\phi)\right]T + \bar{b}_h \cos\phi \sin\delta$$

$$\bar{y}'_4 = -\frac{\pi}{4}\left[\sin\phi + (1 + \sin^2\phi)\right]T - \bar{b}_h \cos\phi \sin\delta$$

$$\bar{z}'_4 = \frac{\pi}{4}\left[\cos\phi + (\sin\phi\cos\phi)\right]T - \bar{b}_h \sin\phi \sin\delta$$

式中　x_1——前(舵)后缘至尾翼平均气动弦中点的距离；

$\bar{b}_h = \dfrac{b_h}{L_W/2}$；

b_h——舵轴到舵面后缘的 x 向距离；

L_W——弹翼展长；

L_T——舵翼展长；

T——洗流参量，$T = \dfrac{32C_{yW}^a S_W}{\pi^4 L_{CW}^3} x_1 (\alpha + \delta)$。

在计算 T 时,所用 C_{yw}^{α} 的参考面积取外露翼面积 S_w。

4. 尾翼-身组合体升力系数

(1)舵面不偏转时尾翼的升力系数斜率

$$C_{yTB}^{\alpha} = K_{TB} C_{yT}^{\alpha} q_t (1 - \varepsilon^{\alpha}) \frac{S_T}{S_B} \tag{5-28}$$

$$K_{TB} = \left[1 + \frac{D_B}{L_{CT}} \left(1.2 - \frac{0.2}{\eta_T} \right) \right]^2 \tag{5-29}$$

式中 C_{yTB}^{α} —— 尾翼-身组合体的法向力系数;

C_{yT}^{α} —— 单独尾翼的法向力系数斜率;

q_t —— 速度阻滞系数(取值 0.85,计算中用 $\sqrt{q_t} Ma$ 代替 Ma);

S_T —— 尾翼面积。

(2)舵面偏转时尾翼的升力系数斜率

$$C_{yTB}^{\delta} = n q_t K_{T(B)} C_{yT}^{\alpha} \frac{S_T}{S_B} \tag{5-30}$$

$$K_{T(B)} = \frac{1}{5} \left\{ 1 + \left[2 + \frac{D_B}{L_{CT}} \left(1.2 - \frac{0.2}{\eta_T} \right) \right]^2 \right\} \tag{5-31}$$

式中 n —— 尾翼的相对效率,对于全动舵 $n = k_g \cos \chi_T$;

χ_T —— 舵转轴的后掠角。

其中,K_{TB} 和 $K_{T(B)}$ 根据尾翼根梢比 η_T 和毛翼 L_{CT} 展长确定。

(3)尾翼的升力系数

$$C_{yTB} = C_{yTB}^{\alpha} \alpha + C_{yTB}^{\delta} \delta - C_{yT}^{\alpha} k_{TB} \varepsilon^{\varphi} \varphi_w \tag{5-32}$$

式中,φ_w 为前翼的安装角,若前翼为全动舵则须乘上缝隙修正系数 k_g。

当尾翼-身组合体无后体时,如图 5-5 所示。超声速时,无后体布局需要对尾翼-身组合体的干扰因子 $K_{B(W)}$ 和 $k_{B(W)}$ 进行修正,亚声速时则不用修正。

$$K_{TB} = K_{T(B)} + K_{B(T)} \frac{S_1}{S_1 + S_2}$$

$$k_{TB} = k_{T(B)} + k_{B(T)} \frac{S_1}{S_1 + S_2}$$

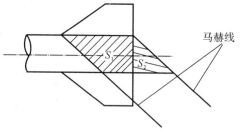

图 5-5 无后体对干扰因子的影响示意图

上述各系数中出现的因子分别计算如下:

$$K_{B(W)} = K_{WB} - K_{W(B)} \tag{5-33}$$

$$k_{WB} = K_{W(B)} \tag{5-34}$$

$$k_{W(B)} = \frac{k_{WB}^2}{K_{WB}} \tag{5-35}$$

$$k_{B(W)} = k_{WB} - k_{W(B)} = K_{W(B)} - 1 \tag{5-36}$$

5. 不同气动布局的升力系数

轴对称导弹的弹翼和尾翼常呈十字形或×字形布置,从弹翼和尾翼的布置来看,可能遇到下列四种配置方案:"++"方案,"+×"方案,"××"方案和"×+"方案。这里第一个符号代

表前翼面,第二个符号代表后翼面。当弹翼安装角 $\varphi = 0$ 时,在所有情况下,升力系数的一般表达式为

$$C_y = C_{yWB} + C_{yTB} = C_{yWB}^\alpha \cdot \alpha + C_{yTB}^\alpha \cdot \alpha + C_{yTB}^\delta \cdot \delta \qquad (5-37)$$

下面给出不同配置方案下的升力系数计算公式。

(1)"++"方案。此方案与机翼水平安置的飞行器计算方法相同。

(2)"+×"方案。×形弹翼和尾翼的特点在于,弹翼平面与水平面有一个上翘角 ψ。在这种情况下外露翼的实际迎角 α_K 不等于弹身的迎角 α,$\alpha_K = \alpha\cos\psi$。

因此,"+×"方案的 C_{yTB}^α 要乘以 k_ψ,C_{yTB}^δ 要乘以 $\dfrac{k_\psi}{\cos\psi}$,在计算下洗角 $\varepsilon_{h\neq0}^\alpha$ 时注意 $H = \dfrac{b_1}{4}\sin\psi$。其中,$b_1$ 为后翼展长,b_0 为前翼展长。

(3)"××"方案。C_{yWB}^α,ε^α 和 C_{yTB}^α 都要乘以 k_ψ,C_{yTB}^δ 和 ε^δ 要乘以 $\dfrac{k_\psi}{\cos\psi}$。

(4)"×+"方案。C_{yWB}^α,ε^α 都要乘以 k_ψ,C_{yTB}^δ 和 ε^δ 要乘以 $\dfrac{k_\psi}{\cos\psi}$,在计算下洗角 $\varepsilon_{h\neq0}^\alpha$ 时注意 $H = \dfrac{b_1}{4}\sin\psi$,其中,$b_1$ 为后翼展长,b_0 为前翼展长。

k_ψ 的取值查曲线得到[13],对于 $45°$ 的 × 形翼 $k_\psi = 1$。

5.2.1.2　弹身升力系数

弹身法向力系数 C_{NB} 由弹身头部、圆柱段及尾部等法向力系数叠加得到,其表达式为

$$C_{NB} = C_{Nn} + C_{Ncyl} + C_{Nt} \qquad (5-38)$$

弹身升力系数:

$$C_{yB} = C_{NB}\cos\alpha - C_{x0B}\sin\alpha \qquad (5-39)$$

1. 弹身头部法向力系数 C_{Nn}

$$C_{Nn} = k_n C_{Nn}^\alpha \cdot \alpha \qquad (5-40)$$

式中　k_n——动压头阻滞系数(锥形头部取 1,其他情况取 0.95);

C_{Nn}^α——弹身头部法向力系数斜率。

$C_{Nn}^\alpha = f\left(\dfrac{B}{\lambda_{B1}}, \dfrac{\lambda_B}{\lambda_{B1}}\right)$,查表得到[6]。

其中

$$B = \begin{cases} \sqrt{k_n Ma^2 - 1} & (k_n Ma^2 \geqslant 1) \\ \sqrt{1 - k_n Ma^2} & (k_n Ma^2 < 1) \end{cases}$$

λ_{B1}——弹身头部长细比;

λ_B——弹身长细比。

2. 弹身圆柱段法向力系数 C_{Ncyl}

$$C_{Ncyl} = \frac{4}{\pi} f_{cyl} C_{xc} \sin^2\alpha \qquad (5-41)$$

式中　f_{cyl}——弹身圆柱段长细比;

C_{xc}——横向气流绕过圆柱体的迎面阻力系数,$C_{xc} = f(Ma\sin\alpha)$,查表得到[6]。

3.弹身尾部法向力系数 C_{Nt}

$$C_{Nt} = -2\xi_t(1 - \eta_t^2)\sin\alpha\cos\alpha \qquad (5-42)$$

式中　ξ_t —— 修正系数，$\xi_t \approx 0.15 \sim 0.20$；

　　　η_t —— 弹身尾部收缩比，$\eta_t = D_t/D_B$。

5.2.1.3　全弹升力系数

假设各个翼面都可以进行偏转，则全弹的升力系数为

$$C_y = C_{yB} + C_{yWB} + C_{yTB} - C_{yTB}^\alpha \varepsilon^\varphi \varphi \qquad (5-43)$$

5.2.2　阻力系数计算

5.2.2.1　翼（舵）阻力系数

1.前翼零阻系数

前翼零阻系数 C_{xW0} 由前翼摩擦阻力系数 C_{xfW} 和波阻系数 C_{xbW} 组成。

$$C_{xW0} = C_{xfW} + C_{xbW} \qquad (5-44)$$

（1）前翼摩擦阻力系数 C_{xfW}

$$C_{xfW} = (2C_f)_{Ma=0}\frac{n_W S_W}{S_B}\eta_M\eta_c \qquad (5-45)$$

其中　$(2C_f)_{Ma=0} = f(Re_W)$ 查表得到[6] $Re_W = \dfrac{vb_{CPW}}{v}$；

　　　n_W —— 前翼对数；

　　　η_M —— 考虑 Ma 数影响的修正系数，$\eta_M = f(Ma)$，查表得到[6]；

　　　η_c —— 考虑翼剖面平均相对厚度 $\bar{c}$ 影响的修正系数，$\eta_c = f(\bar{c})$，查表得到[6]；

　　　b_{CPW} —— 翼面的平均几何弦长；

　　　v —— 运动黏性系数。

（2）前翼波阻系数 C_{xbW}

$$C_{xbW} = \left(\frac{C_{xb}}{\lambda\bar{c}^2}\right)\lambda_W\bar{c}^2[1 + \phi(k-1)]\frac{n_W S_W}{S_B} \qquad (5-46)$$

其中　χ_c —— 翼面最大厚度线后掠角，$\left(\dfrac{C_{xb}}{\lambda\bar{c}^2}\right) = f(\lambda_W\sqrt{Ma^2-1}, \lambda_W\tan(\chi_c)_W, \eta, \lambda_W\sqrt[3]{\bar{c}})$，查表得到[6]；

　　　ϕ —— 计算任意剖面翼面波阻用的辅助函数，$\phi = f(\lambda_W\sqrt{Ma^2-1} - \lambda_W\tan(\chi_c)_W)$，查表得到[6]；

　　　k —— 翼型修正系数。菱形翼 $k=1$，六角形 $k = \dfrac{1}{1-\dfrac{a}{b}}$，圆弧形 $k=4/3$。

以上仅适于计算 $Ma \geqslant 1$ 情况，在 $Ma_K < Ma < 1$ 时，先求出 $Ma=1$ 时的 C_{xbW}，近似地取 $(C_{xbW})_K = (Ma - Ma_K)e^{10(Ma-1)}(C_{xbW})_{Ma=1}/(1-Ma_K)$。

临界马赫数 Ma_K 的计算公式为

$$Ma_K = 1 - 0.7\sqrt{\bar{c}\sqrt{1 + \tan^2(\chi_0)_W}} - 3.2\bar{c}\sqrt{1 + \tan^2(\chi_0)_W}\left(C_{yW}^\alpha\alpha\sqrt{1 + \tan^2(\chi_0)_W}\right)^{\frac{3}{2}}$$

2.翼-身组合体诱导阻力

（1）超声速情况

$$C_{xiWB} = C_{xiW(B)} + C_{xiB(W)} \tag{5-47}$$

$$C_{xiB(W)} = C_{yW}^{\alpha}(K_{B(W)}\alpha + k_{B(W)}k_g\varphi_W)\frac{S_W}{S_B}\tan\alpha \tag{5-48}$$

$$C_{xiW(B)} = C_{yW}^{\alpha}(K_{W(B)}\alpha + k_{W(B)}k_g\varphi_W)\frac{S_W}{S_B}\tan(\alpha + \varphi_W) - \xi C_{FW}\frac{S_W}{S_B} \tag{5-49}$$

$$C_{FW} = \left(\frac{C_{FW}}{C_{yW(B)}^2}\right)\left[C_{yW}^{\alpha}(K_{W(B)}\alpha + k_{W(B)}k_g\varphi_W)\right]^2$$

式中　　　　　　　$$\frac{C_{FW}}{C_{yW(B)}^2} = \tan(\chi_0)_W\left[\left(\frac{C_F}{C_y^2}\right)\frac{1}{\tan\chi_0}\right]$$

φ_W——翼面相对于弹身的偏转角,对于舵面来说,$\varphi_W = \delta$;

$\xi = f(C_{yW}^{\alpha}\alpha)$,查表得到[5];

$\dfrac{1}{\tan\chi_0}\left(\dfrac{C_F}{C_y^2}\right) = f\left(\lambda\tan\chi_0, \dfrac{\sqrt{Ma^2-1}}{\tan\chi_0}\right)$,查表得到[5]。

若为超声速前缘,即 $\sqrt{Ma^2-1} > \tan(\chi_0)_W$,则 $C_{FW} = 0$。

对于 × 字形弹翼,则上面表达式相应变为

$$C_{xiB(W)} = C_{yW}^{\alpha}\left(K_{B(W)}\alpha k_{\psi} + k_{B(W)}k_g\varphi_W\frac{k_{\psi}}{\cos\psi}\right)\frac{S_W}{S_B}\tan\alpha \tag{5-50}$$

$$C_{xiW(B)} = C_{yW}^{\alpha}\left(K_{W(B)}\alpha k_{\psi} + k_{W(B)}k_g\varphi_W\frac{k_{\psi}}{\cos\psi}\right)\frac{S_W}{S_B}\tan(\alpha + \varphi_W) - \xi C_{FW}\frac{S_W}{S_B} \tag{5-51}$$

$$C_{FW} = \left(\frac{C_{FW}}{C_{yW(B)}^2}\right)\left[C_{yW}^{\alpha}\left(K_{W(B)}\alpha k_{\psi} + k_{W(B)}k_g\varphi_W\frac{k_{\psi}}{\cos\psi}\right)\right]^2$$

（2）亚声速情况

$$C_{xiWB} = \frac{0.38C_{yCW}^2}{\lambda_{CW} - 0.8C_{yCW}(\lambda_{CW}-1)} \cdot \frac{\dfrac{\lambda_{CW}}{\cos(\chi_{0.5})_W}+4}{\lambda_{CW}+4}\frac{S_{CW}}{S_B}k_{\psi} \tag{5-52}$$

式中,λ_{CW} 和 C_{yCW} 用毛翼的参数计算;尾翼的 C_{xiTB} 计算与此方法相同。

3.尾翼零阻系数

尾翼零阻系数 C_{xT0} 由尾翼摩擦阻力系数 C_{xfT} 和波阻系数 C_{xbT} 组成。

$$C_{xT0} = C_{xfT} + C_{xbT} \tag{5-53}$$

（1）尾翼摩擦阻力系数 C_{xfT}。

$$C_{xfT} = (2C_f)_{Ma=0}\frac{n_T S_T}{S_B}\eta_M\eta_c \tag{5-54}$$

$$Re_T = \frac{\sqrt{q_t}vb_{CPT}}{v}$$

式中　　n_T——舵翼的对数;

$(2C_f)_{Ma=0}$,η_c 的计算与翼相同,η_M 计算中用 $\sqrt{q_t}Ma$ 代替 Ma。

（2）尾翼波阻系数 C_{xbT}。

$$C_{xbT} = q_t\left(\frac{C_{xb}}{\lambda\bar{c}^2}\right)\lambda_T\bar{c}^2[1 + \phi(k-1)]\frac{n_T S_T}{S_B} \tag{5-55}$$

式中，$\dfrac{C_{xb}}{\lambda c^2}$，$\phi$，$k$ 的计算与翼相同，用 $\sqrt{q_t}\,Ma$ 代替 Ma。

4.各翼面阻力系数

（1）前翼阻力系数

$$C_{xW} = C_{xfW} + C_{xbW} + C_{xiWB} \tag{5-56}$$

（2）尾翼阻力系数

$$C_{xT} = C_{xfT} + C_{xbT} + C_{xiTB} \tag{5-57}$$

5.2.2.2 弹身阻力系数

弹身零阻系数 C_{xB0} 由弹身摩擦阻力系数 C_{xfB}、头部压差阻力系数 C_{xn}、底部阻力系数 C_{xbot} 和尾部压差阻力系数 C_{xbt} 等叠加而成，计算公式为

$$C_{xB0} = C_{xfB} + C_{xn} + C_{xbot} + C_{xbt} \tag{5-58}$$

1.弹身摩擦阻力系数 C_{xfB}

$$C_{xfB} = (2C_f)_{Ma=0}\,\eta_M\,\dfrac{S_F}{2S_B} \tag{5-59}$$

式中 $(2C_f)_{Ma=0} = f(Re_B)$ 查表得到[6]。

雷诺数 $Re_B = \dfrac{vL_B}{\upsilon}$

式中　S_F—— 弹身表面浸湿面积（不包括底部面积）；

　　　L_B—— 全弹总长；

　　　η_M—— 考虑 Ma 影响的修正系数，$\eta_M = f(Ma)$ 查表得到[6]。

2.头部压差阻力系数 C_{xn}

头部压差阻力系数 C_{xn} 与头部外形、头部长细比 λ_{B1} 及 Ma 有关，其表达式为

$$C_{xn} = f(Ma, \lambda_{B1}) \tag{5-60}$$

不同头部形状的压差阻力系数查表得到[6]。

对于采用修正的半球形（球锥形）外形，可以近似地用圆锥形头部的压差阻力系数加上球锥形头部阻力系数增量 ΔC_{xn} 得到（ΔC_{xn} 查表得到[6]）。

3.底部阻力系数 C_{xbot}

弹身底部形成的低压程度取决于 Ma、尾部形状、有无尾翼、有无喷气流、附面层状况、表面温度、喷管出口压力等诸多因素。因此，底部阻力系数 C_{xbot} 主要依靠实验结果提供的经验方法估算。

$$C_{xbot} = (-\overline{p}_{bot})_{\eta_t=1}\,k_\eta\,\dfrac{S_{bot}}{S_B} \tag{5-61}$$

式中　$(-\overline{p}_{bot})_{\eta_t=1}$—— 弹身无收缩尾段的底部压强系数，$(-\overline{p}_{bot})_{\eta_t=1} = f(Ma)$，查表得到[6]；

　　　k_η—— 弹身尾段收缩对底部压强系数的影响系数，$k_\eta = f(Ma,\ (1-\eta_t)/2f_t\eta_t^2)$，查表得到[6]；

　　　$\eta_t = D_t/D_B$，$f_t = L_t/D_B$ 分别为尾部收缩比和尾部长细比；

　　　L_t—— 尾部长度；

D_B——弹体直径；

D_t——尾部直径；

S_{bot}——底部面积：主动段 $S_{bot} = \pi(r_2^2 - r_1^2)$，被动段 $S_{bot} = \pi r_2^2$；

r_2——底部外半径；

r_1——发动机喷口内半径。

4. 尾部压差阻力系数 C_{xbt}

尾部压差阻力系数 C_{xbt} 与 Ma、尾部长细比 f_t 及尾部收缩比 η_t 有关，表达式为

$$C_{xbt} = f(Ma, f_t, \eta_t) \tag{5-62}$$

C_{xbt} 查表得到[6]。当尾部无收缩时（即 $\eta_t = 1$），$C_{xbt} = 0$。

5. 诱导阻力系数 C_{xiB}

$$C_{xiB} = (1 + \zeta) C_{NB} \sin\alpha \tag{5-63}$$

当 $Ma > 1.2$ 时，$\zeta \approx \dfrac{1.5}{1 + \lambda_{B1}}$（$\lambda_{B1}$ 为弹身头部长细比）；

当 $Ma = 0.2$ 时，$\zeta \approx -0.2$。

6. 弹身阻力系数

$$C_{xB} = C_{xB0} + C_{xiB} \tag{5-64}$$

5.2.2.3　全弹阻力系数

$$C_x = C_{x0} + C_{xi} \tag{5-65}$$

$$C_{x0} = C_{xB0} + C_{xW0} + C_{xT0} \tag{5-66}$$

$$C_{xi} = C_{xiB} + C_{xiWB} + C_{xiTB} \tag{5-67}$$

5.2.3　压力中心计算

5.2.3.1　翼压力中心

由于 × 形翼和一字形翼的压心位置基本相同，故只考虑一对机翼下的压心位置。

1. $\alpha\alpha$ 情况压力中心

$$x_{cp\alpha\alpha} = \frac{1}{K_{WB}} \left[x_{cpW} + (K_{W(B)} - 1) x_{cp\Delta W} + K_{B(W)} x_{cpB(W)} \right] \tag{5-68}$$

式中　x_{cpW}——单独翼面压力中心；

$x_{cp\Delta W}$——身对翼干扰法向力压力中心；

$x_{cpB(W)}$——翼对身干扰法向力压力中心。

$$x_{cpW} = x_{AKW} + (\bar{x}_{cpA}) b_{AKW} \tag{5-69}$$

式中　x_{AKW}——翼面净平均气动弦前缘到弹身顶点纵向距离（外露翼）；

$\bar{x}_{cpA}$——单独翼面相对压力中心（以弹翼平均气动弦 b_{AKW} 作为参量）。

$(\bar{x}_{cpA}) = f(\lambda B, \lambda\tan(\chi_{0.5}), \eta)$，查表得到[6]。

$$x_{cp\Delta W} = x_{cpW} - f_1 \tan(\chi_{0.5})_W \tag{5-70}$$

式中　$f_1 = \left(\dfrac{2f_1}{L_W}\right) \dfrac{L_W}{2}$；

$$\frac{2f_1}{L_W} = f\left(\frac{D_B}{L_W + D_B}\right) , 查表得到^{[6]} 。$$

$$x_{cpB(W)} = X_{bw} + b_{rw}\left(0.02 - \frac{A_1}{4}\frac{\eta_W + 1}{\eta_W}\right)\lambda \tan(\chi_{0.5})_W + b_{rw}(\bar{x}_{cpA}) +$$

$$\xi\left(f_2 - \frac{A_1}{2\eta_W}L_W\right)\sqrt{Ma^2 - 1} \tag{5-71}$$

式中　X_{bw} —— 从弹身顶点到悬臂翼根弦起点的距离;

　　　b_{rw} —— 悬臂翼根弦长度;

　　　A_1 —— 比例系数,在一次近似中取 $A_1 \approx 0.2$;

　　　ξ —— 考虑后体长度的修正系数,取为 0.5;

$$f_2 = \left(\frac{2f_2}{D_B}\right)\frac{D_B}{2} , \left(\frac{2f_2}{D_B}\right) = f\left(\frac{D_B}{L_W + D_B}\right) 查表得到^{[6]} 。$$

当 $Ma < 1$ 时,式中最后一项应取为零。

2. $\delta 0$ 情况

$$x_{cp\delta 0} = \frac{1}{k_g K_{W(B)}}\left[x_{cpW} + (k_{W(B)}k_g - 1)x_{cp\Delta W} + (K_{W(B)} - k_{W(B)})k_g x_{cpB(W)}\right] \tag{5-72}$$

3. 翼-身组合体压力中心 x_{cpWB} 计算

$$x_{cpWB} = \frac{C_{yWB}^{\alpha}\alpha x_{cpaa} + C_{yWB}^{\delta}\delta x_{cp\delta 0}}{C_{yWB}} \tag{5-73}$$

$$\bar{x}_{cpWB} = \frac{x_{cpWB}}{L_B} \tag{5-74}$$

尾翼的压心 $\bar{x}_{cpTB}$ 计算与弹翼相同,只需采用相应的参数即可。

5.2.3.2　弹身压力中心

$$\bar{x}_{cpB} = \frac{(C_{Nn}\bar{x}_{cpn} + C_{Ncyl}\bar{x}_{cpcyl} + C_{Nt}\bar{x}_{cpt})}{C_{NB}} \tag{5-75}$$

式中　$\bar{x}_{cpB}$ —— 弹身压力中心除以弹身长度的无量纲量;

　　　$\bar{x}_{cpn}$ —— 弹身头部压力中心无量纲量;

　　　$\bar{x}_{cpcyl}$ —— 弹身圆柱段压力中心无量纲量;

　　　$\bar{x}_{cpt}$ —— 弹身尾部压力中心无量纲。

1. 弹身头部压力中心

$$(x_{cpn}/L_{B1}) = f\left(\frac{B}{\lambda_{B1}} , \frac{\lambda_B}{\lambda_{B1}}\right) \tag{5-76}$$

式 (5-76) 由参数 $\frac{B}{\lambda_{B1}}$, $\frac{\lambda_B}{\lambda_{B1}}$ 查表得到 $^{[6]}$ 。

$$\bar{x}_{cpn} = \left(\frac{x_{cpn}}{L_{B1}}\right)\frac{L_{B1}}{L_B} \tag{5-77}$$

2. 弹身圆柱段压力中心

$$\bar{x}_{cpcyl} = (L_{B1} + 0.5L_{B2})/L_B \tag{5-78}$$

3. 弹身尾部压力中心

尾部压力中心近似地认为在收缩段的中心,即

$$\bar{x}_{cpt} = (L_{B1} + L_{B2} + 0.5 L_{B3})/L_B \tag{5-79}$$

式中　L_B—— 全弹总长；

　　　L_{B1}—— 弹头长度；

　　　L_{B2}—— 圆柱段长度；

　　　L_{B3}—— 尾部长度。

5.2.3.3　全弹压力中心计算

$$\bar{x}_{cp} = \frac{(\bar{x}_{cpB} C_{yB} + \bar{x}_{cpTB} C_{yTB} + \bar{x}_{cpWB} C_{yWB})}{C_y} \tag{5-80}$$

$$x_d = \bar{x}_{cp} L_B \tag{5-81}$$

5.2.4　俯仰力矩系数计算

5.2.4.1　由迎角引起的俯仰力矩系数

1. 弹身俯仰力矩系数

$$m_{zB}^{\alpha} = C_{yB}^{\alpha}(x_G - x_{cpB})/L_B \tag{5-82}$$

式中　x_{cpB}—— 弹身压心坐标；

　　　x_G—— 全弹质心坐标。

2. 翼俯仰力矩系数

$$m_{zWB}^{\alpha} = C_{yWB}^{\alpha}(x_G - x_{cpWB})/L_B \tag{5-83}$$

5.2.4.2　俯仰操纵力矩系数

$$m_{zTB}^{\delta} = C_{yTB}^{\delta}(x_G - x_{cp\delta 0})/L_B \tag{5-84}$$

式中　$x_{cp\delta 0}$—— 舵-身组合体的压心。

5.2.4.3　俯仰力矩系数计算

$$m_z = m_{zB}^{\alpha}\alpha + m_{zWB}^{\alpha}\alpha + m_{zTB}^{\alpha}\alpha + m_{zTB}^{\delta}\delta \tag{5-85}$$

5.2.5　俯仰阻尼力矩系数计算

5.2.5.1　弹身俯仰阻尼力矩系数

$$m_{zB}^{\bar{\omega}_z} = -57.3 C_{Nn}^{\alpha}\left[(x_G - x_{cpn})/L_B\right]^2 \tag{5-86}$$

式中，$\bar{\omega}_z$ 为无量纲的俯仰角速度，$\bar{\omega}_z = \dfrac{\omega_z L_B}{v}$。

5.2.5.2　弹翼俯仰阻尼力矩系数

1. 单独弹翼俯仰阻尼力矩系数

(1) 超声速情况

$$\frac{m_{zW}^{\bar{\omega}_z}}{C_{yW}^{\alpha}} = \left(\frac{m_{zW}^{\bar{\omega}_z}}{C_{yW}^{\alpha}}\right)' - B_1\left(\frac{1}{2} - \bar{x}_W\right) - 57.3\left(\frac{1}{2} - \bar{x}_W\right)^2 \tag{5-87}$$

$$\bar{x}_W = \frac{x_G - X_{AW}}{b_{AKW}}$$

式中,X_{AW} 为由弹身顶点到外露翼平均气动弦长前缘的距离。

$$\left(\frac{m_z^{\bar{\omega}_z}}{C_y^\alpha}\right)' = f(\lambda\sqrt{Ma^2-1},\lambda\tan(\chi_{0.5})_w),\text{对三角翼及矩形翼查表得到}^{[5]}。$$

对矩形翼,$B_1 = 0$;对三角翼,$B_1 = f(\lambda\sqrt{Ma^2-1},\lambda\tan(\chi_{0.5})_w)$ 查表得到[5]。

表中的数据仅适用于矩形翼和有任意后掠角的尖翼端机翼,为了计算其他平面形状机翼的阻尼力矩,可以用形状相近的假想翼来代替,力图使假想翼的几何参数 b_{CPW},$\lambda\tan\chi_{0.5}$ 和 S_w 与实际翼的相应参数一致。

(2)亚声速情况

$$m_{zW}^{\bar{\omega}_z} = -57.3C_{yW}^\alpha[A + B\lambda\tan(\chi_{0.25})_w + C\lambda^2\tan^2(\chi_{0.25})_w] - D \tag{5-88}$$

式中

$$\tan(\chi_{0.25})_w = \tan(\chi_0)_w + \frac{1}{\lambda_w}\frac{1-\eta_w}{1+\eta_w}$$

$$A = (\bar{x}_0 + \bar{x}_w\bar{b}_{AW})\left(\bar{x}_0 + \bar{x}_w\bar{b}_{AW} - \frac{3\eta_w+1}{4\eta_w}\right) + \frac{2\eta_w+1}{16\eta_w}$$

$$B = \frac{\eta_w-1}{\eta_w+1}\left(\frac{7\eta_w^2+\eta_w-2}{144\eta_w^2} - \frac{\bar{x}_0+\bar{x}_w\bar{b}_{AW}}{6}\right)$$

$$C = \left(\frac{\eta_w+2}{12\eta_w}\right)^2 - \frac{\eta_w+2}{24\eta_w}\bar{b}_{AW} + \frac{\bar{b}_{AW}^2}{12}$$

$$D = \frac{\pi}{8}\frac{\eta_w^2+\eta_w+1}{3\eta_w^2}$$

$$\bar{x}_0 = \frac{(\eta_w+2)(\eta_w-1)}{12\eta_w(\eta_w+1)}$$

$$\bar{x}_w = \frac{x_T - X_{AW}}{b_{AKW}}$$

$$\bar{b}_{AW} = \frac{2}{3}\frac{\eta_w^2+\eta_w+1}{\eta_w(\eta_w+1)}$$

2. 翼-身组合体俯仰阻尼力矩系数

$$m_{zWB}^{\bar{\omega}_z} = m_{zW}^{\bar{\omega}_z}K_{WB}\frac{S_W}{S_B}\left(\frac{b_{AKW}}{L_B}\right)^2 \tag{5-89}$$

如果翼面呈 × 字形,则

$$m_{zWB}^{\bar{\omega}_z} = m_{zW}^{\bar{\omega}_z}K_{WB}\frac{S_W}{S_B}\left(\frac{b_{AKW}}{L_B}\right)^2 k_\psi \tag{5-90}$$

式中,b_{AKW} 为外露翼的平均气动弦长。

若为鸭式飞行器,在计算翼面的俯仰阻尼力矩系数时还需考虑洗流所引起的附加项:

$$m_{zWB}^{\bar{\omega}_z} = m_{zW}^{\bar{\omega}_z}K_{WB}\frac{S_W}{S_B}\left(\frac{b_{AKW}}{L_B}\right)^2 + \Delta m_z^{\bar{\omega}_z}(\varepsilon) \tag{5-91}$$

$$\Delta m_z^{\bar{\omega}_z}(\varepsilon) = -57.3K_{WB}C_{yW}^\alpha\varepsilon^\alpha\frac{S_W}{S_B}\frac{(x_G - x_{cpa\alpha})(x_G - x_{cpW})}{L_B^2}$$

3. 尾翼-身组合体俯仰阻尼力矩系数

$$m_{zTB}^{\bar{\omega}_z} = -57.3K_{TB}C_{yT}^\alpha\sqrt{q_t}\frac{S_T}{S_B}\frac{(x_G - x_{cpTB})^2}{L_B^2} \tag{5-92}$$

5.2.5.3　纵向下洗延迟力矩系数

$$m_{zT}^{\bar{\dot{\alpha}}} = -57.3 K_{TB} C_{yTB}^{\alpha} \varepsilon_{yi-sh}^{\alpha} \sqrt{q_t} \frac{S_T}{S_B} \left(\frac{x_{cpT} - x_G}{L_B} \right)^2 \qquad (5-93)$$

$$\bar{\dot{\alpha}} = \frac{\dot{\alpha} L_B}{v}$$

注:前翼没有纵向下洗延迟力矩系数。

5.2.5.4　$m_z^{\bar{\delta}}$ 的计算

（1）鸭式

$$m_{zT}^{\bar{\delta}} = m_z^{\bar{\dot{\alpha}}} \frac{\varepsilon_{yi-sh}^{\delta}}{\varepsilon_{yi-sh}^{\alpha}} \qquad (5-94)$$

$$\bar{\dot{\delta}}_z = \frac{\dot{\delta} L_B}{v} (\delta\ 为前翼的舵偏角)$$

（2）正常式

$$m_{zT}^{\bar{\delta}} = 0 \qquad (5-95)$$

5.2.5.5　不同布局翼的俯仰力矩系数

（1）正常式翼

$$(m_z)_W = m_{zWB}^{\alpha} \alpha + m_{zWB}^{\bar{\omega}_z} \bar{\omega}_z \qquad (5-96)$$

（2）正常式舵

$$(m_z)_T = m_{zTB}^{\alpha} \alpha + m_{zTB}^{\delta} \delta + m_{zTB}^{\bar{\omega}_z} \bar{\omega}_z + m_{zT}^{\bar{\dot{\alpha}}} \bar{\dot{\alpha}}$$

（3）鸭式舵

$$(m_z)_W = m_{zWB}^{\alpha} \alpha + m_{zWB}^{\delta} \delta + m_{zWB}^{\bar{\omega}_z} \bar{\omega}_z \qquad (5-98)$$

（4）鸭式翼

$$(m_z)_T = m_{zTB}^{\alpha} \alpha + m_{zTB}^{\bar{\omega}_z} \bar{\omega}_z + m_{zT}^{\bar{\dot{\alpha}}} \bar{\dot{\alpha}} + m_{zT}^{\bar{\delta}} \bar{\dot{\delta}} \qquad (5-99)$$

5.2.6　偏航力矩系数计算

对于＋形或×形翼,偏航力矩系数的计算与俯仰力矩系数相同,只不过用 β 代替 α;若为一字形翼,则取偏航力矩系数为 0。

5.2.7　滚转力矩系数计算

5.2.7.1　侧滑所引起的滚转力矩

$$\left(\frac{\partial^2 m_x}{\partial \alpha \partial \beta} \right)_{\chi} = -\frac{\bar{z}_s}{57.3} \lambda \tan \chi_{0.5} \left[1 - D_1 + \frac{1}{2} D_2 \left(\frac{1}{\tan^2 \chi_{0.5}} - 1 \right) \right] \left(\frac{C_{yW}^{\alpha}}{\lambda} \right) \frac{S_W}{S_B} \frac{L_{CW}}{L_B} \qquad (5-100)$$

式中　　$D_1 = f(\lambda \sqrt{|M^2 - 1|}; \lambda \tan \chi_{0.5})$,查曲线得到[13];

$D_2 = f(\lambda \sqrt{|M^2 - 1|}; \lambda \tan \chi_{0.5})$,查曲线得到[13]。

随着弹翼几何参数和 Ma 的不同,$\bar{z}_s = \dfrac{2z_s}{L}$($L$ 为展长)在比较狭窄的范围内有所变动,平均地可取

当 $\eta = 1$ 时,$\bar{z}_s = 0.4$;

当 $\eta = \infty$ 时,$\bar{z}_s = 0.36$。

考虑到翼端效应

$$\left(\frac{\partial^2 m_x}{\partial \alpha \partial \beta}\right)_{\text{yi-duan}} = -\frac{0.04}{(\eta+1)^3}\left(\frac{C_{y\text{w}}^\alpha}{\lambda}\right)\frac{S_\text{w}}{S_\text{B}}\frac{L_\text{CW}}{L_\text{B}} \tag{5-101}$$

5.2.7.2　弹翼上反角对滚转力矩的影响

$$(m_x^\beta)_\psi = \psi C_{y\text{w}}^\alpha\left(\frac{1}{C_{y\text{w}}^\alpha}\frac{m_x^\beta}{\psi}\right) \tag{5-102}$$

式中,ψ 为机翼的上反角。

(1)亚、超声速

$\dfrac{1}{C_{y\text{w}}^\alpha}\dfrac{m_x^\beta}{\psi} = f(\lambda\sqrt{1-Ma^2},\lambda\tan\chi_{0.5},\eta)$,查曲线得到[13]。

(2)高超声速

$$\frac{1}{C_{y\text{w}}^\alpha}\frac{m_x^\beta}{\psi} = -\frac{1}{6\times57.3}\frac{\eta+2}{\eta+1}$$

考虑到参考面积,做如下修正:

$$m_x^\beta = m_x^\beta\frac{S_\text{w}}{S_\text{B}}\frac{L_\text{CW}}{L_\text{B}}$$

5.2.7.3　翼身干扰对滚转力矩的影响

对于亚声速和低超声速情况下,翼身的相互干扰效应可用如下经验公式

$$(m_x^\beta)_{\text{yi-sh}} = -0.22\zeta\left(\frac{D_\text{B}}{L_\text{CW}}\right)^{3/2}C_{y\text{CW}}^\alpha\frac{L_\text{CW}}{L_\text{B}}\frac{S_\text{CW}}{S_\text{B}} \tag{5-103}$$

式中　$\zeta = f\left(\dfrac{2y_{kp}}{D_\text{B}}\right)$,查曲线得到[13];

y_{kp} —— 弹身轴线与弹翼根弦在 y 向的距离,若弹翼位与弹身轴线之上,则 y_{kp} 为正,当 $y_{kp} < 0$ 时,ζ 按插值确定,但取负号。

5.2.7.4　静态特性下翼的滚转力矩

侧滑飞行时一对机翼所产生的倾斜力矩系数的总表达式为

$$m_{x\text{W}} = \left[\left(\frac{\partial^2 m_x}{\partial\alpha\partial\beta}\right)_\chi + \left(\frac{\partial^2 m_x}{\partial\alpha\partial\beta}\right)_{\text{yi-duan}}\right]\alpha\beta + \left[(m_x^\beta)_\psi + (m_x^\beta)_{\text{yi-sh}}\right]\beta \tag{5-104}$$

对于轴对称式的飞行器,即机翼交叉安置的,在侧滑时滚转力矩取 0。

若为正常式,忽略尾翼的影响;若为鸭式,忽略前翼的影响。

5.2.7.5　差动舵的效率计算

一对舵差动的效率表达式:

$$m_x^\delta = 57.3C_{y\text{TB}}^\alpha k_g\cos\chi_\text{T}\bar{n}_3\left(\frac{1}{C_{y\text{T}}^\alpha}\frac{m_x^\beta}{\psi}\right)q_\text{t}\frac{S_\text{CT}}{S_\text{B}}\frac{L_\text{CT}}{L_\text{B}} \tag{5-105}$$

式中　$\bar{n}_3 = f\left(\dfrac{D_\text{B}}{L_\text{CT}}\right)$,查曲线得到[13]。

χ_T —— 舵转轴的后掠角;

q_t —— 速度阻滞系数。

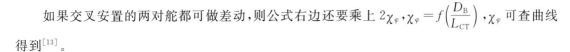

如果交叉安置的两对舵都可做差动,则公式右边还要乘上 $2\chi_\varphi$,$\chi_\varphi = f\left(\dfrac{D_B}{L_{CT}}\right)$,$\chi_\varphi$ 可查曲线得到[13]。

5.2.7.6　滚转阻尼力矩系数

1. 旋转导数 $m_x^{\bar{\omega}_x}$

当导弹绕弹体纵轴 Ox_1 转动时,将产生一滚转阻尼力矩,这种力矩的产生与俯仰阻尼力矩的产生相类似。旋转导数 $m_x^{\bar{\omega}_x}$ 主要由弹翼产生。$\bar{\omega}_x$ 为无量纲滚转角速度,$\bar{\omega}_x = \dfrac{\omega_x L_B}{2v}$。

由平面单独机翼所产生的旋转导数 $m_x^{\bar{\omega}_x}$ 正比于机翼的 C_{yW}^α

$$m_x^{\bar{\omega}_x} = \left(\frac{m_x^{\bar{\omega}_x}}{C_y^\alpha}\right) C_{yW}^\alpha \qquad (5-106)$$

如果弹身的相对直径不大,$D_B/L_B \leqslant 0.4$,则式(5-106)亦可以用来计算前翼(舵)—身组合体的 $m_x^{\bar{\omega}_x}$,即

$$m_{x\,yi\text{-}sh}^{\bar{\omega}_x} = \left(\frac{m_x^{\bar{\omega}_x}}{C_y^\alpha}\right) C_{yCW}^\alpha \frac{S_{CW}}{S_B} \frac{L_{CW}^2}{L_B^2} \qquad (5-107)$$

当弹翼为＋字形或×形时,式(5-107)右边应乘以 2 和计及弹翼相互影响的修正因子 χ_ω。于是

$$(m_{x\,yi\text{-}sh}^{\bar{\omega}_x})_+ = (m_{x\,yi\text{-}sh}^{\bar{\omega}_x})_\times = 2\chi_\omega \left(\frac{m_x^{\bar{\omega}_x}}{C_y^\alpha}\right) C_{yCW}^\alpha \frac{S_{CW}}{S_B} \frac{L_{CW}^2}{L_B^2} \qquad (5-108)$$

$\left(\dfrac{m_x^{\bar{\omega}_x}}{C_y^\alpha}\right) = f\left(\lambda_{CW}\tan\chi_{0.5},\ \eta,\ \lambda_{CW}\sqrt{Ma^2-1}\right)$ 查曲线得到[13]。

$\chi_\omega = f\left(\dfrac{D_B}{L_B}\right)$ 查曲线得到[13]。

由飞行器尾翼产生的滚转阻尼力矩,与弹翼相比较一般不大,因为此力矩值与 $\dfrac{S_{CT}}{S_B} \dfrac{L_{CT}^2}{L_B^2}$ 成比例,而 $\dfrac{S_{CT}}{S_B} \dfrac{L_{CT}^2}{L_B^2} \ll 1$,所以整个飞行器的滚转阻尼力矩 $m_x^{\bar{\omega}_x}$ 近似为

$$m_x^{\bar{\omega}_x} \approx m_{x\,yi\text{-}sh}^{\bar{\omega}_x}$$

2. 旋转导数 $m_x^{\bar{\omega}_y}$ 和 $m_x^{\bar{\omega}_z}$

$$\bar{\omega}_y = \frac{\omega_y L_B}{2v}$$

$$m_x^{\bar{\omega}_y} = \left((m_x^{\bar{\omega}_y})' + 57.3\,(m_x^\beta)_* \frac{2b_A}{L_{CW}}\left(\frac{1}{2} - \bar{x}_W\right)\right) \frac{S_{CW}}{S_B} \frac{L_{CW}^2}{L_B^2} \qquad (5-109)$$

$$(m_x^\beta)_* = (m_x^\beta)_\psi + (m_x^\beta)_{yi\text{-}sh} + \left[\left(\frac{\partial^2 m_x}{\partial\alpha\partial\beta}\right)_\chi + \left(\frac{\partial^2 m_x}{\partial\alpha\partial\beta}\right)_{yi\text{-}duan}\right]\alpha$$

$$(m_x^{\bar{\omega}_y})' = \left(\frac{m_x^{\bar{\omega}_y}}{C_y}\right)' C_{yWB}^\alpha \alpha$$

$$\bar{x}_W = \frac{x_G - X_{AW}}{b_{AKW}}$$

式中,X_{AW} 为由弹身顶点到外露翼平均气动弦长前缘的距离。

对于矩形机翼(或者接近于矩形的),当 $\lambda\sqrt{Ma^2-1} \geqslant 2$ 时

$$\left(\frac{m_x^{\bar{\omega}_y}}{C_y}\right)' = \frac{1}{57.3(Ma^2-1)}\left(\frac{m_x^{\bar{\omega}_x}}{C_y^\alpha}\right)$$

其中,$\left(\dfrac{m_x^{\bar{\omega}_x}}{C_y^\alpha}\right)$ 查曲线得到[13]。

对于有尖翼端的机翼:$\eta = \infty$,$\left(\dfrac{m_x^{\bar{\omega}_y}}{C_y^\alpha}\right)' = f(\lambda, \lambda \tan \chi_{0.5})$,查曲线得到[13]。

当机翼按 ＋ 形安置时,$(m_x^{\bar{\omega}_y})_+ = \chi_\omega m_x^{\bar{\omega}_y}$

同理,当飞行器绕轴 Oz_1 转动时,垂直安置的那一对机翼也产生滚转力矩。如果飞行器是轴对称的,则

$$m_x^{\bar{\omega}_z} = \frac{L_{CW}}{2b_{CW}} m_x^{\bar{\omega}_y}$$

5.2.7.7 滚转力矩系数计算

对于翼

$$(m_x)_{WB} = m_x^{\bar{\omega}_x}\bar{\omega}_x + m_x^{\bar{\omega}_y}\bar{\omega}_y + m_x^{\bar{\omega}_z}\bar{\omega}_z + m_{xW} \tag{5-110}$$

对于舵

$$(m_x)_{TB} = m_x^\delta\delta + m_x^{\bar{\omega}_x}\bar{\omega}_x + m_x^{\bar{\omega}_y}\bar{\omega}_y + m_x^{\bar{\omega}_z}\bar{\omega}_z + m_{xW} \tag{5-111}$$

整个飞行器

$$m_x = (m_x)_{WB} + (m_x)_{TB} \tag{5-112}$$

5.2.8 舵面铰链力矩系数计算

舵面铰链力矩等于作用在舵面上的力对舵轴的力矩。为了计算铰链力矩系数,必须知道舵的升力系数和升力相对于转轴的力臂。尾翼的总升力系数 C_{yTB} 中也包括弹身上诱导的升力,应当从总的升力中取出直接作用在悬臂段,即舵上的那部分升力 C_{yp}。于是得到

1. 对于安装在飞行器尾部的翼面(正常式)

$$C_{yp}^\alpha = C_{yT}^\alpha K_{T(B)}(1-\varepsilon^\alpha) \tag{5-113}$$

$$C_{yp}^\delta = C_{yT}^\alpha k_{T(B)} n \tag{5-114}$$

式中,$n = k_g \cos \chi_T$ 为舵效率。

2. 对于安装在弹身前部的翼面(鸭式)

$$C_{yp}^\alpha = C_{yT}^\alpha K_{T(B)} \tag{5-115}$$

$$C_{yp}^\delta = C_{yT}^\alpha k_{T(B)} n \tag{5-116}$$

铰链力矩系数

$$m_h = m_h^\alpha \alpha + m_h^\delta \delta \tag{5-117}$$

$$m_h^\alpha = -C_{yp}^\alpha \frac{h_{\alpha\alpha}}{L_B} \frac{S_P}{S_B} \tag{5-118}$$

$$m_h^\delta = -C_{yp}^\delta \frac{h_{\delta 0}}{L_B} \frac{S_P}{S_B} \tag{5-119}$$

式中,S_P 为舵面面积;$h_{\alpha\alpha}$,$h_{\delta 0}$ 分别为 $\alpha\alpha$,$\delta 0$ 情况下从转轴到压力中心的距离。

5.3　固体火箭发动机计算模型

5.3.1　内弹道计算

内弹道计算是计算发动机在各种条件下燃烧室内燃气压强随时间的变化规律$(p_c - t)$曲线,最终计算出推力-时间$(P-t)$曲线和质量流率—时间曲线$(\dot{m}_F - t)$曲线,为导弹外弹道计算提供依据。

燃烧室压强p_c是火箭发动机的重要参数,它直接影响发动机的主要性能参数推力P,还直接影响推进剂的燃烧性能。

$$p_c = p_a + \int \mathrm{d}p_c \tag{5-120}$$

$$\frac{\mathrm{d}p_c}{\mathrm{d}t} = \frac{C^{*2}\rho_p A_b r_b - C^* p_c A_t}{V_{cf}}\Gamma^2 \tag{5-121}$$

式中　p_c——燃烧室压强;

　　　p_a——外界大气压强(Pa 或 N/m^2);

　　　C^*——特征速度,主要反映推进剂能量特性;

　　　ρ_p——推进剂密度,反映燃烧同样体积的装药产生燃烧产物的多少;

　　　Γ——比热比函数;

　　　A_t——喷管喉部面积;

　　　A_b——燃烧面积;

　　　r_b——平均燃烧速度;

　　　V_{cf}——燃烧室自由容积。

其中

$$C^* = \frac{\sqrt{R_c T_c}}{\Gamma}$$

$$\Gamma = \sqrt{k}\left(\frac{2}{k+1}\right)^{\frac{k+1}{2(k-1)}}$$

$$V_{cf} = \frac{4}{3}D_i^3 + \mathrm{d}V_{cf}$$

$$r_b = a p_c^n$$

$$\mathrm{d}V_{cf}/\mathrm{d}t = A_b r_b$$

$$A_t = \pi(D_t/2)^2$$

式中　R_c——燃烧室中燃烧产物的等价气体常数(J/(kg·K));

　　　T_c——推进剂的定压燃烧温度;

　　　k——燃烧室的平均比热比;

　　　n——压强指数;

　　　a——燃速系数,燃速系数a和压强指数n都反映燃烧的快慢,因而也反映燃烧产物的秒生成量。

5.3.2　推力和推力系数

作用于发动机内外表面上作用力的合力称为发动机的推力。它是发动机的主要性能参数之一,可推导出推力 P 的表达式为

$$P = \dot{m}_F u_e + A_e(p_e - p_a) \qquad (5-122)$$

式中　$\dot{m}_F$——每秒钟推进剂的消耗量(kg/s);

　　　u_e——喷管出口截面处燃气流的速度(m/s);

　　　A_e——喷管出口截面积(m^2);

　　　p_e——喷管出口处的燃气压强(Pa 或 N/m^2)。

当发动机在真空条件下工作时,其 $p_a = 0$ 故有

$$P_v = \dot{m}_F u_e + A_e p_e \qquad (5-123)$$

式中　P_v——发动机在真空环境中工作时的推力,即真空推力。

如果发动机在某个特定的高度上工作,在此高度上 p_a 恰好等于 p_e,此时发动机的静推力等于零,在 $p_e = p_a$ 条件下的状态定为设计状态,并称该状态下的发动机推力为特征推力 P^0 或最佳推力。

$$P^0 = \dot{m}_F u_e \qquad (5-124)$$

其中

$$\dot{m}_F = \frac{\Gamma}{\sqrt{RT_c}} p_c A_t \qquad (5-125)$$

$$u_e = \sqrt{\frac{2k}{k-1} RT_c \left[1 - \left(\frac{p_e}{p_c}\right)^{\frac{k-1}{k}}\right]} \qquad (5-126)$$

式中　R——气体常数(J/(kg·K))。

将式(5-125)和式(5-126)代入式(5-122),可得 P 的另一种表达式为

$$P = A_t p_c \left\{\Gamma\sqrt{\frac{2k}{k-1}\left[1 - \left(\frac{p_e}{p_c}\right)^{\frac{k-1}{k}}\right]} + \frac{A_e}{A_t}\left(\frac{p_e}{p_c} - \frac{p_a}{p_c}\right)\right\}$$

把推力与 A_t 和 p_c 的乘积成正比的比例系数定义为推力系数 C_F,表达式为

$$C_F = \Gamma\sqrt{\frac{2k}{k-1}\left[1 - \left(\frac{p_e}{p_c}\right)^{\frac{k-1}{k}}\right]} + \frac{A_e}{A_t}\left(\frac{p_e}{p_c} - \frac{p_a}{p_c}\right) \qquad (5-127)$$

因此,推力的表达式最终简化为

$$P = C_F A_t p_c \qquad (5-128)$$

据此,可把推力系数表示为

$$C_F = \frac{P}{A_t p_c} \qquad (5-129)$$

显然,推力系数是一个无量纲系数,是喷管面积比和燃气比热比的函数,与燃烧室工作压强和外界大气压强关系较小。推力系数代表了单位喷管喉道面积单位燃烧室压强所能产生的推力。它主要表征了燃气在喷管中膨胀过程的完善程度,而推进剂性能对它影响不大。C_F 愈

大表示燃气在喷管中膨胀得愈充分,即燃气的热能愈充分地转换为燃气的动能。因此,推力系数是表征喷管性能的一个重要参数。

5.3.3 喷管的质量流量

$$\dot{m}_F = \frac{\Gamma}{\sqrt{RT_c}} p_c A_t \qquad (5-130)$$

定义
$$C_D = \frac{\Gamma}{\sqrt{RT_c}} = \frac{\sqrt{k}}{\sqrt{RT_c}} \left(\frac{2}{k+1}\right)^{\frac{k+1}{2(k-1)}} \qquad (5-131)$$

称 C_D 为流量系数,喷管的质量流量公式可写为

$$\dot{m}_F = C_D p_c A_t \qquad (5-132)$$

5.3.4 喷管扩张比 A_e/A_t 或膨胀比 p_e/p_c

喷管出口截面积与喉部截面积之比 A_e/A_t 常称为喷管的扩张比或面积比,用符号 ε_A 表示;喷管出口压强与燃烧室压强之比 p_e/p_c 则常称为喷管的膨胀比或压强比,用符号 ε_P 表示。则面积比为

$$\varepsilon_A = \frac{A_e}{A_t} = \frac{\Gamma}{\left(\frac{p_e}{p_c}\right)^{\frac{1}{k}} \sqrt{\frac{2k}{k-1}\left[1-\left(\frac{p_e}{p_c}\right)^{\frac{k-1}{k}}\right]}} = \frac{\left(\frac{2}{k+1}\right)^{\frac{1}{k-1}} \sqrt{\frac{k-1}{k+1}}}{\sqrt{\left(\frac{p_e}{p_c}\right)^{\frac{2}{k}} - \left(\frac{p_e}{p_c}\right)^{\frac{k+1}{k}}}} \qquad (5-133)$$

面积比和出口截面速度关系

$$\varepsilon_A = \frac{1}{Ma_e} \left[\frac{2}{k+1}\left(1+\frac{k-1}{2}Ma_e^2\right)\right]^{\frac{k+1}{2(k-1)}} \qquad (5-134)$$

$$\frac{p_e}{p_c} = \left(1+\frac{k-1}{2}Ma_e^2\right)^{-\frac{k}{k-2}} \qquad (5-135)$$

式中 Ma_e —— 喷管出口截面马赫数。

由以上两式可见,当面积比 A_e/A_t 确定之后,喷管出口截面上的马赫数及压强比 p_e/p_c 都有一个对应值,出口截面的压强比 p_e/p_c 就可算出。对应于一个 A_e/A_t 值,有两个 Ma_e 值,对于超声速喷管应取 $Ma_e>1$ 的值。

对于几何结构一定的喷管(A_e/A_t 一定),只要喷管内不产生激波和气流分离现象,在一定燃气比热比 k 值下,p_e/p_c 就由式(5-133)确定。

一般防空导弹不在恒定的高度上飞行,而且采用不可调节的喷管。因而,喷管大多在非设计条件下工作。当发动机燃烧室压力为常值时,喷管的理想设计条件仅在飞行弹道的某一点(高度)才会出现。该点之前,喷管过膨胀,即 $p_e<p_\infty$,该点之后至发动机工作结束,喷管欠膨胀,即 $p_e>p_\infty$。而正确地优选 p_e,可以使发动机比冲大、质量小,发动机工作结束时获得最大速度。一般,可取飞行高度的中间点为喷管的设计点。

5.4　弹道设计计算模型

5.4.1　概述

弹道设计计算是导弹总体设计中的重要工作之一。通过这项工作,研究导弹质心运动轨迹,优选合理的导引规律与参数,给出导弹在飞行中的位置、姿态、速度、过载及动力系数等参数的特性。计算结果为导弹弹体结构载荷计算、弹体动态特性分析、制导系统精度计算和单发杀伤概率计算、作战空域的确定提供原始参数。因此飞行弹道设计的好坏,会直接影响导弹的性能指标、飞行品质、命中率及工程实现的难易程度。

按照弹道的类别,导弹的弹道可以分为方案弹道和导引弹道两大类。

方案弹道是指导弹按预先给定的方案飞行,在飞行过程中,该弹道不受目标运动信息的影响,不能随意变更,导弹按这种方法接近目标称为方案飞行,而对应的飞行弹道称为方案弹道。

导引弹道是指导弹的飞行弹道并不预先规定,每一瞬时,导弹飞行的方向取决于目标运动速度的大小及方向,即根据目标的信息,并通过一定的相对运动规律来确定,这种规律应能保证导弹命中目标。目前有许多根据导弹和目标的相对运动关系,确定飞行方向的方法,如追踪法、平行接近法、比例导引法,它们常称为导引方法,这种情况下的弹道称为导引弹道。

一般来说,方案弹道不能用来攻击活动目标,因此导弹的弹道多数是方案弹道和导引弹道的组合形式。

弹道设计的任务,一是确定弹道轨迹形式,二是进行弹道计算与分析。一般来说,弹道设计、弹道计算和分析是拟定战术技术指标、导弹战斗使用条件、导弹总体性能分析、弹体结构设计、制导系统设计、推进系统设计、导弹火控系统设计的主要技术依据。例如,通过方案弹道设计和计算可以确定导弹的战斗使用空域(包括发射高度范围、发射速度范围),确定导弹的控制规律以及发动机的推力程序、发动机点火的指令形式等,为推进系统、控制系统等弹上分系统设计提供必要的技术数据。通过干扰弹道计算,可以确定导弹的发射条件、导弹双发齐射间隔,以及改变导弹工作状态的各种控制指令等。通过导引规律的设计为导引头设计提供必要的技术数据,如导引头开机与工作时间、工作状态等。弹道设计大致可以分为三个方面。

1. 确定轨迹形式

在进行弹道设计时,首先要确定弹道的轨迹形式,即确定弹道的形状。它的确定反映着导弹总体的设计要求,如初始段的爬高或下滑、扇面发射方案弹道的爬升或下滑角及扇面转弯半径、平飞段的巡航高度、末段攻击段的转弯半径等特性参数。这些特性参数能否实现与导弹载体的发射特性、导弹本身的飞行特性、目标的动力学与运动学特性、控制方案的选取、弹上制导系统的配备以及仪表精度密切相关。这一弹道形状的实施是靠方案弹道的设计和导引弹道的设计来实现的。

2. 方案弹道设计

3. 导引弹道设计

上述两点将在下面详细叙述。

一般而言,在完成了方案与导引弹道设计之后,在导弹外形、制导系统、推进系统及弹体结构方案已确定的基础上,除重新校验已做过的工作外,还要进行六自由度空间弹道计算,即导弹飞行的全数字仿真,来校验弹道设计本身和各分系统方案设计的合理性,必要时进行设计参数的调整或增加弹道修正措施。当这些仍不能满足总体设计要求时,则重新设计,直至圆满完成任务要求为止。

5.4.2 方案弹道设计

在设计方案弹道、导引弹道以及控制系统时,通常把导弹的运动划分为纵向、航向及横向三个独立运动来进行研究,这种简化假设大大减轻了数学模型的描述及分析计算的工作量。

5.4.2.1 铅垂平面内的方案飞行

飞航导弹、地空导弹、空地导弹弹道的典型段,诸如爬升段、下滑段、平飞段等都可以采用方案飞行的方法。在进行方案弹道设计时,采用以下假设:

1)与地球固连的坐标系为惯性坐标系,忽略地球的自转与公转;

2)大气相对于地球静止(不考虑风的干扰);

3)飞行平面为铅垂平面,地面坐标系的 Ax 轴选取在飞行平面内,导弹质心的坐标 z 和弹道偏角 ψ_v 恒等于 0;导弹的纵向对称面 x_1Oy_1 始终与飞行平面重合,则速度倾斜角 γ_v 和侧滑角 β 也等于零。

4)采用瞬时平衡假设:导弹绕弹体轴的转动是无惯性的,导弹控制系统理想的工作,既无误差,也无时间延迟,导弹在整个飞行期间的任一瞬时都处于平衡状态。即

$$m_z^\alpha \alpha_b + m_z^\delta \delta_{zb} = 0 \tag{5-136}$$

这样,导弹在铅垂平面内的运动方程组为

$$\left.\begin{array}{l} m\dfrac{\mathrm{d}v}{\mathrm{d}t} = P\cos\alpha - X - mg\sin\theta \\[2mm] mv\dfrac{\mathrm{d}\theta}{\mathrm{d}t} = P\sin\alpha + Y - mg\cos\theta \\[2mm] \dfrac{\mathrm{d}x}{\mathrm{d}t} = v\cos\theta \\[2mm] \dfrac{\mathrm{d}y}{\mathrm{d}t} = v\sin\theta \\[2mm] \dfrac{\mathrm{d}m}{\mathrm{d}t} = -\dot{m}_F \\[2mm] \varepsilon_1 = 0 \\[2mm] \varepsilon_4 = 0 \end{array}\right\} \tag{5-137}$$

在导弹气动外形给定的情况下,方程式(5-137)中共包含 7 个未知数:v,θ,α,x,y,m,P。$\varepsilon_1 = 0$ 及 $\varepsilon_4 = 0$ 称为理想控制方程或称理想操纵关系式。

设计飞行方案就是设计 $\varepsilon_1 = 0$ 和 $\varepsilon_4 = 0$ 这两个理想控制方程。$\varepsilon_1 = 0$ 是使导弹的某一纵向运动参数在飞行中按照预先设计的规律变化;$\varepsilon_4 = 0$ 是指导弹发动机的推力程序。$\varepsilon_1 = 0$ 的设计可以选择导弹的俯仰角、攻角、弹道倾角、法向过载或导弹的飞行高度等,使之按某一已知规律变化。如果导弹采用的发动机类型已定,如固体火箭发动机或冲压发动机,在计算弹道时,$\varepsilon_4 = 0$ 通常也是给定的。例如,在采用固体火箭发动机的情况下,方程组中的第 5 式和第 7 式可

以用方程式(5-130)和式(5-122)代替。在实际应用中,选定某一个参数作为理想约束条件时,首先应考虑到实现方法,即这一运动参数如何测量,测量精度如何,测量仪表在弹上是否容易安装,测试、使用是否方便等。

目前弹上设备还不能直接测量导弹的弹道倾角 θ,因此一般不采用按给定弹道倾角飞行的方案。采用攻角 α 作为理想约束条件的导弹,一方面由于攻角传感器的测量精度差,另一方面它在弹上的安装位置也受到一定的限制,而且攻角传感器对瞬风干扰较为敏感,所以一般也不用 α 控制导弹的飞行。目前普遍采用的是使导弹的俯仰角 ϑ 按一定的规律变化,或使导弹的飞行高度按一定的规律变化,或采用两者的组合形式作为理想约束条件。

理论上,可采取的飞行方案有弹道倾角 $\theta_*(t)$、俯仰角 $\vartheta_*(t)$、攻角 $\alpha_*(t)$、法向过载 $n_{y*}(t)$、高度 $H_*(t)$。下面分别给出各种飞行方案的理想操纵关系式。

1.给定俯仰角的变化规律 $\vartheta_*(t)$

由于导弹的俯仰角容易测量,且能满足精度要求,所以一般采用导弹的俯仰角按一定规律变化作为理想控制方程。如果给出俯仰角的飞行方案 $\vartheta_*(t)$,则理想控制关系式为

$$\varepsilon_1 = \vartheta(t) - \vartheta_*(t) = 0 \tag{5-138}$$

式中,$\vartheta(t)$ 为导弹飞行过程中的实际俯仰角。在进行弹道计算时,还需引入几何关系方程:

$$\alpha = \vartheta - \theta \tag{5-139}$$

2.给定攻角的变化规律 $\alpha_*(t)$

给定攻角的变化规律 $\alpha_*(t)$,是为了使导弹爬升得最快,即希望飞行所需的攻角始终等于允许的最大值;或者为了防止需用过载超过可用过载而对攻角加以限制;若导弹采用了冲压发动机,为了保证发动机能正常工作,也必须将攻角限制在一定的范围内。

如果给出攻角的飞行方案 $\alpha_*(t)$,则理想控制关系式为

$$\varepsilon_1 = \alpha(t) - \alpha_*(t) = 0 \tag{5-140}$$

式中,$\alpha(t)$ 为导弹飞行过程中的实际攻角。

3.给定法向过载的变化规律 $n_{y*}(t)$

给定法向过载的变化规律 $n_{y*}(t)$,往往是为了保证导弹不会出现结构破坏。其理想的控制关系为

$$\varepsilon_1 = n_y(t) - n_{y*}(t) = 0 \tag{5-141}$$

式中,$n_y(t)$ 为导弹飞行过程中的实际法向过载。

平衡状态下的法向过载为

$$n_y = \frac{1}{G}(P\sin\alpha + Y_b) \tag{5-142}$$

式中,Y_b 为平衡状态下的升力。在给定飞行马赫数、飞行高度 H 的情况下,Y_b 仅是攻角 α 的函数,因为平衡时的舵偏角也能由攻角求出,所以采用二分法求此非线性方程,即可得给定法向过载所需的飞行攻角,转为按给定攻角飞行的方案飞行模式。

4.给定弹道倾角的变化规律 $\theta_*(t)$

如果给出弹道倾角的变化规律 $\theta_*(t)$,则理想控制关系式为

$$\varepsilon_1 = \theta(t) - \theta_*(t) = 0 \tag{5-143}$$

或者

$$\varepsilon_1 = \dot{\theta}(t) - \dot{\theta}_*(t) = 0 \tag{5-144}$$

式中，$\theta(t)$ 为导弹飞行过程中的实际弹道倾角。

由导弹运动方程组第 2 式：

$$\frac{\mathrm{d}\theta}{\mathrm{d}t} = \frac{1}{mv}(P\sin\alpha + Y - mg\cos\theta) \tag{5-145}$$

可知，在给定质量、推力、速度、飞行高度和弹道倾角的情况下，弹道倾角的变化率仅与攻角有关。同样，采用二分法，求得当前时刻要实现按照给定弹道倾角飞行所需的攻角。

5.给定高度的变化规律 $H_*(t)$

如果给出导弹高度的变化规律 $H_*(t)$，则理想控制关系式为

$$\varepsilon_1 = H(t) - H_*(t) = 0 \tag{5-146}$$

式中，$H(t)$ 为导弹的实际飞行高度。

式（5-146）对时间求导，可以得到关系式

$$\frac{\mathrm{d}H(t)}{\mathrm{d}t} = \frac{\mathrm{d}H_*(t)}{\mathrm{d}t} \tag{5-147}$$

式中，$\mathrm{d}H_*(t)/\mathrm{d}t$ 为给定的导弹飞行高度变化率。

对于近程战术导弹，在不考虑地球曲率时，存在关系式

$$\frac{\mathrm{d}H(t)}{\mathrm{d}t} = \frac{\mathrm{d}y}{\mathrm{d}t} = v\sin\theta \tag{5-148}$$

由式（5-147）和式（5-148）解得

$$\theta = \arcsin\left(\frac{1}{v}\frac{\mathrm{d}H_*(t)}{\mathrm{d}t}\right) \tag{5-149}$$

5.4.2.2　水平面内的方案飞行

当攻角和侧滑角较小时，导弹在整个飞行期间满足瞬时平衡条件

$$m_y^\beta \beta_{\mathrm{b}} + m_{y'}^\delta \delta_{\mathrm{yb}} = 0 \tag{5-150}$$

则导弹在水平面内的质心运动方程组为

$$\left.\begin{aligned}
& m\frac{\mathrm{d}v}{\mathrm{d}t} = P - X \\[4pt]
& -mv\frac{\mathrm{d}\psi_V}{\mathrm{d}t} = (P\sin\alpha + Y)\sin\gamma_V - (P\cos\alpha\sin\beta - Z)\cos\gamma_V \\[4pt]
& \frac{\mathrm{d}x}{\mathrm{d}t} = v\cos\psi_V \\[4pt]
& \frac{\mathrm{d}z}{\mathrm{d}t} = -v\sin\psi_V \\[4pt]
& \frac{\mathrm{d}m}{\mathrm{d}t} = -\dot{m}_{\mathrm{F}} \\[4pt]
& \psi_V = \psi - \beta \\[4pt]
& \varepsilon_2 = 0 \\[4pt]
& \varepsilon_3 = 0 \\[4pt]
& \varepsilon_4 = 0
\end{aligned}\right\} \tag{5-151}$$

方程式（5-151）中含有 9 个未知数：$v, \psi_V, \alpha, \beta, \gamma_V, x, z, m, P$。$\varepsilon_2 = 0, \varepsilon_3 = 0$ 及 $\varepsilon_4 = 0$ 亦为

理想操纵关系式。$\varepsilon_2 = 0$ 是对 ψ 运动的约束，$\varepsilon_3 = 0$ 是对 γ 的约束。$\varepsilon_4 = 0$ 仍为导弹发动机的推力程序。当采用三通道独立假设时，即导弹作无倾斜的机动飞行时，$\varepsilon_3 = \gamma = 0$，这时上述方程组中的 $\gamma_v = 0$，方程中第 2 式仅保留右端第二项。

类似于纵向运动，弹体的偏航角 ψ 易于测量，一般用它来导引航向运动较为方便。它可以采用程序俯仰角 $\vartheta_*(t)$ 的设计方法来设计，如取 $\varepsilon_2 = \psi(t) - \psi_*(t) = 0$ 或 $\varepsilon_2 = \psi(t) - \psi_*(z) = 0$ 的形式，后一种形式可以把横偏与角姿态要求统一起来，例如 $z = 0$ 时 $\psi = 0$。

5.4.3 导引弹道设计

在自动导引段，导弹是在制导系统的参与下控制飞行的，制导系统按目标的运动来导引导弹的运动。也就是说，随着目标航迹的变化，制导系统根据事先选定的导引方法，不断地改变导弹在空间运动的弹道，跟踪并最终命中目标。导引弹道就是根据目标运动特性，以某种导引方法将导弹导向目标的导弹质心运动轨迹。导引方法或导引规律就是指导弹在向目标接近的整个过程中应满足的运动学关系。在铅垂平面内 $\varepsilon_1 = 0$ 与水平面内 $\varepsilon_2 = 0$ 两个理想操纵关系式为描述导弹与目标间相对关系的运动学关系式所代替。

导引弹道的设计任务主要是选择导引规律。导引规律不仅影响导弹的弹道特性，而且会直接影响到整个制导系统的繁易程度和导弹的脱靶量。因此，导引规律的设计提供了重要的依据和必要的技术数据。

在导弹和制导系统初步设计阶段，为简化起见，通常采用运动学分析方法研究导引弹道。导引弹道的运动学分析基于以下假设：① 将导弹、目标和制导站视为质点；② 制导系统理想工作；③ 导弹速度（大小）是已知函数；④ 目标和制导站的运动规律是已知的；⑤ 导弹、目标和制导站始终在同一平面内运动，该平面称为攻击平面，它可能是水平面、铅垂平面或倾斜平面。

5.4.3.1 导引飞行方案

自动瞄准制导导弹的相对运动方程常采用极坐标 (r,q) 来表示导弹和目标的相对位置，如图 5-6 所示。

假设在某一时刻，目标位于 T 点，导弹位于 M 点。r 表示导弹与目标之间的相对距离，导弹和目标的连线 $\overline{MT}$ 称为目标瞄准线或瞄准线。

目标线方位角 q：目标瞄准线与攻击平面内某一基准线 $\overline{Mx}$ 之间的夹角。从基准线逆时针转向目标线为正。

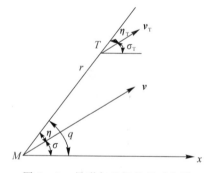

图 5-6　导弹与目标的相对位置

σ,σ_T 分别表示导弹速度向量、目标速度向量与基准线之间的夹角，从基准线逆时针转向速度向量为正。当攻击平面为铅垂平面时，σ 就是弹道倾角 θ；当攻击平面是水平面时，σ 就是弹道偏角 ψ_v。η，η_T 分别表示导弹速度向量、目标速度向量与目标线之间的夹角，称为导弹前置角和目标前置角，速度矢量逆时针转到目标线时，前置角为正。

由图 5-6 所示的几何关系，可以列出自动瞄准的相对运动方程组为

$$\left.\begin{array}{l}\dfrac{\mathrm{d}r}{\mathrm{d}t}=v_T\cos\eta_T-v\cos\eta\\[2mm]r\dfrac{\mathrm{d}q}{\mathrm{d}t}=v\sin\eta-v_T\sin\eta_T\\[2mm]q=\sigma+\eta\\[1mm]q=\sigma_T+\eta_T\\[1mm]\varepsilon=0\end{array}\right\}\qquad(5-152)$$

方程式(5-152)中包含8个参数：$r,q,v,\eta,\sigma,v_T,\eta_T,\sigma_T$。$\varepsilon=0$是导引关系式，与导引方法有关，它反映各种不同导引弹道的特点。

常用的导引方法包括追踪法、平行接近法、比例导引法、三点法及其衍生的方法等。在选择导引方法时，应从导弹的飞行性能、目标特性、作战空域、技术实施、导引精度、制导设备、战斗使用等方面进行综合考虑，以得到较为理想的导引规律。

1. 追踪法

所谓追踪法是指导弹在攻击目标的导引过程中，导弹的速度矢量始终指向目标的一种导引方法。这种方法要求导弹速度矢量的前置角始终等于零。因此追踪法的导引关系方程为

$$\varepsilon=\eta=0\qquad(5-153)$$

追踪法导引在技术实施方面比较简单，但这种导引方法的弹道特性存在着严重的缺点。因为导弹的绝对速度始终指向目标，相对速度总是落后于目标线，不管从哪个方向发射，导弹总是绕到目标的后面去命中目标，这样导致导弹的弹道较弯曲(特别在命中点附近)，需用法向过载较大，要求导弹要有很高的机动性。由于受到可用法向过载的限制，导弹不能实现全向攻击。

但对于飞航导弹、反坦克导弹来说，一般飞行高度都不高，目标运动速度较小或静止。在击中目标之前的一定距离上，导引头即进入盲区，因此在选择纵向导引规律时，首先应考虑在保证命中目标的前提下，如何使控制系统最简单。目前普遍采用的 $\varphi>\alpha$ 是近似追踪法。其实现方法是使天线轴与弹轴之间的夹角等于导弹的平衡攻角，即

$$\varphi=\alpha_b$$
$$\alpha_b=\dfrac{G\cos\theta}{\dfrac{P}{57.3}+Y^\alpha}$$

式中 φ—— 弹轴与天线轴之间的夹角；

α_b—— 导弹的平衡攻角；

G—— 导弹所受的重力，为飞行时间的函数；

P—— 发动机推力；

Y^α—— 升力斜率。

用这种方法使天线轴与导弹的速度矢量近似重合，在整个导引过程中，天线轴对准目标，实现了按追踪法将导弹导向目标。

适当地改变 φ 值，可以调整目标的命中部位，如攻击大中型舰艇时，往往希望能命中目标反射中心以下 $3\sim5\,\mathrm{m}$ 的部位，达到有效摧毁目标的目的。这时可以调整 φ 值，使 $\varphi<\alpha$ 或使 $\varphi=\alpha-\eta$。反之，若希望命中部位在目标反射中心以上，则可令 $\varphi>\alpha$。此导引方法的示意图如图 5-7 所示。

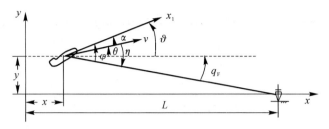

图 5-7   纵向导引方法示意图

在飞行过程中,随着推进剂的消耗,导弹的质量不断减小,因而导弹的平衡攻角也相应地减小。为了保证在不同的射程上,都能准确地命中目标,φ 值应根据平衡攻角的变化规律而变化。一般可近似视为线性规律,即

$$\varphi = \varphi_0 - k(t - t_0) \tag{5-154}$$

式中 φ_0—— 天线校准角的起始位置;

   t_0—— 天线校准角起始调整时间;

   k—— 常数。

φ_0,k 和 t_0 可根据导弹的平衡攻角,用回归分析的方法得出。

2. 比例导引法

比例导引法是指导弹在攻击目标的导引过程中,导弹速度矢量的转动角速度与目标线的转动角速度成比例的一种导引方法,其导引关系式为

$$\frac{\mathrm{d}\sigma}{\mathrm{d}t} = K \frac{\mathrm{d}q}{\mathrm{d}t} \tag{5-155}$$

或

$$\varepsilon_1 = \frac{\mathrm{d}\sigma}{\mathrm{d}t} - K \frac{\mathrm{d}q}{\mathrm{d}t} = 0 \tag{5-156}$$

式中,K 为比例系数,又称导航比。

假定比例系数 K 为一常数,对式(5-156)进行积分,就得到比例导引关系式的另一种形式为

$$\varepsilon = (\sigma - \sigma_0) - K(q - q_0) = 0 \tag{5-157}$$

比例导引法的优点是可以得到较为平直的弹道,在满足 $K > (2|\dot{r}|/v\cos\eta)$ 的条件下,$|\dot{q}|$ 逐渐减小,弹道前段较弯曲,充分利用了导弹的机动能力;弹道后段较为平直,导弹具有较充裕的机动能力;只要 K,η_0,q_0 等参数组合适当,就可以使全弹道上的需用过载均小于可用过载,从而实现全向攻击。另外,与平行接近法相比,它对发射瞄准时的初始条件要求不严,在技术实施上是可行的,因为只需要测量 $\dot{q}$,$\dot{\sigma}$。因此,比例导引法得到了广泛的应用。

但是,比例导引法还存在明显的缺点,即命中点导弹需用法向过载受导弹速度和攻击方向的影响。

为了消除比例导引法的缺点,人们提出了多种形式的改进比例导引方法。例如,需用法向过载与目标线旋转角速度成比例的广义比例导引法,其导引关系式为

$$n = K_1 \dot{q} \tag{5-158}$$

或

$$n = K_2 |\dot{r}| \dot{q} \tag{5-159}$$

式中　K_1, K_2——比例系数；

　　　$|\dot{r}|$——导弹接近速度。

5.4.3.2　跟踪飞行方案

跟踪飞行是指导弹跟踪预先设定好的飞行弹道的一种飞行模式。预设弹道通过曲线 y_* $= y_* (x_*)$ 实现。预设弹道是通过给定有限个弹道离散点，采用样条插值拟合出整个飞行轨迹，同时可以计算出每一点的导数。设预定弹道上某点坐标为 (x_*, y_*)，此点的导数：

$$\frac{\mathrm{d}y_*}{\mathrm{d}x_*} = \tan \theta_* \tag{5-160}$$

则弹道倾角为

$$\theta_* = \arctan \frac{\mathrm{d}y_*}{\mathrm{d}x_*} \tag{5-161}$$

当导弹飞行到 x_* 这一点处时，导弹倾角的增量为

$$\Delta \theta_1 = \theta_* - \theta \tag{5-162}$$

式中，θ 为导弹飞行时当前的弹道倾角。如果仅让导弹的弹道倾角跟踪预先设定弹道的倾角，由于导弹的实际飞行速度与预设弹道的速度特性有所区别，导弹就不能提供按预设弹道飞行所需的过载，所以导弹仍不能实现按照预设弹道飞行的目标。为此，引入质心位置（导弹飞行高度）控制部分，如下式：

$$\Delta \theta_2 = K_{\Delta H}(y - y_*) + K_{\Delta \dot{H}} \Delta \dot{y} + K_{\int \Delta H} \int \Delta y \mathrm{d}t \tag{5-163}$$

引入导弹飞行高度与预设弹道高度的高度差信号、高度差的微分和积分信号，作为弹道倾角增量的输入信号，从而保证导弹的质心也能很好地跟踪预先设定的弹道。则最终的弹道倾角变化规律为

$$\Delta \theta = \Delta \theta_1 + \Delta \theta_2 \tag{5-164}$$

下面即可按照给定弹道倾角变化规律的方案飞行方法计算导弹飞行攻角，实现跟踪飞行。

5.5　载荷设计计算

载荷，是指作用在导弹各个部位结构上面的力和力矩。通常用轴向力 N，剪力 Q_y, Q_z，弯矩 M_y, M_z 及扭矩 M_x 等形式表示和给出。

在进行导弹弹体结构设计、强度验算、静力试验以及舵机功率选择等工作时，都需要掌握包括地面操作运行和空中发射飞行过程中作用在导弹各个部位的最大载荷。

无论是在地面还是空中，导弹的受载情况都是相当复杂的，不可能计算所有情况下的导弹载荷。载荷设计计算的任务是通过对众多影响载荷因素的分析，从复杂多变的情况当中，归纳总结出最具有代表性的严重情况作为载荷的设计情况，计算并提供出导弹各个部位的最大载荷值。

设计情况的选择是导弹载荷计算一项首要的任务。所谓导弹设计情况，就是指导弹出现最大载荷或相应各种载荷叠加时最严重的瞬时情况。按照载荷设计计算所提供的载荷值进行

结构设计、选择舵机功率和其他弹上设备,可以达到以较轻的质量和足够的强度以满足使用要求的效果。

5.5.1 导弹设计情况选择

5.5.1.1 导弹飞行设计情况选择

导弹由于其用途、类型、配置方式等不同,尚无专门的技术规范规定导弹载荷计算的各种典型设计情况,只能根据其实际的飞行状态来选择设计情况。下面将讨论旋转弹翼式气动布局、单级固体发动机、寻的制导导弹的飞行设计情况的选择,其基本思想也适用于正常式布局的防空导弹。

1.导弹弹体飞行设计情况选择

确定弹体飞行设计情况,首先要权衡下述三个原始设计参数。

(1)导弹可用过载。导弹可用过载是指导弹法向最大平衡过载。它在低空时是指最大限制过载,在高空时是指弹翼偏转最大值时所产生的法向平衡过载。可用过载是确定弹体横向载荷最重要的设计参数。

(2)发动机推力。发动机推力的变化规律和量值范围比较固定和易于掌握。载荷设计计算时认为推力作用在燃烧室前端面处,扭矩作用在斜喷管截面处。

在载荷计算时,应该选用高温环境条件的发动机最大推力作为确定弹体轴向载荷的主要设计参数。这是因为高温时发动机工作时间短,总冲量也略大,结果不仅使推力大,还由于克服飞行中阻力消耗的那部分能量较小,使导弹的最大速度提高,动压增大,产生较大的空气动力。

(3)导弹质量。它是确定弹体横向和轴向惯性载荷的设计参数。

防空导弹的飞行一般分为自动稳定段和控制段。对于单级导弹来说,飞行设计情况发生在控制段。图5-8所示为上述三个原始参数在飞行控制段随时间变化曲线,可选择设计情况如下:

导弹在起控点具有较大或最大可用过载n_{ymax}、最大质量m_{max},因此,该点$(n_{ymax} m_{max})$即为弹体飞行设计情况之一。

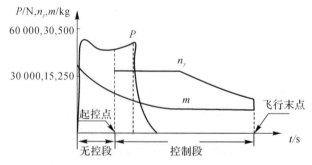

图5-8 选择弹体设计情况的原始设计参数

在控制段,单级固体发动机推力的后峰值有很大的轴向过载值n_x,同时存在的法向过载组合成$(n_x + n_y)_{max}$复合情况则为弹体飞行设计情况之二。

在固体发动机熄火、飞行主动段末点附近,导弹具有最大速度 v_{max},低弹道飞行时,则有最大动压 q_{max},这时往往在弹体上产生最大弯矩 M_{max},这是弹体飞行设计情况之三。

如果导弹起控时间较早,起控马赫数较低,导弹在起控点尚未达到最大可用过载时,则要权衡找出起控后的最大可用过载点,这是弹体飞行设计情况之四。

2. 导弹弹体飞行设计情况的各种状态

确定了弹体飞行设计情况之后,也就确定了设计情况的诸设计参数。这些参数包括飞行时间 t、可用过载 n_y, n_x、推力 P、质量 m 和导弹速度 v 等,这些都是计算弹体载荷基本的原始设计参数。

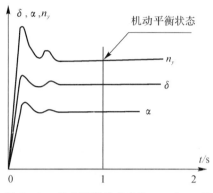

图 5 – 9 　机动平衡状态时的 δ, α 和 n_y 值

以下对每个设计情况可能出现的各种状态进行分析。

(1) 机动平衡状态。旋转弹翼布局导弹的机动是由弹翼偏转产生相应攻角,从而建立导弹可用过载的。

机动飞行有一个过渡过程,通常称 δ, α 和 n_y 达到稳定状态时为机动平衡状态(见图 5 – 9)。

机动平衡状态时 δ, α 和 n_y 三者关系为

$$n_y m = \left(C_y^{\alpha} \alpha + C_y^{\delta} \delta \right) qS \tag{5-165}$$

$$\alpha = \frac{n_y m}{\left[C_y^{\alpha} + C_y^{\delta} \left(-m_z^{\alpha}/m_z^{\delta} \right) \right] qS} \tag{5-166}$$

$$\delta = \alpha \left(-m_z^{\alpha}/m_z^{\delta} \right) \tag{5-167}$$

式中　　C_y^{α} —— 导弹法向力系数对攻角的偏导数;

　　　　C_y^{δ} —— 导弹法向力系数对舵偏角的偏导数;

　　　　m_z^{α} —— 导弹俯仰力矩系数对攻角的偏导数;

　　　　m_z^{δ} —— 导弹俯仰力矩系数对舵偏角的偏导数;

　　　　q —— 动压;

　　　　S —— 参考面积。

(2) 进入机动状态。飞行中的导弹在作急剧机动时,弹翼偏转具有相当大的速度,有时几乎是瞬间进行的。弹翼这种突偏,使它产生的 δ, α 和 n_y 都有一个相应增量 $\Delta\delta$, $\Delta\alpha$ 和 Δn_y,统称为超调量 σ。超调量的大小由自动驾驶仪回路特性所决定。为方便载荷计算考虑,通常将其统一综合到可用过载上,一般要求 $\sigma = 0.1 \sim 0.2$。

旋转弹翼布局导弹弹翼偏转时的各种飞行状态如图 5 – 10 所示。机动平衡状态对应于 A 点。若弹翼偏角没有超调量 $\Delta\delta$,只有攻角超调量 $\Delta\alpha$,则进入机动状态落在 B_1 点。相反,若攻角没有超调量 $\Delta\alpha$,只弹翼偏角有超调量 $\Delta\delta$,则进入机动状态就落在 B_2 点。

过载超调量 Δn_y 同 $\Delta\delta$ 和 $\Delta\alpha$ 的关系亦取决于自动驾驶仪的特性。某型号导弹飞行试验结果分析表明,弹翼突偏产生 $\Delta\delta$ 同时,也存在 $\Delta\alpha$,一般可取

$$\Delta\delta = \frac{\Delta n_y m}{2 C_y^{\delta} qS} \tag{5-168}$$

$$\Delta\alpha = \frac{\Delta n_y m}{2C_y^\delta qS} \qquad (5-169)$$

在这种情况下,进入机动状态,即图 5-10 中的 B 点。

(3)退出机动状态。退出机动状态是指从机动平衡状态中,弹翼突偏返回至零($\delta=0$)状态。由于弹翼是导弹产生可用过载的主要部件,弹翼偏角等于零将大大减少弹体可用过载,因此,这个状态导弹弹体不会引起很大载荷,但由于舵偏对弹翼后面流场的下洗作用减少,往往在尾翼上会出现最大载荷。对于正常式布局导弹,退出机动状态则是导弹弹体严重设计情况。退出机动状态对应于图 5-10 中的 C 点。

3. 弹翼设计情况选择

弹翼最大载荷出现在最大可用过载时的进入机动状态(图 5-10 中的 B 点)。

旋转弹翼法向气动力载荷由飞行攻角和舵面偏角两部分所组成。随着固体发动机燃料的燃烧,导弹飞行马赫数和质心不断变化,导弹调整比也发生变化,这样就影响弹翼上的由攻角和舵面偏角所产生的法向气动力载荷分配,因此,必须在最大可用过载条件下,对导弹从起控开始到最大马赫数的整个空域进行权衡选择。

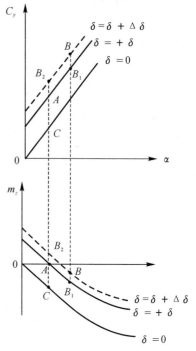

图 5-10　旋转弹翼布局导弹弹翼偏转时的各种飞行状态

导弹在作机动的同时,还要作滚动控制。因此,要考虑最大副翼偏角,这样就组成了弹翼偏转和弹翼、副翼同时偏转两种设计情况(见图 5-11)。

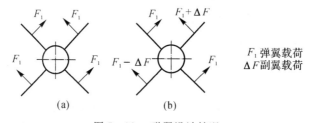

F_1 弹翼载荷
ΔF 副翼载荷

(a)　　　　　　　　　(b)

图 5-11　弹翼设计情况

(a)弹翼偏转情况;　(b)弹翼-副翼偏转情况

还必须考虑飞行时弹翼受到的气动阻力,包括零阻、波阻和诱导阻力。

4. 尾翼设计情况选择

尾翼上法向气动力载荷是由攻角产生的,尾翼最大载荷取最大可用过载条件下 $(\alpha q)_{\max}$ 情况。

尾翼处于弹翼之后,因此它受到攻角和弹翼偏角双重下洗流的作用,如图 5-10 所示,一种情况是退出机动状态,相当于图中 C 点,另一种可能情况是尾翼具有 $\alpha+\Delta\alpha$,相当于 B_1 点。

某型号"$+-\times$"布局导弹,在沿体轴 y_1,z_1 作机动和沿 y_1,z_1 轴成 $45°$ 角作机动时,组成了尾翼两种设计情况(见图 5-12)。

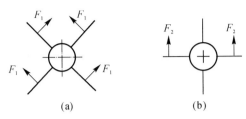

图 5-12　尾翼设计情况

(a)"×"受载情况；　(b)"+"受载情况

5.5.1.2　导弹地面设计情况选择

导弹结构设计的载荷主要是根据飞行设计情况所决定的,选择地面或舰上设计情况的目的在于:确定导弹在各种支承状态下支点(如前、后支脚)的局部载荷;检查导弹在地面的各种操作规范(如吊挂、各种车辆运输速度等)和地面设备(如发射架运转等)设计的合理性。

1.停放情况

导弹停放时,作用在导弹上有重力和侧力。侧力由侧风所引起,侧风速度为 40 m/s,侧力系数取 1.5。侧力作用在导弹侧向投影面上,力作用点在侧向投影面中心。

2.吊挂情况

导弹在吊挂过程中,可能产生跳动与冲击,一般取过载值 $n_y=2$。

3.运输情况

导弹运输应考虑以全弹整体形式在铁路、水路和公路等各种运输情况,一般以公路运输为最严重。

某型号导弹采用运输装填车进行公路运输,车内有安放导弹的备弹架。导弹在备弹架上有三个支承点(见图 5-13)。A,B 点分别为导弹自重夹紧弹体的托座;C 点为限制导弹轴向位移的定位座,定位座不承受横向载荷。

运输过载 $n_y=3$,$n_x=1.5$。

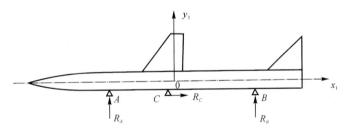

图 5-13　运输情况下的支承力

4.导弹发射离轨情况

导弹在发射架上离轨时所受的载荷比较复杂,它应包括:

1)由侧风引起的载荷。取导弹在发射时侧风风速为 20 m/s。

2)推力偏心。推力偏心是由发动机本身或与导弹之间安装偏差和燃气流的不均匀性引起的,推力偏心导致产生法向载荷,一般推力偏心值不超过 $1°\sim2°$。

3)发射架运转。导弹发射离轨时,发射架对目标进行跟踪,因此要考虑最大方位角加速度和最大高低角加速度引起的载荷。

4)哥氏加速度载荷。导弹在导轨上作平移运动,而导轨在绕耳轴和转台中心作高低和方位旋转时,就会产生由哥氏加速度所引起的载荷。

5)振动载荷。导弹发射时,在发射架上的振动载荷(低频)取 $n_y=3$。

此外,尚有支脚沿导轨的摩擦力。

将上述各载荷进行计算后,分别加到导弹垂直平面和水平平面上,然后按均方根值相加。

5.5.1.3 导弹在舰上设计情况选择

导弹在舰上的设计情况主要取决于舰艇的战术技术性能,即舰艇的航行海情和作战使用海情下舰艇所对应的过载。

舰上设计情况还取决于导弹在舰上的状态。某型号导弹在舰上考虑了库存、装填、调转和发射几种设计情况。

应当特别指出,导弹装舰计算中应注意导弹坐标系同舰艇坐标系之间的关系。

1.导弹在弹库内垂直贮存情况

导弹在弹库内垂直贮存,依靠一止动块压在后支脚上,使导弹不发生纵向位移,所以导弹在舰上的纵向过载作用在后支脚上。

舰上航行海情规定为 8 级。舰艇过载为 $n_x=1.5,n_y=4,n_z=1.5$(舰艇坐标系)。

2.导弹从弹库到发射架装填情况

某舰装填采用推式输弹,导弹在后支脚处伸出一凸块,作为推式输弹的支撑点,推力作用在凸块上。

导弹推上发射架时,依靠后支脚两侧凸块止动,两侧凸块承受止动力。

3.导弹在发射架上置于垂直状态时调转情况

舰上作战使用海情规定为 5 级。舰艇过载为 $n_x=1,n_y=1.5,n_z=1$。

调转时导弹侧向冲击载荷为 3.5。

4.导弹在舰上发射离轨情况

导弹在发射架上依靠止动块压在后支脚两侧凸块上,两侧凸块作用牵止力。

其他类同地面发射离轨情况。

5.5.2 导弹载荷计算

5.5.2.1 导弹的过载

导弹的过载定义为作用在导弹某一方向上的除重力外全部外力合力与导弹重力之比。沿弹体坐标系方向的过载 n_x,n_y 和 n_z 分别称为导弹的轴向过载、法向过载和侧向过载。

1.导弹轴向过载

导弹在主动段飞行时

$$n_x=(P-X)/mg \tag{5-170}$$

在被动段飞行时

$$n_x = -X/mg \qquad (5-171)$$

式中，X 为导弹飞行阻力。

2.导弹横向过载和侧向过载

在机动平衡状态，横向和侧向过载为

$$n_y = n_z = (C_y^\alpha \alpha + C_y^\delta \delta) qS/m \qquad (5-172)$$

进入机动状态，导弹质心过载为

$$n_y = n_z = [C_y^\alpha (\alpha + \Delta\alpha) + C_y^\delta (\delta + \Delta\delta)] qS/m \qquad (5-173)$$

沿导弹轴向坐标任意点 x_i 的过载(见图 5-14)为

$$n_{y_i} = n_y - \varepsilon(x_G - x_i)/g \qquad (5-174)$$

$$\varepsilon = M'/J_z \qquad (5-175)$$

式中　x_G——导弹的质心坐标；

　　　M'——绕导弹质心的气动力矩；

　　　J_z——导弹绕通过其质心 z 轴的转动惯量。

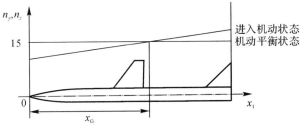

图 5-14　导弹过载分布

5.5.2.2　导弹质量分布

在计算载荷前，需要绘制导弹沿长度方向的质量分布图，常用的方法是将导弹分为若干站，各站的坐标分别为 $x_1, x_2, x_3, \cdots, x_S$，站的数量可按载荷计算精度要求而定，而站的位置可任意选取，为了合理分布质量，一般应把各舱段分离面、集中质量点和舱内各设备的固定接头等特征点位置作为计算的必要的站(见图 5-15)。

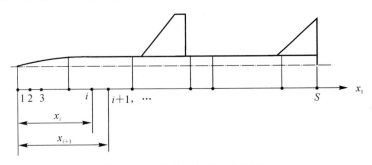

图 5-15　导弹质量分布计算模型

已知导弹各舱段、部件和弹内设备的质量、质心位置，就可以将它简化为集中质量和分布质量两类，然后将集中质量直接分在站上，将分布质量均布在两站之间的区间内。计算方法如下：

已知集中质量 m_k、质心位置 x_k，按下式将其分布在 x_k 的邻近两站：

$$\left. \begin{array}{l} m_i = m_k(x_{i+1} - x_k)/(x_{i+1} - x_i) \\ m_{i+1} = m_k(x_k - x_i)/(x_{i+1} - x_i) \end{array} \right\} \qquad (5-176)$$

已知均布质量 m_{k1}、质心位置 x_{k1}，按下式将其分布在已知长度 x_m 至 x_n 内，$m, m+1, \cdots, n-1, n$ 各站上的分布质量为

$$\left. \begin{array}{l} q_m = \dfrac{2m_{k1}}{x_n - x_m}\left[2 - \dfrac{3(x_{k1} - x_m)}{x_n - x_m}\right] \\[4mm] q_n = \dfrac{2m_{k1}}{x_n - x_m}\left[\dfrac{3(x_{k1} - x_m)}{x_n - x_m} - 1\right] \end{array} \right\} \qquad (5-177)$$

而

$$\left. \begin{array}{l} q_{m+1} = q_m + \dfrac{(q_n - q_m)(x_{m+1} - x_m)}{x_n - x_m} \\[4mm] q_{m+2} = q_m + \dfrac{(q_n - q_m)(x_{m+2} - x_m)}{x_n - x_m} \\[2mm] \cdots\cdots \\[2mm] q_{n-1} = q_m + \dfrac{(q_n - q_m)(x_{n-1} - x_m)}{x_n - x_m} \end{array} \right\} \qquad (5-178)$$

5.5.2.3 导弹气动力分布

1. 轴向气动力分布

各飞行设计情况导弹阻力可按下式计算

$$X = \sum X_j = \sum X_{b,j} + \sum X_{f,j} \qquad (5-179)$$

式中　$X_{b,j}$——各部件的波阻；

　　　$X_{f,j}$——各部件的摩擦阻力。

$$\left. \begin{array}{l} X_{b,j} = C_{xbj}qS \quad j \text{ 代表 n,W,T,bt,bot} \\ X_{f,j} = C_{xfj}qS \quad j \text{ 代表 B,W,T} \end{array} \right\} \qquad (5-180)$$

式中　C_{xbj}——各部件的波阻系数；

　　　C_{xfj}——各部件的摩擦阻力系数。

其中下标符号 j 中的 n,W,T,bt,bot 和 B 分别代表导弹头部、弹翼、尾翼、尾段、底部和全弹身。

导弹阻力可以分成集中阻力和分布阻力两类。其中可将 X_{bW}，X_{bT}，X_{fW}，X_{fT} 和 X_{bot} 集中阻力分在弹身上，X_{bbt} 和 X_{fB} 则按均布力分在弹身上，而 X_{bn} 则按下式分布到头部长度 L_n 各站上，导弹头部最大分布阻力位于 $0.2L_n$ 处。

$$q_{x_i} = \begin{cases} \dfrac{10X_{bn}}{L_n^2}x_i, & (x_i \leqslant 0.2L_n) \\[4mm] \dfrac{2.5X_{bn}}{L_n^2}(L_n - x_i), & (x_i > 0.2L_n) \end{cases} \Bigg\} \qquad (5-181)$$

2. 法向气动力分布

各飞行设计情况导弹法向力可按下式计算：

（1）平衡状态

$$
\left.\begin{aligned}
Y &= \sum Y_j = \sum Y_j^a + \sum Y_j^\delta \\
Y_j^a &= C_{Nj}^a \alpha q S, \quad j \text{ 为 } n, cyl, W', WB, T', TB, bt \\
Y_j^\delta &= C_{Nj}^\delta \delta q S, \quad j \text{ 为 } W, T
\end{aligned}\right\}
\tag{5-182}
$$

式中　　　　　　　Y^a——攻角产生的法向力；

$\qquad\qquad\quad Y^\delta$——弹翼偏角产生的法向力。

cyl, W', WB, T', TB——分别表示圆柱段、弹翼翼面上、弹翼对身干扰、尾翼翼面上、尾翼对身干扰。

（2）进入机动状态

$$
\left.\begin{aligned}
Y &= \sum Y_j = \sum Y_j^a + \sum Y_j^\delta \\
Y_j^a &= C_{Nj}^a (\alpha + \Delta\alpha) q S, \quad j \text{ 为 } n, cyl, W', WB, T', TB, bt \\
Y_j^\delta &= C_{Nj}^\delta (\delta + \Delta\delta) q S, \quad j \text{ 为 } W, T
\end{aligned}\right\}
\tag{5-183}
$$

导弹法向力也可以分成集中力和分布力两类。其中 $Y_{cyl}^a, Y_{WB}^a, Y_T^a, Y_{TB}^a, Y_{bt}^a$ 和 Y_T^δ 用已知其相应压力中心参数 $x_{cpcyl}, x_{cpWB}, x_{cpT'}, x_{cpTB}, x_{cpbt}$ 和 x_{cpT} 按下式将其分布在 x_{cpj} 的邻近两站：

$$
Y_{j,i} = \frac{(x_{i+1} - x_{cpj})}{(x_{i+1} - x_i)} Y_j
$$

$$
Y_{j,i+1} = \frac{(x_{cpj} - x_i)}{(x_{i+1} - x_i)} Y_j \quad j = cyl, W', T', TB, bt, T
\tag{5-184}
$$

Y_n 用已知压力中心 x_{cpn} 和 L_n，按下式将其分在 L 内的已知各站。

$$
\left\{\begin{aligned}
q_{yi} &= (2Y_n x_i)/La, & (x_i \leqslant a) \\
q_{yi} &= 2Y_n(l - x_i)/L(L-a), & (x_i > a) \\
L &= 3x_{cpn} - a \\
a &= 0.4 L_n
\end{aligned}\right\}
\tag{5-185}
$$

Y_W^a 和 Y_W^δ 则直接分至舵轴位置站 x_p，并计算 $\Delta M_{W'}, \Delta M_W$ 作为该站的附加弯矩。

$$
\left.\begin{aligned}
\Delta M_{W'} &= -Y_{W'}^a (x_{cpaa} - x_p) \\
\Delta M_W &= -Y_W^\delta (x_{cp\delta0} - x_p)
\end{aligned}\right\}
\tag{5-186}
$$

式中，$x_{cp\delta0}$ 为弹翼作偏转时的压力中心。

5.5.2.4　轴向载荷计算

导弹在被动段沿轴向任意站（n）的轴向力等于其气动阻力和质量力在轴向分量的总和，而质量力的轴向分量等于轴向过载与任意站（n）前导弹质量的乘积。

$$
N_n = -\left[\sum_{i=1}^n X_i + \sum_{i=1}^n q_{x_i}(x_i - x_{i-1})\right] - n_x \left[\sum_{i=1}^n m_i + \sum_{i=1}^n q_i(x_i - x_{i-1})\right]g \tag{5-187}
$$

式中，负号表示 n 站前截面都是受压的。

导弹在主动段沿轴向任意点（n）的轴向力，凡是位于推力作用点前的站都是受压的，位于推力点之后则是受拉的。推力作用点之后的轴向力为

$$
N_n = P - \left[\sum_{i=1}^n X_i + \sum_{i=1}^n q_{x_i}(x_i - x_{i-1})\right] - n_x \left[\sum_{i=1}^n m_i + \sum_{i=1}^n q_i(x_i - x_{i-1})\right]g
$$

$$\tag{5-188}$$

导弹弹体的轴向力沿弹身长度从首站 1 开始至末站 S 依次逐站进行计算,其通式为

$$N'_{i+1} = N_i + \Delta N'_{i+1}$$
$$N_{i+1} = N'_{i+1} + \Delta N_{i+1}$$

边界条件 $\quad N_1 = N_S = 0, \quad i = 1, 2, 3, \cdots, S$ \hspace{2cm} (5-189)

式中

$$\Delta N'_{i+1} = -q_{x_{i+1}}(x_{i+1} - x_i) - n_x q_{i+1}(x_{i+1} - x_i)g$$
$$\Delta N_{i+1} = P - X_{i+1} - n_x m_{i+1}g, \quad i = 1, 2, 3, \cdots, S$$

\hspace{2cm} (5-190)

$\Delta N'_{i+1}$——$i+1$ 站均布力引起的轴向力;

ΔN_{i+1}——$i+1$ 站集中力、亦包括推力所引起的轴向力。

5.5.2.5 法向载荷计算

导弹在飞行情况下,任意站(n)的剪力等于法向气动力和质量力在横轴分量的总和,而弯矩则是各站剪力对任意站位置 x_n 的力矩和。

$$Q_n = \left[\sum_{i=1}^{n} Y_i + \sum_{i=1}^{n} q_{y_i}(x_i - x_{i-1})\right] - n_y\left[\sum_{i=1}^{n} m_i + \sum_{i=1}^{n} q_i(x_i - x_{i-1})\right]g$$
$$M_n = \left[\sum_{i=1}^{n} Y_i + \sum_{i=1}^{n} q_{y_i}(x_i - x_{i-1})\right](x_i - x_n) - n_y g\left[\sum_{i=1}^{n} m_i + \sum_{i=1}^{n} q_i(x_i - x_{i-1})\right](x_i - x_n)$$

\hspace{2cm} (5-191)

导弹弹体的剪力和弯矩沿弹身长度从首站 1 开始至末站 S 依次逐站进行计算,剪力的通式为

$$Q'_{i+1} = Q_i + \Delta Q'_{i+1}$$
$$Q_{i+1} = Q'_{i+1} + \Delta Q_{i+1}$$

边界条件 $\quad Q_1 = Q_S = 0, \quad i = 1, 2, 3, \cdots, S$ \hspace{2cm} (5-192)

式中

$$\Delta Q'_{i+1} = (q_{y_i} + q_{y_{i+1}})(x_{i+1} - x_i)/2 - n_y(q_i + q_{i+1})(x_{i+1} - x_i)/2$$
$$\Delta Q_{i+1} = Y_{i+1} - n_y m_{i+1}g, \quad i = 1, 2, 3, \cdots, S$$

\hspace{2cm} (5-193)

$\Delta Q'_{i+1}$——$i+1$ 站均布力引起的剪力;

ΔQ_{i+1}——$i+1$ 站集中力引起的剪力。

弯矩计算的通式为

$$M'_{i+1} = M_i + \Delta M'_{i+1}$$
$$M_{i+1} = M'_{i+1} + \Delta M_{i+1}$$

边界条件 $\quad M_1 = M_S = 0, \quad i = 1, 2, 3, \cdots, S$ \hspace{2cm} (5-194)

式中

$$\Delta M'_{i+1} = (Q'_{i+1} + Q_i)(x_{i+1} - x_i)/2$$ \hspace{2cm} (5-195)

ΔM_{i+1}—— 舵轴位置站的附加弯矩,其值按式(5-186)计算,显然对其他各站 $\Delta M_{i+1} = 0$。

应当指出,上述剪力和弯矩计算公式皆对应于飞行设计情况中的机动平衡状态,机动平衡状态横向过载 n_y 沿导弹弹身长度分布为一常值。在进入机动状态时,式(5-191)则为

$$Q_n = \left[\sum_{i=1}^{n} Y_i + \sum_{i=1}^{n} q_{y_i}(x_i - x_{i-1})\right] - \left[\sum_{i=1}^{n} n_{y,i} m_i g + \sum_{i=1}^{n} n_{y,i} q_i g(x_i - x_{i-1})\right]$$

$$M_n = \left[\sum_{i=1}^{n} Y_i + \sum_{i=1}^{n} q_{y_i}(x_i - x_{i-1})\right](x_i - x_n) - \left[\sum_{i=1}^{n} n_{y,i} m_i g + \sum_{i=1}^{n} n_{y,i} q_i g(x_i - x_{i-1})\right](x_i - x_n)$$

$$(5-196)$$

通式计算式(5-193)应为

$$\Delta Q'_{i+1} = (q_{y_i} + q_{y_{i+1}})(x_{i+1} - x_i)/2 - (n_{y,i}q_i + n_{y,i+1}q_{i+1})(x_{i+1} - x_i)/2$$

$$\Delta Q_{i+1} = Y_{i+1} - n_{y,i+1} m_{i+1} g \quad i = 1,2,3,\cdots,S$$

$$(5-197)$$

导弹轴向力、剪力和弯矩如图 5-16 所示。

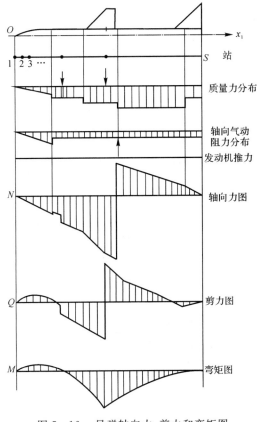

图 5-16　导弹轴向力、剪力和弯矩图

5.5.2.6　弹翼和尾翼分布载荷计算

1. 弹翼和尾翼载荷

根据弹翼和尾翼选择的设计情况,弹翼、尾翼最大法向载荷分别为

$$Y_w = \left[C_{NW}^\alpha(\alpha + \Delta\alpha) + C_{NW}^\delta(\delta + \Delta\delta + \delta_r)/K_{\delta 0}\right]qS \qquad (5-198)$$

$$Y_T = C_{NT}^\alpha(\alpha + \Delta\alpha)qS \qquad (5-199)$$

式中　C_{NW}^α——弹翼法向力系数斜率;

　　　　C_{NT}^α——尾翼法向力系数斜率;

C_{NW}^{δ} —— 弹翼法向力系数对舵偏角的导数;

δ_r —— 副翼偏角;

$K_{\delta 0}$ —— 偏航时翼身组合段的干扰因子。

2. 线化理论锥型流法

为了进行弹翼强度计算,不仅要确定总载荷,而且还要确定翼面的载荷分布。翼面载荷分布既取决于飞行速度和翼剖面形状,还取决于翼面的平面形状。可采用基于线性理论的锥型流方法(见图 5-17)来计算翼面分布载荷。

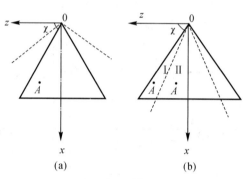

图 5-17　锥型流法
(a) 亚声速前缘;　(b) 超声速前缘

(1) 亚声速前缘单独翼面。载荷系数

$$c_{p,A} = \frac{2\alpha m^2}{B E_1(m) \sqrt{m^2 - t^2}} \tag{5-200}$$

(2) 超声速前缘单独翼面。

$$(c_{p,A})_I = \frac{2\alpha m}{B \sqrt{m^2 - 1}} \tag{5-201}$$

$$(c_{p,A})_{II} = \frac{2\alpha m}{B \sqrt{m^2 - 1}} \left(1 - \frac{2}{\pi} \arcsin^{-1} \sqrt{\frac{1-t^2}{m^2 - t^2}}\right) \tag{5-202}$$

式中　$E_1(m)$ —— 以 $k = 1 - m^2$ 为模数的第二类椭圆积分;

$B = \sqrt{Ma^2 - 1}$;

$m = \dfrac{1}{\tan\mu \tan\chi}$;

$t = \dfrac{1}{\tan\mu} \dfrac{z}{x}$;

$\tan\mu = 1/B$。

根据上述公式可以求出亚声速前缘和超声速前缘翼面上任一点 A 的载荷系数。对切尖三角翼,在翼梢处的马赫线分布较为复杂,因其情况繁多,不能一一列举,但最终总是可以用消举法叠加技术来求解得出结果,详细可参考相关文献。

关于弹身对弹翼的干扰可考虑在上洗气流对攻角的影响中,而弹翼偏角则相当于单独翼的攻角情况。翼身组合段中翼面考虑上洗后,按实验细长体理论所描述的沿展向的攻角分布为

$$\alpha_z = \alpha \left[1 + \frac{r^2}{(r+z)^2} \right] \tag{5-203}$$

式中　r——弹身半径；

z——翼面以弹身中心为坐标原点的展向位置。

5.5.2.7　舵面铰链力矩计算

铰链力矩定义为舵面法向力与其合力中心至舵轴间距离的乘积。

1. 最大铰链力矩

$$M_{j,\max} = (M_{j_1} + M_{j_2})_{\max} = (C_{yp}^\alpha \alpha + C_{yp}^\delta \delta) q S \Delta x \tag{5-204}$$

式中，Δx 为翼面法向力合力中心与舵轴间的距离。

设计时要求导弹不仅在结构强度上能满足按可用过载所计算的铰链力矩值，而且弹上能源系统的舵机功率应能克服操纵舵面的最大铰链力矩。

2. 稳态值铰链力矩

$$M_j = (C_{yp}^\alpha \alpha + C_{yp}^\delta \delta) q S \Delta x \tag{5-205}$$

设计时所采用的 α, δ 不按传统载荷计算中如式(5-166)、式(5-167)中所列的可用过载法，而是直接引用既按已定的导引方法、又考虑各种干扰等因素的控制弹道的需用过载来计算 α, δ 值。

按需用过载概念来计算稳态铰链力矩的合理性是明显的，因为自动驾驶仪控制回路和舵机系统必须在飞行全程工作范围内满足稳态值铰链力矩要求，并保证规定指标的舵偏速度，若飞行段在全程工作范围内按可用过载计算，则无疑是保守的。

3. 反操纵铰链力矩

导弹在以亚、跨声速飞行时，舵面合力中心往往位于舵轴的前方，由此所产生的铰链力矩与正常情况下的铰链力矩符号相反，称为反操纵铰链力矩。

自动稳定段飞行的反操纵铰链力矩可按式(5-205)计算，首先将风的影响、推力偏心、安装误差和质心横向偏差等诸因素均折合成干扰攻角，并按均方根相加。另将舵偏零位、阻尼舵偏角和副翼偏角折合成干扰舵偏角，亦按均方根相加。然后根据干扰攻角和干扰舵偏角来计算反操纵铰链力矩。

控制回路和舵机系统在反操纵铰链力矩作用下，均应正常、可靠地工作。

应当指出，在铰链力矩计算中，Δx 其绝对量值较小，但对铰链力矩的影响却很大，一般理论方法难以计算准确，故用风洞试验给出结果。

5.6　作战空域和攻击区

5.6.1　作战空域

作战空域是防空导弹武器系统主要的战术指标之一。它比较集中地反映了系统的综合性能，是部队布防和编写战斗条令的依据。

作战空域包含杀伤区和发射区两个部分。通常把保证防空导弹武器系统以不低于给定的概率杀伤给定速度平直飞行的空中目标的遭遇点所构成的一定空间范围称为杀伤区。杀伤区内不同点的杀伤概率不尽相同,但应不低于规定的指标。发射区是指当目标在此空域内,地面发射导弹时,能使导弹与目标在杀伤区内遭遇的所有目标位置所构成的空间区域。

5.6.1.1 杀伤区

1.杀伤区的定义

杀伤区一般用地面参数直角坐标系来描述。坐标 H 表示目标飞行高度,坐标 P 表示目标运动的航路捷径(也称航向参数),坐标 X 表示杀伤区纵深。坐标原点 O 取在制导站或导弹发射点;OX 轴与目标运动方向在该地面上的投影相平行,指向与目标运动方向相反。

防空导弹武器系统的杀伤区是一个空间区域,如图 5-18 所示。由于图形比较复杂,工程上通常用两种平面图形来表示。一种平面图形称为垂直平面杀伤区,简称垂直杀伤区。它是由通过 HOX 平面切割空间杀伤区所得到的图形(见图 5-19)。另一种平面图形称为水平平面杀伤区,简称水平杀伤区。它是由平行于 POX 平面切割空间杀伤区所得到的图形(见图 5-20)。显然,对于一个空间杀伤区来说,垂直杀伤区只有一个,而水平杀伤区可以有多个。通常,根据杀伤区随高度的变化特点,给出若干个有代表性的水平杀伤区。

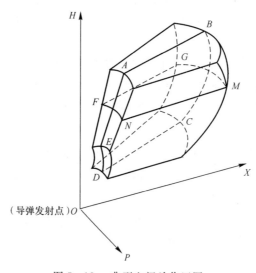

图 5-18 典型空间杀伤区图

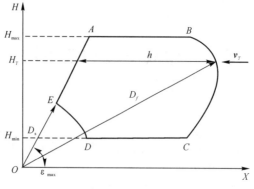

图 5-19 垂直杀伤区

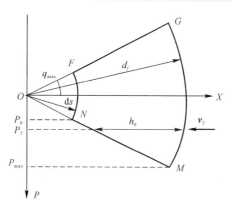

图 5-20　水平杀伤区

杀伤区的边界通常可分为远界(图 5-19 中 BC 和图 5-20 中 GM)、近界(图 5-19 中 AED 和图 5-20 中 FN)、高界(图 5-19 中 AB)、低界(图 5-19 中 DC)和侧界(图 5-20 中 GF 和 MN)。

杀伤区远界决定了最大射程 D_f;杀伤区近界决定了最小射程 D_s;杀伤区高近界决定了最大高低角 ε_{max}(见图 5-19);杀伤区近侧界决定了最大方位角 q_{max}(见图 5-20)。

在同一水平杀伤区内,从 O 点(OH 轴)到远界任一点的距离称为杀伤区的水平远界距离;从杀伤区远界任一点作平行于 OX 轴的直线,在这条直线上从远界点到近界点的距离称为杀伤区纵深(图 5-20 中 h_0)。对于不同的高度和不同的航路捷径,杀伤区纵深是不同的。

2. 决定杀伤区的主要因素

在防空导弹武器系统的设计中,按照给定的作战任务和要求的效能指标,通过设计参数的优化选择,可以确定对杀伤区边界的基本要求。根据这些要求进行导弹、制导雷达和发射装置的设计,然后根据导弹、制导雷达、发射装置和制导控制回路的性能和目标特性,通过计算、仿真和实弹射击,最终确定杀伤区边界。

一般情况下,杀伤区边界是由武器系统的设计要求、目标性质、射击条件和武器系统的实际性能等大量因素所决定的。这些主要因素如下:

1)导弹武器的作战任务及杀伤空中目标的概率;

2)导弹的飞行弹道和机动能力;

3)导弹制导控制回路性能和导引方法;

4)导弹战斗部和引信的性能以及引战配合特性;

5)制导雷达(或其他制导设备)的性能;

6)目标的飞行性能、有效散射面积和易损性;

7)目标的反导对抗手段(如施放电子干扰)等。

影响杀伤区远界的主要因素是雷达发现目标的最大距离、武器系统反应时间、导弹速度特性、导弹的可用过载、制导精度等。由于反应时间一般由用户规定,这样,在进行杀伤区远界设计时,就要对雷达发现及跟踪目标的最大距离、导弹的平均速度、导弹在远界的可用过载、制导精度进行设计和分配。武器系统的反应时间也需要进行二次设计和分配,以明确在此间进行的各个事件的串行、并行关系和快速性要求。

影响杀伤区近界的主要因素是导弹的加速性能、可用过载特性、制导控制的引入性能、雷达对目标的最小跟踪距离等。近界是由多个不光滑曲面组成的,从铅垂截面看,可以有圆弧段和直线段,各个边界的影响因素稍有差别。如铅垂面的直线段还涉及雷达的最大跟踪角度和角速度。为了保证近界指标,就要设计提出对上述因素的要求。低空近程武器的近界要求高于中高空远程的武器,这也是许多低空近程武器采用瞄准式倾斜发射的原因。垂直发射的导弹由于转弯的影响,近界一般较大。但部分型号上采用的冷转弯(转弯结束或基本结束后发动机点火)使得垂直发射的导弹也能达到很小的近界。

影响杀伤区高界的主要因素包括导弹的速度特性、导弹可用过载、制导的动态误差和引战配合效率。理论计算时,高界可能出现在纵深很小的水平面上。但考虑到发射决策、连续射击等因素,代表高界的水平截面应当有一定的纵深,以保证发射区的有效性和连续射击时最后离架的导弹能够命中目标。随着高度的增加,导弹的速度将下降,可用过载将降低,过载响应变慢,制导动态误差增大,弹目交会姿态变坏,引战配合效率下降,这些因素都是杀伤区高界设计时考虑的因素。

影响杀伤区低界的因素有雷达有效检测和跟踪超低空目标的能力、导弹飞行稳定性、制导精度、引信掠地(掠海)飞行能力等。其中关键问题是雷达在强杂波背景下检测和跟踪目标的能力、超低空多路径条件下的跟踪精度和制导精度。因此为了保证杀伤区的低界,就需要从上述主要因素入手,在技术途径选择、导引规律设计、制导数据综合运用、防止引信对地面启动等方面采取针对措施。

就作战需求来说,防空导弹武器系统的杀伤区低界越低越好,但是要求防空导弹武器系统主要组成部分的导弹和制导站,既具有良好的高空性能又具有良好的低空性能,在技术上往往有一定的困难。另外,由于受地球曲面和地物的影响,低空目标的发现距离受到限制,这就使许多防空导弹武器系统杀伤区的低远界限制在一定距离上,即使增大雷达(或光学制导设备)的作用距离,也不能增加低界上的杀伤区远界。因此,用中、远程的防空导弹射击低空目标,从经济上说是不合算的。这就形成了型号在空域上的分工。一般来说,应当用中低空中近程或低空近程的防空导弹拦截低空或超低空的目标,使这类型号具有尽可能低的杀伤区低界。而对于中高空中远程或高空远程防空导弹则在不损失其中、高空性能和不大幅度增加成本的基础上,尽量使型号具有较低的杀伤区低界。

对于给定的武器系统,采用不同的制导体制(雷达的,光学的,等等)、不同的导引规律、射击不同飞行速度的目标、射击不同有效反射面积的目标以及射击使用不同干扰手段的目标都有不同的杀伤区图形。因此,对于一套防空导弹武器系统需要给出多种杀伤区图,才能满足作战需要。

5.6.1.2 发射区

1.射击平直飞行目标的发射区

在发射导弹时,能够使导弹和目标在杀伤区内遭遇的所有目标位置所构成的空间区域,称为导弹的发射区。

射击水平直线飞行的目标时,取杀伤区边界上每一点为起点,向目标航向的反方向延长一段距离 ΔX_{fs},即形成垂直平面发射区的边界(见图 5-21)。延长的这段距离 ΔX_{fs} 等于目标飞行速度与导弹飞到该边界点的时间的乘积,即

$$\Delta X_{fs} = \begin{cases} v_T t_B & （对于远界） \\ v_T t_A & （对于近界） \end{cases}$$

式中，t_B，t_A 分别是导弹到达杀伤区远界和近界的飞行时间。

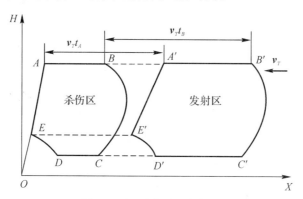

图 5-21　垂直平面发射区

同理可以得到水平平面发射区如图 5-22 所示。

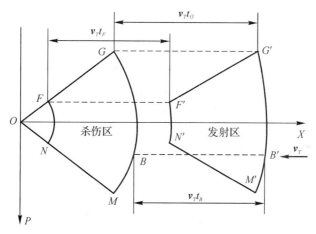

图 5-22　水平平面发射区

在杀伤区和导弹的飞行速度特性确定之后，射击平直飞行目标的发射区完全决定于目标的飞行速度。

2. 可靠发射区

导弹可靠发射区是指这样的空间区域：当目标进入此空域时发射导弹，无论目标如何机动飞行，都能保证导弹在杀伤区内与目标遭遇。由此可见，可靠发射区是目标作等速水平直线飞行时的导弹发射区与目标作机动飞行时的导弹发射区相重合的区域，它同时满足两个发射区的所有限制条件。

明确了可靠发射区的定义，确定可靠发射区的方法很简单。把目标作等速直线飞行时的导弹发射区

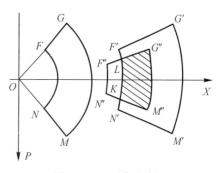

图 5-23　可靠发射区

和目标作机动飞行时的导弹发射区按同一比例画在一张图上,则两个发射区相重合的部分就是可靠发射区(如图5-23中所示的阴影部分)。

图5-23中:

$MNFG$—— 水平平面杀伤区;

$M'N'F'G'$—— 目标作等速直线飞行时,导弹的发射区;

$M''N''F''G''$—— 目标作机动飞行时,导弹的发射区;

$M''KLG''$—— 导弹的可靠发射区。

一般情况下,空中目标一旦发现向它发射防空导弹,必将采取对抗措施,最常用的就是进行紧急反射击机动,迅速改变航向,在与导弹遭遇之前逃离防空导弹的杀伤区。如果空中目标逃离杀伤区所需要的时间小于导弹到达杀伤区边界的时间,则不能杀伤目标。因此在射击航向机动目标时,导弹发射时刻应适当延迟。待目标进入杀伤区一定深度时再进行射击。故可靠发射区一般小于杀伤区。

很显然,在其他条件一定时,导弹平均飞行速度越高,可靠发射区的范围越大;导弹杀伤区的远界越高,近界越小,可靠发射区的范围也越大。

5.6.2 攻击区

1.攻击区的定义

与防空导弹武器系统类似,空空导弹武器系统也有一个发射区(又叫攻击区)。攻击区的大小及其特征是反映空空导弹武器系统的综合性能指标。它不仅提供了简单的使用条件,而且还全面地评价了武器系统的优劣,从而为今后改进武器系统指出了方向。

空空导弹的攻击区是目标周围的这样一个空域:当载机在此空域内发射导弹时,导弹就能以不低于某一给定的概率杀伤目标。若在此区域外发射导弹时,导弹杀伤目标的概率将低于某一给定值,甚至下降为零。

攻击区的计算包括发射包络和不可逃逸包络。发射包络是目标不机动或目标机动过载为常值条件下计算的最大、最小发射边界。不可逃逸包络是指目标作任何形式的机动都会被拦截的最大、最小发射边界。

攻击区的计算常用三自由度数学模型,而不用六自由度数学模型,主要有以下几个方面的原因:

1)攻击区的计算并不要求给出脱靶量,不关心气动力以及制导、控制系统工作的细节;

2)在总体设计时飞行控制系统还没有设计,直接用弹体六自由度方程计算可能不稳定,即使稳定弹体阻尼也很小,计算结果不准确;

3)攻击区的计算是通过弹道计算搜索攻击区的边界,希望计算得要快。

2.常用坐标系

在攻击区的计算中常用的坐标系有以下几种:

(1) 惯性坐标系 $oxyz$,原点 o 位于载机为发射导弹建立惯性坐标系时刻载机的地理位置(经度、纬度)和海拔0高度,ox 轴向北,oy 轴向上,oz 轴按右手定则确定。

(2) 弹体坐标系 $ox_1y_1z_1$,原点 o 位于弹体质心上,ox_1 轴沿弹体纵轴方向,向前为正;oy_1 轴在弹体纵向对称面内垂直于 ox_1 轴,向上为正;oz_1 轴由右手法则确定。

（3）弹道坐标系 $ox_2y_2z_2$，原点 o 取在弹体质心上，ox_2 轴与导弹速度方向一致；oy_2 轴在包含 ox_2 轴的铅垂平面内，向上为正；oz_2 轴由右手法则确定。

（4）速度坐标系 $ox_3y_3z_3$，原点 o 取在弹体质心上，ox_3 轴与导弹速度方向一致；oy_3 轴在包含 ox_1 的弹体纵向对称面内，向上为正；oz_3 轴按右手法则确定。

任何两个坐标系之间的转换都可以用依次绕三个轴转动的三个欧拉角表示，而且和转动次序无关。例如由惯性坐标系向弹体坐标系的转换，先绕 o_iy_i 轴转动 ψ 角，再绕新的 o_iz_i 轴转 ϑ 角，最后绕新的 o_ix_i 轴转 γ 角，如图 5-24 所示。

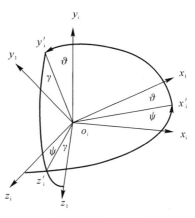

图 5-24 坐标转换

各坐标系的转换矩阵为

$$\begin{bmatrix} x'_i \\ y_i \\ z'_i \end{bmatrix} = \begin{bmatrix} \cos\psi & 0 & -\sin\psi \\ 0 & 1 & 0 \\ \sin\psi & 0 & \cos\psi \end{bmatrix} \begin{bmatrix} x_i \\ y_i \\ z_i \end{bmatrix} \tag{5-206}$$

$$\begin{bmatrix} x_1 \\ y'_i \\ z'_i \end{bmatrix} = \begin{bmatrix} \cos\vartheta & \sin\vartheta & 0 \\ -\sin\vartheta & \cos\vartheta & 0 \\ 0 & 0 & 1 \end{bmatrix} \begin{bmatrix} x'_i \\ y_i \\ z'_i \end{bmatrix} \tag{5-207}$$

$$\begin{bmatrix} x_1 \\ y_1 \\ z_1 \end{bmatrix} = \begin{bmatrix} 1 & 0 & 0 \\ 0 & \cos\gamma & \sin\gamma \\ 0 & -\sin\gamma & \cos\gamma \end{bmatrix} \begin{bmatrix} x_1 \\ y'_i \\ z'_i \end{bmatrix} \tag{5-208}$$

将式（5-206）代入式（5-207），再代入式（5-208），得

$$\begin{bmatrix} x_1 \\ y_1 \\ z_1 \end{bmatrix} = \begin{bmatrix} 1 & 0 & 0 \\ 0 & \cos\gamma & \sin\gamma \\ 0 & -\sin\gamma & \cos\gamma \end{bmatrix} \begin{bmatrix} \cos\vartheta & \sin\vartheta & 0 \\ -\sin\vartheta & \cos\vartheta & 0 \\ 0 & 0 & 1 \end{bmatrix} \begin{bmatrix} \cos\psi & 0 & -\sin\psi \\ 0 & 1 & 0 \\ \sin\psi & 0 & \cos\psi \end{bmatrix} \begin{bmatrix} x_i \\ y_i \\ z_i \end{bmatrix} =$$

$$\begin{bmatrix} \cos\vartheta\cos\psi & \sin\vartheta & -\cos\vartheta\sin\psi \\ -\cos\gamma\sin\vartheta\cos\psi+\sin\gamma\sin\psi & \cos\gamma\cos\vartheta & \cos\gamma\sin\vartheta\sin\psi+\sin\gamma\cos\psi \\ \sin\gamma\sin\vartheta\cos\psi+\cos\gamma\sin\psi & -\sin\gamma\cos\vartheta & -\sin\gamma\sin\vartheta\sin\psi+\cos\gamma\cos\psi \end{bmatrix} \begin{bmatrix} x_i \\ y_i \\ z_i \end{bmatrix}$$

$$\tag{5-209}$$

3.弹道和攻击区计算的数学模型

攻击区的边界是根据导弹的工作能力用弹道计算搜索得到的，搜索攻击区使用的参数有以下几个：

1）制导时间的最小、最大值；

2）导弹末速允许的最小值；

3）导弹目标接近速度允许的最小值；

4）允许导弹飞行的最小、最大高度；

5）导引头框架角绝对值的最大允许值；

6）导引头的最大跟踪角速度。

制导时间的最小值是由导弹的起控时间和制导时间常数决定的;制导时间的最大值由弹上能源或某些器件允许的最大工作时间决定;导弹末速允许的最小值根据导弹最小机动能力要求确定;导弹目标相对速度允许的最小值由无线电引信多普勒频率的范围确定;允许导弹飞行的最小高度由引信抗地、海杂波和制导系统性能决定;允许导弹飞行的最大高度由制导系统性能决定,特别是天线罩斜率误差的影响。

在搜索攻击区边界的弹道计算时,任意一条不满足就认为在攻击区外,所有条件都满足才认为可拦截目标。

在攻击区的计算中,导弹速度、导弹高度、发射离轴角、目标速度、目标高度、目标机动过载、进入角等分档组合,计算量很大,这些组合如无特殊要求,可按国军标 GJB1545—1992《空空导弹允许发射区设计通用要求》处理。

弹道计算的数学模型应在能反映导弹能力的前提下,尽量简单。不同导弹所用的数学模型也不尽相同,例如,没有中制导的导弹就不用考虑交接班截获概率对发射包线的影响。

一般导弹的运动方程使用三自由度弹道固连系方程,即

$$
\left.
\begin{aligned}
m \frac{\mathrm{d}v}{\mathrm{d}t} &= P\cos\alpha\cos\beta - X - mg\sin\theta \\
mv \frac{\mathrm{d}\theta}{\mathrm{d}t} &= (P\sin\alpha + Y)\cos\gamma + (P\cos\alpha\sin\beta - Z)\sin\gamma - mg\cos\theta \\
-mv\cos\theta \frac{\mathrm{d}\psi}{\mathrm{d}t} &= (P\sin\alpha + Y)\sin\gamma - (P\cos\alpha\sin\beta - Z)\cos\gamma
\end{aligned}
\right\} \quad (5-210)
$$

式中　m —— 导弹质量,kg;

　　　v —— 导弹速度,m/s;

　　　P —— 发动机推力,N;

X,Y,Z —— 气动阻力、升力、侧力在速度坐标系 $ox_3y_3z_3$ 上的投影,N;

　　　θ —— 弹道倾角,rad;

　　　ψ —— 弹道偏角,rad;

　　　γ —— 速度倾角,rad;

　　　α —— 攻角,(°);

　　　β —— 侧滑角,(°)。

对式(5-210)积分可得到 v,θ,ψ,导弹速度在惯性坐标系三个轴上的投影为

$$
\left.
\begin{aligned}
\frac{\mathrm{d}x}{\mathrm{d}t} &= v\cos\theta\cos\psi \\
\frac{\mathrm{d}y}{\mathrm{d}t} &= v\sin\theta \\
\frac{\mathrm{d}z}{\mathrm{d}t} &= -v\cos\theta\sin\psi
\end{aligned}
\right\} \quad (5-211)
$$

积分得到导弹在惯性坐标系中的位置。

目标在惯性坐标系中的速度、位置可简单地用控制目标的加速度进行积分得到。有了导弹和目标在惯性坐标系中的速度、位置就可求出导弹、目标的相对距离、速度,即

$$r = [x_r \quad y_r \quad z_r]^T = [x_T - x \quad y_T - y \quad z_T - z]^T \tag{5-212}$$

$$v_r = [\dot{x}_r \quad \dot{y}_r \quad \dot{z}_r]^T = [\dot{x}_T - \dot{x} \quad \dot{y}_T - \dot{y} \quad \dot{z}_T - \dot{z}]^T \tag{5-213}$$

在惯性坐标系的视线角速度为

$$\omega = \frac{r \times v}{r^2} = \frac{1}{r^2}[y_r\dot{z}_r - z_r\dot{y}_r \quad z_r\dot{x}_r - x_r\dot{z}_r \quad x_r\dot{y}_r - y_r\dot{x}_r]^T \tag{5-214}$$

式中，$r = \sqrt{x_r^2 + y_r^2 + z_r^2}$。

如果不考虑目标指示误差和截获概率，可以在惯性坐标系中利用导引律给出导弹的加速度，然后转到弹体坐标系。

弹体坐标系的 x 方向加速度是不能控制的，利用 y 向和 z 向加速度进行控制。由于弹道计算的目的不是研究脱靶量，可略去导引头和稳定回路的时间延迟。但是加速度限制不能省略，加速度限制有多种形式，例如"方"加速度限制，"圆"加速度限制，"八边形"加速度限制等。对攻角限制也通过转换成对应的加速度限制实现，加速度限制算法是在弹体坐标系中实现的。在数学模型中选择使用的算法即可。用 a_y，a_z 分别表示加速度在速度坐标系中 y，z 轴上的投影，则它们与速度坐标系中升力和侧向力的关系为

$$\left. \begin{aligned} a_y &= \frac{P}{m}\sin\alpha + \frac{Y}{m} \\ a_z &= -\frac{P}{m}\cos\alpha\sin\beta + \frac{Z}{m} \end{aligned} \right\} \tag{5-215}$$

由此可求出 Y 和 Z。它们是动压头、参考面积和升力系数的函数；升力系数是攻角（或侧滑角）、舵偏角和马赫数的函数。由于不引入弹体姿态运动，可以用平衡状态的升力系数，平衡状态即

$$m_z(\alpha, \delta, \varphi, Ma) = m_y(\beta, \delta, \varphi, Ma) = 0 \tag{5-216}$$

式中　　Ma——马赫数；

　　　　φ——气动滚动角，(°)。

由此 α（或 β）对应一个确定的 δ，代入升力系数中得到平衡状态下的升力系数，对给定的 Ma 和 φ 它只是 α（或 β）的函数，即

$$\left. \begin{aligned} Y &= qSC_y(\alpha, \varphi, Ma) \\ Z &= qSC_z(\alpha, \varphi, Ma) \end{aligned} \right\} \tag{5-217}$$

对给定的 Ma 已知升力可用数值法求出 α 和 β，如果升力系数对 α（或 β）的线性度比较好，可直接解出

$$\left. \begin{aligned} \alpha &= \frac{Y}{qSC_y^\alpha} \\ \beta &= \frac{Z}{qSC_z^\beta} \end{aligned} \right\} \tag{5-218}$$

导弹的阻力

$$X = qSC_x(\alpha_\Sigma, Ma, H) \tag{5-219}$$

式中　　C_x——阻力系数；

　　　　α_Σ——总攻角，(°)。

由几何关系有

$$\left.\begin{array}{l} \alpha_{\sum} = \arccos\left(\cos\alpha\cos\beta\right) \approx \sqrt{\alpha^2 + \beta^2} \\ \varphi = \arccos\left(\dfrac{\sin\alpha}{\sin\alpha_{\sum}}\right) \end{array}\right\} \tag{5-220}$$

至此已给出了弹道计算的全部方程。若考虑制导系统的时间延迟,可引入制导系统的等效时间延迟。如果稳定回路性能欠佳,实际弹道产生的诱导阻力要比平衡状态大,在阻力计算时可引入 $1g \sim 3g$ 的机动产生的诱导阻力。

如果计算考虑截获概率的攻击区,还要引入天线坐标系,计算天线指示和视线的误差,然后计算截获概率。在满足截获概率条件下,计算攻击区。当要求的截获概率提高时,攻击区要缩小。

5.7　制导精度计算和分析

满足战术技术要求规定的制导精度指标是制导系统研制的最终目标。在设计、分析和试验的全过程中,都是围绕这一目标进行工作的。制导精度计算和分析已经成为导弹武器系统定型前必不可少的一项重要工作。

制导精度用脱靶量表示。制导精度计算是在研究制导系统的误差因素和工作环境基础上,应用仿真技术求解导弹在战术技术条件规定的作战区域内"脱靶量的统计解"。影响制导精度的因素有制导系统误差、制导时间常数、导引规律、弹体结构误差、推力误差、目标机动、飞行过程中遇到的各种随机干扰等。

5.7.1　蒙特卡洛方法

蒙特卡洛方法是一种以直接模拟为基础对具有随机输入的非线性系统的性能进行统计分析试验的方法。根据给定的干扰特性,系统模型用数字计算机对非线性、时变的制导系统进行大量随机模拟,然后从模拟结果"集合"得到脱靶量的统计特性。

1. 系统简介

图 5-25 所示为一个具有随机输入的非线性时变系统,输入量 $W(t)$ 为白噪声过程 $u(t)$ 和确定性分量 $b(t)$ 之和,其均值为确定性分量 $b(t)$。

$$E(W(t)) = b(t) \tag{5-221}$$

白噪声则为

$$u(t) = W(t) - b(t) \tag{5-222}$$

白噪声 $u(t)$ 的谱密度矩阵由下式确定:

$$E(u(t)u^{\mathrm{T}}(t)) = Q(t)\delta(t-\tau) \tag{5-223}$$

式中　$Q(t)$——白噪声的谱密度矩阵;

　　　$\delta(t)$——$t = \tau$ 时产生的脉冲函数。

而系统模型为

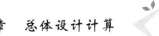

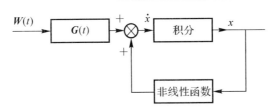

图 5 - 25　随机输入的非线性时变系统

$$\dot{\boldsymbol{x}}(t) = f(\boldsymbol{x},t) + \boldsymbol{G}(t)\boldsymbol{W}(t) \qquad (5-224)$$

式中　$f(\boldsymbol{x},t)$——系统非线性时变特性；

　　　$\boldsymbol{G}(t)$——系统线性传递矩阵。

假设状态变量 $\boldsymbol{x}(t)$ 为正态分布，并已知其初始条件 $\boldsymbol{x}(0)$ 的均值 $\boldsymbol{m}_0$ 和协方差 P_0 为

$$\left.\begin{array}{l} E[\boldsymbol{x}(0)] = m_0 \\ E\{[\boldsymbol{x}(0)-m_0][\boldsymbol{x}(0)-m_0]^{\mathrm{T}}\} = P_0 \end{array}\right\} \qquad (5-225)$$

利用上述条件即可进行蒙特卡洛模拟。

2.蒙特卡洛模拟

根据系统模型、干扰统计特性、初始状态统计特性，按图 5 - 26 所示进行系统模拟，重复进行 N 次后，得到一组状态"集合"。

$$\left\{\begin{array}{l} \boldsymbol{x}^{(1)}[t,\boldsymbol{x}^{(1)}(0),(\boldsymbol{W}^{(1)}(t))] \\ \boldsymbol{x}^{(2)}[t,\boldsymbol{x}^{(2)}(0),(\boldsymbol{W}^{(2)}(t))] \\ \cdots\cdots \\ \boldsymbol{x}^{(N)}[t,\boldsymbol{x}^{(N)}(0),(\boldsymbol{W}^{(N)}(t))] \end{array}\right.$$

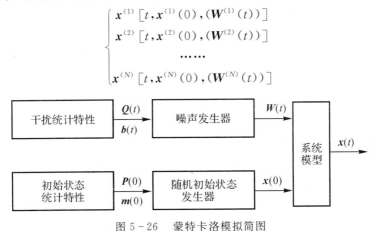

图 5 - 26　蒙特卡洛模拟简图

状态向量数学期望 $\boldsymbol{m}(t)$ 和协方差 $\boldsymbol{P}(t)$ 是通过对状态"集合"总体求均值的方法得到的，即利用关系式

$$\left.\begin{array}{l} \boldsymbol{m}^*(t) = \dfrac{1}{N}\sum_{i=1}^{N}\boldsymbol{x}^{(i)}(t) \\ \boldsymbol{P}^*(t) = \dfrac{1}{N-1}\sum_{i=1}^{N}[\boldsymbol{x}^{(i)}(t)-\boldsymbol{m}^*(t)][\boldsymbol{x}^{(i)}(t)-\boldsymbol{m}^*(t)]^{\mathrm{T}} \end{array}\right\} \qquad (5-226)$$

应当指出，蒙特卡洛模拟结果所得到的脱靶量数学期望和协方差统计值 $\boldsymbol{m}^*(t)$ 和 $\boldsymbol{P}^*(t)$ 也是随机变量。在同样的初始条件和干扰输入的统计性质的条件下，进行若干组互不相关的模拟试验，虽然每组都进行 N 次随机抽样，但得到的 $\boldsymbol{m}^*(t)$ 和 $\boldsymbol{P}^*(t)$ 是不相同的。只有当 N 足够大时，根据中心极限定理，可以证明 $\boldsymbol{m}^*(t)$ 和 $\boldsymbol{P}^*(t)$ 是正态变量，此时：

$$E[\boldsymbol{m}^*(t)] = \boldsymbol{m}(t)$$
$$E[\boldsymbol{P}^*(t)] = \boldsymbol{P}(t)$$

理论和实践都证明,增加模拟次数 N,可提高结果置信度。脱靶量数学期望和协方差估值的标准偏差 σ_m^*,σ_P^* 都与 $\sqrt{N}$ 成反比。但 N 过大,将相应地增加计算机时间,可结合导弹制导系统的具体情况,按照置信度与置信区间要求,确定出合适的 N 值。

3. 实例

某型导弹,对飞行时间约为 3 s 的某一近界弹道,用蒙特卡洛法求解脱靶量统计解,共进行了 32 次随机模拟,结果如表 5-1 所示。

按如下公式计算脱靶量数学期望和均方差估值

$$\left.\begin{aligned} m_y^* &= \frac{1}{N}\sum_{i=1}^{N} y_{ri} \\ m_z^* &= \frac{1}{N}\sum_{i=1}^{N} z_{ri} \\ m^* &= \sqrt{m_y^{*2} + m_z^{*2}} \end{aligned}\right\} \tag{5-227}$$

$$\left.\begin{aligned} \sigma_y^* &= k_n \sqrt{\frac{1}{N-1}\sum_{i=1}^{N}(y_{ri}-m_y^*)^2} \\ \sigma_z^* &= k_n \sqrt{\frac{1}{N-1}\sum_{i=1}^{N}(z_{ri}-m_z^*)^2} \end{aligned}\right\} \tag{5-228}$$

假设弹着点分布为 y_r,z_r 方向互不相关的圆分布,则 $\sigma^* = \sqrt{\sigma_y^* \sigma_z^*}$。

将表 5-1 数据代入后得到:

$$m_y^* = 0.460\ 7\ \text{m} \qquad m_z^* = 0.051\ \text{m} \qquad m^* = 0.463\ 5\ \text{m}$$
$$\sigma_y^* = 0.470\ 1\ \text{m} \qquad \sigma_z^* = 0.381\ 7\ \text{m} \qquad \sigma^* = 0.424\ 2\ \text{m}$$

根据表 5-1 数据还可求得不同模拟次数 n 时脱靶量的统计值。

表 5-1 蒙特卡洛法脱靶量模拟结果

脱靶序号	y_{ri}/m	z_{ri}/m	脱靶序号	y_{ri}/m	z_{ri}/m	脱靶序号	y_{ri}/m	z_{ri}/m	脱靶序号	y_{ri}/m	z_{ri}/m
1	0.862	0.271	9	−0.176	0.324	17	0.678	0.358	25	0.482	−0.145
2	0.676	−0.805	10	0.678	−0.007	18	0.123	0.285	26	1.204	0.042
3	0.539	0.004	11	1.097	−0.044 3	19	0.343	−0.467	27	1.324	0.296
4	0.112	−0.161	12	0.878	0.127	20	0.741	0.274	28	0.433	−0.421
5	0.950	0.426	13	0.331	−0.059	21	1.130	0.582	29	0.619	0.093
6	−0.278	0.304	14	0.708	0.165	22	−0.050	−0.032	30	0.423	−0.183
7	0.048	−0.42	15	0.572	−0.049	23	0.278	−0.092	31	0.079	−0.010
8	−0.788	1.343	16	0.646	0.074	24	0.220	0.152	32	−0.111	0.194

表 5 – 2　n 对脱靶量统计值影响

统计参数 ＼ n	10	15	20	25	32
m_y^*	0.262	0.412	0.436	0.439	0.461
m_z^*	0.128	0.068	0.077	0.080	0.051
m^*	0.292	0.418	0.442	0.438	0.464
σ_y^*	0.568	0.530	0.472	0.458	0.470
σ_z^*	0.572	0.484	0.444	0.413	0.382
σ^*	0.570	0.507	0.458	0.435	0.424

可以看出,模拟次数在 20 ～ 30 内,统计值在 10% 范围内变化。

5.7.2　制导精度估算方法

蒙特卡洛方法的精度取决于模拟次数。为了提高结果置信度,必须增加模拟次数,故此法所花费的计算量较大,使得在对一些快速性能要求较高的环境下无法使用这种方法。下面以空空导弹为例,介绍导弹脱靶量的估算方法。

脱靶量定义为导弹与目标的最小距离。一般用落入以目标为中心,半径为 r 的圆内的概率来表示。例如,落入以目标为中心半径为 8 m 的圆内的概率为 0.86。也可以用圆概率误差(CEP)表示,它是一个以目标为中心的圆的半径,50% 弹着点出现在该圆以内。

大量的试验数据和理论分析表明,在脱靶平面内脱靶距离(制导误差)是二维正态分布。一般情况下,服从正态分布的制导误差(y,z)的概率密度可表示为

$$f(y,z) = \frac{1}{2\pi\sigma_y\sigma_z\sqrt{1-\rho_{yz}^2}}\exp\left\{-\frac{1}{2(1-\rho_{yz}^2)}\left[\frac{(y-y_0)^2}{\sigma_y^2}-\frac{2\rho_{yz}(y-y_0)(z-z_0)}{\sigma_y\sigma_z}+\frac{(z-z_0)^2}{\sigma_z^2}\right]\right\}$$

$$(5-229)$$

$$\rho_{yz} = \frac{\int_{-\infty}^{+\infty}\int_{-\infty}^{+\infty}(y-y_0)(z-z_0)f(y,z)\mathrm{d}y\mathrm{d}z}{\sigma_y\sigma_z} = \frac{\mathrm{Cov}(y,z)}{\sigma_y\sigma_z} \qquad (5-230)$$

式中　σ_y,σ_z——随机变量 y,z 的标准偏差;

$\quad\quad y_0,z_0$——随机变量 y,z 的数学期望;

$\quad\quad \rho_{yz}$——随机变量 y 与 z 的相关系数;

$\mathrm{Cov}(y,z)$——随机变量 y 与 z 的协方差。

如果二维随机变量在 Oy 轴和 Oz 轴上相互独立,则 $\rho_{yz}=0$,且具有零均值和相同的均方差,式(5-229)可以简化为

$$f(y,z) = \frac{1}{2\pi\sigma^2}\mathrm{e}^{-\frac{y^2+z^2}{2\sigma^2}} \qquad (5-231)$$

也可用极坐标表示,即瑞利分布。分布密度为

$$f(r) = \frac{r}{\sigma^2}\mathrm{e}^{-\frac{r^2}{2\sigma^2}} \qquad (5-232)$$

对式(5-232)积分,得到落入半径为 R 的圆内的概率为

$$P = \int_0^R f(r)\,\mathrm{d}r = \int_0^R \frac{r}{\sigma^2}\mathrm{e}^{-\frac{r^2}{2\sigma^2}}\,\mathrm{d}r = 1 - \mathrm{e}^{-\frac{R^2}{2\sigma^2}} \tag{5-223}$$

已知落入半径为 R 的圆内的概率 P，正态分布的均方差为

$$\sigma = R\sqrt{\frac{1}{-2\ln(1-P)}} \tag{5-234}$$

把 $1\sigma, 2\sigma, 3\sigma$ 代入式(5-233)，得到 $P(1\sigma) = 0.3953, P(2\sigma) = 0.8647, P(3\sigma) = 0.9889$，把 $P = 0.5$ 代入式(5-234)，得到 $\mathrm{CEP} = 1.1774\sigma$。

对于雷达型导弹的噪声主要有距离相关噪声、回波起伏噪声和距离独立噪声。制导系统用简化的线性模型，导引律用比例导引，用于估计目标机动、距离相关噪声、回波起伏噪声和距离独立噪声产生的脱靶量可以参考相关文献中的方法计算。为了归一化，制导系统的数学模型选为

$$\frac{n_y}{\dot{q}} = \frac{Nv_r}{\left(1 + \dfrac{T_G}{n}s\right)^n} \tag{5-235}$$

式中　　n_y——导弹过载；

　　　　$\dot{q}$——视线角速度；

　　　　N——有效导航比；

　　　　v_r——导弹目标接近速度；

　　　　T_G——制导时间常数；

　　　　n——制导系统阶数。

如果目标在飞行时间 $[0, t_F]$ 上的机动均匀分布，机动过载大小为 n_T，则脱靶量的标准偏差 (1σ) 为

$$\sigma_{nT} = k_{nT}t_F^{-\frac{1}{2}}T_G^{\frac{5}{2}}n_T \tag{5-236}$$

式(5-236)中的 k_{nT} 可由图 5-27 中查出。

回波起伏噪声的功率谱密度为 $\phi_{GL}(\mathrm{m}^2/\mathrm{Hz})$，则脱靶量的标准偏差 (1σ) 为

$$\sigma_{GL} = k_{GL}T_G^{-\frac{1}{2}}\phi_{GL}^{\frac{1}{2}} \tag{5-237}$$

式(5-237)中的 k_{GL} 可从图 5-28 中查出。

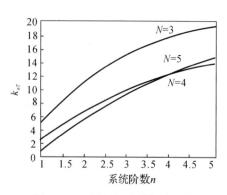

图 5-27　目标机动脱靶量系数

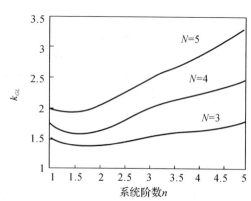

图 5-28　回波起伏噪声脱靶量系数

距离独立噪声的功率谱密度为 $\phi_{FN}(\text{rad}^2/\text{Hz})$，则脱靶量的标准偏差$(1\sigma)$为

$$\sigma_{FN}=k_{FN}v_rT_G^{-\frac{1}{2}}\phi_{FN}^{\frac{1}{2}} \tag{5-238}$$

式$(5-238)$中的 k_{FN} 可从图 $5-29$ 中查出。

接收机噪声的功率谱密度为 $\phi_{RN}(\text{rad}^2/\text{Hz})$，则脱靶量的标准偏差$(1\sigma)$为

$$\sigma_{RN}=k_{RN}v_r^2R_0^{-1}T_G^{\frac{3}{2}}\phi_{RN}^{\frac{1}{2}} \tag{5-239}$$

式$(5-239)$中的 k_{RN} 可从图 $5-30$ 中查出。

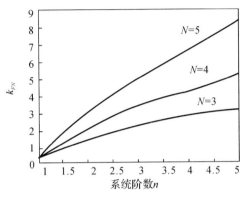

图 $5-29$　距离独立噪声脱靶量系数

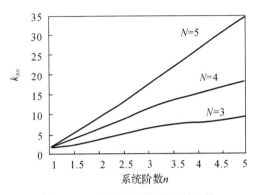

图 $5-30$　接收机噪声脱靶量系数

噪声的功率谱可由测试结果或计算得到。

【例 1】　设目标机动条件在飞行时间 5 s 内以均匀分布，机动过载为1，接近速度 $v_r=1\,200$ m/s，有效导航比 $N=3$，等效制导时间常数 $T_G=0.5$ s，角闪烁噪声的功率谱密度为

$$\phi_{GL}=1.9\ \text{m}^2/\text{Hz}$$

距离独立噪声的功率谱密度为

$$\phi_{FN}=2\times10^{-6}\ \text{rad}^2/\text{Hz}$$

对应参考距离 $R_0=3\,000$ m 的接收机噪声的功率谱密度为

$$\phi_{RN}=2\times10^{-8}\ \text{rad}^2/\text{Hz}$$

计算在上述条件下产生的脱靶量。

解　从图 $5-27\sim$图 $5-30$ 查出，$k_{nT}=19$，$k_{GL}=17$，$k_{FN}=3.1$，$k_{RN}=9.5$。代入式$(5-236)\sim$式$(5-239)$，得

$$\sigma_{nT}=k_{nT}t_F^{-\frac{1}{2}}T_G^{\frac{5}{2}}n_T=1.502\,1\ \text{m}$$
$$\sigma_{GL}=k_{GL}T_G^{\frac{1}{2}}\phi_{GL}^{\frac{1}{2}}=3.313\,9\ \text{m}$$
$$\sigma_{FN}=k_{FN}v_rT_G^{-\frac{1}{2}}\phi_{FN}^{\frac{1}{2}}=0.372\,0\ \text{m}$$
$$\sigma_{RN}=k_{RN}v_r^2R_0^{-1}T_G^{\frac{3}{2}}\phi_{RN}^{\frac{1}{2}}=2.280\,0\ \text{m}$$

代入上面数据得到脱靶量的均方根值为

$$\sigma=\sqrt{\sigma_{nT}^2+\sigma_{GL}^2+\sigma_{FN}^2+\sigma_{RN}^2}=4.3\ \text{m}$$

用上述方法和数据对不同的制导时间常数计算总脱靶量均方根值，以及各种噪声和目标机

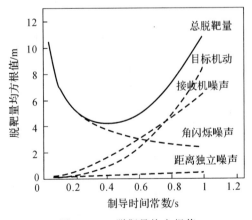

图 $5-31$　脱靶量均方根值

动产生的脱靶量均方根值,结果绘于图5-31。从图5-31可以看到,对抑制角闪烁噪声制导时间常数应大些,而对目标机动和其他几项噪声制导时间常数应小些。利用这种方法可以确定对制导时间常数的要求。

5.8　杀伤概率计算

5.8.1　单发导弹杀伤概率的一般表达式

单发导弹杀伤概率是分析、计算各种情况下导弹杀伤概率的基础。在空中目标无对抗且防空导弹武器系统无故障工作条件下,单发导弹杀伤目标的概率主要取决于下列因素:

1)制导误差;

2)战斗部和引信的类型、参数以及引战配合特性;

3)目标易损性;

4)导弹与目标遭遇条件。遭遇条件是指导弹与目标遭遇时,二者的飞行高度、速度矢量的方向和大小以及导弹的脱靶量等。

1.目标相对速度坐标系

在讨论防空导弹杀伤概率时,往往将空中目标看作是固定不动的,而导弹则以相对速度向目标接近,分析导弹相对于目标的运动时,通常采用相对速度坐标系。

相对速度坐标系如图5-32所示。坐标系的原点O原则上可以取在目标的任一点上。为了方便起见,当导弹采用无线电引信时,原点通常取在目标的质心上;当导弹采用红外线引信时,原点通常取在发动机的喷口处。Ox轴与导弹相对于目标的速度矢量v_r方向一致,Oz轴在水平面和靶平面内,指向右方;Oy轴在靶平面内,其指向按右手坐标定则确定。

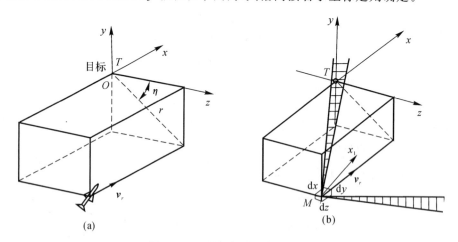

图5-32　目标相对速度坐标系

2.单发导弹杀伤概率的一般表达式

用单发导弹杀伤单个目标是一个复杂的随机事件,它是由两个独立的随机事件组成。

第一个随机事件是战斗部在相对速度坐标系中的某(x,y,z)点处启爆,它是由制导系统及引信启动特性决定的。这一事件的概率由战斗部启爆点(x,y,z)的分布密度(概率密度)$f(x,y,z)$来表示,通常称$f(x,y,z)$为射击误差规律。

第二个随机事件是导弹战斗部在(x,y,z)点启爆后杀伤空中目标,它取决于目标易损性和战斗部的效率。这一事件的概率由与战斗部启爆点(x,y,z)有关的杀伤目标概率$G(x,y,z)$来表示,通常称$G(x,y,z)$为目标坐标杀伤规律。

显然,要杀伤一个空中目标,必须要上述两个独立的随机事件同时发生。因此,单发导弹杀伤单个目标的概率应当等于上述两个独立事件的概率之积。这里要说明的是,射击误差规律$f(x,y,z)$是概率密度,它不能直接代替概率。只有将$f(x,y,z)$在某个空间范围内积分,才能表示战斗部启爆点落入此空间范围内的概率。为此,可以在点(x,y,z)处,找一个包含此点在内的微体$\mathrm{d}x\mathrm{d}y\mathrm{d}z$,并认为$f(x,y,z)$在该微体内是常值,则战斗部在位于点$(x,y,z)$处的微体$\mathrm{d}x\mathrm{d}y\mathrm{d}z$内启爆的概率为$f(x,y,z)\mathrm{d}x\mathrm{d}y\mathrm{d}z$。

按照概率的乘法定理和全概率定理,单发导弹杀伤单个空中目标的概率可表示为

$$P_1 = \int_{-\infty}^{+\infty}\int_{-\infty}^{+\infty}\int_{-\infty}^{+\infty} f(x,y,z)G(x,y,z)\mathrm{d}x\mathrm{d}y\mathrm{d}z \tag{5-240}$$

可见,为了计算单发导弹杀伤概率P_1,必须首先确定射击误差规律$f(x,y,z)$和目标坐标杀伤规律$G(x,y,z)$。

射击误差规律$f(x,y,z)$由制导误差(y,z)的概率密度$f(y,z)$和非触发引信引爆点散布的概率密度$\Phi(x,y,z)$决定,即

$$f(x,y,z) = f(y,z)\Phi(x,y,z) \tag{5-241}$$

式中　　$f(y,z)$——制导误差规律,它主要取决于制导回路的特性及导弹的运动和动力特性;

$\Phi(x,y,z)$——引信引爆规律,它取决于引信引爆点的散布特性。

$$\Phi(x,y,z) = \Phi_1(x/y,z)\Phi_2(y,z) \tag{5-242}$$

式中　　$\Phi_1(x/y,z)$——当给定制导误差(y,z)时,引信引爆点沿x轴的散布规律(或概率密度);

$\Phi_2(y,z)$——与制导误差有关的引信引爆概率。

将式(5-241)和式(5-242)代入式(5-240),则得到单发导弹杀伤单个空中目标概率的基本表达式。

$$P_1 = \int_{-\infty}^{+\infty}\int_{-\infty}^{+\infty}\int_{-\infty}^{+\infty} f(y,z)\Phi_1(x/y,z)\Phi_2(y,z)G(x,y,z)\mathrm{d}x\mathrm{d}y\mathrm{d}z \tag{5-243}$$

在式(5-243)被积函数的4个因式中,只有$\Phi_1(x/y,z)$和$G(x,y,z)$与x有关。因此,引入一个新的函数$G_0(y,z)$

$$G_0(y,z) = \int_{-\infty}^{+\infty}\Phi_1(x/y,z)G(x,y,z)\mathrm{d}x \tag{5-244}$$

$G_0(y,z)$称为目标条件坐标杀伤规律,或称为二元目标杀伤规律。它反映了引信特性、战斗部特性以及引信与战斗部的配合问题。

将式(5-244)代入式(5-243),则单发导弹杀伤目标的概率可表示为

$$P_1 = \int_{-\infty}^{+\infty}\int_{-\infty}^{+\infty} f(y,z)\Phi_2(y,z)G_0(y,z)\mathrm{d}y\mathrm{d}z \tag{5-245}$$

若目标相对速度坐标系用极坐标(r,η)表示时,式(5-244)和式(5-245)可改写为

$$G_0(r,\eta) = \int_{-\infty}^{+\infty}\Phi_1(x/r,\eta)G(x,r,\eta)\mathrm{d}x \tag{5-246}$$

$$P_1 = \int_0^{2\pi} \int_0^\infty f(r,\eta) \Phi_2(r,\eta) G_0(r,\eta) \mathrm{d}r \mathrm{d}\eta \tag{2-247}$$

当 $f(r,\eta)$，$\Phi_2(r,\eta)$ 和 $G_0(r,\eta)$ 仅与 r 有关时，式（5-246）和式（5-247）可改写为

$$G_0(r) = \int_{-\infty}^{+\infty} \Phi_1(x/r) G(x,r) \mathrm{d}x \tag{5-248}$$

$$P_1 = \int_0^\infty f(r) \Phi_2(r) G_0(r) \mathrm{d}r \tag{5-249}$$

5.8.2 目标条件坐标杀伤规律和引信引爆概率

1. 目标条件坐标杀伤规律的近似公式

目标条件坐标杀伤规律 $G_0(y,z)$ 是导弹制导误差 (y,z) 的函数，它表示目标易损性和导弹战斗部、引信的综合性能。$G_0(y,z)$ 不仅与脱靶量 $r(r=\sqrt{y^2+z^2})$ 有关，还往往与脱靶方位角 η 有关，这是由于目标易损性与战斗部启爆点相对于目标的方位有关；另外，因脱靶的方位不同，引信战斗部配合特性可能也不同。

计算目标条件坐标杀伤规律是比较困难的，可以由理论分析加上实验数据所获得的半经验公式近似地确定 $G_0(y,z)$。随着 r 的增大，破片分布的面密度和撞击目标的速度都将下降，因而导弹的杀伤概率也随之变小。确定 $G_0(y,z)$ 的半经验公式可表示为

$$G_0(r,\eta) = 1 - \mathrm{e}^{-\frac{\delta_0^2(\eta)}{r^2}} \tag{5-250}$$

式中，$\delta_0(\eta)$ 为目标条件坐标杀伤规律与 η 有关的综合参数。当战斗部给定时，它取决于目标类型、射击条件和脱靶方位角 η。

一般情况下，目标条件坐标杀伤规律 $G_0(y,z)$ 主要取决于脱靶量 r 的大小，而与脱靶方位角 η 的关系不明显。因此，计算导弹的杀伤概率时，大多以目标的圆条件坐标杀伤规律代替目标的二维条件坐标杀伤规律。目标的圆条件坐标杀伤规律可表示为

$$G_0(r) = 1 - \mathrm{e}^{-\frac{\delta_0^2}{r^2}} \tag{5-251}$$

圆条件坐标杀伤规律综合参数 δ_0 为

$$\delta_0 = \frac{1}{2\pi} \int_0^{2\pi} \delta_0(\eta) \mathrm{d}\eta \tag{5-252}$$

式（5-251）的曲线关系如图5-33所示。

当圆条件坐标杀伤规律的综合参数 δ_0 等于脱靶量 r 时，由式（5-251）求得

$$G_0(r=\delta_0) = 1 - \mathrm{e}^{-1} = 0.632$$

目标圆条件坐标杀伤规律 $G_0(r)$ 还有其他近似表达式，如

$$G_0(r) = \mathrm{e}^{-\frac{r^2}{2R_0^2}} \tag{5-253}$$

式中

$$R_0^2 = 1.5\delta_0^2$$

则

$$G_0(r) = \mathrm{e}^{-\frac{r^2}{3\delta_0^2}} \tag{5-254}$$

用式（5-253）或式（5-254）代替式（5-251）时，误差不超过 $4\% \sim 9\%$（见图5-34）。

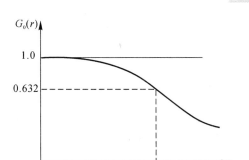

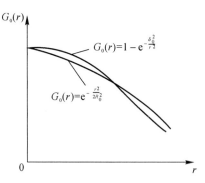

图 5 - 33　圆条件坐标杀伤规律　　　　　　　　图 5 - 34　$G_0(r)$ 近似表达式的误差

2. 引信的引爆概率

由单发导弹杀伤概率的表达式知道，$\Phi_2(y,z)$ 表示与制导误差有关的引信引爆概率。

无线电引信和红外线引信的引爆概率可表示为

$$\Phi_2(y,z) \approx \Phi_2(r) = 1 - F\left(\frac{r - E_f}{\sigma_f}\right) \tag{5-255}$$

式中　　$r = \sqrt{y^2 + z^2}$——脱靶量；

$\qquad E_f$——引信引爆距离的数学期望；

$\qquad \sigma_f$——引信引爆距离的标准偏差；

$\qquad F\left(\dfrac{r - E_f}{\sigma_f}\right)$——正态分布的分布函数。

$\Phi_2(r)$ 的变化规律如图 5-35 所示，它可以根据绕飞试验的结果来确定。从图 5-35 看出，引信的实际引爆区可分为三个部分：

当 $r \leqslant E_f - 3\sigma_f$ 时，引信的引爆概率接近于 1，即引信只要在这个范围内，必然能引爆战斗部，这个区域称为引信的完全引爆区；

当 $E_f - 3\sigma_f < r < E_f + 3\sigma_f$ 时，引信的引爆概率小于 1，即引信在这个范围内引爆时，有可能成功也有可能失败，这个区域称为引信的不完全引爆区；

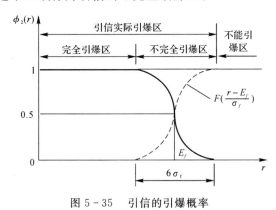

图 5 - 35　引信的引爆概率

当 $r \geqslant E_f + 3\sigma_f$ 时，引信的引爆概率等于零，即引信在这个范围内引爆时，必然失败，称这个区域为不能引爆区。

为简便起见,在一般情况下,无论是无线电引信还是红外线引信,均可近似取 $\Phi_2(r)$ 为

$$\Phi_2(r) = \begin{cases} 1, & r \leqslant r_{f\max} \\ 0, & r > r_{f\max} \end{cases} \tag{5-256}$$

式中,$r_{f\max}$ 是与引信最大引爆距离相对应的导弹脱靶量。

5.8.3 单发导弹的杀伤概率

前面已讨论了单发导弹杀伤概率的一般表达式,在直角坐标系中该式为

$$P_1 = \int_{-\infty}^{+\infty} \int_{-\infty}^{+\infty} f(y,z) \Phi_2(y,z) G_0(y,z) \, \mathrm{d}y \mathrm{d}z$$

在极坐标系中该式为

$$P_1 = \int_0^\infty f(r) \Phi_2(r) G_0(r) \, \mathrm{d}r$$

显然,若知道了导弹武器系统的制导误差规律 $f(r)$,目标条件坐标杀伤规律 $G_0(r)$ 和引信引爆概率 $\Phi_2(r)$,单发导弹的杀伤概率即可求得。下面讨论几种特殊情况。

1.无系统误差的情况

当实际弹道的散布中心与目标的质心相重合时,系统误差等于零。由于在大多数情况下,系统误差可以通过加入校正信号予以消除,对于一个成熟的导弹武器系统而言,都可以认为其系统误差为零。

（1）导弹制导误差服从圆散布（即 $\sigma_y = \sigma_z = \sigma$），脱靶量的概率密度函数为瑞利分布,则

$$f(r) = \frac{r}{\sigma^2} \mathrm{e}^{-\frac{r^2}{2\sigma^2}}$$

目标条件坐标杀伤规律为圆形：

$$G_0(r) = 1 - \mathrm{e}^{-\frac{\delta_0^2}{r^2}}$$

且非触发引信的引爆半径不受限制,引信的引爆概率 $\Phi_2(r) = 1$。

在上述条件下,单发导弹的杀伤概率可表示为

$$P_1 = \int_0^\infty \frac{r}{\sigma^2} \mathrm{e}^{-\frac{r^2}{2\sigma^2}} \left(1 - \mathrm{e}^{-\frac{\delta_0^2}{r^2}}\right) \mathrm{d}r$$

进行变量替换,令 $\frac{r^2}{2\sigma^2} = t$,$\mathrm{d}t = \frac{2r}{2\sigma^2} \mathrm{d}r$,则

$$P_1 = \int_0^\infty \mathrm{e}^{-t} \left(1 - \mathrm{e}^{-\frac{\delta_0^2}{2\sigma^2 t}}\right) \mathrm{d}t = \int_0^\infty \mathrm{e}^{-t} \mathrm{d}t - \int_0^\infty \mathrm{e}^{-\left(t+\frac{\delta_0^2}{2\sigma^2 t}\right)} \mathrm{d}t = 1 - \int_0^\infty \mathrm{e}^{-\left(t+\frac{\delta_0^2}{2\sigma^2 t}\right)} \mathrm{d}t$$

上式中积分 $\int_0^\infty \mathrm{e}^{-\left(t+\frac{\delta_0^2}{2\sigma^2 t}\right)} \mathrm{d}t$ 可用柱函数变换的汉克尔函数 $K_1(\chi)$ 表示,即

$$P_1 = 1 - \frac{\sqrt{2}\delta_0}{\sigma} K_1\left(\frac{\sqrt{2}\delta_0}{\sigma}\right) \tag{5-257}$$

式中,$K_1(\chi)$ 为一阶汉克尔函数,$\chi = \frac{\sqrt{2}\delta_0}{\sigma}$。$K_1(\chi)$ 已做成表格,见表 5-3。只要算出 χ 值,$K_1(\chi)$ 值即可由相应的表 5-3 中查出。

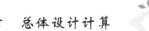

表 5 - 3 　一阶汉克尔函数表

χ	$K_1(\chi)$	χ	$K_1(\chi)$	χ	$K_1(\chi)$	χ	$K_1(\chi)$
0.0	∞	2.5	0.073 89	5.0	0.004 045	7.5	0.000 265 3
0.1	9.853 8	2.6	0.065 28	5.1	0.003 619	7.6	0.000 238 3
0.2	4.776 0	2.7	0.057 74	5.2	0.003 239	7.7	0.000 214 1
0.3	3.056 0	2.8	0.051 11	5.3	0.002 900	7.8	0.000 192 4
0.4	2.184 4	2.9	0.045 29	5.4	0.002 597	7.9	0.000 172 9
0.5	1.656 4	3.0	0.040 16	5.5	0.002 326	8.0	0.000 155 4
0.6	1.302 8	3.1	0.035 63	5.6	0.002 083	8.1	0.000 139 6
0.7	1.050 3	3.2	0.031 64	5.7	0.001 866	8.2	0.000 125 5
0.8	0.861 8	3.3	0.028 12	5.8	0.001 673	8.3	0.000 112 8
0.9	0.716 5	3.4	0.025 00	5.9	0.001 499	8.4	0.000 101 4
1.0	0.601 9	3.5	0.022 24	6.0	0.001 344	8.5	0.000 091 20
1.1	0.509 8	3.6	0.019 79	6.1	0.001 205	8.6	0.000 082 00
1.2	0.434 6	3.7	0.017 63	6.2	0.001 081	8.7	0.000 073 74
1.3	0.372 5	3.8	0.015 71	6.3	0.000 969 1	8.8	0.000 066 31
1.4	0.320 8	3.9	0.014 00	6.4	0.000 869 3	8.9	0.000 059 64
1.5	0.277 4	4.0	0.012 48	6.5	0.000 779 9	9.0	0.000 053 64
1.6	0.240 6	4.1	0.011 14	6.6	0.000 699 8	9.1	0.000 048 25
1.7	0.209 4	4.2	0.009 938	6.7	0.000 628 0	9.2	0.000 043 40
1.8	0.182 6	4.3	0.008 872	6.8	0.000 563 6	9.3	0.000 039 04
1.9	0.159 7	4.4	0.007 923	6.9	0.000 505 9	9.4	0.000 035 12
2.0	0.139 9	4.5	0.007 078	7.0	0.000 454 2	9.5	0.000 031 60
2.1	0.122 7	4.6	0.006 325	7.1	0.000 407 8	9.6	0.000 028 43
2.2	0.107 9	4.7	0.005 654	7.2	0.000 366 2	9.7	0.000 025 59
2.3	0.094 98	4.8	0.005 055	7.3	0.000 328 8	9.8	0.000 023 02
2.4	0.083 72	4.9	0.004 521	7.4	0.000 295 3	9.9	0.000 020 27
						10.0	0.000 018 65

【例 2】　已知 $\sigma_y = \sigma_z = 10$ m，$\delta_0 = 25$ m，无系统误差。试求单发导弹的杀伤概率。

【解】

$$\chi = \frac{\sqrt{2} \times 25}{10} = 3.54$$

查一阶克格尔函数表得　　　　$K_1(3.54) = 0.021$

因此　　　　$P_1 = 1 - 3.54 \times 0.021 = 0.926$

（2）导弹制导误差和非触发引信启动规律与第 1 种情况相同，而目标条件坐标杀伤规律由下式表示：

$$G_0(r) = e^{-\frac{r^2}{2R_0^2}}$$

则

$$P_1 = \int_0^\infty \frac{r}{\sigma^2} e^{-\frac{r^2}{2\sigma^2}} e^{-\frac{r^2}{2R_0^2}} dr = \int_0^\infty \frac{r}{\sigma^2} e^{-\frac{r^2}{2}\left(\frac{R_0^2+\sigma^2}{\sigma^2 R_0^2}\right)} dr$$

进行变量替换，令 $t = \frac{r^2}{2}\left(\frac{R_0^2+\sigma^2}{\sigma^2 R_0^2}\right)$，$dt = \left(\frac{R_0^2+\sigma^2}{\sigma^2 R_0^2}\right) r dr$，则

$$P_1 = \frac{R_0^2}{R_0^2+\sigma^2} \int_0^\infty e^{-t} dt = \frac{R_0^2}{R_0^2+\sigma^2} = \frac{1}{1+(\sigma/R_0)^2} \tag{5-258}$$

【例3】 已知 $\sigma_y = \sigma_z = \sigma = 10$ m，$R_0 = 30$ m，无系统误差。试求导弹的杀伤概率。

【解】

$$P_1 = \frac{1}{1+(10/30)^2} = 0.9$$

2.有系统误差的情况

当实际弹道的散布中心与目标的质心不重合时，系统误差 r_0 不等于零，即其分量 y_0 和 z_0 不同时等于零。对于技术尚不成熟的导弹武器系统而言，应该考虑系统误差的存在。

(1)导弹制导误差服从圆散布(即 $\sigma_y = \sigma_z = \sigma$)，脱靶量的概率密度函数为

$$f(r) = \frac{r}{\sigma^2} e^{-\frac{r^2+r_0^2}{2\sigma^2}} I_0\left(\frac{rr_0}{\sigma^2}\right)$$

目标条件坐标杀伤规律为

$$G_0(r) = 1 - e^{-\frac{\delta_0^2}{r^2}}$$

非触发引信的引爆半径不受限制。

在这些条件下，单发导弹的杀伤概率为

$$P_1 = \int_0^\infty \frac{r}{\sigma^2} e^{-\frac{r^2+r_0^2}{2\sigma^2}} I_0\left(\frac{rr_0}{\sigma^2}\right)\left(1-e^{-\frac{\delta_0^2}{r^2}}\right) dr \tag{5-259}$$

此积分式一般用数值积分法求解。

(2)导弹制导误差和非触发引信启动规律与第1种情况相同，而目标条件坐标杀伤规律为

$$G_0(r) = e^{-\frac{r^2}{2R_0^2}}$$

则

$$P_1 = \int_0^\infty \frac{r}{\sigma^2} e^{-\frac{r^2+r_0^2}{2\sigma^2}} I_0\left(\frac{rr_0}{\sigma^2}\right) e^{-\frac{r^2}{2R_0^2}} dr = \frac{1}{\sigma^2} e^{-\frac{r_0^2}{2\sigma^2}} \int_0^\infty r e^{-r^2\left(\frac{R_0^2+\sigma^2}{2R_0^2\sigma^2}\right)} I_0\left(\frac{rr_0}{\sigma^2}\right) dr$$

此式求解后，得

$$P_1 = \frac{1}{\sigma^2} e^{-\frac{r_0^2}{2\sigma^2}} \frac{R_0^2\sigma^2}{R_0^2+\sigma^2} e^{\frac{r_0^2}{2\sigma^2}\left(\frac{R_0^2}{R_0^2+\sigma^2}\right)} = \frac{R_0^2}{R_0^2+\sigma^2} e^{-\frac{r_0^2}{2\sigma^2}\left(1-\frac{R_0^2}{R_0^2+\sigma^2}\right)} \tag{5-260}$$

当无系统误差时，即 $r_0 = 0$，则

$$P_1 = P'_1 = \frac{R_0^2}{R_0^2+\sigma^2}$$

上式与式(5-258)是相同的，表明无系统误差是有系统误差的特殊情况。其中，P'_1 即式(5-258)表示的 P_1，它是无系统误差时单发导弹的杀伤概率。因此，式(5-260)可改写为

$$P_1 = P'_1 e^{-\frac{r_0^2}{2\sigma^2}(1-P'_1)} \tag{5-261}$$

【例4】 已知 $\sigma_y = \sigma_z = 10$ m，$R_0 = 30$ m，$r_0 = 15$ m，试求单发导弹的杀伤概率。

【解】
$$P'_1 = 0.9$$
$$P_1 = 0.9e^{-\frac{15^2}{2\times10^2}(1-0.9)} = 0.9e^{-0.1125} = 0.8$$

5.8.4　多发导弹对单个目标的杀伤概率

当单发导弹的杀伤概率不够高时,为了达到预期的杀伤概率要求,需要用 n 发导弹对同一个目标进行射击。则 n 发导弹杀伤单个目标的概率为

$$P_n = P(A) = 1 - \prod_{i=1}^{n}[1-P(A_i)] = 1 - \prod_{i=1}^{n}(1-P_{1i}) \qquad (5-262)$$

式中　　n—— 发射的导弹数;

P_n—— n 发导弹杀伤单个目标的概率;

P_{1i}—— 第 i 发导弹杀伤单个目标的概率。

若各发导弹杀伤目标的概率都相等(即 $P_{1i} = P_1$)时,式(5-262)可改写为

$$P_n = 1 - (1-P_1)^n \qquad (5-263)$$

P_n 与 P_1 的关系曲线如图 5-36 所示。在不同的 P_1 和 n 值下,P_n 的数值见表 5-4。

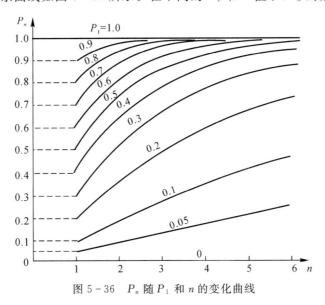

图 5-36　P_n 随 P_1 和 n 的变化曲线

从表 5-4 可以看出,对单个目标进行射击时,杀伤概率的提高与发射导弹的数量并不成正比例。例如,当 $P_1 = 0.75$ 时,发射第 2 发导弹,使杀伤概率提高了 0.187;发射第 3 发导弹,使杀伤概率提高了 0.047;发射第 4 发导弹,使杀伤概率提高了 0.012;发射第 5 发导弹,使杀伤概率提高了 0.003;发射第 6 发导弹,仅使杀伤概率提高了 0.0008。由此可见,当单发导弹的杀伤概率比较低时,想通过发射多发导弹来提高杀伤概率,必然显著地增大导弹的消耗量。而应尽量提高单发导弹的杀伤概率。

当 P_1 已知时,由式(5-263)可以求得保证给定杀伤概率 P_n 时,所必需发射的导弹数量 n。这时式(5-263)可改写为

$$n = \frac{\lg(1-P_n)}{\lg(1-P_1)} \quad (\text{向大的方向取整数}) \qquad (5-264)$$

表 5 - 4 P_n 随 P_1 和 n 的变化数据

P_1 \ n	2	3	4	5	6
0.10	0.190 0	0.270 0	0.350 0	0.410 0	0.470 0
0.15	0.280 0	0.390 0	0.480 0	0.560 0	0.620 0
0.20	0.360 0	0.490 0	0.590 0	0.670 0	0.740 0
0.25	0.440 0	0.580 0	0.680 0	0.760 0	0.820 0
0.30	0.510 0	0.660 0	0.760 0	0.830 0	0.880 0
0.35	0.580 0	0.720 0	0.820 0	0.880 0	0.920 0
0.40	0.640 0	0.780 0	0.870 0	0.920 0	0.950 0
0.45	0.700 0	0.830 0	0.910 0	0.950 0	0.970 0
0.50	0.750 0	0.870 0	0.940 0	0.970 0	0.980 0
0.55	0.800 0	0.910 0	0.960 0	0.980 0	0.990 0
0.60	0.840 0	0.940 0	0.970 0	0.990 0	0.995 0
0.65	0.877 0	0.967 0	0.985 0	0.995 0	0.998 0
0.70	0.910 0	0.973 0	0.992 0	0.998 0	0.999 0
0.75	0.937 0	0.984 0	0.996 0	0.999 0	0.999 8
0.80	0.960 0	0.992 0	0.998 0	0.999 8	
0.85	0.977 0	0.997 0	0.999 5	0.999 9	
0.90	0.990 0	0.999 0	0.999 9		
0.95	0.997 0	0.999 9			

思考题与习题

1. 导弹在铅垂平面内运动时,典型的飞行方案有哪些?试写出按给定俯仰角的方案飞行的导弹运动方程组。

2. 写出铅垂平面内比例导引法的导弹-目标相对运动方程组。

3. 导弹气动特性计算主要有哪些方法?本章采用的是哪一种方法?试给出全弹升力系数的计算公式。

4. 何谓导弹的设计情况?试以地空导弹空中飞行为例,给出导弹弹体、弹翼、尾翼设计情况的选择。

5. 如导弹制导系统的系统误差为零,随机误差为圆分布,$\sigma_y = \sigma_z = 10$ m,目标条件坐标杀伤规律也是圆散布,$\delta_0 = 28$ m,当引信启动半径不受限制时,求该导弹攻击单个目标的杀伤概率 P_1 是多少?如其他条件不变,而 $G_0(r) = e^{-\frac{r^2}{2R_0^2}}$ 其中 $R_0 = 25$ m 时,P_1 是多少?

6.如单发导弹攻击单个目标的杀伤概率 $P_1=0.7$,若对目标连续发射三发导弹($n=3$),试问其杀伤概率 P_1 是多少? 如要求对单个目标的杀伤概率为 $P_n=0.99$,当 $P_1=0.7$ 时,需连续发射多少发导弹? 如杀伤区纵深只能保证连续发射两发导弹,即 $n=2$,则应要求 P_1 是多少?

7.何谓地空导弹的杀伤区与发射区? 限制杀伤区远界、近界、高界、低界、最大高低角 ε_{max} 和 q_{max} 最大航路角的主要因素有哪些?

8.何谓空空导弹的攻击区? 它与地空导弹的发射区有哪些差别与相似之处? 空空导弹攻击区边界计算与哪些因素有关?

第6章 导弹系统试验

6.1 概 述

导弹系统是一个十分复杂的系统,它涉及的因素和环节比较多。从方案设计开始直到武器系统设计定型的整个研制阶段,必须进行一系列的试验,特别是大型系统试验。

导弹系统试验的目的是检验和评定设计方案是否合理可行,设计思想和设计方法是否正确实用,并最终验证与考核包括可靠性、维修性、电磁兼容性和环境适用性在内的战术技术指标与使用性能是否达到预定的设计指标。基于此,为了提高试验质量,缩短试验周期,加速型号研制进程,必须设计完善的试验方案,采用新的试验手段与鉴定方法,为导弹武器系统鉴定试验得到置信度高的结论,为设计定型提供可靠的依据。

导弹的研制过程是一个设计-试验-改进设计-再次试验-最后鉴定的过程。试验是在模拟或真实条件下完善设计和评估产品的性能、可靠性、质量水平的有效手段,试验贯穿于导弹研制的全过程。初样阶段,各种地面试验可以验证设计方案的正确性、各系统工作的协调性;工程研制阶段,环境试验、大型地面试验、机载试验和飞行试验可以全面检验部件、分系统、导弹及武器系统的性能、环境适应性、可靠性、维修性、电磁兼容性和综合保障水平;设计定型阶段,通过飞行试验可以获取接近真实战术环境条件下的导弹系统有关数据,为导弹系统定型或鉴定提供依据。工程研制阶段进行的试验由承制方负责组织实施,其目的有两个:一是按照研制任务书全面考核产品的性能和环境适应性;二是验证设计结果的正确性,暴露设计中可能存在的问题。定型阶段进行的鉴定试验由使用方负责组织实施,其目的是对产品是否满足研制总要求进行全面鉴定,并为产品能否设计定型提供依据。

本章所叙述的系统试验是从武器系统总体角度考虑的各类系统试验,各分系统之间相互关联的各类系统试验,但不包括各分系统内部各自进行的试验。

6.2 试验的分类与要求

6.2.1 系统试验的依据与分类

1. 系统试验的依据

制订系统试验方案应考虑到全面检验系统性能的需求及实现的可能性。系统试验必须在研制工作的初期就予以明确落实。

系统试验方案是进行系统试验的指导性文件,它应该包括试验目的、内容、方法、程序、设备,以及评定标准和计划进度等,系统试验方案是准备参试产品、筹集试验设备、安排试验工作、实施试验任务、评定试验结果等项工作的主要依据。

大规模系统试验要求有各方面的机构予以保证,因此,除了试验技术工作外,人员组织也是整个试验工程的一项重要组成部分,并且,为了完成试验计划,需要有足够的试验设备与试验场区。现代化试验设备花费大,研制周期长,所有这些在编制整个试验进度计划时,要给以充分考虑。

2.试验分类

根据试验的性质、对象、阶段和状态,有如下分类方法。

按照试验的性质划分,有原理性试验、系统性试验、鉴定性试验和批抽检试验等。原理性试验是对单项关键技术或分系统进行的地面或空中试验,以验证其原理的可行性;系统性试验是研制单位负责进行的大型综合性试验,用于考核导弹系统的设计与使用性能;在系统试验考核通过的基础上,使用方与研制部门共同对导弹系统进行鉴定性试验,用于全面完成设计定型考核试验;在生产阶段,为了检验生产批交付质量,还要进行批次性武器系统抽检试验。

按试验对象划分,有元器件、原材料试验,部组件(组合级)、弹上设备(分系统级)和导弹系统(系统级)试验等。元器件、原材料是导弹系统的基本组成,部、组件是构成弹上设备的主要组成,设备(分系统级)试验是指分系统级独立设备的试验。

按试验阶段划分有研制性试验、设计定型试验与生产定型试验。研制性试验是由研制部门为主进行的试验,只有完成了研制性试验,才能交由国家定型委员会进行设计定型鉴定试验。转入批量生产后,经生产定型试验,才能转入批量生产。

按试验状态划分,有地面试验、动态环境模拟试验、仿真试验和飞行试验。

防空导弹试验分类框图,如图6-1所示。

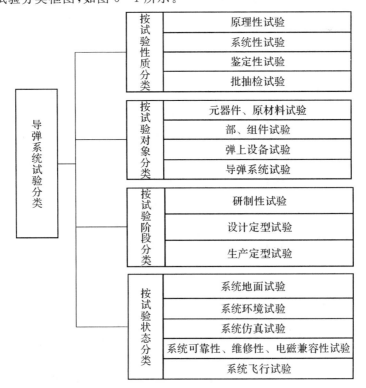

图6-1　防空导弹试验分类框图

6.2.2 制订系统方案的原则与要求

制订试验方案是整个导弹研制方案的一个重要环节,制订方案的原则与要求必须遵循由简到繁、循序渐进、符合实际使用环境。

1. 先零部件试验,后分系统、系统试验

要求组成零部件的材料、元器件具有足够可靠性,并经环境试验考核后,才能用于弹上设备。同样分系统经过充分考核后,才能提供系统进行试验。

2. 先地面试验,后空中试验

充分进行各类地面试验,把大量问题暴露在地面试验中,在经受各类地面试验考核的基础上,才能进行接近实际使用条件的飞行试验。

3. 先原理性试验,后系统性能验证试验

进入飞行试验阶段,要遵循循序渐进的原则,先进行原理性飞行试验,如为验证发动机性能、弹上控制系统性能所进行的模型遥测弹、独立回路遥测弹飞行试验。在上述分系统原理性试验成功基础上,再进行导弹系统的综合性能飞行试验。

4. 先仿真试验后实物试验

充分利用仿真手段,进行原理性与系统性的数学或半实物仿真试验后,再进行复杂系统的大型地面试验与飞行试验。如为解决近炸引信对典型目标的启动特性,通常先在引信实验室进行近炸引信半实物仿真模拟试验,确定近炸的全方位在不同脱靶距离的启动区,再通过地面引信挂飞试验或柔性滑轨试验,给出典型交会条件下的启动区,两下结合,提供不同交会条件下的经试验修正后的启动区。同样,先进行精度仿真与杀伤概率仿真,再进行对典型目标的实弹射击试验。

5. 先对模拟目标,后对实体目标飞行试验

为充分考核导弹系统的控制特性,通常先对空中某假设点固定目标,或以一定规律运动的模拟目标进行拦击,这样,可以排除目标支路的因素,充分检验导弹的引入品质、控制性能和制导精度。在导弹系统控制特性充分考核的条件下,才对实体目标(如靶机)进行实弹拦击,用来全面检验对真实目标的杀伤概率。

6. 先陆上后海上试验,先试验舰后战斗舰试验

对舰空导弹系统,在完成陆上全系统飞行试验初步考核后,才能把装备装载到舰上进行海上飞行试验。通常,海上试验先用试验舰进行,在海上性能全面考核后,再把装备装载到正式装备的战斗舰,在正式的战斗舰上考核舰空导弹武器系统的作战使用性能,以及与舰上系统的协调工作性能。

6.2.3 试验工程程序

在导弹武器系统研制工作的开始,就要把大型试验工作的有关问题列入与研制武器装备同等重要的位置予以考虑。由于导弹武器系统试验工程技术复杂、涉及面宽,要求高、周期长、难度大、费用高,是一项综合性系统工程。策划好符合实际需要的试验方案,是导弹武器系统研制工作的重要任务,要求研制部门必须具备试验工程要求的试验方法与试验手段,才能适应研制工作的需要。为此,试验工程的首要任务就是制订好试验工作程序和通过试验来验证系统性能的流程,并在整个型号研制过程中,按试验工程流程要求,开展试验工作。图 6-2 为试验工程程序框图。

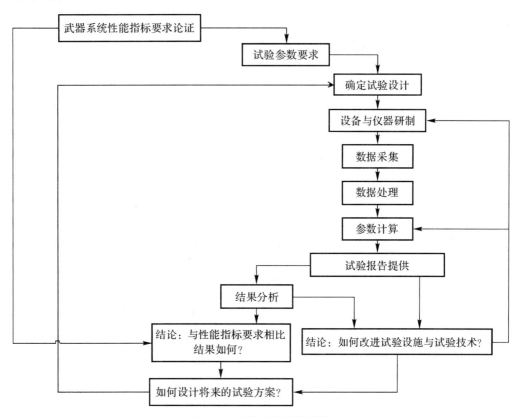

图 6-2　试验工程程序框图

　　由于飞行试验在整个导弹武器系统总研制经费与总研制周期中占据很大比例,要想降低研制经费,缩短研制周期,就必须减少导弹的试验数量,所以,地面试验、动态模拟试验、仿真试验等,均应受到充分重视。

　　大规模的系统试验,要求各个职能部门予以配合与保障,为了满足试验要求,需要有足够的试验设备与相应的试验场区,这要求在编制试验工程计划时予以明确。

6.3　地　面　试　验

　　系统地面试验是在地面试验室、试验站或试验场内,在模拟的条件下,对组成导弹的部、组件和分系统,直到全系统,进行性能试验(包括可靠性增长、环境适应性与长期贮存等)。通过试验来评定参试产品的性能参数与特性,检验设计方案与工艺质量是否满足总体设计要求。为此,要求试验条件尽可能模拟逼真,参试产品尽可能满足设计要求,测试设备落实,测试方法可靠易行。

6.3.1 风洞试验

风洞试验依据相似理论,用模型代替实物,利用风洞环境获得被试对象气动特性而采取的一种试验方法。通常在风洞模拟的飞行速度与风洞雷诺数条件下,测量出部件与全弹的空气动力学特性,通过对实际飞行雷诺数的转换,来确定被试导弹的空气动力外形与气动特性。

风洞试验的项目主要有全弹/部件测力试验、铰链力矩试验、测压试验、动导数试验、风洞捕获轨迹试验、挂飞载荷试验等。一般一个新导弹的研制,需要进行几千次,甚至上万次的风洞试验,才能满足要求。

风洞试验过程需要进行风洞试验设计、模型设计与加工、天平设计与加工、风洞试验的实施、数据处理和分析。

6.3.2 弹体结构静力试验和结构模态试验

弹体结构静力试验是在使用载荷条件下进行的,通过应力与变形的测量结果,来分析结构的受力特性,检验弹体结构是否满足强度和刚度的设计要求。除了在使用载荷下进行静力试验外,还继续加载直到结构破坏,通过结构安全余量的测定,来改进弹体结构的设计。

结构模态试验的目的旨在弄清结构的振动模态参数(模态频率、阻尼系数和广义质量等),从而为解决弹体结构与控制系统所遇到的振动问题提供依据。

1. 弹体结构静力试验

弹体结构静力试验是在常温下进行的,试验分为导弹系统、全弹、弹翼、尾翼、舵面、承力舱段、连接件等的静力强度试验。导弹系统静力试验是考核发射装置与导弹悬挂状态的静力强度试验;全弹静力试验是考核导弹自主飞行状态下的静力强度或测试最大应力部位;弹翼、尾翼、舵面、承力舱段、连接件等的静力试验,是考核试验件强度和刚度。一般静力试验需测试其变形、应力、最小强度裕度。

根据试验获取的部件和全弹强度与刚度数据,可以对导弹的结构特性做出评估。

2. 结构模态试验

结构模态试验是为了获取全弹及其主要部件结构(舵系统、翼面等)的模态参数而进行的试验,测试的模态参数包括固有频率、振型、阻尼比以及传递函数等。

模态试验获取的有关数据作为导弹气动弹性、控制系统设计和动态特性等专业研究的基本依据,也是导弹飞行试验结果分析的重要参考数据。

6.3.3 环境试验

环境试验是为了保证产品能耐受预期的极端环境(包括气候环境、动力环境和电磁环境等)的破坏作用或在这种环境下正常工作而进行的一系列研制和验证试验。环境试验的目的是考核和评定产品的环境适应性,寻找产品的薄弱环节和频率特性,以便改进产品设计,提高产品质量。环境试验是检验产品耐环境能力的基本手段,是保证研制和生产的产品达到规定的环境适应性要求的工具。环境试验按试验种类分为研制试验、鉴定试验和验收试验。

研制试验的目的是测定产品的动力学响应,验证设计方案及计算分析模型的正确性,寻找产品的薄弱环节和频率特性,发现和修改设计缺陷,提高产品的环境适应性。研制试验的特点是试验要反复进行,试验的应力量值比较灵活。

鉴定试验的目的是检验产品耐环境设计是否达到研制任务书规定的要求,保证产品对必然遇到的环境的适应性。鉴定试验一般在导弹飞行试验成功后进行。鉴定试验的特点是试验条件接近真实环境条件的极值。

验收试验的目的是考查该批产品是否符合合同要求的耐环境能力。验收试验的特点是试验项目仅选择主要的,如温度、振动;验收试验的应力量值和持续时间可低于鉴定试验。

6.3.3.1　气候环境试验

导弹在运输、储存和使用过程中遇到的气候环境有温度、湿度、高度、雨水、盐雾、砂尘和霉菌等,这些环境因素的作用时间最长,覆盖了导弹的整个寿命期,对导弹的结构和性能影响较大。因此,气候环境试验是导弹研制阶段必须进行的试验项目,主要的气候环境试验包括温度试验(高温、低温、温度冲击)、湿热试验、低气压试验、淋雨试验、盐雾试验、砂尘试验和霉菌试验等。

通常的做法是按照有关技术条件和规范要求,将被试产品置于高温箱、低温箱、湿热箱、低压箱、淋雨试验室等能够提供符合试验条件的人造环境内,存放一段时间后取出并进行检查测试。根据检测结果评定其是否满足相应的要求。

1. 温度试验

温度试验包括高温贮存和工作试验、低温贮存和工作试验,以及温度冲击试验。温度是产品贮存、运输和使用中时刻要遇到的环境,它时刻在影响着产品的性能,高温引起热老化、氧化、软化,物理膨胀;低温使材料脆化,物理收缩。温度冲击造成热胀冷缩,产生机械应力。

(1)高温试验。高温试验适用于可能遇到高温环境的设备。试验温度分贮存温度和工作温度。贮存温度是产品不工作状态遇到的最高温度。高温贮存试验又称高温耐受试验,它考核产品对极度高温环境的耐受能力,如导弹夏天在阵地上或艇上暴晒,要求产品在该给定环境中不产生不可逆损坏,不要求性能正常。导弹工作温度是产品工作状态遇到的最高温度。高温工作试验考核产品对使用中遇到的高温环境的工作适应性,如导弹飞行中遇到的高温工作环境。温度试验持续时间主要取决于在贮存温度或工作温度下的停留时间。如果不能确定贮存温度或工作温度下的停留时间,标准规定高温贮存时间为 48 h。

高温贮存试验和高温工作试验主要考核温度持续作用的影响,不要求考核环境试验条件对温度变化速率。但是,温度变化速率过大会引入快速温变失效机理;变化速率过小会影响试验效率,因此,一般规定温度变化速率不超过 10℃/min。高温贮存温度通常比高温工作温度高约 5℃。

(2)低温试验。低温试验适用于可能遇到低温环境的设备。试验温度分贮存温度和工作温度。贮存温度是产品不工作状态遇到的最低温度。低温贮存试验又称低温耐受试验,它考核产品对极度低温环境的耐受能力,如导弹冬天在阵地上、艇上或飞机上,要求产品在该给定环境中不产生不可逆损坏,不要求性能正常。导弹工作温度是产品工作状态遇到的最低温度。低温工作试验考核产品对使用中遇到的低温环境的工作适应性,如导弹飞行中遇到的低温工作环境。低温贮存温度通常比低温工作温度低约 5℃。

(3)温度冲击试验。温度冲击试验适用于可能遇到温度急剧变化环境的设备,如机载平台发射的导弹。温度冲击试验考核弹上设备在周围大气温度急剧变化条件下的适应性。高温箱温度和低温箱温度与高温工作温度和低温工作温度一致。保温时间不少于 1 h 或达到温度稳定为止,按时间长者执行。高低温转换时间不大于 5 min,转换次数 3 次。

2. 湿热试验

湿热试验验证产品在高温、高湿环境条件下工作的适应性。湿热试验是一种模拟自然环境湿热条件的加速试验方法。所谓加速,是指强化试验条件,以达到缩短试验周期的目的。

产品在贮存、运输和使用中,总会受到与温度综合在一起的潮湿影响。温度越高,在相同湿度下绝缘受潮速度越快。在坑道内(如贮弹库),由于通风不良,局部潮湿不容易散发,其严酷程度往往超过自然界中的潮湿条件。产品在潮湿条件下发生外观变化,或物理、化学和电性能方面变化,导致产品功能失效。湿度环境能引起导弹弹体表面涂层破坏、电缆插头介电强度降低、电子部件性能失效等。

在湿热环境条件作用下,导弹的各种劣化效应往往是表面受潮和体积受潮两种现象所造成的。对于表面裸露的导弹来说,湿热环境条件所引起的表面水蒸气吸附和凝露现象是造成表面受潮的主要原因。体积受潮主要是由水蒸气扩散和吸收形成的,具有封闭外壳或具有空腔的导弹,虽然内部并不直接接触高湿环境,但水蒸气会通过间隙进入空腔内或由于呼吸作用增强外部的潮气进入空腔内而造成内部受潮。

湿热试验有恒定湿热试验和交变湿热试验两种,试验参数为温度、湿度和时间。

3. 低气压试验

低气压环境会对空中飞行导弹有直接影响,主要是气压变化产生的压差作用破坏壳体密封,进而导致导弹性能下降。空空导弹在寿命期内一般要经过多次挂飞,飞行高度的循环变化更容易造成密封泄漏,必须进行低气压试验。由于温度环境和高度环境同时发生,通常将低气压试验与温度试验相结合进行,更为真实地模拟空空导弹的实际使用环境,具体高度试验条件可根据空空导弹任务剖面极值选取,温度则一般选取低温工作温度。

4. 淋雨试验

淋雨试验是为了确定导弹在战斗值班时弹体(特别是在各舱段的连接处)是否受雨水侵蚀或有泄漏发生。天然雨是一种很复杂的环境因素,有许多固有特性,如降雨强度、雨滴大小和速度、雨水的物理和化学性质等,雨水中还溶解了各种气体并携带有大量的烟雾杂质,要在试验室完全复现自然界的雨水环境很困难,导弹淋雨试验通常直接选用 GJB150 规定的有风源淋雨试验条件进行试验。

5. 盐雾试验

产品在盐雾环境中试验,评定产品在盐雾环境中的耐用性。盐雾试验适用于暴露在盐雾大气条件下的设备。盐雾是海洋大气的显著特点。盐雾试验是模拟海洋大气对产品影响的一种加速试验。盐雾是一种极其微小的流体,很容易受到物体的阻隔,阻隔越多,盐雾越少。据测定,室外盐雾含量是室内的 4~8 倍。盐雾对产品的腐蚀破坏作用是由于盐雾中含有盐分。盐雾会降低绝缘材料的绝缘电阻和增大电接触元件的压降,破坏导弹表面涂层并使金属机体发生锈蚀,对使用寿命有较大影响。

盐雾试验的主要参数是试验温度、盐溶液的组成、浓度及其 pH(酸)值、盐雾沉降率、喷雾方式和试验周期。

6. 霉菌试验

产品在规定的霉菌菌种和湿热条件下的试验,评定产品的抗霉菌能力。霉菌以腐生和寄生方式生活,在流动的空气中极易传播。霉菌试验是将产品置于有利于霉菌生长的条件下进行试验。霉菌生长的三大要素是温度、湿度和营养物质。

温度是影响霉菌生长存活的最重要因素之一。温度影响表现在一方面随着温度的升高,细胞生长速度加快,另一方面随着温度的升高,霉菌机体的重要组成如蛋白质、核酸等都对温度敏感,从而可能遭受不可逆破坏。大多数霉菌的平均最适宜温度为 25～30℃。

湿度是霉菌生长的必要条件,一般霉菌生长最适宜的湿度为 85%～100%。湿度低于65%时,多数霉菌不再生长,孢子停止萌发。

霉菌在生命活动的各个阶段,都需要吸取一定的营养物质。碳、氮、钾、磷、硫和镁等是霉菌必需的养料。霉菌试验中,试验箱提供了霉菌生长的温湿条件,而营养物质是由被试产品提供的。完全模拟自然环境中的盐雾和霉菌环境不现实,试验周期也太长,目前进行的盐雾和霉菌试验均为加速试验,直接选用 GJB150 规定的试验条件进行试验。

7. 砂尘试验

砂尘环境对导弹的影响仅次于温度、振动和湿度,高速风携带的砂尘能够磨损红外导引头的石英窗口并导致透光率下降,冲蚀雷达导引头天线罩的有机涂层导致导引头探测性能降低,堵塞舵机和旋转尾翼的运转间隙并导致导弹功能丧失。

风是产生砂尘环境的动力,是使砂尘移动的最重要因素之一。风在砂尘表面产生剪切力,当剪切应力超过某一临界值时,一定直径的砂尘颗粒便开始移动。当风速足够大时,一定直径的砂尘开始悬浮于气流中。砂尘粒度沿地表垂直高度的分布随高度的增加粒度越来越小,砂粒一般局限在地表 1 m 以内,其中约有一半是在地表 10 cm 以内。

砂尘试验适用于暴露在飞散干砂和充满尘埃环境中的设备。吹尘试验主要考核尘粒对导弹的渗透效应,吹砂试验主要考核砂粒对导弹非金属表面的磨损(磨蚀)效应和对活动部件(如舵机、旋转尾翼等)的堵塞效应。砂尘试验条件直接选用 GJB150 规定的试验条件进行试验。

砂尘试验的参数有砂尘浓度、温度、湿度、风速和持续时间。

8. 辐射试验

评定无遮蔽使用和贮存的产品经受太阳辐射热和光化学效应的能力。如果试验样品产生的温度和温度效应与高温试验相同,则高温试验可代替辐射试验。

太阳照射到地球上的射线中,波长在 100 nm～100 μm 范围内的射线,占全部照射到地球上能量的 99.999%。太阳辐射对产品的影响是由加热效应和光化学效应产生的。加热效应是太阳辐射的最主要效应。加热效应是太阳辐射的红外光谱产生的,主要引起产品短时间的高温和局部过热。

当吸收足够的太阳辐射能量时,便发生了化学反应,如聚合物发生弹性下降,对硬质塑料将引起裂缝或裂纹。辐射试验的主要参数是光谱波长、辐射的强度、温度和试验时间。

6.3.3.2　动力环境试验

动力环境试验是指导弹在运输、装填、转载、发射、挂飞和自主飞行过程中,所经受的振动、冲击、加速度、跌落、颠震等环境条件,这些严酷的动力环境直接影响导弹的结构完整性和工作性能。

1. 加速度试验

加速度试验考核弹上设备及结构部件承受加速度的能力。导弹的加速度极值通常产生于助推段和自主机动飞行段,此外,导弹在载机上挂飞期间,载机机动、着陆、舰载弹射起飞和拦阻着陆也能产生较大的加速度环境。油箱中的燃油会因加速度作用使压力增加,其增加压力的值等于燃油质量乘以加速度值。这个压力对供油系统有影响。导弹机动时大的加速度会增加惯性力,因而增加结构内部应力。

加速度试验包括功能试验和结构试验两类。功能加速度试验评定设备耐使用加速度环境的能力。结构加速度试验评定设备在非使用环境下的结构完好性(如运弹车紧急制动、挂弹飞机迫降等)。通常加速度的环境条件为 x_1、y_1、z_1 轴向最大加速度的 1.1 倍。对飞航导弹来说,结构加速度试验的量值为功能加速度试验的 $1.1 \sim 1.5$ 倍。GJB150 给出了空空导弹挂飞和自主飞行期间加速度极值的计算,在没有实测值时可参照执行。

2. 振动试验

振动试验考核弹上设备在使用振动环境条件下的抗振性能和弹体结构的耐久性,检验弹体结构、弹上设备安装与连接等的工艺质量。

空中发射导弹的振动环境主要出现在运输、挂飞和自主飞行阶段,其中挂飞阶段将遇到振动强度大、持续时间长的复杂诱发振动环境,对空空导弹结构和性能的影响也最为严重。飞航导弹的主要振动环境是发动机噪声和气动扰流,直接决定了导弹最终能否正常工作。振动试验条件的确定强调用实测数据,在缺乏实测数据情况下推荐使用军用标准或分析方法(有限元法或统计能量法)。振动试验条件是环境数据在一定概率和置信度的统计值。

振动试验中按振动信号分为正弦振动试验和随机振动试验;按振动性能分为功能振动试验和耐久振动试验。功能振动试验检验设备对环境的工作适应性;耐久振动检验设备结构的完好性。功能振动试验时间为导弹经受严酷环境的时间,标准规定为 5 min,耐久振动试验量值为功能振动试验量值的 2 倍,试验时间为 10 min。

挂飞振动试验是空空导弹进行最多的振动试验,主要进行功能试验和耐久试验,用于确定空空导弹在挂飞振动环境下的工作能力和不被破坏能力。功能试验持续时间取产品检验时间或 10 min,耐久试验持续时间可以采用等效疲劳关系来确定。通常当挂飞寿命为 150 飞行小时,试验量值为 1.6 倍功能试验量值时,耐久试验持续时间为 46 min。

3. 冲击试验

冲击试验考核导弹在发动机点火、熄火、弹射投放、舰载弹射起飞、拦阻着陆等瞬时激励环境下,导弹对瞬态环境的适应能力。冲击的特点是其瞬态性,表现为冲击的激励峰值大,但很快就消失了,且重复次数少。冲击可以激起结构和设备在其固有频率上的瞬态振动,因此它造成产品的破坏是以峰值破坏为主的。

冲击试验以理想的脉冲为主。冲击试验条件由脉冲波形、峰值加速度、持续时间和冲击次数组成。脉冲波形有半正弦波和后峰锯齿波。半正弦波由于易于实现,是最常用的波形。后峰锯齿波具有较宽频谱,容易激起试件各固有频率的响应,有较好的再现性,当条件具备时,可优先选用。

由于实际的冲击环境是十分复杂的,用简单的脉冲来模拟复杂的环境是不合理的,为此,近年来随着计算机技术的发展,已将冲击谱概念引入冲击环境试验中。冲击谱用冲击引起的响应大小来衡量冲击的破坏能力,可用于比较不同冲击的严酷度。同理想的脉冲波形冲击试验相比,冲击谱试验更为合理。目前国内已具备了用振动台进行冲击谱试验的能力,只不过要求试验控制系统具有冲击谱分析和冲击波形综合功能。

4.颠震试验

颠震是比冲击弱的多次重复的能量激励,它较冲击能量要小,但重复次数要多。颠震试验用于考核舰空导弹弹上设备航行时由海浪冲击或载机带飞时因大气系统引起的颠震环境的适应性。颠震试验条件由颠震波形、峰值加速度、持续时间及颠震次数组成。颠震波形采用半正弦波颠震脉冲。

5.运输试验

运输试验验证产品在运输载体上,在规定要求运输条件下的适应性试验。运输试验包括水运(舰船在海上运输)、空运(运输机在空中运输)、陆运(铁路运输和公路运输)3 种。这 3 种运输方式中,以陆运最为严重,而陆运中又以公路运输为最严重。弹上设备公路运输试验可以用随机振动试验代替,也允许用公路运输跑车试验。路面包括公路和土路,导弹运输试验通常在金属贮运箱包装状态进行实际运输试验,如公路 600~700 km,铁路 6 000~8 000 km,空运 2 000 km,水运 600 mile。

除了对导弹进行运输试验考核外,对地面/舰面的配套作战装备也分别根据要求,进行相应的运输试验。

6.跌落试验

跌落试验是指导弹在维护使用过程中,意外地发生跌落,试验就是检验导弹抗跌落的性能。例如某类防空导弹的试验条件为,导弹(带筒导弹)一端抬高 50 mm,另一端置于混凝土上,沿任意母线跌落,每端 3 次,共 6 次。

由于跌落时产品的姿态、地面情况复杂多变,产品造成的损失具有很大随机性,所以试验结果只能作为参考。

跌落试验在一定程度上可以暴露产品的薄弱环节,但只要不影响武器的作战使用和战技性能,一般仅对其包装防护进行改进和对使用维护提出要求。

6.3.3.3 综合环境试验

两种或多种环境同时作用于试验样品的试验称为综合环境试验。综合环境试验有温度、湿度和高度试验,温度、湿度、振动和高度试验,振动和加速度试验等。

环境试验大部分是单因素试验。单因素环境试验的优点是试验设备简单,试验过程容易控制和掌握。单因素试验中产品一旦失效,其失效原因容易找到,以便迅速采取改正措施。在产品研制阶段,环境试验的重点是了解环境因素的影响,因此多采用单因素环境试验。通过单因素环境试验逐步提高产品对环境的适应性是非常重要的。然而产品在贮存、运输和使用中,往往各种环境因素同时作用于产品。各种环境因素的综合作用,往往会加强对产品的有害影响,如高温加剧湿度和盐雾对产品的影响,振动加剧温度对产品的影响等。单因素环境试验并未真实地模拟产品遇到的实际环境,但单因素环境试验的成本低、技术容易掌握,至今仍然广泛应用。综合环境试验是今后的发展趋向。

综合环境试验确定设备在使用期间,对综合环境作用的适应能力。温度、湿度、高度综合环境试验,模拟机载导弹带飞期间弹内设备遇到的环境条件。当载弹飞机停在高温高湿的机场时,弹内设备处在高温高湿环境中;当载弹飞机升空时,大气温度下降,使空气中过饱和的水蒸气凝露;由于外部压力低,弹内压力高,这时出现呼吸现象,内部压力减小,最终内外压力平衡。当载弹飞机返航着陆时,产品温度低于周围空气温度,产品表面凝露;由于呼吸现象,将外部潮湿空气吸到弹体内部。温度、湿度和高度试验主要考核冷凝水对产品造成的影响。

温度、湿度和高度试验参数为温度、湿度、气压和循环次数。

6.3.4 电磁环境试验

导弹武器是在复杂的内部和外部电磁环境下工作的,特别是舰载导弹、机载导弹更是如此,为此,要求导弹系统能适应这种工作环境,能在这种电磁干扰环境下正常工作。

电磁环境试验就是模拟导弹系统工作所处的电磁环境,对导弹进行的电磁兼容性试验。电磁环境试验的目的是考核导弹、设备和分系统与外部系统、设备或电磁环境协调工作,而不互相干扰的能力。对空空导弹系统来说,电磁环境效应是指空空导弹系统能够在整个寿命期内所产生的电磁干扰不会对载机等平台造成影响;同时,载机等平台产生的电磁干扰以及外部环境无意或有意的电磁干扰不会影响空空导弹系统任务的正常完成。电磁环境试验通常在专门设计的屏蔽的吸波暗室中进行,以保证试验场所的电磁环境满足要求,同时避免较强的电磁辐射对周围其他设备和人员可能造成的危害。

电磁环境试验包括电磁发射和电磁敏感度试验两类。电磁发射试验是测试被测系统、设备对外部产生的电磁干扰是否满足有关标准规范的极限值要求,根据电磁干扰传输途径分为传导发射(CE)试验和辐射发射(RE)试验。电磁敏感度试验是测试被测系统、设备在有关标准规范规定或实际工作的电磁干扰环境下正常工作的能力,根据电磁干扰加载的方式分为传导敏感度(CS)试验和辐射敏感度(RS)试验。

除了上述电磁环境试验,根据具体型号需求还可以进行如下电磁环境(或与电磁兼容性关系密切)测试项目:无线电频谱特性的测量、接地电阻和搭接电阻测试、屏蔽效能测试、电磁环境测试、系统安全系数测试、天线间干扰耦合测试、电源特性测试、浪涌测试、尖峰测试、雷电测试、静电测试、电磁脉冲测试等。

为了达到电磁兼容性要求,在研制工作初期,就要制订出电磁兼容性准则与电磁兼容性大纲。电磁兼容性要求和试验项目,是通过与任务要求、性能指标、工程研制经费和进度权衡而确定的。如预期的电磁环境十分恶劣,超过标准的要求,这就需要提出附加的屏蔽、隔离和管理要求。反之,实际的电磁环境远好于标准规定的电磁环境时,经过总师系统的批准,可以放宽要求。需要引起注意的是,对电磁兼容性要求和试验项目的剪裁,需要在认真分析研究的基础上进行,对标准中规定的,在其适用范围以内必须协调统一的强制性要求及关系到型号质量、安全的基本要求,不能剪裁。同时,对标准的剪裁需按规定的程序批准,并在任务书或大纲中予以说明或规定。

6.3.5 可靠性试验

1. 可靠性增长试验

产品设计需要一个不断深化认识、逐步改进完善的过程。研制或初始生产的产品必然存在某些设计和工艺方面的缺陷,导致在试验和初始使用中故障较多。需要有计划地采取纠正措施,根除故障产生的原因或降低故障出现的概率,从而提高产品的可靠性,逐步达到规定的可靠性要求。这种通过不断消除或减少产品设计和制造中的薄弱环节,使产品可靠性逐步提高的过程称为可靠性增长。

可靠性增长试验是在预期的使用环境条件下连续多次模拟任务循环以提高产品可靠性的试验。可靠性增长试验中提倡对发现的故障经认真分析后进行设计或工艺改进,因此,试验中试验样机的技术状态是不断变化的,应采用变动统计学中模型规划试验方案和评定试验结果。目前可靠性增长试验中普遍使用杜安(Duane)模型和 AMSAA 模型。

可靠性增长试验用的试验剖面与可靠性鉴定试验和可靠性验收试验用的剖面完全相同,即时序地模拟产品的任务剖面。

可靠性增长试验通常安排在工程研制基本完成后和可靠性鉴定试验前。这时产品的性能与功能已基本达到设计要求,产品的结构与布局已接近批生产时的状态,因此,故障信息的正确性较高;另一方面,由于产品未设计定型,对试验中暴露的故障尚来得及对产品设计和制造作必要的变更。

可靠性增长试验的试验时间较长,通常为 MTBF 要求值的 5~25 倍,因此,可靠性增长试验一般仅适用于新研制的复杂产品,尤其是那些引入较多高新技术的产品。

2.可靠性研制试验

可靠性增长试验是提高产品可靠性的重要途径,但产品的可靠性增长不可能仅通过可靠性增长试验获得。因为可靠性增长试验是耗时费钱的试验,且一般安排在工程研制阶段中后期进行。为了在产品研制早期有效地提高可靠性,除通过可靠性设计分析发现薄弱环节外,可靠性研制试验也是一重要途径。

可靠性研制试验是通过对产品施加一定的环境应力和(或)工作载荷,尽量将产品中存在的材料、元器件、设计和工艺缺陷激发成为故障,进行故障定位分析后,采取纠正措施加以排除,以提高产品的固有可靠性。

可靠性研制试验的最终目的是使产品尽快达到规定的可靠性要求,但直接目的在研制阶段前后有所不同。研制阶段早期,试验目的侧重于充分暴露缺陷,因此大多采用加速的环境应力,如目前国外开展的可靠性强化试验或加速寿命试验。在研制后期,试验目的侧重于了解产品的可靠性与规定要求的接近程度,因此试验条件采用综合环境以尽可能模拟实际使用条件。

可靠性研制试验和环境适应性研制试验都是用来激发产品的设计缺陷的,且相互联系密切,试验结果对提高环境适应性和可靠性有相同的影响。

通常在研制阶段早期进行以环境适应性研制试验为主的可靠性研制试验,在工程研制阶段的中后期进行综合应力条件下的可靠性研制试验。该综合应力是对可靠性鉴定试验用的试验剖面进行适当加严得到的。如通过乘以适当的系数普遍提高可靠性鉴定的振动量级、对温度剖面中的高低温适当增加温度范围、适当增加湿度应力等。

3.可靠性鉴定试验

可靠性鉴定试验是为确定产品可靠性与设计要求的一致性,由使用方用定型批产品在规定的条件下所做的试验。该试验在产品研制阶段后期、设计定型前进行,试验结果作为是否批准设计定型的依据之一。同可靠性增长试验一样,可靠性鉴定试验要真实地模拟使用中遇到的主要环境条件(通常是温度、振动和湿度)及其动态变化过程以及寿命期内各任务所占比例。

按产品寿命特点,可靠性鉴定试验方案可分为连续型和成败型两大类。当产品寿命服从指数、威布尔、正态和对数等分布时,可采用连续型试验方案;对于以可靠度或成功率为指标的产品,可选用成败型试验方案。由于复杂产品的寿命大多服从指数分布,因此,目前国内颁发的标准试验方案都是指数分布的。

6.3.6　环境试验与可靠性试验的关系

只有常规性能试验符合设计要求的产品才能提供做环境试验。环境试验是考核产品对环境的适应性,评定产品耐环境设计是否符合要求。环境试验是最基本的试验。环境试验采用合理的极值环境条件,包括在贮存、运输和工作中最恶劣的环境条件。这一要求意味着产品若能在极值环境条件下不被损坏并能正常工作,则在低于极值环境条件下也一定不会被损坏并一定能正常工作,但这并不涉及产品能维持这种能力多长时间的定量指标。环境试验不允许出现故障,若产品不能适应预定环境一旦出现故障就停止试验,判定产品通不过试验。

可靠性是产品的一项质量指标。产品的可靠性是指产品在规定的使用条件下,在规定的时间内完成规定功能的能力。可靠性试验是确定产品可靠性的定量指标,评定产品可靠性设计是否符合要求。只有通过环境试验的产品才能提供做可靠性试验。可靠性试验为任务模拟试验,采用真实地模拟使用中经常遇到的最典型的主要环境条件。可靠性试验中产品只有一小部分时间处在较严酷环境作用下,大部分时间处在经常遇到的较温和的环境作用下。可靠性试验允许产品出现故障,对出现故障的产品可进行修复。

由此可见环境适应性是可靠性的基础,环境试验有利于提高产品质量和可靠性。环境试验是可靠性试验的先决条件。由于环境试验和可靠性试验的目的、所用应力、试验时间和故障处理等方面不同,环境试验不能替代可靠性试验,可靠性试验也不能替代环境试验,二者只能相互补充。

6.4　动态环境模拟试验

6.4.1　动态环境模拟试验目的与要求

为了提高飞行试验的成功率,某些导弹还必须进行动态环境模拟试验。动态环境模拟试验是介于试验室试验与飞行试验中间的一种飞行环境模拟状态下的试验。

动态环境模拟试验的目的就是在模拟导弹飞行环境下检验导弹总体性能与弹上分系统的工作性能。弹上分系统主要指近炸引信、无线电遥控应答机与寻的导引头等。为此,要求动态试验环境包括动态模拟的速度、相对位置及姿态等,尽可能模拟真实的飞行条件;参试设备尽可能满足设计要求;试验结果易于测量、处理、分析与评定。

6.4.2　动态环境模拟试验项目

1. 火箭撬试验

火箭撬试验是将被试系统或设备装于专门的火箭滑车上,利用捆绑小火箭组合推进,使试验系统在滑轨上高速运动,产生类似于真实飞行的动力学环境,对被试系统的工作性能进行考核。火箭撬试验技术已大量应用于如下的试验内容:导弹制导及控制系统试验;发动机及推进剂输送系统试验;空气动力性能试验;战斗部、引信及引战配合性能试验等。与其他地面试验比较,火箭撬试验可模拟动态环境,可做1∶1的实物试验,试件可回收多次使用。

2.柔性滑轨试验

在火箭撬试验技术基础上,又发展了一种柔性滑轨动态模拟试验,它不同于火箭撬试验,它是把试验对象悬挂在两端固定的两条悬空钢索柔性滑轨上,通过火箭加速前进达到要求的试验速度。这种试验对试验场区要求不高,费用少,建设周期短,但由于吊索的承载量受到限制,要求试验对象不能太大、太重,速度不能太高。通常用于如下项目:引信灵敏度与启动区性能试验;无线电脱靶量指示器试验;寻的导引头截获目标试验。

3.地面绕飞试验

地面绕飞试验包括导引头对目标的探测和截获跟踪能力试验,引信对目标的启动特性试验等。地面绕飞试验还可用于制导系统系留试验前需要对产品的性能进行摸底,空中试验前在地面验证产品的内部工作参数和相关算法等。

导引头地面绕飞试验是用地面设备和试验弹对空中目标的截获跟踪试验。新型导引头研制过程中首先进行的外场试验一般都是地面绕飞试验的,用于产品对空中真实目标的探测及截获跟踪能力的技术摸底,特别是要获取各种进入情况下的最大截获距离等数据。导引头地面绕飞试验设备的布置如图6-3所示。为了避免雷达对产品的遮挡,同时避免两者之间的互相干扰,雷达一般布置在随动平台的侧后方20～70 m的位置。

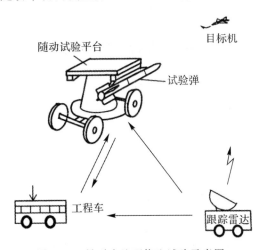

图 6-3 导引头地面绕飞试验示意图

试验实施有两种方法,一种是用随动平台带动试验产品,保持弹轴和随动平台一致指向目标;另一种是随动平台不动,直接将雷达输出的目标数据发送给导弹,导弹自主完成对目标的截获跟踪。

引信地面绕飞试验是用引信和地面设备对空中目标的启动特性试验。通常,试验时引信置于地面支架上,飞机以一定速度、姿态与距离飞过地面工作的引信,记录下引信对目标的启动特性。防空导弹的引信一般作用距离在几米至几十米,为了在飞行试验考核以前,充分检验引信的动态性能,发展了这种比较真实的模拟导弹与目标交会速度、姿态与距离的试验方法,从而来检验引信的启动特性。

4.机载(系留)试验

机载试验是将弹上设备装载或悬挂(系留)于试验飞机上,按接近于真实弹道剖面进行飞行,对设备的工作性能进行检查及测试,以便尽早暴露问题和解决问题,提高飞行试验的成功率。

根据试验目的的不同,机载试验可分为分系统专项试验和导弹模拟飞行试验。

(1)专项机载试验。专项机载试验适用的试验项目主要包括高度表带飞试验;导航系统带飞试验;导引头带飞试验;动力系统带飞试验;无线电遥控应答机挂飞试验、弹上遥测头系统挂飞试验等。

遥控应答机挂飞试验通常与制导站的校飞试验相结合,通过挂飞来检验遥控应答机的对接性能及作用距离等。

同样,遥测头系统挂飞试验,也是测定遥测头与地面遥测系统接收站的对接性能及它的作用距离及传输精度等。

挂飞试验还有更广阔的试验范围,如通过挂飞干扰机对武器系统进行抗干扰性能试验等。

(2)导弹模拟飞行试验。将测试合格的导弹悬挂于飞机上,按预定飞行剖面飞行;导弹各系统按预定指令程序协调工作,完成全弹道模拟飞行。

导弹模拟飞行试验的目的在于验证该导弹全工作时序的任务可靠性,发现产品可能存在的硬件故障或参数不匹配的故障;使将要发射的导弹在挂机状态,经受与发射后预期自主飞行工作相似的模拟"自主飞行",验证导弹完成该发射任务的能力。

6.5 武器系统试验

武器系统试验通常是指导弹系统与机载或地面火控系统的对接联试。在导弹研制过程中,导弹系统与火控系统之间除了进行必要的协调和交流外,随着研制工作的进展,还需安排相应的武器系统试验,将问题及早暴露和解决在实验室。

6.5.1 防空导弹武器系统试验

防空导弹武器系统通常要完成以下试验:

1.导弹与发控设备之间的对接试验

为了保证导弹在发射之前及发射过程满足发射程序规定的条件,有一套完整的发射程序和发射控制线路。导弹与发控之间的信息交换是非常快速的,一般在几毫秒至几十毫秒内完成。在试验室,要通过对接试验来检验所设计的发控程序的正确性和设备协调工作的正确性。在研制过程中,导弹的技术状态按研制阶段有所不同,对应的导弹发控设备也有所区别,因此,对每一种技术状态,都要进行该项对接试验。

2.武器系统地面/舰面装备对接试验

武器系统地面/舰面装备对接试验,也称全营或作战单元地面/舰面装备对接试验。它是防空武器系统在转入全系统飞行试验前的一项大型对接试验,其中包括支援装备与作战装备的协调性试验,如导弹与发射装置的机械与电气系统对接试验,跟踪制导站系统与地面标校装置的对接试验,全部作战装备对接协调性试验等。

3.探测跟踪制导站系统地面/舰面静态、动态精度试验

此项试验有静态精度检查和动态精度检查两部分内容。

(1)静态精度检查试验。静态精度试验是全部制导站装备通过地面标校装置来检查静态精度。通常,标校装置应该模拟不同目标特性,通过对测试数据的处理,用统计法判断出系统的静态精度。同时,通过试验还可检验各相关设备的接口协调性,以及系统软件工作的正确性。

(2)动态精度检查试验。动态精度试验是全部作战设备按地面/舰面部署配置,用搜索、跟踪制导雷达截获跟踪空中目标,来检查动态精度的。这项试验能较真实地反映武器系统的作战过程,检验雷达对目标的跟踪性能,以及各相关设备之间接口工作的协调性;通过试验验证系统软件工作的正确性。

这项试验需要多次的目标飞行,在同一航路上要多次进入,以便得到统计数据,还要选不同高度、不同航路捷径的多次进入,最终从大量的统计数据中确定系统的动态精度。通常,在动态校飞时,飞机上还挂上模拟导弹的遥控应答机,通过与遥控应答机的遥控对接,能检验对导弹遥控性能及导弹支路的跟踪精度。

这项关键的大型地面对接试验,只有在系统研制阶段的后期才能进行,它又是闭合回路飞行试验之前的一个必经程序,只有地面对接试验的动态精度满足技术要求,才能进行闭合回路飞行试验。

6.5.2　空空导弹武器系统试验

空空导弹武器系统通常要完成以下试验:

1.发射装置与外挂管理子系统双边联试

发射装置与外挂管理子系统之间的双边联试适用于新研制空空导弹武器系统的工程研制阶段,其他阶段一般情况下不单独安排双边联试,而是结合武器系统综合试验进行。

通过双边联试,可以达到以下目的:

1)检查武器总线通信是否正常;

2)检查空空导弹系统与外挂管理子系统之间的逻辑、时序是否正确;

3)检查发射装置和外挂管理子系统中相应算法是否正确。

发射装置与外挂管理子系统双边联试示意图如图 6-4 所示。

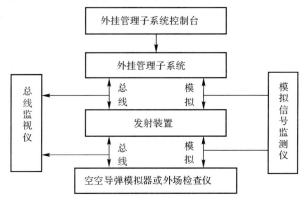

图 6-4　发射装置与外挂管理子系统联试示意图

2. 空空导弹与机载雷达数据链双边联试

通过空空导弹与机载雷达数据链双边联试,可以达到以下试验目的:检查数据链射频接口的协调性;检查保密编码等算法的正确性。

空空导弹与机载雷达数据链双边联试示意图如图6-5所示。

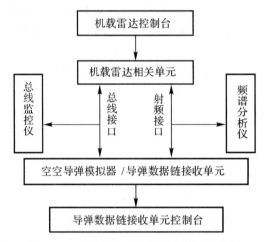

图6-5 空空导弹与机载雷达联试示意图

3. 武器系统综合试验

(1)武器系统适配性检查。通过武器系统适配性试验要达到以下目的:检查武器系统工作逻辑、时序是否协调;检查武器系统射频接口是否正常;检查火控等算法是否协调正确。

进行武器系统适配性试验时,以载机显示控制子系统、机载雷达、火控计算机、外挂管理子系统、机载惯导、发射装置等作为试验的主体。同时需要载机环境系统、总线监控仪、导弹模拟器、机载惯导模拟器等设备的支持。其中载机环境系统包括简化的载机运动模型、目标模型、激励器以及相应的任务剖面规划等。试验系统构型如图6-6所示。

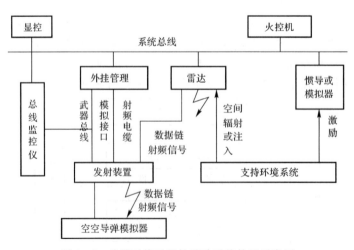

图6-6 武器系统适配性试验系统构型示意图

（2）导弹与武器系统综合试验。导弹与武器系统综合试验以空空导弹、发射装置以及火控系统中的显示控制子系统、机载雷达、火控计算机、外挂管理子系统、机载惯导等作为试验的主体，通过支持环境进行闭合，完成以下测试和检查：武器系统算法是否协调；导弹准备、制导及目标截获过程是否协调正常；武器系统的抗干扰性能是否满足要求。

试验时需要总线监控仪、机载惯导模拟器、支持环境系统，以及空空导弹数据采集和导弹发射支持系统等设备。

其中环境系统引入简化的载机运动模型、目标源、干扰源；可以进行相应的任务剖面规划；空空导弹数据采集设备对空空导弹工作参数进行实时采集和记录；发射支持系统提供弹载惯导、导引头工作所需的激励信号及发射时所必需的时序信号等。该项试验构型如图 6-7 所示，并完成以下项目的测试：

1）武器系统协调性检查。检查导弹挂弹、加电、自检、发射前准备、发射以及制导、目标截获等过程是否协调，是否满足设计要求。

2）武器系统的抗干扰性能检查。设置不同的干扰模式，进行发射前准备、发射、制导、目标截获等过程的测试，考核武器系统的抗干扰性能以及机载雷达受干扰情况下的系统工作是否满足设计要求。

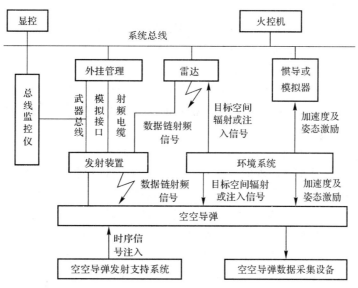

图 6-7　导弹与武器系统综合试验构型示意图

6.6　系统仿真试验

6.6.1　概述

系统仿真是一种基于相似理论、控制论、信息论及计算机科学的，以数学或物理模型为基础，以计算机或专用仿真设备为工具，对真实或假想的各类系统的行为特性进行试验研究的过程。

系统仿真试验有数字仿真试验和半实物仿真试验。数字仿真又称计算机仿真,它将系统的特性用数学模型描述,并在计算机上针对数学模型进行有关试验。数字仿真不使用实际系统的任何物理部件,只通过系统的数学模型来研究实际系统,而且对实时性要求不高,具有经济性、灵活性的特点。半实物仿真试验是指系统回路中接入一部分实物,其余部分仍用数学模型表述的这类混合型的系统试验。由于半实物仿真必须有一部分实物支撑,所以它在研制初期是难以进行的。

导弹系统仿真试验是除导弹发射试验以外唯一可以在试验和鉴定中,用来描述导弹系统闭环工作情况的技术。在导弹型号研制中有着不可替代的作用,具有直观、可控、可重复、安全、高效的特点;可用于导弹系统研制过程中参数设计与调整、试验验证和问题查找;更重要的是通过仿真试验可以缩短研制周期、降低研制风险、节约研制经费。一般用少量发射试验和大量仿真试验相结合完成武器系统设计的验证。

系统仿真试验在不同研制阶段的目的和作用不尽相同,仿真侧重点、模型精确度、结果置信度要求也不同。

1)在方案阶段,一般还没有实物,只能通过数字仿真初步确定导弹的战术技术指标、分系统及组件的技术参数要求。此时不需要详细的仿真模型,对仿真结果的精度要求也不高,但仿真能宏观上帮助决策。

2)在初样阶段,采用详细数字仿真开展方案的验证、稳定回路的研究和分系统及组件参数的优化。此阶段的仿真模型尚未得到校验,仿真置信度不高,但能够反映系统的闭环工作情况。在初样阶段后期用半实物仿真和物理仿真研究战术技术指标的可行性及合理性,确定对分系统的技术要求。半实物仿真用到的动力学和运动学数学模型一般经过了反复验证,仿真置信度较高。数字仿真和半实物仿真/物理仿真的部分功能是重叠的,可通过仿真结果的综合分析比较进行模型的检验。

3)在试样阶段,同时用数字仿真和半实物仿真研究制导控制系统性能,制订发射条件,评估发射试验结果,分析试验中出现的故障并进行复现与排除。对制导系统仿真结果的评定一般以半实物仿真为主,数字仿真要通过与半实物仿真结果详细对比和反复迭代,使模型与真实产品接近一致。通过引战系统物理仿真验证产品的性能,通过数字仿真优化引战配合参数,使杀伤概率达到最高。利用发射试验数据对模型进行校验,进一步完善模型。

4)在设计定型阶段,通过仿真评估全弹性能,制订鉴定靶试条件。在鉴定试验中应包含仿真试验的内容,如用半实物仿真和数字仿真试验考核导弹在全空域内的制导精度、杀伤概率及抗干扰性能。

总之,由于系统仿真试验能够方便地对导弹武器整个杀伤区在各种背景及环境条件下,在实验室内进行系统试验,它就能够比较全面地评价导弹武器的战术技术性能。正因为有上述优点,世界各军事大国不惜花费大量投资建立完善的仿真试验设备。这种一次性的,但可长期使用的投资方向比大量费用消耗在靶场飞行试验上,从长远来看要有利得多。而且事实越来越证明,随着武器系统性能不断提高,作战环境越来越复杂,不依靠系统仿真试验而仅靠靶场飞行试验要对武器系统做出全面评估几乎是不可能的。

6.6.2 仿真试验的分类与内容

一个导弹系统从进行需求分析、确定系统的战术技术指标开始,到方案论证与设计、工程研制,一直到系统试验、设计定型、交付部队后的操作使用,都需要进行大量的仿真试验。

仿真试验根据不同的性质、不同的对象、不同的阶段等,有不同的分类方法。

1.进行作战态势仿真,制订武器系统战术技术指标

建立未来作战环境下战略战术运用攻防对抗仿真模型,通过各种态势的数学仿真,制订出为满足战场要求的初步的战术技术指标;同时建立效费仿真模型,分析研究战术技术指标变化对武器效能与费用的影响,从而优化出切合国情需要与可能的战术技术指标与相应的技术途径。

2.建立系统方案优化仿真模型,进行系统方案论证与设计

根据上述制订的战术指标及要求,建立方案论证及设计的数学仿真模型,包括经过论证确定可供选用的分系统模型、目标及作战环境模型。通过仿真,对比各种方案对战术技术指标的满足程度、工程难易程度及研制周期与经费等,完成系统方案设计,并经过优化设计,确定各分系统的主要技术参数及要求。

3.建立系统设计数学模型

通过数学仿真与半实物仿真模型,进行系统设计与工程研制。在系统试样设计与工程研制阶段,仿真试验的任务是通过仿真来选择系统参数与验证系统设计,并有选择地把关键分系统以实物形式接入仿真系统,取代相应的数学模型,进行数学-半实物系统仿真,全面检查与验证试样设计的正确性。在此阶段中,利用上述仿真结果,系统与各组成部分进行功能与指标上的反复迭代优化,设计出满足总体要求的试样产品。

同时,要进行可靠性模型与效费模型的分析研究,建立完整的可靠性设计与效费分析等仿真模型,通过仿真,提供试样阶段相应的配套数据。

4.建立各种试验系统的仿真模型

在系统试验阶段,建立各种试验系统的仿真模型,通过仿真试验来预测试验结果,以及对试验中出现故障的复现与排除。

在系统试验阶段,主要指导导弹武器系统的飞行试验,通过仿真试验,研究在试验时可能出现的各种干扰与偏差条件,预测飞行试验可能结果,提供靶场试验需要的配套数据。当出现故障时(或失败时),通过仿真试验来分析研究系统失效原因,复现故障,并提出排除故障的技术措施,经仿真验证后,再次进行飞行试验,直到试验取得成功。

同时,通过飞行试验靶场外弹道测量、导弹遥测、数据采集系统等采集的数据,通过分析研究,来验证和修正系统参数,并用它来进一步校验与修正仿真数学模型。

5.全面鉴定和验证导弹设计性能

在设计定型阶段,通过飞行试验、作战使用性能鉴定试验并结合仿真试验结果,来全面鉴定和验证导弹设计性能。

各种作战态势的仿真试验,其最高层次是模拟打靶。通过各种态势的系统仿真与模拟打靶,既可减少为设计定型所需要进行的飞行试验次数,又可全面验证武器系统性能,提供设计定型所需要的配套性能数据。

6.建立可靠性与维修性分析仿真模型

在批量生产及部队装备使用阶段,仿真试验的目的是通过部队试验累积的使用数据,建立完整的可靠性与维修性分析仿真模型、操作培训仿真模型与作战使用仿真模型。

同时,根据部队实际使用情况、空中潜在威胁以及技术发展情况,利用上述仿真模型,对提供新的改进方案进行仿真分析研究。

不同研制阶段的主要仿真试验项目如图 6-8 所示。

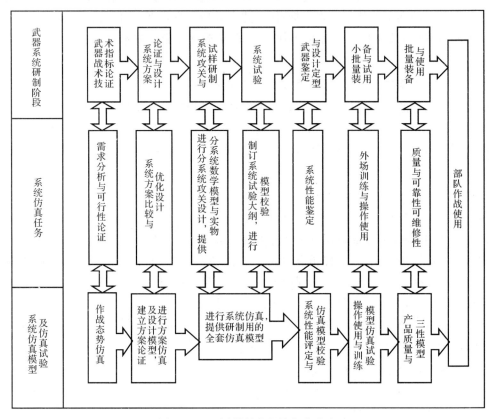

图 6-8 不同研制阶段的仿真试验

6.6.3 系统仿真试验设计

1.仿真试验的工作流程

仿真试验的工作流程如图 6-9 所示,其简要说明如下:

1)从导弹研制需求出发,进行需求分析,提出仿真试验任务要求,逐步形成仿真试验任务书;

2)仿真系统根据仿真试验要求,进行仿真试验方案论证与设计;

3)进行仿真系统软、硬件设计与研制;

4)建立仿真数学模型,通过调试,校验与修正数学模型;

5)根据仿真条件进行仿真,其结构满足要求后,仿真试验任务结束。

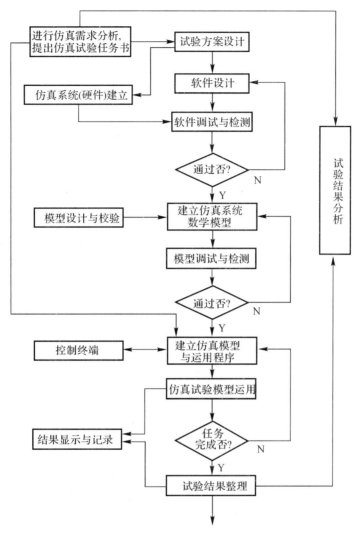

图 6 - 9　仿真试验流程图

2.数学仿真模型设计

导弹系统的计算机仿真,从建立数学模型到进行各种状态的仿真试验,需要经过很多重要环节,而数学模型准确性是最为重要的环节,为了确保模型的正确性,要求通过各种试验(其中包括飞行试验)来检验与修正数学模型。防空导弹武器系统通常建立如下数学模型。

1)目标运动模型。目标运动模型是描绘目标质心在空间运动的过程,一般由几个微分方程和三角函数方程组成,它可以描绘目标直线匀速运动,也可以描绘目标作某种机动运动。

2)导弹运动模型。导弹运动模型是描绘导弹质心在空间运动和绕质心的旋转运动所组成的运动方程组,而这运动方程组包括 6 个动力学微分方程,3 个运动学微分方程,4 个坐标变化的运动学微分方程,3 个几何关系式。

在实际使用中又通常进行简化,如分解为纵向运动和侧向运动。

在导弹动力学、运动学微分方程组中,包含几十个气动系数,而它们又往往是导弹速度、姿态、舵偏角等多变量函数,因此要保证导弹运动参数的精度,首先要确切地给出这些气动系数。

3)发动机模型。发动机模型包括发动机的推力特性和它的燃料(推进剂)消耗特性,发动机推力和燃料消耗通常是经过大量地面试验结果整理成曲线的形式,最后转换成空中使用状态的。

4)弹上稳定控制系统模型。对三通道的弹上稳定控制系统,数学模型通常包括对舵机、速率陀螺、位置陀螺、加速度表、滤波器及校正网络的数学表达形式。对有些导弹还建立精确的舵系统模型、操纵系统模型等来专门研究舵系统问题(如反操纵等)。

5)探测跟踪模型。探测跟踪模型是对探测跟踪系统(如指令制导的地面雷达站)的工作过程与性能的数学描述,它包括量测数据的坐标转换和数据平滑滤波处理等。

6)噪声及干扰模型。它是探测跟踪系统测得的噪声及干扰的数学描绘,这项工作往往是建立在大量试验数据综合的基础上的。

7)制导控制系统模型。制导控制系统模型包括导引规律、各种提高控制特性和制导精度的调节和补偿规律,以及指令形成等的数学描绘。

8)目标威胁判断与发射区模型。目标威胁判断模型是描述来袭目标运动规律的模型,根据预定的威胁判据,来确定诸多进攻目标的等级(如紧急、一般……),从而确定拦击对象。

发射区模型建立在目标与导弹相对运动基础上,它用数学模型描绘出杀伤区域对应的导弹发射区域,从而给发射系统发出发弹信号指示。

9)信号预处理模型。对于舰空导弹系统,或处于联网中地空导弹武器系统,接收上级送来目标信息,通过预处理模型(包括坐标转换、数字滤波、加密处理等),发送到各分系统(如雷达跟踪系统、红外跟踪系统等)。

6.6.4 数字仿真在导弹攻防对抗的应用

1.目的及范围

随着高技术的发展,要研制成一种新一代战术导弹武器,不论是进攻还是防御,都不是封闭在各自独立的领域中进行研究发展的,而是把攻防双方组成一个整体,通过攻防对抗研究,分析交战双方的内在规律和有效性,寻求各自技术的薄弱环节,从而为未来战争寻找有效的作战模式,为新一代导弹研制和现有导弹改进提供有效的技术途径。

战术导弹攻防对抗研究涉及攻防模式对抗、光电对抗、隐身与反隐身对抗,以及反辐射与抗反辐射对抗等广阔领域,而本节研究的仿真试验系统是导弹攻防模式的对抗。

为达到上述目的,设计了如图6-10所示的仿真过程示意图,从中看出建立这样一种仿真分析系统将具备攻防系统整体设计的功能,它不但对新型导弹研制起作用,而且还可以对定型的或在研的导弹进行评估。

2.仿真系统模型建立

(1)建立仿真模型要求。

1)参照性。要求所建立的进攻和防御系统组成的基本数学模型,它们可以是某个导弹数学模型,但具有一定通用性。

2)可调整性。要求无论是进攻方或防御方系统,其体制结构、系统参数、攻击路线和拦截规律等都能进行修正和调整。

3）灵活性。组成形式可进行灵活调整,具有较强的人机对话功能。

4）显示阅读性。要求各个显示页面和读出系统能全面给出仿真分析、方案调整、参数修改和效果判断等各种信息与结论。

5）自适应性。要求模型构造具有自适应性,以减少人工干预。

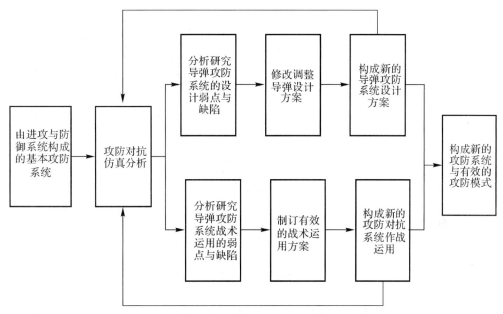

图 6 - 10　攻防对抗仿真过程示意图

（2）功能模块设置。

攻防对抗仿真模型主要应模拟目标进攻的作战过程、导弹拦截目标的飞行过程,以及双方遭遇过程和摧毁目标过程。基于此,以模块化的形式设置如下的模块:

1）攻防设想与初值确定模块;

2）目标模块;

3）导弹模块;

4）遭遇模块;

5）摧毁概率估算模块;

6）攻防对抗效果判定模块;

7）观察模块;

8）分析模块;

9）战术运用与设计方案调整模块。

（3）仿真系统结构组成。

攻防对抗仿真系统的结构示意图如图 6 - 11 所示。图中表示上述 9 个模块的相互关系。

（4）攻防对抗仿真状态。

1）进攻方目标状态设置;

2）防御方导弹状态设置;

3）遭遇区设置;

4)攻防效果判据设置；

5)仿真条件设置。

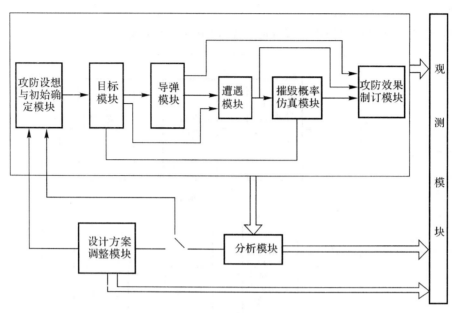

图 6-11 攻防对抗仿真系统结构框图

(5)攻防对抗实弹打靶与仿真结果比较。以某防空导弹实弹打靶结果与仿真结果比较，具有很好的一致性，其主要参数比较见表 6-1。

表 6-1 实弹打靶与仿真结果参数比较

参数	打靶	仿真
交会斜距	4.3 km	4.79 km
航路捷径	3.2 km	3.4 km
飞行时间	9.0 s	9.1 s
合成脱靶量	2.53 m	3.4 m
结　论	拦击成功	拦击成功

由以上比较结果可见，仿真模型比较接近实际情况，用此模型可进行攻防对抗模式研究，并用此模型可进行攻方与防方导弹的参数研究与性能改进。

6.7 飞行试验

导弹及其组成部分在真实飞行条件下所进行的各种试验称为导弹的飞行试验。它贯穿于武器系统研制、鉴定、生产及使用的全过程。试验的主要目的是验证武器系统及其有关分系统在导弹实际飞行条件下是否能正常工作，能否达到原定的设计要求。

飞行试验是导弹研制阶段中的重要环节，通过飞行试验可较全面地检验导弹武器系统的战术技术性能,以及各分系统的工作性能和相互间的协调性,其成功更是一个研制阶段转入另一个研制阶段的标志,或是对某个关键技术问题是否解决的最终验证。导弹研制总要求提出的主要总体战术技术指标以及各主要分系统指标都要通过飞行试验验证。因此,飞行试验主要解决的是一些系统性及与真实使用环境相关的试验验证问题。飞行试验不仅承担着研制过程的迭代作用,更重要的是对研制具有阶段性的考核功能。每完成一次飞行试验,工作就得到一次确认,研制过程就向前推进一步,产品的性能也得到一次完善。因此,飞行试验在研制过程中具有重要的作用,它设计的合理性、科学性和试验结果的正确性直接影响了型号研制进程。

飞行试验是一个大量消耗人力、物力和财力的系统工程,涉及的因素很多,贯穿于整个研制过程,因此,在筹划试验计划时,既要保证其计划和实施方案科学、合理、高效、节约,同时又能达到验证产品性能、暴露问题的目的,使飞行试验高效优化。随着仿真技术的日趋成熟、完善,可以部分取代飞行试验,在客观上也为减少飞行试验次数创造了条件。

6.7.1　飞行试验的分类及内容

导弹的飞行试验按研制阶段的性质划分,通常分为研制性飞行试验、鉴定性飞行试验及抽检性飞行试验三大类。

1. 研制性飞行试验

研制性飞行试验是导弹武器系统尚处于研制阶段,研制方为了验证所设计的导弹武器系统及其有关分系统的战术技术性能是否符合要求而安排的飞行试验。

研制性飞行试验包括方案原理性飞行试验、分系统性能飞行试验以及系统性能协调与性能验证飞行试验。

方案原理性飞行试验对构成方案的原理和关键技术等进行飞行试验,以便对方案关键原理、技术途径等可行性做出结论。

分系统性能飞行试验主要对关键组成部分,如发动机系统、弹体结构、空气动力布局和稳定控制系统等进行单独的飞行试验,在这些重要分系统考核成功的基础上,再对导弹系统进行飞行试验。

系统性能协调与性能验证飞行试验对组成全系统的各部分协调工作及全面的战术技术性能进行验证,从研制单位角度鉴定系统是否全面达到预期的设计要求。

2. 设计定型飞行试验

设计定型飞行试验是根据军方提出的试验大纲,在国家靶场对导弹系统的战术技术性能与作战使用性能进行全面考核的试验。考核项目有拦截不同目标的作战空域、精度与杀伤概率、抗干扰能力、系统可靠性、可维修性,以及系统反应时间、展开、撤收等实战使用性能。考核通过后,装备才可以提供部队使用。

3. 批生产抽检飞行试验

批生产抽检飞行试验主要考核批生产交付的武器装备的生产工艺质量是否稳定可靠,性能是否满足技术要求。通过一定数量的生产批量,根据批抽检大纲规定的数量与要求进行批抽检飞行试验。

这里以防空导弹为例,对各研制阶段的飞行试验做一介绍。

6.7.2 研制性飞行试验

研制性飞行试验贯穿于导弹武器系统工程研制阶段的全过程,主要用于验证在真实飞行条件下各分系统方案的可行性与合理性、各分系统之间的兼容性与工作的协调性以及武器系统的主要战术技术指标是否达到预定的设计要求。由于防空导弹武器系统是一项十分复杂的系统工程,影响其性能的环节及因素比较多,而且往往多种因素交织在一起,给试验结果的分析和故障隔离带来很大困难。为此,研制性飞行试验的状态采取了由简单到复杂逐步过渡的原则,即先从简单的环节进行试验,成功以后再转到下一个较为复杂的环节,这样一步一步深入,最后过渡到全武器系统的飞行试验。

基于上述原则,通常将研制性飞行试验由前向后划分为四个环节分别进行试验验证:

1)验证导弹的飞行速度特性;

2)验证弹体的动态特性、弹体姿态稳定及控制回路(俗称小回路)的性能;

3)验证制导控制回路(俗称大回路)的性能;

4)验证引信及战斗部系统的性能。

为了对上述四个环节进行飞行试验验证,通常对应安排四种状态的遥测弹进行飞行试验:

1)模型遥测弹飞行试验;

2)独立回路遥测弹飞行试验;

3)闭合回路遥测弹飞行试验;;

4)战斗遥测弹与战斗弹飞行试验。

上述四种遥测弹的气动外形、尺寸、质量与质心位置、发动机的尺寸及性能参数均应保持与战斗弹相同或接近。当然不是所有的导弹武器系统都需进行上述四种遥测弹的飞行试验,根据不同武器系统的不同特点,有的遥测弹可以省略,有的可以合并进行。

1.模型遥测弹飞行试验

模型遥测弹是导弹飞行试验的最早参试状态,主要用来检验动力系统与弹体结构的工作性能,以及部分空气动力与导弹速度特性,同时测量弹上环境参数(如温度、振动、冲击等);有时,还通过地面/舰面测量设备测量发动机的尾流参数,以研究尾流对地面光学跟踪测量装备与遥控信息传输的影响。参试装备除弹体结构、发动机和弹上遥测系统外,其他设备均为质量模型,要求模型遥测弹外形、质心、转动惯量等与真实的战斗弹一致,也有为了试验分析需要,通过增加配重调节质心位置来满足特定的试验要求。

如果导弹由两级或多级发动机组成的,往往把模型遥测弹分成两种或多种状态。如果导弹由两级串联而成,检验 I 级助推发动机性能时,有时可把 II 级弹体设计成质量模型。

对筒装导弹,在模型遥测弹飞行试验阶段,还可增加考核筒、弹配合性能的筒弹协调弹飞行试验。

2.独立回路遥测弹飞行试验

在模型遥测弹飞行试验成功的基础上,进行独立回路遥测弹飞行试验。它主要用来检验弹上控制系统、弹体结构及气动布局等性能,从而对导弹的速度特性、气动力特性、稳定性与操纵性以及导弹机动能力等做出验证。为此,参试装备在模型遥测弹基础上,增加稳定控制系统和包括弹上电池及换流器等在内的电气系统。在模型遥测弹状态,舵面是固死的,而对独立回路遥测弹是可操纵的,同时,为了导弹按预期的弹道飞行,弹上需要增加一套飞行程序机构。

在独立回路遥测弹设计时,为了能直接测量与分析导弹空气动力性特性,校验空气动力学数学模型,通常把它分为两个状态进行飞行试验,即独立开回路状态与独立闭回路状态。独立开回路状态就是为检验导弹空气动力学特性而设计的,它与独立闭合回路不一致之处是取消控制系统中姿态稳定回路,而保留舵系统控制,飞行中由弹体自身的阻尼进行稳定飞行。

也有个别导弹在进行独立回路遥测弹飞行试验时,增加一种称之为独立遥控闭合回路状态飞行试验,这种试验状态可以先对遥控应答机和遥控线进行检验。为此,在弹上加上遥控应答机,地面设计一个专用的遥控指令发送装置,把弹上程序机构功能搬到地面来执行,通过地面遥控指令发射装置发射遥控指令,由弹上遥控应答机接收后,传送给弹上稳定控制系统来执行。

独立回路遥测弹飞行试验时地面/舰面跟踪制导站系统不参加工作,采用简易的发射装置来发射导弹。

3. 闭合回路遥测弹飞行试验

在上述弹上设备飞行试验考核成功基础上,导弹系统开始进入弹上、地面装备闭合控制的试验状态,称之为闭合回路遥测弹飞行试验。

闭合回路遥测弹飞行试验主要用于检验弹上设备的协调工作性能、制导控制系统工作性能、导弹飞行特性及环境参数,以及制导精度等总体性能。这种状态飞行试验时,空中可以没有实际目标,它只是对空中假想的目标(模拟目标)进行拦截试验。这种试验状态弹上一般不装引信和战斗部,而用质量模型代替。但为检验各级安全解除保险性能,弹上装有安全引爆装置。对寻的制导的防空导弹,则需要有真实靶标与其交会。

近炸引信的研制是导弹研制工作的难点与重点,而按试验程序它又是在最后阶段验证,一旦出现问题,往往会拖延整个武器系统的研制进程。目前在有的导弹研制工作中,为了提前检验引信对飞行环境的适应性,以及与安全引爆装置和地面遥控指令的工作协调性,在闭合回路试验阶段提前进行引信功能检验。为此,在闭合回路遥测弹状态中,常有带引信与不带引信两种状态,对带引信的试验状态就要用真实的靶标与其交会。

4. 战斗遥测弹与战斗弹飞行试验

战斗遥测弹与战斗弹是防空导弹武器系统飞行试验最后的两种状态,它们的组成与状态与正式装备完全一致,在战斗遥测弹上装有小型或超小型遥测系统,测量导弹飞行状态下的引战配合有关参数及弹上设备主要工作参数。

战斗遥测弹与战斗弹飞行试验,主要用来检验包括导弹对实体目标的杀伤能力在内的战术技术指标及实战使用性能,通过试验验证导弹是否全面符合设计指标要求。

6.7.3　设计定型飞行试验

设计定型飞行试验按"定型试验大纲"的规定进行。试验大纲的制订及飞行试验的实施均由国家定型委员会负责。鉴于研制阶段已逐项完成了对各分系统的飞行试验验证,设计定型飞行试验的目的着重于全面对武器系统的战术技术指标及使用维护性能进行鉴定。鉴定的项目主要有如下方面:

1)整个武器系统配置的完整性及工作协调性;

2)制导控制系统的性能及导引精度；

3)导弹的单发杀伤概率；

4)导弹及武器系统的可靠性及维修性；

5)武器系统的反应时间、火力转移时间、展开及撤收时间。

参加设计定型飞行试验的产品必须是申请定型的战斗状态的武器系统，包括搜索单元、火力单元及后勤支援系统的全部设备。

试验导弹的数量及射击点的选择应建立在仿真试验的基础上，一则补充搜集仿真试验搜集不到的数据，二则选取少数特征点通过飞行试验进一步验证仿真试验的结果。这样设计定型飞行试验导弹数量就可相应减少。

6.7.4 批生产抽检飞行试验

批生产抽检飞行试验按"批生产抽检飞行试验大纲"的规定进行。大纲由订货方起草，征求承制方与试验方的意见，协商确定后报定型委员会批准。

批生产抽检飞行试验的关键在于验收产品的样本如何选取，以及怎样的试验结果为合格而接收，及不合格而拒收。本节就此问题进行论述。

1.抽样检验

抽样检验通常适合于下列三种产品情况：

1)产品数量庞大，不可能由人工一件件加以检查；

2)对产品有破坏性的检验；

3)检验项目的试验费用高、研制周期长的产品。

导弹的批生产抽检飞行试验属于后两种情况。

抽样方案分为计数抽样与计量抽样两大类。根据做出最终判断前允许抽取的样本的个数，又可分为下列四种方案：

1)一次抽样方案。只抽取一个样本，报据该样本的试验结果判定整批产品是否合格。

2)二次抽样方案。在第一个样本试验结果无法对整批产品合格与否做出结论时可再抽取第二样本，用两个样本的积累检验结果对整批产品做出判断。

3)多次抽样方案。为判定整批产品的合格与否所允许抽取的样本个数超过两个，可以是三次、五次抽样等。

4)序贯抽样方案。事先规定允许抽取的样本个数，每次抽取一个数量的样本，根据积累的检测结果决定"接收/拒收"还是继续抽样。

一般来说，对于给出同样质量保证的抽样方案，二次抽样的平均抽样量小于一次抽样方案的样本，多次抽样方案的平均抽样量小于二次抽样的平均抽样量，序贯抽样方案的平均抽样量小于多次抽样方案，因此，可通过采用二次、多次、序贯抽样来减少平均抽样量，以达到降低抽样费用的目的。但由于抽检费用不仅包括产品本身的制造成本而且还包括试验费用，当检验项目涉及启用昂贵的大型试验设备时，应慎重选择抽样方案的类型。二次、多次及序贯抽样方案的制订和实施通常较一次抽样方案复杂，且实施时实际所需的样品数是随机的。对破坏性的试验项目而言，采用二次、多次及序贯抽样方案将给生产计划安排带来不便。

计量抽检在方案制订及实施过程中均较计数抽检复杂，下面仅对使用较多的计数一次抽样方案作一介绍。

2.计数一次抽样方案

对批量为 N 的一批导弹,随机取其中 n 发导弹进行飞行试验,有 d 发不合格,若 $d \leqslant c$,则整批导弹接收;若 $d > c$,则整批导弹拒收,其中 c 为合格判定数。

3.批生产抽检飞行试验空域点选取

批生产抽检飞行试验的目的不同于设计定型飞行试验,它不是对武器系统进行全面的战术技术性能考核,而是对定型后的武器系统的批生产质量进行检验。因此,批生产抽检飞行试验通常选取中等难度的空域点,一般情况下不安排齐射及难度大的杀伤区边界点,也不安排对大机动目标射击。

思考题与习题

1.简述系统试验的分类及依据。

2.简述系统试验方案设计原则和要求及试验工程程序。

3.简述环境试验的分类与实施。

4.动态环境模拟试验的目的及其试验项目有哪些?

5.防空导弹武器系统试验应包括哪些项目? 空空导弹武器系统试验应包括哪些项目?

6.飞行试验分为哪几类? 各部分的内容是什么?

参 考 文 献

[1] 谷良贤,龚春林.航天飞行器设计[M].西安:西北工业大学出版社,2016.

[2] 于本水,杨存福,张百忍,等.防空导弹总体设计[M].北京:宇航出版社,1995.

[3] 路史光,曹柏桢,杨宝奎,等.飞航导弹总体设计[M].北京:宇航出版社,1991.

[4] 陈怀瑾,吴北生,梁晋才,等.防空导弹武器系统总体设计和试验[M].北京:宇航出版社,1995.

[5] 张望根,郭长栋,郁坤宝,等.寻的防空导弹总体设计[M].北京:宇航出版社,1991.

[6] 叶尧卿,汤伯炎,杨安生,等.便携红外寻的防空导弹设计[M].北京:宇航出版社,1996.

[7] 樊会涛,吕长起,林忠贤.空空导弹系统总体设计[M].北京:国防工业出版社,2007.

[8] 梁晓庚,王伯荣,余志峰,等.空空导弹制导控制系统设计[M].北京:国防工业出版社,2007.

[9] 樊会涛,杨晨,周颐,等.空空导弹系统试验和鉴定[M].北京:国防工业出版社,2007.

[10] 金其明,杨存富,游雄.防空导弹工程[M].北京:中国宇航出版社,2004.

[11] 黄瑞松,刘庆楣.飞航导弹工程[M].北京:中国宇航出版社,2004.

[12] 薛成位,陈世年,吴兆宗,等.弹道导弹工程[M].北京:中国宇航出版社,2002.

[13] 徐敏,安效民.飞行器空气动力特性分析与计算方法[M].西安:西北工业大学出版社,2012.

[14] 宋笔锋,谷良贤,等.航空航天技术概论[M].北京:国防工业出版社,2006.

[15] 过崇伟,周慧钟,李忠应,等.航天航空技术概论[M].北京:北京航空航天大学出版社,1992.

[16] 过崇伟,郑时镜,郭振华.有翼导弹系统分析与设计[M].北京:北京航空航天大学出版社,2002.

[17] 钱杏芳.导弹飞行力学[M].北京:北京理工大学出版社,2000.

[18] 孟秀云.导弹制导与控制系统原理[M].北京:北京理工大学出版社,2003.

[19] 杨军,杨晨,段朝阳,等.现代导弹制导控制系统设计[M].北京:航空工业出版社,2005.

[20] 曹柏桢,凌玉崑,蒋浩征,等.飞航导弹战斗部与引信[M].北京:宇航出版社,1995.

[21] 刘兴洲,于守志,李存杰,等.飞航导弹动力装置(上)[M].北京:宇航出版社,1992.

[22] 杨月诚,艾春安,等.火箭发动机理论基础[M].西安:西北工业大学出版社,2010.

[23] 刘庆楣,付辛业,等.飞航导弹结构设计[M].北京:宇航出版社,1995.

[24] 郑志伟,白晓东,胡功衔,等.空空导弹红外导引系统设计[M].北京:国防工业出版社,2007.

[25] 姜春兰,邢郁丽,周明德,等.弹药学[M].北京:兵器工业出版社,2000.

[25] 甘楚雄,刘冀湘.弹道导弹与运载火箭总体设计[M].北京:国防工业出版社,1996.

[26] 文仲辉.导弹系统分析与设计[M].北京:北京理工大学出版社,1989.